matematica
e cultura 2000

Springer

Milano
Berlin
Heidelberg
New York
Barcelona
Hong Kong
London
Paris
Singapore
Tokyo

matematica
e cultura 2000

a cura di Michele Emmer

 Springer

MICHELE EMMER
Dipartimento di Matematica "G. Castelnuovo"
Università degli Studi "La Sapienza", Roma

Springer-Verlag è una società del gruppo editoriale BertelsmannSpringer.

© Springer-Verlag Italia, Milano 2000

ISBN 88-470-0102-1

Traduzioni: Carla B. Romanò, Milano
Progetto grafico della copertina: Simona Colombo, Milano
Fotocomposizione e impaginazione: Photo Life, Milano
Stampato in Italia: Grafiche Moretti, Segrate

In copertina: *La morale dionisiaca* di Achille Perilli, tecnica mista su tela, 1995; incisione di Matteo Emmer, da "La Venezia perfetta", Centro Internazionale della Grafica, Venezia, 1993
Occhielli: incisioni di Matteo Emmer, op. cit.

Il convegno "Matematica e Cultura" è stato organizzato e finanziato dal Centro P.RI.ST.EM.–Eleusi dell'Università Commerciale "L. Bocconi" di Milano, dal Dipartimento di Matematica dell'Università Ca' Foscari di Venezia e dall'Istituto Italiano per gli Studi Filosofici di Venezia; con il contributo parziale del CNR e del MURST, fondi nazionali.

SPIN: 10760856

Presentazione

Il 27 marzo 1999 sono iniziati i bombardamenti sulla Jugoslavia. Era il giorno di apertura del terzo convegno della serie "Matematica e cultura" all'auditorium Santa Margherita dell'Università Ca' Foscari di Venezia. Eravamo tutti in ansia per quello che ormai sembrava inevitabile. Avremmo presto risentito parlare, come già per la guerra del golfo, di bombe intelligenti, di sistemi di puntamento ad alta precisione, di guerra pulita e di... matematica. E noi, quel gruppo di matematici e altre persone interessate ai rapporti tra la matematica e la cultura, ci siamo sentiti impotenti, inutili.

Nel pomeriggio avrebbe dovuto parlare il regista Peter Greenaway, che sarebbe arrivato dall'Olanda dove vive. L'aeroporto "Marco Polo" di Venezia era stato chiuso al traffico: gli aerei, che partivano dalla base USA di Aviano e andavano a bombardare, usavano le rotte civili. Abbiamo tutti pensato che Greenaway non ci avrebbe mai raggiunto. Nel primo pomeriggio è arrivata una telefonata dall'aeroporto di Amsterdam: Greenaway ci avvertiva che la partenza del suo aereo era continuamente spostata. Non so come avesse fatto a trovare il numero di telefono. La partenza era prevista dopo circa un'ora. Avrebbe ritelefonato. Il convegno andava avanti; altra telefonata di Greenaway: la partenza era ancora spostata. Nessuno sapeva che cosa stesse succedendo e quando e se gli spazi aerei civili sarebbero stati riaperti. Tra telefonate e rinvii della partenza sono arrivate le otto di sera.

Ho detto a Greenaway di non partire, anche se il volo fosse decollato. Tanto più che per impegni importanti sarebbe dovuto ripartire la mattina dopo, presto. Greenaway, che non avevo mai incontrato di persona, mi ha risposto che voleva venire, che non voleva che la guerra impedisse quella partecipazione al convegno. L'aereo è finalmente annunciato in partenza; lo spazio aereo è stato riaperto, i bombardamenti per quel primo giorno sono cessati. Dico a Greenaway di aspettare: chiedo ai partecipanti al convegno se se la sentono di aspettarlo: arriverà non prima delle undici di sera. Tutti rispondono di sì. Greenaway arriva all'aeroporto; con un motoscafo taxi, scortato da Matteo e Francesco, raggiunge Santa Margherita alle undici e mezzo, poco dopo la fine del film "Drowing by numbers". Parla Greenaway, parla per mezz'ora, e ci affascina tutti.

È retorica dire che la cultura non si è fatta fermare dalla guerra? Nelle prossime edizioni di "Matematica e Cultura" ci sarà una sezione dedicata a "la matematica e la guerra". Speriamo che nessuno debba più arrivare in ritardo causa bombardamenti.

MICHELE EMMER

Indice

Ricerca e insegnamento della matematica, conflitto o sintesi?

Claudio Procesi

Quando ho deciso il titolo di questa relazione non avevo affatto le idee chiare su che cosa avrei detto; avevo solo molto chiaro il fatto che la maniera di concepire il legame fra insegnamento e ricerca è un elemento importante tanto nel dibattito attuale sul rinnovamento della didattica della matematica (ma non solo) quanto nella discussione sulle nuove articolazioni dei corsi di laurea e sull'introduzione dei diplomi universitari.[1]

In realtà questo tema, già abbastanza vasto di per sé, si iscrive in temi ancora più generali come quello della definizione e acquisizione della conoscenza e quello, molto difficile, della divulgazione della Matematica, ma io qui vorrei limitarmi all'argomento che ho scelto per non appesantire troppo la relazione.

Le norme costitutive dell'Università attribuiscono a noi docenti il duplice ruolo di costruttori di nuova conoscenza e di trasmettitori della medesima. Ora, chiunque abbia svolto queste attività si è reso conto delle mille contraddizioni che si sviluppano.

Anche se ci limitiamo alla Matematica, basta dare un'occhiata a una qualunque biblioteca, sia pure poco fornita, per rendersi conto della quantità enorme di nuova matematica che viene prodotta ogni anno, ogni mese, ogni giorno. Chi fra noi ha avuto l'idea peregrina di abbonarsi a un servizio di *preprints* elettronico automatico ha dovuto rapidamente rinunciarvi in quanto è impossibile leggere non solo i lavori ma persino gli estratti e i titoli.

È dunque chiaro che il problema di trasformare la ricerca in informazione utilizzabile si pone a tutti i livelli, da quello dell'insegnamento elementare a quello della formazione e dell'aggiornamento del ricercatore. Per la matematica il discorso è particolarmente complesso, perché la nostra disciplina ha, a differenza di altre, una storia che potremmo definire "lineare": le conoscenze matematiche si sono sempre aggiunte a quelle del passato, migliorandole, semplificandole, ma quasi mai eliminandole come errate o superate. In qualche modo la matematica pretende di avere una sostanziale unità e il Matematico specialista si deve sempre scontrare con gli *input* e le idee che vengono da altre specialità (comprese altre discipline come la fisica, l'economia ecc.).

---

[1] *Nella Home page* http://www.mat.uniroma1.it/ordinari/procesi/home.html *si trova una pagina di discussione sul diploma a cui invito a mandare contributi.*

Ho individuato tre livelli per i quali discutere il tema: l'insegnamento preuniversitario, quello universitario e quello più propriamente legato alla ricerca.

Per quanto riguarda l'avviamento alla ricerca, la vera difficoltà sta nell'avere risorse sufficienti per invogliare gli studenti migliori a scegliere questa attività, metodi intelligenti per selezionarli e un adeguamento organizzativo e normativo dei nostri corsi di Dottorato (anche se ci sono altre difficoltà legate alla comprensione delle ricerche in atto e alla formazione di scuole chiuse o impenetrabili). Globalmente si tratta di una questione non banale, ma non credo che al momento essa rivesta lo stesso interesse generale degli altri due livelli per cui non me ne occuperò.

Prima di entrare nei dettagli, vorrei mettere in evidenza un punto di validità generale: in Matematica la transizione fra prodotto della ricerca e insegnamento avviene in tempi estremamente più lenti di quanto avviene in altre discipline e questo comporta una serie di problemi di assai difficile soluzione. Vediamo alcuni esempi.

Il primo, ben noto a tutti coloro che lavorano in questa disciplina, è costituito dalla Geometria Euclidea, un prodotto di duemilacinquecento anni fa che resta una delle architravi della Matematica. Il suo insegnamento nelle scuole secondarie (essenzialmente secondo gli originali *Elementi* di Euclide) ha fornito per innumerevoli generazioni l'esempio principe di sistema logico deduttivo. Si tratta di una teoria che per gli studenti ha un forte valore di conoscenza grazie al suo legame con la descrizione del mondo fisico, anche se si tratta di una conoscenza molto indebolita dalla pratica di insegnare solo la geometria del piano e quasi nulla di quella dello spazio.

All'inizio del Novecento questa teoria è stata sottoposta a un'accurata revisione, non tanto nelle dimostrazioni dei suoi teoremi quanto nella formulazione precisa dei suoi assiomi fondamentali (i postulati di Euclide), ma questo importante lavoro (di Hilbert e di altri) credo non abbia praticamente avuto influenza sull'insegnamento elementare e comunque ha avuto un'influenza assai limitata sull'insegnamento universitario.

E qui già si intravvede una strana contraddizione: da una parte il valore fondante della Geometria Euclidea nell'insegnamento secondario sta nel suo illustrare le idee fondamentali di un sistema logico deduttivo (postulati, definizioni, lemmi, teoremi, dimostrazioni, corollari), dall'altra la revisione critica che la adegua ai nostri standard di rigore formale è, o sembra, troppo complicata per essere insegnata!

C'è un altro esempio interessante: qualche decina di anni fa (negli anni '60) ci fu un serio tentativo di rivoluzionare l'insegnamento della matematica introducendo la Teoria degli insiemi (*new math* in USA), ma a me sembra che in gran parte sia stato un fallimento. E la principale ragione di questo insuccesso credo stia nella natura stessa di questa teoria: per la matematica contemporanea essa è la risposta naturale al problema di avere – e quindi di far interagire – più sistemi assiomatici, come la geometria euclidea, quella non euclidea, l'aritmetica ecc.

La Teoria degli insiemi è una teoria primitiva di cui tutte le altre sono sottoteorie. Il che dà origine a due problemi: il primo viene dal fatto che introdurre la Teoria degli insiemi come sistema assiomatico è estremamente difficile (e in effetti ben pochi Matematici professionisti hanno visto nei dettagli questo approccio – e ancora meno se ne ricordano). Il secondo sta nel profondo legame fra gli assiomi della geometria e l'intuizione fisica che nella Teoria degli insiemi si perde.

Inoltre, per rendere giustizia a queste idee, bisogna compiere un passo non banale, prodotto degli studi di questo secolo, che non viene certo insegnato nelle scuole secondarie e che lo è poco anche all'Università, cioè la introduzione della logica simbolica e della definizione simbolica e "verificabile da una macchina" di teoria matematica e di dimostrazione.

Si tratta di un esempio molto istruttivo, perché da una parte (in negativo) è chiaro che la Teoria degli insiemi è poco utile per illustrare il metodo deduttivo (a meno di non tirar fuori dal cappello, ogni volta che servono, una serie di assiomi) anche se può essere utile per abituare lo studente all'astrazione e per introdurre l'aritmetica, ma dall'altra (in positivo) la logica simbolica, perduta come base per la formalizzazione della matematica, riappare magicamente in una sua diversa incarnazione e cioè nei linguaggi di programmazione.

Sono convinto che proprio l'insegnamento di un semplice linguaggio di programmazione dovrebbe e potrebbe essere il vero contributo di tutta questa rivoluzione teorica all'insegnamento nelle scuole secondarie. Sono convinto che questo insegnamento potrebbe essere utilissimo proprio come formazione culturale: la macchina non perdona gli errori; uno studente, misurandosi con la ferrea e magari stolida logica del programma, potrebbe imparare quella disciplina logica che né la grammatica né la sintassi gli impongono. E il bello è che anche per programmare cose divertenti si impone la stessa logica.

Per quanto riguarda l'insegnamento universitario, le contraddizioni non sono minori, semplicemente si svolgono su scale temporali diverse: se nella scuola secondaria il problema è come rivedere la matematica di duemilacinquecento anni fa, all'università il problema è quello di incorporare una parte fondante della Matematica di questo secolo nell'insegnamento di base. Si tratta in particolare di introdurre qualche elemento di calcolo delle probabilità, di informatica e di calcolo numerico, in definitiva soprattutto di idee acquisite da più di cinquant'anni.

La soluzione deve tener conto di due esigenze: da una parte non bisogna sopprimere arbitrariamente insegnamenti fondamentali "vecchi" per far posto ai "nuovi" e dall'altra non bisogna dilatare i tempi di apprendimento.

La matematica ha sempre risposto alla prima esigenza nella stessa maniera e cioè facendo salti di astrazione e generalizzazione in modo da unificare teorie e quindi in modo da fornire idee e metodi generali che poi possano essere trasformati in precisi algoritmi per la soluzione dei problemi o per la creazione di modelli. Per esempio, ancora nell'Ottocento è possibile trovare un intero libro che offra un trattato sulle coniche; ma ora questa teoria è un breve capitoletto in un libro di algebra lineare o un esercizio in un testo di geometria algebrica. Da questo punto di vista, l'astrazione è un meccanismo di compressione della conoscenza che, nei momenti di uso, dovrebbe essere decompressa dallo scienziato per prendere una forma utilizzabile.

Questo processo (di astrazione) ha una premessa e una conseguenza importanti: la premessa sta nel trovare il giusto metodo per preparare lo studente di matematica all'astrazione e la conseguenza è che, se questa preparazione non avviene nel modo completo, che sarebbe necessario, le nozioni astratte perdono tutto il loro valore unificante e formativo per diventare inutili esercizi di memoria con un sottofondo di sequenzialità logica. Credo che tutti coloro che hanno fatto un esame a uno studente mediocre hanno sperimentato il buio intellettuale che si produce quando si chiede di illustrare un teorema generale in un esempio semplicissimo, in cui magari una delle ipotesi non è neppure necessaria (un classico è il teorema di Hahn-Banach nel caso degli spazi di dimensione finita).

La seconda esigenza compare in maniera assai rilevante quando consideriamo la matematica come strumento per altre discipline. Le difficoltà si moltiplicano: lo studente di ingegneria, fisica, chimica e ancor più quello di biologia, medicina ecc., vede la matematica come uno strumento che deve essere facilmente appreso e utilizzabile, ma questo cozza del tutto con l'idea di astrazione e unificazione che hanno i matematici. Inoltre la richiesta di insegnamento matematico è potenzialmente in aumento; in un mondo sempre più dipendente da tecnologie sofisticate, una maggiore alfabetizzazione scientifica è necessaria (per inciso per questo problema prendete come referenza standard l'incontro fra Benigni e Troisi con Leonardo nel film "Non ci resta che piangere"). Non sto pensando solo ai nostri "utenti" abituali (fisici, chimici o anche economisti, statistici) ma all'uso di grafici, di statistiche, di semplici analisi quantitative in medicina, alle competenze scientifiche necessarie nella magistratura, nella polizia, nell'esercito. E penso infine ai venti di oscurantismo che sempre di più si alzano nelle nostre società (gli oroscopi, le cartomanti, i numeri al lotto e una generale diffidenza verso gli scienziati).

Questo conflitto sta lentamente portando ad una spaccatura il cui risultato finale potrebbe essere la creazione di una specie di sottomatematica praticata da non matematici, una specie di rozza lingua franca da parlare in modo sgrammaticato ma funzionale. Personalmente ritengo che questa eventualità rappresenterebbe una grande sconfitta intellettuale e che sia compito dei matematici trovare un modo per insegnare la matematica anche solo come strumento e per trasmettere l'immagine di una scienza viva in perenne trasformazione.

Il fenomeno di cui sto parlando si verifica a livello mondiale, ma in Italia questa tendenza (di separazione) è molto rafforzata dalla struttura corporativa del paese in generale e del mondo accademico in particolare.

I segnali sono nettissimi: la divisione in facoltà, la titolarità della cattedra, i gruppi disciplinari spingono fortemente per un insegnamento sempre più funzionale a obiettivi molto settoriali e quindi alla riduzione o all'abolizione di tutto quello che non è visto come immediatamente professionalizzante. Per la Matematica tutto ciò si combina con la nostra tradizione di ritenere insegnamenti di secondaria importanza quelli così detti "di servizio", ovvero non indirizzati al corso di laurea in Matematica. La titolarità e la divisione in Facoltà fanno il resto, opponendo una micidiale barriera al rinnovamento didattico; infine, i gruppi disciplinari per dover difendere l'algebra, l'analisi, la fisica matematica, la geometria ecc., mettono una pietra su tutto e producono un notevole attrito alle esigenze di rinnovamento.

Un aspetto curioso è che, nel frattempo, è cresciuta in maniera enorme l'offerta di insegnamento universitario, anche in paesi che prima ne erano quasi sprovvisti, con la creazione di posti di insegnamento collegati con attività di ricerca (secondo tipici standard occidentali). Questo ha dilatato in modo incredibile il numero dei ricercatori e i prodotti della ricerca.

Forse la conseguenza più rilevante di questa trasformazione consiste nella sempre maggiore interazione fra Università di paesi molto diversi e nello sviluppo di una cultura comune (e in tale processo Internet gioca un ruolo non secondario). Ma io mi occupo soprattutto dell'esperienza italiana.

Credo che in realtà stia entrando in crisi un modello di insegnamento universitario (e pre-universitario) che per comodità potremo definire "ottocentesco" (senza che l'aggettivo abbia la connotazione negativa di vecchio, antiquato). Un buon libro di analisi matematica o di fisica o di meccanica razionale di fine Ottocento potrebbe benissimo essere adottato oggi, senza che si debbano compiere grandi cambiamenti nel programma. Per l'Analisi si tratta del prodotto di circa tre secoli di storia scientifica fra le più affascinanti, fondamento sia teorico che operativo della matematica utilizzata nella fisica, nell'ingegneria.

Il secolo scorso ci ha consegnato una scienza che aveva molte caratteristiche di completezza e di struttura definitiva, ma oggi, dopo che cento anni di sviluppo hanno messo in gioco tante nuove idee (e tanti contenuti), è possibile nell'insegnamento procedere semplicemente per sovrapposizione? Per essere più chiari e concreti, è possibile pensare – anche a costo di qualche semplificazione eccessiva – ad una matematica istituzionale che sia quella del biennio (o del futuro diploma) e quindi dell'800 e poi a una più avanzata?

La matematica dell'800 corrisponde in gran parte a un modello deterministico della scienza: in fondo essa corrisponde all'idea che un matematico infinitamente abile possa scrivere e risolvere tutte le equazioni che descrivono la natura. Le idee stocastiche, i modelli, tutta la problematica sul calcolo effettivo (che ovviamente vive sul fatto che abbiamo macchine abbastanza potenti ma non onnipotenti) sono prodotti di questo secolo.

La questione allora è: come introdurre il nuovo se non vogliamo che sia una semplice aggiunta all'esistente? Permettetemi una digressione a carattere "filosofico".

L'ultima frase che ho scritto, per banale che possa essere, racchiude uno dei problemi fondamentali della realtà: nei suoi meccanismi imperscrutabili, la natura procede attraverso l'alternarsi di vita e di morte, attraverso l'evoluzione; le culture umane hanno orrore della morte e a volte lasciano putrefare alcune loro istituzioni prima di cambiarle (la dinamicità e la buona salute di una società si misurano in gran parte nella sua abilità a rinnovarsi senza traumi). Purtroppo, per ragioni probabilmente molto profonde, la nostra società non riesce a far morire nessuna istituzione e delega sempre il compito alla natura (che in questo non fallisce). C'è al fondo uno spirito che potremmo definire "reazionario", uno spirito trasversale nella società sia in senso politico che nel senso dell'intelligenza e della cultura che deve avere un significato costitutivo della nostra cultura che a me sfugge.

Penso ad esempio alle discussioni che ogni tanto leggo sull'insegnamento del greco e del latino e ai discorsi sui fondamenti della cultura occidentale. Sono considerazioni certo importanti, eppure un certo spirito ribelle sempre mi suggerisce qualche provocazione. Perché non parliamo mai del ruolo dei barbari nel fondare la nostra cultura? Non ci viene il dubbio che se quelle pur meravigliose culture non fossero morte noi non ci saremmo? Il latino è stata una grande lingua ed è scomparsa; noi ora, in definitiva, siamo affezionati all'italiano e alla cultura che è stata prodotta in questa lingua anche se probabilmente è destinata a scomparire.

Non mi fraintendete, non propongo la scomparsa di alcuna parte della matematica! Ma le avete sentite le discussioni sull'insegnamento della storia, della geografia, dell'inglese, piene di mezze verità e di mezze bugie, intrise di spirito reazionario? Vi faccio tre esempi:

- La storia. Chissà come sarà presentata la storia degli ultimi 5000 anni nell'anno 20.000: mi immagino qualcosa del genere: "dopo la scoperta della scrittura un periodo tumultuoso di guerre e sviluppo tecnologico portò alla globalizzazione dei commerci e delle culture; ricordiamo i nomi di Euclide, Confucio, Cristo, Einstein, Woody Allen; ..." (sui 5000 successivi purtroppo non ho idea).
- L'inglese. Si dice spesso che il latino o il tedesco sono "più formativi" dell'inglese per via della grammatica, come se questo aspetto di una lingua (importante senza dubbio) fosse il solo rilevante. Ma la duttilità della lingua inglese che produce con apparente semplicità parole nuove e utili per descrivere la realtà in evoluzione (*format, icons, reboot*) non è un elemento formativo, di riflessione profonda sugli aspetti costitutivi di una lingua?
- La geografia. È stata sempre una mia passione, ma del tutto inutile è stato per me lo studio dei nomi delle Alpi (ma con gran pena le recan giù) o degli affluenti del Po. Nessuno invece mi ha spiegato perché alla stessa latitudine ci possono essere climi tanto differenti.

Questa è una digressione, ma non soltanto: mette in luce un'idea punitiva e immobile dell'insegnamento, sottolinea come non ci si debba anche divertire studiando.

Torniamo ora alla domanda: come introdurre il nuovo senza che esso sia una semplice aggiunta all'esistente? Accenniamo a una risposta, cominciando con l'insegnamento dell'Analisi. Io sono favorevole a partire con il "calculus" che, se insegnato bene, pone delle sfide intellettuali e offre delle ricompense culturali superiori a quelle dell'Analisi. Nel presentarlo vanno ignorati tutti gli aspetti dimostrativi che sono legati alla topologia dei numeri reali e vanno sviluppati in forma intuitiva (tanto sappiamo che ci sono stati Cauchy, Dedekind, Weierstrass e altri e che poi tutto va a posto e a lieto fine). Se si riescono a corto-circuitare tutta la parte tecnica e tutti gli epsilon-delta, il contenuto intuitivo e la potenza effettiva del calcolo infinitesimale dovrebbero da soli emergere. Anche perché, a voler essere pignoli, persino le cose più stravaganti come le somme formali delle serie divergenti, hanno in realtà significati profondi e stupefacenti (torniamo alla fisica!!). Si può superare in modo relativamente facile la frattura culturale (a mio avviso dannosa) fra l'Analisi in una variabile e quella in più variabili (limitandosi ovviamente a tre) e fra Analisi reale e Analisi complessa; allo stesso tempo si potrebbe dare qualche nozione intuitiva e semplice anche di argomenti cosiddetti superiori (ma del Settecento) come il calcolo delle variazioni.

E ci sono parecchie questioni di fondamenti su cui si potrebbe utilmente discutere (per esempio, le nozioni di angolo e le funzioni trigonometriche), ma sono convinto che i numeri complessi vanno presentati al più presto (leggetevi le conferenze di Feynmann ad un pubblico generale sulla QED) e che la separazione fra Analisi reale e complessa abbia alcuni aspetti perniciosi.

La situazione è diversa per la geometria e per l'algebra e vale la pena di capirne il motivo.

La geometria è la disciplina il cui insegnamento è stato più sottoposto a cambiamenti. La ragione evidentemente è duplice: da una parte è chiaro che alcuni aspetti dell'insegnamento tradizionale (la geometria proiettiva e il disegno) non avevano lo stesso valore fondante per la matematica dell'analisi infinitesimale e dall'altra bisogna tener conto del dibattito sulla topologia che, a mio avviso, ha portato in Italia a una soluzione insoddisfacente, separando in modo artificiale la "topologia dei geometri" dalla "topologia dell'analisi". La ragione è quella che si ripete in tutti i nostri fenomeni accademici: lo spirito corporativo alimentato da una legislazione obsoleta.

Sulla geometria differenziale si può fare un identico discorso: c'è il teorema di Stokes dei geometri e quello degli analisti (per non dire di quello dei fisici), con tanti saluti all'unità del pensiero. E così una delle costruzioni fondanti dell'analisi multi-dimensionale, ovvero la teoria delle forme differenziali esterne, non riesce a penetrare nell'insegnamento della matematica né della fisica con grandissimo danno – credo – dal momento che il calcolo esterno è una meravigliosa semplificazione.

Meno chiaro invece è il perché della usuale assenza di una qualche discussione sulla geometria non euclidea: non solo questa scoperta è un punto di svolta epocale nella Matematica, ma in realtà queste geometrie forniscono modelli importanti sia per la Relatività sia in generale per la teoria delle varietà.

Qualche progresso invece c'è stato nell'insegnamento dell'algebra lineare. Ai miei tempi esistevano (perlomeno) l'algebra lineare dei geometri, l'algebra lineare degli analisti, l'algebra lineare dei meccanici. Poi è venuta l'algebra lineare degli algebristi ed era la peggiore di tutte. Queste diverse scienze si distinguevano per l'uso di freccette o trattini e per più o meno oscuri modi di spiegare cose elementari in maniera prolissa o con notazioni orrende; quella degli algebristi poi arrivava a sublimi astrazioni per cui probabilmente anche risolvere due equazioni in due variabili diventava un'impresa. Adesso, un *mix* di algoritmi (l'eliminazione di Gauss) con un pizzico di spazi vettoriali e di forme quadratiche dovrebbe fornire gli elementi fondamentali.

Quando io ero al terzo anno d'università, l'algebra fu introdotta fra gli insegnamenti fondamentali del primo anno di Matematica e credo che valga la pena di fare alcune riflessioni sull'evento e sui suoi effetti.

L'algebra è stata messa al posto della chimica. Non vorrei neanche giudicare se questa scelta sia stata buona o cattiva, mi limito solo ad osservare che è stato possibile inserire l'algebra solo perché, così facendo, non si toccava la corporazione dei matematici; se l'inserimento dell'algebra fosse stata una necessità scientifica imprescindibile ma non ci fosse stata la chimica da sacrificare o non la si sarebbe inserita o la si sarebbe aggiunta.

Una delle cause maggiori che hanno portato ad inserire l'algebra nel curriculum universitario è legata a una grande sconfitta della scienza del nostro paese. La matematica italiana aveva sostanzialmente creato la geometria algebrica e poi aveva perso del tutto il contatto con la sua trasformazione e rifondazione; una delle cause principali di questo distacco è stata nel non aver partecipato allo sviluppo dell'algebra moderna negli anni Venti/Trenta (e poi della topologia algebrica, dell'algebra omologica, della teoria dei fasci ecc.). E i geometri italiani degli anni Sessanta/Settanta hanno dovuto imparare la geometria algebrica *ex-novo* dai francesi e dagli americani,

Il destino dell'algebra in Italia resta anche oggi molto curioso. Adesso, ad esempio, nel mondo scientifico va di gran moda l'algebrizzazione della fisica delle alte energie ma noi di nuovo ne siamo quasi del tutto fuori perché l'algebra in Italia è quasi solo Algebra commutativa (quella della geometria algebrica) e Teoria dei gruppi.

C'è un dibattito affascinante sui limiti dell'algebrizzazione della matematica, sui suoi grandi successi e anche sui grandi guasti che essa può produrre, ma da noi credo che ci sia il silenzio quasi assoluto.

Anche a livello di primi anni d'università l'insegnamento dell'algebra pone almeno due problemi. L'algebra infatti svolgeva due compiti distinti: quello di fornire una discussione dei "fondamenti" come teoria intuitiva degli insiemi, principio di induzione, costruzione dei sistemi di numeri ecc. e quello di introdurre ad alcune strutture algebriche di base e ad alcune costruzioni su di esse (gruppi, anelli ecc.).

Ma i "fondamenti" se non sono trattati al momento giusto e con la giusta delicatezza, non fondano nulla (tutti sappiamo quanto è stato complesso e quali sorprese ha dato il programma di fondare la matematica), mentre le strutture algebriche se poi non vengono usate lasciano il tempo che trovano e comunque alcune di quelle più interessanti (come le algebre di Lie o i gruppi semplici) non sono affatto elementari.

Vi sono state alcune esperienze di introduzione della Teoria di Galois al primo anno con parziale successo e vorrei chiarire la mia opinione. La teoria di Galois è una teoria meravigliosa (penso che la sua scoperta sia più o meno contemporanea alla creazione della Quinta di Beethoven), ma per apprezzarla occorre essere interessati alla Matematica come fatto culturale. Bisogna dedicarci tempo ed energie, maggiori purtroppo di quelle necessarie per iniziare ad apprezzare la Quinta. La sinfonia può persino essere utilizzata per vendere mattonelle (invece del Destino bussa alla porta il commesso!!!) ma la Teoria di Galois no: è chiaro che studiare la Teoria di Galois deve essere una scelta, non può essere un obbligo.

Un ultimo esempio. Una delle grandi rivoluzioni del pensiero scientifico di questo secolo è legata alla scoperta della meccanica quantistica, che non solo ha trasformato profondamente il nostro modo di vedere la realtà ma ha anche trasformato la matematica. Bene. Come la hanno vissuta i matematici italiani? Io mi ricordo la disputa fra fisici matematici di tipo A e quelli di tipo B, che naturalmente volevano ciascuno una fetta da dividere (ora poi ci sono anche quelli di tipo C che usano la geometria algebrica).

La meccanica quantistica va affrontata con persino maggior rispetto della teoria di Galois, dovrebbe essere una delle offerte culturali importanti di un possibile curriculum. Naturalmente ci si può chiedere: ma si può fare la meccanica quantistica senza sapere l'analisi funzionale? Io penso di sì e penso che dobbiamo in parte ribaltare l'idea dei corsi fondamentali: i creatori della meccanica quantistica a quanto pare non avevano le idee chiare neppure sul concetto di matrice. L'analisi funzionale è stata fortemente influenzata dalla meccanica quantistica.

Quindi bisogna riorientarsi verso i contenuti e i problemi piuttosto che verso gli strumenti; dopotutto nella migliore ricerca scientifica sono sempre venuti prima i problemi e i contenuti.

Insomma la mia conclusione è questa: la Matematica è troppo complicata e vasta per inquadrarla in modo definitivo anche solo nei suoi aspetti istituzionali. Mi ricordo che la prima volta che sono entrato nella biblioteca dell'Istituto di Matematica il mio primo pensiero è stato: ma come potrò leggere tutti questi libri? Naturalmente la risposta era ovvia, ma ero molto giovane e ancora pensavo che si potesse avere una conoscenza complessiva della Matematica. Quindi la vera sfida sta nel provare a creare una forte dinamica nell'insegnamento e una vasta possibilità di scelte individuali. Solo così c'è una speranza che la preservazione della scienza avvenga per una sua dialettica interna e non imposta per decreti.

La scoperta della programmazione lineare e non lineare

Harold W. Kuhn

Gli studenti che si accostano a un risultato o a una tecnica matematica hanno spesso l'impressione che essi esistano da sempre, come se fossero stati trasmessi da Dio a Mosé insieme ai dieci Comandamenti. Ma non dovrebbe essere questo il caso della programmazione lineare e non lineare: molti dei risultati più importanti a loro riguardo sono stati scoperti nella seconda metà del ventesimo secolo o giù di lì. In parecchi casi gli scopritori sono ancora fra noi e possono dire qualcosa di significativo sulle varie questioni conservandone la memoria storica. Per esempio, George Dantzig, padre della programmazione lineare, è ancora attivo e ha partecipato nel 1997 a Losanna, in Svizzera, a un convegno per celebrare il cinquantesimo anniversario del "metodo del simplesso". In [1] egli ha scritto in modo esauriente circa le origini della programmazione lineare. Io stesso oggi, nonostante mi dispiaccia che il mio collega Al Tucker, morto nel 1995, non possa essere tra noi, sono felice di avere l'opportunità di condividere i miei ricordi sulla fondazione della programmazione non lineare.

Questa breve relazione si articolerà in due parti. Dapprima racconterò la fondazione, avvenuta circa cinquant'anni fa, della programmazione lineare e non lineare, con alcune indicazioni sulle motivazioni dei protagonisti principali. Quindi proporrò la risposta a una domanda: quali sono stati i fattori economici, sociali e matematici che hanno portato all'applicazione straordinariamente rapida e assai diffusa della programmazione lineare e non lineare?

Sebbene queste materie siano entrate nei programmi di insegnamento di molte scuole secondarie, mi pare necessario che prima ci intendiamo su che cosa esse sono realmente. Per descriverle nel modo più semplice possibile, è bene incominciare con le forme canoniche dei programmi lineari.

Come problema canonico di massimo, consideriamo quello legato alla determinazione dei valori di una variabile non negativa x che massimizzino una funzione obiettivo lineare cx soggetta ai vincoli lineari $Ax \leq b$. Tali vincoli esprimono la richiesta che non vengano usate quantità delle risorse b superiori a quelle disponibili.

Come problema canonico di minimo, consideriamo invece quello legato alla determinazione dei valori assunti da una variabile non negativa v che minimizzino la funzione di costo lineare vb soggetta ai vincoli lineari $vA \geq c$ che esprimono la condizione che non vengano prodotte quantità minori di quelle richieste c.

Questa breve descrizione porta il Matematico Puro a pontificare: "Che argomento insignificante! Che materia futile! L'insieme delle variabili che soddisfano i vincoli forma chiaramente un politopo convesso in uno spazio euclideo di dimensione finita e si può trovare una soluzione ottimale in uno dei suoi punti estremi. I punti estremi sono in numero finito; è sufficiente enumerarli usando l'algebra elementare lineare e scegliere i migliori".

Come sbaglia il Matematico Puro! Già per risolvere problemi anche solo moderatamente significativi, è necessario avere un algoritmo efficiente; immaginatevi quando si tratta di applicazioni realistiche che potenzialmente hanno milioni di variabili e decine di migliaia di vincoli. Un algoritmo di questo genere è proprio quanto George Dantzig ha costruito nel 1947: il metodo del simplesso. In breve e senza dettagli formali, tale metodo trova un punto estremo in una descrizione algebrica concisa, poi si sposta dal punto estremo al punto estremo adiacente in modo efficiente, migliorando la funzione obiettivo fino a quando non è possibile alcun altro miglioramento. In pratica, solo una frazione molto piccola del numero astronomicamente ampio di punti estremi viene esaminata in questo processo.

Storicamente, la prima questione significativa risolta con il metodo del simplesso è stata un problema canonico di minimo: il problema della dieta. Nelle notazioni viste poco sopra, il vettore v indica quantità di cibi da acquistare a prezzi unitari b. Una dieta v produce quantità di costituenti nutritivi vA che non devono essere inferiori alle necessità quotidiane date da c. Quando ho incontrato per la prima volta George Dantzig nell'estate del 1948, le pareti del suo ufficio erano tappezzate con i risultati di un calcolo che ha avuto bisogno di circa centoventi giorni di lavoro umano su calcolatori da tavolo manuali per produrre una dieta al più basso costo scelta fra settantasette cibi in modo da soddisfare nove fabbisogni giornalieri. Una storiella probabilmente apocrifa racconta che il calcolo ha prodotto una dieta composta interamente di spinaci in scatola e latte condensato, ma questo non è vero! Strano a dirsi, nonostante il problema della dieta non venga molto usato oggi nelle produzioni per l'uomo, quasi tutti i prodotti per l'alimentazione animale vengono miscelati in maniera ottima con l'uso della programmazione lineare.

L'espressione "programma non lineare" fu introdotta nell'articolo [2] che Tucker ed io scrivemmo nella primavera del 1950 e per noi doveva indicare semplicemente la generalizzazione di un programma lineare. Forse la formulazione più accessibile è legata a un problema canonico di massimo: quello che esprime una variante classica del problema dell'azienda che sta tentando di massimizzare i profitti utilizzando scarse risorse. Matematicamente, si tratta di trovare i valori non negativi x che massimizzino una funzione obiettivo generale $f(x)$ soggetta ai vincoli generali per i quali le quantità di risorse utilizzate non superino quelle disponibili. In termini formali, si tratta di massimizzare $f(x_1, ..., x_n)$ soggetta ai vincoli:

$$a_1(x_1, ..., x_n) \leqq b_1$$
$$... \quad ... \quad ...$$
$$a_m(x_1, ..., x_n) \leqq b_m$$
$$x_1 \geqq 0, ..., x_n \geqq 0.$$

Le ragioni per formulare la programmazione non lineare in questo modo erano ben chiare nella nostra testa. David Gale, Tucker e io avevamo fornito in [3] una prova rigorosa della dualità della programmazione lineare, che era stata già affrontata da von Neumann in un dattiloscritto breve e mai pubblicato. Le variabili duali possono essere interpretate come dei moltiplicatori di Lagrange e la dualità può essere espressa come "una proprietà dei valori di sella". Quando la funzione obiettivo lineare e i vincoli lineari vengono generalizzati e smettono di essere lineari, allora, alquanto miracolosamente, una condizione necessaria per una soluzione ottimale locale è l'esistenza dei moltiplicatori di Lagrange generalizzati che soddisfano condizioni che sono duali dei vincoli originari. Queste sono spesso chiamate "condizioni di Kuhn-Tucker" e formano la base per la maggior parte degli algoritmi atti a risolvere programmi non lineari.

Già in altre occasioni ho raccontato che simili risultati matematici sono stati ottenuti da William Karush in [4] e Fritz John in [5]. Noi siamo venuti a conoscenza del lavoro di John quando il nostro saggio era in bozze; lo dimostra il fatto che, quando abbiamo inserito il riferimento al suo lavoro, non abbiamo rinumerato correttamente la bibliografia. Invece non ho saputo nulla del lavoro di Karush fino al 1974 quando è uscito il libro di Takayama [6] sull'economia matematica. L'episodio viene illustrato molto bene nel brano seguente:

La programmazione lineare ha provocato un certo interesse verso i vincoli espressi da disequazioni e verso la teoria delle disequazioni e gli insiemi convessi. Il lavoro di Kuhn-Tucker è uscito nel bel mezzo di questo interesse con una disanima completa di tali sviluppi. Tuttavia la teoria della programmazione non lineare quando i vincoli sono espressi da equazioni era nota da tempo - di fatto fin dai tempi di Eulero e Lagrange. I vincoli espressi da disequazioni sono stati trattati in modo abbastanza soddisfacente da Karush già nel 1939. Il lavoro di Karush sembra subire l'influenza di un lavoro simile di Valentine sul calcolo delle variazioni. Sfortunatamente, il lavoro di Karush è stato ampiamente ignorato.

Nonostante fosse conosciuto da molti studiosi, specialmente dai matematici collegati alla scuola di Chicago di calcolo delle variazioni, è senz'altro vero che il lavoro di Karush è stato ignorato fino a venticinque anni fa. Ho condotto un'esauriente ricerca sulla letteratura antecedente il 1974 e ho trovato solo quattro citazioni [7-10] da aggiungere al libro di Takayama. Naturalmente una ragione sta nel fatto che il lavoro di Karush non fu pubblicato. Si trattava di una tesi di *master* svolta all'università di Chicago sotto la guida di L.M. Graves, che aveva proposto il problema, e scritta negli ultimi anni della influente scuola di calcolo delle variazioni fiorita a Chicago. Si può presumere che il problema sia stato posto come una versione finito-dimensionale di ricerche poi continuate nel calcolo delle variazioni con condizioni al contorno espresse da disequazioni. A Karush, studente universitario in cerca di affermazione e impegnato nel fare tutto il necessario per il Ph.D., non venne mai in mente di pubblicare il suo lavoro né Graves lo incoraggiò a farlo. Inoltre, e questo è un fatto ben più importante per la nostra ricostruzione, lo studio si svolse tutto all'interno della matematica pura, senza alcun legame con l'economia; nessuno anticipò il futuro interesse per questi problemi e per la loro potenziale applicazione pratica.

Anche per introdurre il lavoro di F. John, cito Takayama:

Vicino a Karush, ma ancora precedente a Kuhn e Tucker, Fritz John considerò la programmazione non lineare con vincoli espressi da disequazioni. Egli non ipotizzò alcuna limitazione eccetto quella per la quale tutte le funzioni sono differenziabili con continuità. Qui il Lagrangiano appare come $v_0 f(x) - va(x)$ e v_0 può essere zero nella condizione del prim'ordine.

Lasciando da parte i problemi di priorità, che cosa condusse Fritz John a considerare questo problema? La sua motivazione è legata al tentativo di provare un teorema geometrico secondo il quale il confine di un insieme convesso compatto in uno spazio euclideo n-dimensionale giace tra due ellissoidi omotetici di rapporto non maggiore di n. Nelle dimensioni 2 e 3, il risultato è stato provato negli anni Trenta; usando gli strumenti della teoria delle disequazioni lineari, John fu in grado di provare il risultato generale come una applicazione del teorema citato da Takayama qui sopra. L'articolo che ne venne fuori fu rifiutato dal *Duke Mathematical Journal*, ed entrò nel novero dei classici non pubblicati della nostra disciplina. Tuttavia, questo rifiuto ottenne solo di concedere più tempo per esplorare le implicazioni della tecnica usata per derivare condizioni necessarie per il minimo di una quantità (qui il volume dell'ellissoide circoscrivente) soggetta a vincoli di disuguaglianza.

Nel risolvere questo problema, Fritz John fu aiutato da un principio euristico spesso sottolineato da Richard Courant, vale a dire che in un problema di variazione dove un vincolo è una disequazione, una soluzione spesso si comporta come se la disuguaglianza fosse assente, o soddisfacesse una stretta uguaglianza. È stato il destino a volere che fosse il sessantesimo compleanno di Courant nel 1948 a dare a John l'occasione per completare e pubblicare il suo articolo.

Sia per la programmazione lineare che per quella non lineare, le applicazioni sono arrivate abbastanza rapidamente. Le applicazioni pratiche industriali hanno dovuto attendere lo sviluppo di computer in grado di affrontare problemi di complessità adeguata alla realtà e cominciarono nel 1951. Negli anni dal 1955 al 1960, si ebbe una crescita rilevante e così rapida che Dantzig poté scrivere all'inizio degli anni Sessanta: "A partire dal 1957 il numero di applicazioni è cresciuto tanto rapidamente che è impossibile darne un adeguato trattamento". Da allora è stato stimato che più di metà del tempo passato sui computer è speso per la soluzione di programmi lineari e non lineari. Al tempo del "Princeton Symposium on Mathematical Programming" nel 1967, A.R. Colville presentò in [11] uno studio comparato di algoritmi di programmazione non lineari, nel quale furono valutati trentaquattro diversi algoritmi. La maggior parte di essi aveva visto la luce in grandi industrie ed erano stati scritti per ottenere applicazioni particolari.

Nello stesso tempo, l'oggetto della programmazione lineare stava entrando nel reame della cultura popolare. Il che può essere illustrato da una citazione tratta da un film prodotto nel 1976 e vincitore di una "Academy Award". Infatti, un attore che raffigura il capo di un network televisivo dice: "Di che cosa pensi che parlino i russi durante i loro Consigli di Stato? Di Karl Marx? Essi tirano fuori i loro diagrammi di programmazione lineare, le loro teorie statistiche di decisione e le soluzioni minimax e calcolano le probabilità del prezzo delle loro transazioni e degli investimenti, proprio come facciamo noi." (Ned Beatty in *Network*, sceneggiato da Paddy Chayeksky, 1976). La velocità con la quale questo passaggio è entrato nella cultura popolare è sbalorditiva. Ed è proprio come se Jonathan Swift, nello scrivere *I viaggi di Gulliver* all'inizio del diciottesimo secolo avesse fatto usare ai Lillipuziani il Calculus, inventato sul finire del diciassettesimo secolo.

Dopo aver completato il nostro breve racconto sulla scoperta e sull'applicazione della programmazione lineare e non lineare, possiamo ora proporre una risposta alla domanda: quali erano i fattori che condussero alla loro straordinaria, rapida e ampia applicazione? La risposta è l'insieme di tre fattori. Tutti e tre sono necessari; neppure due di loro sarebbero stati sufficienti.

Primo, i modelli della programmazione lineare e non lineare erano abbastanza flessibili per comprendere un'ampia classe di problemi della vita reale che non erano stati affrontati con nessuna tecnica soddisfacente. Sociologicamente, dopo il successo di alcuni modelli teorici della ricerca operativa nella Seconda Guerra Mondiale, le maggiori industrie erano pronte a tentare di applicare modelli analoghi.

Secondo, Dantzig scoprì un algoritmo per la soluzione di programmi lineari, il metodo del simplesso. Esso consisteva in un insieme di regole o procedure che avrebbero potuto essere eseguite da un computer per fornire risposte a casi di crescente grandezza. Una grande numero di algoritmi di questo genere per programmi non lineari ha portato a compimento la ricerca di soluzioni per le condizioni necessarie stabilite da Karush, Kuhn e Tucker.

Terzo, e di gran lunga più importante, in concomitanza con i primi due fattori, i primi anni Cinquanta hanno visto lo sviluppo e la rapida espansione dei computer. Nel 1953 esisteva un solo computer programmato per risolvere programmi lineari con venticinque variabili e venticinque vincoli. Oggi, persino i computer da tavolo possono risolvere problemi pratici di portata sempre maggiore.

Questo intervento mi ha dato l'opportunità di rendere omaggio a Albert W. Tucker, che è stato mio amico e collega per quarantasette anni. Matematico creativo e superbo oratore, era famoso per trovare sostegni finanziari e per creare l'atmosfera congeniale ad un ampio numero di matematici che lavoravano a quella che oggi è chiamata "matematica discreta", un termine da lui coniato. È stata una fortuna per me trovarmi nel momento giusto a lavorare con lui.

Bibliografia

[1] G.B. Dantzig (1991) Linear programming, in: J.K. Lenstra, A.H.G. Rinnoy Kan, A. Schrijver (eds) *History of Mathematical Programming*, North-Holland, Amsterdam
[2] H.W. Kuhn, A.W. Tucker (1951) Nonlinear programming, in: J. Neyman (ed) *Proceedings of the Second Berkeley Symposium on Mathematical Statistics and Probability*, University of California Press, Berkeley, pp. 481-492

[3] D. Gale, H.W. Kuhn, A.W. Tucker (1951) Linear programming and the theory of games, in: T.C. Koopmans (ed) *Activity Analysis of Production and Allocation*, Wiley, New York, pp. 317-329

[4] W. Karush (1939) *Minima of Functions of Several Variables with Inequalities as Side Conditions*, M.Sc. Thesis, Department of Mathematics, University of Chicago, Chicago. [Una sintesi di questo lavoro è stata pubblicata come appendice in: H.W. Kuhn (1976) Nonlinear programming: a Historical view, in: R.W. Cottle, C.E. Lemke (eds) *Nonlinear programming*, SIAM-AMS Proceedings 9, pp. 1-26]

[5] F. John (1948) Extremum problems with inequalities as subsidiary conditions, *Studies and Essays, Presented to R. Courant on his 60th Birthday, January 8, 1948*, Interscience, New York, pp. 187-204

[6] A. Takayama (1974) *Mathematical Economics*, Drydale Press, Hinsdale

[7] L.L. Pennisi (1953) An indirect sufficiency proof for the problem of Lagrange with differential inequalities as added side conditions, *Trans. Amer. Math. Soc. 74*, pp. 177-198

[8] M.A. El-Hodiri (1967) *The Karush Characterization of Constrained Extrema of Functions of a Finite Number of Variabiles*, Research Memorandum A.3, UAR Ministry of Treasury

[9] M.A. El-Hodiri (1971) *Constrained Extrema: Introduction to the Differential Case with Economic Applications*, Springer-Verlag, Berlin Heidelberg New York. [Originariamente: M.A. El-Hodiri (1966) *Constrained Extrema of Functions of a Finite Number of Variables: Review and Generalizations*, Krannert Institute Paper 141, Purdue University, Purdue]

[10] V. Fiaco, G.P. McCormick (1968) *Nonlinear Programming: Sequential Ununconstrained Optimization Techniques*, Wiley, New York

[11] R. Colville (1970) A comparative study of nonlinear programming codes, in: H.W. Kuhn (ed) *Proceedings of the Princeton Symposium on Mathematical Programming*, Princeton University Press, Princeton

matematica
e storia

La matematica italiana, il fascismo e la politica razziale

Giorgio Israel

Modernizzazione o arretratezza?

L'analisi storica delle trasformazioni della scienza e delle sue istituzioni nel ventennio fascista è percorsa da una domanda che è caratteristica di tutta la storiografia del fascismo; e cioè se l'influsso delle politiche del regime abbia comportato soltanto aspetti di involuzione e di decadenza oppure abbia anche determinato processi di modernizzazione. A nostro avviso, entrambi gli aspetti sono presenti e occorre osservare come talora si sia peccato per eccessiva unilateralità, tendendo a presentare l'influsso del regime senza alcun chiaroscuro e, d'altro lato, si sia corretta tale unilateralità in termini troppo marcati, fino a indulgere a forme di rivalutazione tanto acritiche quanto infondate. Su questi atteggiamenti pesano valutazioni che hanno poco a che fare con l'analisi storica oggettiva e che sono dettate da considerazioni politiche, ora suggerite dal timore che valutazioni più equilibrate possano comportare una rivalutazione o addirittura un'assoluzione del regime, ora finalizzati alla costituzione in modo affrettato e rozzo delle "basi" storiografiche all'esigenza di una riconciliazione nazionale che, ripartendo con benevolenza i torti e le ragioni, lasci tutti contenti e tranquillizzati.

Nel presente contesto della cultura italiana la seconda tentazione appare come la più pericolosa ed equivoca. Lungi dal chiudere certe ferite tuttora aperte, essa rischia di riaprirle nel modo più spiacevole, di ostacolare lo sviluppo dell'analisi storiografica, rendendola ostaggio di opportunità (od opportunismi) contingenti e di dar luogo a una versione nostrana, e alquanto rustica, di "revisionismo storiografico". Eppure sono ormai largamente acquisiti le conoscenze e i materiali storiografici atti a stabilire una valutazione equilibrata del ruolo del fascismo nel processo di modernizzazione del paese e nei processi degenerativi delle strutture, delle istituzioni e della cultura lasciati in eredità dal periodo liberale. È tuttavia evidente che i materiali conoscitivi non sono di per sé sufficienti ove si lasci spazio a equivoci su questioni interpretative elementari. Ad esempio, dovrebbe essere ormai evidente e acquisito il fatto che il consenso al regime, in particolare nel settore della cultura, fu imponente e quasi plebiscitario: ogni tentativo di contraddire questo dato di fatto, e cioè che l'Italia, e in particolare la cultura italiana fu "fascista" in senso quasi totalitario, almeno fin verso la fine degli anni Trenta, rappresenta un inutile ostacolo all'analisi storica. Il fatto che la grande maggioranza degli intellettuali si sia impegnata nelle opere del regime non implica tuttavia di per sé alcuna valutazione positiva. Una simile considerazione dovrebbe essere ovvia e superflua. Eppure, resiste l'idea che un consenso plebiscitario rappresenti di per sé una giustificazione. Si tratta di un'idea manifestatamente falsa e che si spiega come retaggio di concezioni totalitarie e populistiche: finché essa resisterà, in una forma o nell'altra, sarà difficile discutere in modo equilibrato della storia dei regimi totalitari dotati di un'ampia base di consenso, poiché proprio qui si annida la matrice della confusione fra giudizio storico e giudizio politico.

Dobbiamo pertanto partire dal dato di fatto che la comunità scientifica, come parte della comunità degli uomini di cultura italiani, si schierò in modo quasi plebiscitario con il regime e collaborò in modo pieno e convinto alla realizzazione dei suoi progetti. Essa non ebbe mai le caratteristiche di un'isola separata e autonoma e le poche sacche di antifascismo, per quanto ora suscitino ammirazione per la convinta coerenza con cui si opposero al regime, non riuscirono a modificare il corso degli eventi che trasformarono la scienza italiana assieme alla società nel suo complesso.

Nella considerazione della posizione in cui si trovava la scienza italiana negli anni Venti, ovvero nel periodo della presa del potere da parte del fascismo, occorre sottolineare innanzitutto un aspetto caratteristico. La scienza italiana poteva richiamarsi a una tradizione eccelsa (quella di Galileo), che era tuttavia troppo lontana per fornire le basi di una moderna ricerca scientifica nazionale. Di fatto, una comunità scientifica "italiana" non esisteva, nel momento in cui si realizzò l'unità politica del paese, mentre la supremazia delle grandi nazioni avanzate nel campo scientifico, come la Francia e la Germania, era proprio basata sull'esistenza e la coesione di una comunità scientifica nazionale. Fu grande merito di alcuni scienziati del primo periodo unitario, e soprattutto di matematici come Enrico Betti, Luigi Brioschi, Luigi Cremona, comprendere che la costituzione di una comunità scientifica nazionale era il compito primario e urgente affinché la nuova nazione potesse farsi uno spazio nella ricerca avanzata. I risultati ottenuti in tale direzione furono tanto straordinari quanto conseguiti con velocità. Poiché tale azione venne condotta soprattutto da matematici, fu in questo campo che l'Italia riuscì rapidamente a prender posto nel consenso delle nazioni avanzate sul piano scientifico. Verso la fine dell'Ottocento la matematica italiana aveva conquistato il terzo posto dietro alla Germania e alla Francia e le scuole italiane di geometria e di analisi godevano di una reputazione riconosciuta e indiscussa. Questo sviluppo ebbe un effetto di traino in altri settori della ricerca, come la fisica – la fondazione della Società Italiana di Fisica fu opera di un matematico, Vito Volterra – e anche la chimica e la biologia (basti pensare a personaggi come Stanislao Cannizzaro e Giovanni Battista Grassi) cominciavano ad attestarsi su livelli qualitativi molto elevati.

Di particolare interesse è l'attenzione che venne posta al tema delle scienze applicate e dell'ingegneria. Anche in questo campo i matematici ebbero una funzione trainante: basti pensare alla fondazione della *Reale Scuola degli Ingegneri* a Roma da parte di Luigi Cremona o alla rifondazione da parte di Vito Volterra, nel 1906, della *Società Italiana per il Progresso delle Scienze*, che mirava a stabilire un terreno di interazione fra scienziati puri e applicati e fra scienza e cultura, mettendo a contatto i segmenti disciplinari e culturali più disparati.

Tuttavia, queste operazioni di politica culturale e scientifica non potevano non basarsi sullo studio e la ricezione di modelli stranieri, in particolare di quelli tedesco e francese che avevano una posizione egemone nella scienza mondiale. Non è certamente possibile né opportuno analizzare qui le caratteristiche di un simile processo "imitativo" e le conseguenze che esso ebbe sulla struttura della scienza italiana, tanto più che ciò è stato fatto in alcuni esaurienti contributi citati nelle letture consigliate in fondo a questo articolo. È tuttavia opportuno sottolineare, sia pure in modo schematico, un aspetto cruciale che concerne il rapporto fra scienza pura e applicata. Anche se l'influsso del modello tedesco fu di grande importanza, soprattutto nel campo delle ricerche geometriche, la maggior parte dei matematici e dei fisico-matematici italiani finì con lo scegliere come riferimento culturale privilegiato il modello francese, non mostrandosi sensibile alla novità che era rappresentata da quel particolare ramo della scienza tedesca che va sotto il nome di "scuola di Göttingen". Fondata dal matematico Felix Klein, che fu per lungo tempo un riferimento primario per gli italiani, la scuola di Göttingen, sotto l'influsso di David Hilbert, orientò le sue ricerche verso quelli che sarebbero divenuti i settori di punta della scienza del Novecento: teoria degli insiemi, algebra, analisi funzionale, meccanica quantistica, logica matematica. E lo fece assumendo come principio metodico quel metodo assiomatico che avrebbe rivoluzionato la scienza del secolo, dalla teoria delle probabilità alla fisica teorica. Come la scienza francese, la scienza italiana restò estranea, se non diffidente, nei confronti degli sviluppi dell'assiomatica.

Occorre al riguardo sottolineare un aspetto di primaria importanza che riguarda il rapporto fra scienza e applicazioni. Il modello di Göttingen proponeva una visione completamente nuova e originale di tale rapporto. Difatti esso suggeriva una visione astratta e "pura" della scienza di base che apparentemente sembrava distaccarla dalle applicazioni e, al contrario, si mostrava come la più confacente alle nuove richieste della tecnologia. La visione ottocentesca non andava al di là della tradizionale visione del rapporto fra scienza e tecnica come un'interazione diretta, anzi immediata, in cui non si coglieva il nuovo ruolo che potevano giocare le ricerche più astratte e anche apparentemente "inapplicabili". Proprio la figura tradizionale dell'ingegnere, inteso come unico mediatore diretto del rapporto fra scienza e tecnica, appariva vecchia e insufficiente. La *tecnologia*, ovvero la tecnica basata sulla scienza, aveva bisogno di un apporto molto più profondo e completo della ricerca scientifica, e di *tutta* la ricerca scientifica anche quella più astratta e apparentemente più lontana dalla "concretezza". La scuola di Göttingen fu l'interprete più avanzata di tale visione e ne rappresentò un modello anche per la scienza statunitense che lo recepì in modo completo, anche per l'emigrazione dei più importanti rappresentanti di tale scuola negli Stati Uniti, dopo la presa del potere del nazismo in Germania.

Inoltre, la scuola di Göttingen rappresentava un modello di ricerca scientifica "internazionalista" che superava, o quantomeno suggeriva che fosse utile superare, le vecchie barriere delle scuole nazionali. Una ricerca scientifica fondata su temi e metodi tendenti all'unificazione e adeguata alle esigenze della tecnologia non poteva restare chiusa all'interno delle culture nazionali, ma doveva proporsi come una grande impresa mondiale e senza confini. Il grande paradosso della scienza tedesca dei primi decenni del secolo è dato dal formarsi di una concezione internazionalista della ricerca e dal fatto che determinati ambienti (in particolare quello di Göttingen) divennero punto di raccolta di ricercatori di ogni nazionalità, proprio in un momento in cui il nazionalismo germanico rialzava la testa e i germi del razzismo antisemita si riattivavano nel modo più virulento.

Furono certamente anche ragioni politiche, e in particolare lo schierarsi dell'Italia a fianco della Francia durante la Prima Guerra Mondiale, a distaccare sempre più gli scienziati italiani dai loro colleghi tedeschi. La scienza italiana, che tanto e con tanto successo aveva faticato a costituirsi come scuola nazionale, e che, non a caso, era impregnata di sentimenti risorgimentali e patriottici, stentò a comprendere la necessità delle nuove tendenze verso un modello internazionale della ricerca. Essa restò ancorata al modello francese e, in particolare, a una visione dello scienziato come "uomo di cultura generale", particolarmente attento alle relazioni fra la scienza e la cultura umanistica, interessato alle applicazioni secondo il modello dell'ingegneria dell'Ottocento.

Negli intenti di Vito Volterra, la *Società Italiana per il Progresso delle Scienze* (*SIPS*) doveva essere il luogo in cui insegnanti universitari e professori delle scuole secondarie, ingegneri, tecnici, medici e studiosi di orientamento umanistico dovevano incontrarsi per confrontare i loro punti di vista e le loro realizzazioni. Si trattava di un intento interdisciplinare che si proponeva di spaziare in orizzontale e in verticale e di mettere a contatto sia i livelli superiori e inferiori della cultura scientifica che gli approcci teorici e quelli applicativi.

Tuttavia, secondo Volterra, la diffusione della tecnologia non era una via semplice e lineare per il progresso. Ai suoi sviluppi "corrispondono nuovi bisogni dell'umana società, bisogni cui ogni paese civile deve soddisfare se non vuole che si arresti o languisca la propria vita intellettuale e che si inaridiscano le fonti della propria prosperità". Occorre quindi che gli scienziati facciano la loro parte rompendo le vecchie istituzioni, creando associazioni, luoghi di incontro e di discussioni più aperti e "liberali". Entro di essi può verificarsi da un lato la cooperazione di tendenze capaci di contrastare i guasti dell'eccessivo specialismo e dall'altro un avvicinamento fra gli scienziati e la gente comune e genericamente colta, una diffusione di massa della cultura scientifica:

> Le antiche accademie sono un campo troppo chiuso, gli istituti di insegnamento hanno già altri intenti determinati, le singole società scientifiche sono un terreno troppo ristretto per prestarsi a questi scopi. Essi solo possono conseguirsi in seno ad una vasta associazione che raccolga i cultori di tutte le discipline [...] tutto ciò che il pubblico non può apprendere dai libri e dai discorsi si paleserà quando esso assista e si mescoli alle discussioni degli uomini di scienza, giacché son le dispute spontanee e vivaci, che mostrano sotto la luce più naturale e più vera il germogliare e l'esplicarsi di quei pensieri che di solito un troppo sapiente artificio divulga[1].

---

[1] Cfr. V. Volterra, *Il momento scientifico presente e la nuova Società Italiana per il Progresso delle Scienze*. Per i riferimenti esatti, di questa e delle successive indicazioni, si vedano le letture consigliate alla fine dell'articolo.

Oggi, una simile visione umanistica della scienza e della tecnologia non può non destare simpatia in chi teme gli eccessi del pensiero unico dominante nella società contemporanea: la cultura tecnoscientifica. Ma, dal punto di vista storico, dobbiamo rilevare che si trattava della visione che avrebbe perso. Vito Volterra fu il massimo rappresentante di una cultura scientifica di stampo liberal-democratico che si ispirava agli ideali del Risorgimento e a quelli dell'Illuminismo e aveva come stella polare il modello francese. Di tale modello recepiva oltre alla visione del rapporto fra scienza e cultura anche quello fra scienza e tecnica, il quale affondava le sue radici nella tradizione ottocentesca delle scienze politecniche. Le vicende della Prima Guerra Mondiale non fecero che consolidare l'adesione a questo modello, individuando in quello della scienza tedesca soltanto aspetti negativi, fino a suggerire l'obiettivo della rivalutazione della cultura "latina" come asse portante della cultura europea e come baluardo contro la "barbarie" e l'oscurantismo che venivano dal centro-nord dell'Europa. Questo atteggiamento ebbe conseguenze negative e, sul piano scientifico, precluse l'attenzione per le novità che la scienza tedesca proponeva, in particolare nel rapporto con la cultura e la tecnologia. Pertanto, il modello liberal-democratico impersonato da Volterra, detto anche il "signor Scienza Italiana", per denotare come egli venisse considerato all'estero come il massimo rappresentante della scienza nazionale, era ormai in declino negli anni Venti. Uno degli episodi più significativi di tale crisi è testimoniato dalla inutile opposizione che Volterra tentò di esercitare contro la riforma dell'insegnamento promossa da Giovanni Gentile attraverso una Commissione da lui istituita presso l'Accademia dei Lincei[2]. Le osservazioni e le proposte di questa Commissione non erano prive di acutezza e di grande interesse ma finivano con il rifarsi al vecchio modello scolastico introdotto dalla riforma Casati e quindi, malgrado ogni buona intenzione, apparivano più come una difesa dell'esistente che come una proposta alternativa. La riforma Gentile era certamente poco sensibile al tema della cultura scientifica, e anzi subordinava quest'ultima alla cultura umanistica, ma traeva la sua forza dall'aver individuato la necessità di subordinare l'intera costruzione scolastica ad un *asse formativo* unitario. È indubbio che la riforma Gentile fu uno dei risultati più originali, innovativi e solidi della politica culturale del regime, com'è provato dalla sua stessa resistenza al trascorrere del tempo e dalla difficoltà di delineare una proposta alternativa altrettanto coerente.

La politica del regime non fu altrettanto efficace sul piano della ristrutturazione delle istituzioni culturali e, in particolare, di quelle scientifiche. Al riguardo, ha ben ragione Pietro Nastasi nel rilevare, attraverso un'ampia e dettagliata disamina[3], che la politica scientifica del regime fu episodica e caotica e priva di una linea direttiva coerente. In fin dei conti, fu una politica dettata dall'improvvisazione. Ciò non fu dovuto soltanto al fatto che l'ideologia neo-idealista dominante suggeriva una svalutazione della cultura scientifica e quindi trascurava, se

---

[2]   Cfr. G. Israel, *Vito Volterra e la riforma scolastica Gentile*.
[3]   Cfr. P. Nastasi, *Il contesto istituzionale*.

non addirittura contrastava, ogni tentativo di promuovere una diffusione ampia e critica della cultura scientifica. Secondo questa ideologia, la scienza non poteva comunque aspirare al ruolo di "asse culturale" della vita nazionale e, in particolare, della scuola, poiché questo doveva essere esclusivamente esercitato dalla cultura umanistica, intesa in completa separatezza dalla cultura scientifica. È tuttavia vero che la visione corporativa del fascismo tendeva a promuovere una separazione dell'attività scientifica pura da quella applicata, interagenti ma istituzionalmente distinte, che può anche essere considerata come un fattore innovativo rispetto alla visione integrata "alla Volterra", che si rifaceva ad un modello ottocentesco ormai superato dai fatti. Naturalmente giocavano in questa visione dei moventi di natura politica. L'università era vista dal regime come il terreno più adatto per ricostruire l'unità corporativa della comunità scientifica, oltre ad essere un terreno più facilmente controllabile sul piano politico. Qui gli scienziati "segregati dai mondani rumori", per usare le parole del ministro Giuseppe Bottai, avrebbero potuto dedicarsi alla ricerca pura. Altre istituzioni, come il Consiglio Nazionale delle Ricerche, dovevano presiedere invece alla ricerca applicata o gestire gli apporti della ricerca pure alle applicazioni.

Sarebbe tuttavia forzato andare troppo in là e riconoscere in questa visione articolata delle funzioni della scienza pura e della scienza applicata un disegno coerente e coerentemente perseguito. Il fattore di modernizzazione implicito in questa ristrutturazione delle istituzioni scientifiche non riuscì ad esplicarsi in modo compiuto, e anzi fu compromesso da un lato dalla gestione confusa e dilettantesca del regime e, dall'altro, dalle sue ossessioni di controllo politico capillare. Al riguardo, appare esemplare il destino della SIPS, la quale perse progressivamente il ruolo di terreno di interazione culturale interdisciplinare perseguito da Volterra, finendo con il divenire una raccolta di "sezioni" disciplinari distinte della ricerca scientifica, ma soprattutto si trasformò sempre più in una passerella dei trionfi del regime, fino alle manifestazioni di ossequio e di propaganda più piatte e volgari. Al di là di ogni disegno più o meno definito di politica scientifica, s'imponeva l'ossessione di controllo del regime, il quale non poteva gradire una comunità di scienziati aperta, nella sua attività, all'interazione con altri settori della vita culturale e produttiva.

Nel discorso di rifondazione della SIPS del 1906, Volterra osservava con tono lirico:

I fili che vediamo stendersi come in una rete sopra le nostre abitazioni e slanciarsi lontani sono il documento più eloquente della nostra prosperità economica. Nella solitaria campagna romana essi corrono paralleli ai superbi acquedotti. Al genio di Lord Kelvin, che li mirò in un fulgente crepuscolo, essi parlarono un linguaggio altrettanto solenne quanto le maestose vestigia dell'antica potenza dell'Urbe[4].

---

4   V. Volterra, *Il momento scientifico presente e la nuova Società Italiana per il Progresso delle Scienze*.

Nulla era più lontano dalla visione del fascismo dell'idea che la rete dei fili elettrici potesse prendere il posto simbolico occupato dalle vestigia dell'antica Roma. Sarebbe una forzatura attribuire al fascismo una visione meramente tecnicistica della scienza, la quale era piuttosto congeniale alle tesi del neo-idealismo nella versione crociana, ma è indubbio che la separazione netta fra scienza pura e applicata non era tanto espressione di un progetto di "modernizzazione" quanto espressione di una duplice esigenza: quella di escludere la scienza da un ruolo culturale capace di contendere il primato alle scienze umane e soprattutto quella di controllare le varie sezioni del mondo della cultura e della scienza attraverso il loro sezionamento corporativo.

Avremo modo di rilevare, nel caso specifico della matematica, questo duplice volto dell'azione del regime. Da un lato, esso riuscì a introdurre novità significative sul piano della ristrutturazione delle istituzioni scientifiche; dall'altro, esso annullò il valore innovativo di queste riforme in parte per il carattere incoerente ed episodico della sua azione, e soprattutto perché le subordinò a un disegno totalitario e autarchico. La contraddizione che era alle radici di questo risultato negativo può essere riassunta mediante un'interrogazione retorica: come poteva conciliarsi una visione autarchica e nazionalistica della scienza con la tendenza inarrestabile verso una struttura internazionalistica e priva di frontiere della ricerca e della tecnologia? Una simile restrizione non era destinata ad annullare il valore innovativo di ogni riforma?

Alla domanda che abbiamo posto come titolo di questa sezione possiamo quindi rispondere dicendo che il regime non restò immobile sul piano della politica di riforma della scienza e delle sue istituzioni, ma che gli intenti profondi che animavano le sue azioni finirono con il trascinare l'intera scienza italiana in un arretramento di cui la politica razziale rappresentò l'evento conclusivo, il suggello drammatico di un fallimento.

Il caso della matematica

Lo stato della matematica italiana agli inizi del periodo fascista è stato efficacemente descritto da Pietro Nastasi riassumendolo in due aspetti[5]. Per un verso, la matematica italiana, nel periodo della Prima Guerra Mondiale, aveva completato con successo il processo di "costituzione come disciplina istituzionalizzata, con una posizione definita nel sistema scientifico ed educativo", ed aveva conquistato una posizione di tutto rispetto nella comunità matematica internazionale, un "terzo posto" dopo la matematica tedesca e francese. Per altro verso, secondo le parole del matematico francese André Weil, essa sembrava affetta da un processo di "sclerosi, analogo a quello da cui si trova minacciata la Francia, ma che ha avuto effetti ancora più pronti e distruttivi".

---

5   Cfr. P. Nastasi, *Il contesto istituzionale.*

Questa situazione negativa appare assai più evidente sul piano dei contenuti che su quello istituzionale. La gloriosa scuola di geometria algebrica italiana appare ormai ripiegata sulla sua tradizione senza mostrarsi capace di innovazione e soprattutto di manifestare attenzione per i nuovi metodi e i nuovi approcci di carattere algebrico e topologico che si vanno diffondendo dalla Germania. La scuola di analisi matematica mostra ancora punte di eccellenza straordinarie, ma non appare capace di recepire le conquiste dell'analisi funzionale e astratta che vengono anch'esse dalla scuola tedesca. La situazione è migliore nel campo della fisica matematica che ha in Tullio Levi-Civita un esponente di primissimo piano, capace di tenere il passo con tutte le conquiste più moderne nel campo e anzi di esserne un protagonista. E va rilevato che, per una serie di ragioni che abbiamo analizzato in altri scritti, la scienza italiana, soprattutto per merito di matematici come Levi-Civita, Enriques e Castelnuovo, appare più aperta alla novità rappresentata dalla teoria della relatività di quanto non lo sia la scienza francese. Del resto, fu proprio Levi-Civita ad apprestare il linguaggio matematico della teoria della relatività generale, ovvero il calcolo differenziale assoluto. Malgrado l'eccezione praticamente individuale di Levi-Civita (che comunque continua a definirsi un "conservatore"), i matematici italiani non appaiono pienamente consapevoli del fatto che la struttura della fisica sta mutando radicalmente e che questo mutamento si riflette nel costituirsi di una nuova branca, la *fisica teorica*, che non si riconosce più nel *corpus* classico della fisica matematica, e che di fatto ha come primo nucleo costitutivo la meccanica quantistica. Su questo terreno, anzi, i matematici italiani manifestano delle resistenze sorde e tanto più perniciose in quanto la comunità matematica aveva (e avrebbe mantenuto fino alla Seconda Guerra Mondiale) una posizione di preminenza nella comunità scientifica italiana. È esemplare, al riguardo, l'opposizione che venne fatta all'istituzione di una cattedra di Fisica teorica presso la Facoltà di Scienze Matematiche, Fisiche e Naturali dell'Università di Roma (era destinata a Enrico Fermi) e che esprimeva una ingiustificabile chiusura nei confronti delle nuove correnti della ricerca nella fisica.

La matematica italiana attraversa quindi negli anni Venti una fase di stagnazione e di declino pur conservando una posizione di tutto rispetto nel consesso internazionale pur essendo caratterizzata dalla presenza di personalità di primo piano.

Sul piano istituzionale, la posizione della matematica italiana appare solida. Numerose sono le riviste dedicate alla ricerca matematica pura e applicata e, oltre al prestigioso *Circolo Matematico di Palermo*, numerose sono le istituzioni in cui i matematici hanno una posizione di tutto rispetto, se non addirittura egemonica: ricordiamo, in particolare, la già menzionata *SIPS*, il *Consiglio Nazionale delle Ricerche* (il cui primo atto di fondazione era dovuto allo stesso Volterra), l'*Accademia Nazionale dei Lincei* e la *Scuola Normale Superiore* di Pisa. Proprio questa consistente presenza istituzionale spiega il ritardo con cui venne promossa un'associazione professionale di matematici, l'*Unione Matematica Italiana (UMI)* sul modello di quanto era già avvenuto nella maggior parte dei paesi europei, e anzi la freddezza con cui certi ambienti (come quello romano) collaborarono alla nuova istituzione fondata nel 1922. In seguito, la matematica italiana si arricchì di altre due istituzioni di rilievo: l'*Istituto Nazionale per le Applicazioni del Calcolo* (*INAC*), fondato da Mauro Picone a Napoli nel 1927 e poi trasferito a Roma nel 1932, e l'*Istituto Nazionale di Alta Matematica* (*INDAM*), fondato a Roma da Francesco Severi nel 1939.

Questa ricca struttura istituzionale della matematica italiana è espressione della sua forza accademica, a sua volta conseguenza di una tradizione di altissimo prestigio, ma è meno espressione di una forza propulsiva che non di una forza d'inerzia. La fondazione di istituzioni come l'*INAC* e l'*INDAM* e il potenziamento del ruolo dell'*UMI* potrebbero dare l'impressione di un'opera di modernizzazione del regime rivolta verso il settore trainante della scienza italiana, ma si tratterebbe di una conclusione superficiale e fondamentalmente errata. Di fatto, il regime non seppe comprendere quali erano i settori più promettenti per la ricerca scientifica e scelse di favorire le iniziative meno costose e che avevano comunque un buon "ritorno" in termini di propaganda, e che non contrastavano con la sua politica di "fascistizzazione" istituzionale. Ciò è particolarmente evidente se si considera l'atteggiamento che il regime assunse di fronte ai progetti di Orso Maria Corbino ed Enrico Fermi, che miravano alla costituzione di un "Istituto Nazionale di Fisica" dotato di larga autonomia rispetto all'Università e di cospicui mezzi economici. Il progetto fu bocciato dal regime, sia per la spesa che comportava sia per il rischio che indebolisse la funzione accentratrice dell'Università, e ciò mostra come non si fosse compreso che il miracoloso primato che l'Italia aveva acquisito nella fisica nucleare, con le scoperte della "scuola di via Panisperna", non avrebbe potuto durare se non fosse stato sostenuto con mezzi massicci e non fosse stato accolto il principio che ricerche di quella natura richiedevano una larga autonomia rispetto al contesto accademico tradizionale. Questo era l'orientamento che era stato preso negli Stati Uniti e che fu all'origine del fatto che le ricerche in fisica nucleare si trasferirono in quel paese. Furono quindi "motivi ideali e motivi di bilancio" (come ricorda Nastasi) ad affossare il progetto Corbino-Fermi, mentre motivi del genere non ostacolarono il rafforzamento della matematica italiana attraverso la fondazione dell'*INDAM* e dell'*INAC*. E ciò non soltanto perché si trattava di strutture che costavano di meno, ma anche perché esse non sembravano mettere in discussione il primato del mondo universitario e accademico e la possibilità di un agevole controllo politico. Sotto questo profilo, la comunità dei matematici veniva incontro alle esigenze del regime, anche se sarebbe sbagliato affermare che essa sia stata uno dei settori più fascistizzati della scienza italiana.

Ribadiamo quindi che, se si guarda con occhio superficiale alle iniziative istituzionali del regime nei confronti della matematica e, in particolare, all'istituzione dell'*UMI*, dell'*INDAM* e dell'*INAC*, si può avere l'impressione di un processo di modernizzazione. Occorre invece tener conto del fatto che le iniziative nel campo scientifico sono apprezzate dal regime soprattutto se rispondono a tre criteri: economicità, adesione alla visione istituzionale fascista che comporta uno stretto controllo politico, redditività in termini di immagine ovvero capacità di esaltare l'azione del regime e, più in generale, i valori della nazione e della stirpe. La seconda esigenza implica il rafforzamento del ruolo dell'Università nel controllo della ricerca (essendo, a sua volta, l'Università una struttura di agevole controllo politico) e una distinzione fra ricerca pura e applicata che tuttavia non conferisca alla seconda un'autonomia "eccessiva" e non costruisca isole di vera e propria indipendenza. La terza esigenza si fa sentire in modo sempre più pressante con lo sviluppo della politica autarchica del regime e si oppone in modo reciso a ogni forma di visione internazionale della ricerca, tendendo, al contrario, ad esaltare il ruolo e il primato del "genio italico" nella scienza.

Le iniziative della comunità matematica italiana rispondono in modo sostanzialmente efficace a queste tre esigenze. Il controllo politico appare completo, dopo che erano state emarginate le isole di antifascismo, le quali si aggregavano soprattutto attorno alla figura di Volterra, e dopo che era stata definitivamente sconfitta la sua visione liberaldemocratica della ricerca e del suo rapporto con il mondo culturale e produttivo. L'*UMI* diverrà sempre più una tribuna della matematica fascista e, nei suoi convegni, vedrà la presenza di autorevoli figure politiche del fascismo, in particolare di Giuseppe Bottai. L'*INDAM* e l'*INAC* rappresenteranno i due rami della ricerca pura e applicata della matematica, ma il secondo non avanzerà mai delle esigenze, sul piano economico come su quello della struttura istituzionale e organizzativa, analoghe a quelle dell'Istituto di Fisica preconizzato da Corbino e Fermi. I due rispettivi fondatori, Severi e Picone, faranno a gara nel dimostrarsi come i più fedeli interpreti della politica del regime. Picone dichiarerà se stesso esempio di "matematico fascista" e la ricerca che si svolgeva nel suo istituto, modello di "matematica fascista", volta a rafforzare le strutture produttive e militari del paese. Severi, nel discorso di inaugurazione dell'*INDAM*[6], che rimane una manifestazione impressionante di servilismo politico, polemizzerà contro ogni concezione tendente ad assoggettare la ricerca pura alle esigenze applicative dirette, ribadendo però di scorgere nella politica del regime una risposta pienamente coerente con questa sua visione. In effetti, il regime accontentava entrambi i suoi fedeli e concorrenziali paladini, affermando con salomonica equanimità che la scienza doveva sia svolgersi in un'atmosfera segregata dai "mondani rumori" che rispondere, sul piano più direttamente applicato, alle esigenze pratiche poste dalla sviluppo della patria fascista.

L'aspetto che appare come il più importante sul piano interpretativo è dato dall'interazione disastrosa che si verifica fra la visione autarchica e nazionalistica del regime e la tendenza della matematica italiana a ripiegare su se stessa e a disinteressarsi degli sviluppi della ricerca oltre i confini nazionali. Si potrebbe concedere che le iniziative istituzionali del regime potevano avere, o magari persino ebbero, effetti favorevoli sulla ricerca matematica italiana. L'*INDAM* espresse un modello di istituzione scientifica che ricordava alla lontana alcuni aspetti

---

[6]   F. Severi, *L'inaugurazione del R. Istituto di Alta Matematica (Roma)*.

dell'Istituto Matematico di Göttingen e che poteva fungere da punto di raccolta di esperienze di ricerca diverse e da centro di formazione dei giovani studiosi alla ricerca superiore. L'eccellenza di molti docenti (come lo stesso Severi) era un ulteriore punto a favore di tale possibilità. Ma la spinta alla visione autarchica favorì il consolidarsi della tendenza a ignorare gli sviluppi più recenti della ricerca, soprattutto nel campo geometrico e algebrico, nella convinzione errata che, sulla base della propria gloriosa tradizione, la matematica italiana non avesse bisogno altro che di se stessa. Poi, il suggello finale a tale infausta tendenza venne posto nel 1938 dalle leggi razziali con esiti di cui si può ben comprendere la portata ove si pensi che gran parte dei più illustri geometri, ma anche degli analisti e fisico-matematici italiani, era di "razza ebraica".

Un discorso analogo può essere fatto per l'*INAC*. Anche se il mancato sviluppo del calcolo numerico in Italia, almeno a livelli paragonabili con quello di altre nazioni, non può essere imputato al fascismo, bensì alle politiche della ricerca postbelliche (e ha molteplici cause che non è qui luogo di analizzare), è indubbio che sul fallimento pesò in modo sostanziale la struttura limitata e asfittica dell'istituzione, che era sempre quella ereditata dal periodo della fondazione.

In conclusione, le linee di tendenza involutive e declinanti della matematica italiana, già evidenti nel primo ventennio del secolo, furono aggravate dalle scelte politiche autarchiche e nazionalistiche del regime che accelerarono il processo di decadenza. La ripresa postbellica fu lenta e difficoltosa: soltanto agli inizi degli anni Sessanta, l'algebra entrò a pieno diritto fra le materie istituzionali del corso di laurea in matematica e il peso della tradizione della geometria algebrica italiana intralciò seriamente lo sviluppo dell'analisi. Ancora negli anni Cinquanta, Francesco Severi, dall'alto della sua posizione di Presidente dell'*INDAM*, ammoniva che in matematica "la geometria è il pensiero e l'analisi è la calligrafia".

Si è detto che la politica razziale del regime, autentico culmine della sua visione nazionalista e autarchica, rappresentò il suggello di tali distruttive tendenze e diede alla comunità matematica un colpo serio, contro cui peraltro essa fece ben poco per opporsi. Per illustrare questi aspetti è necessario dire qualcosa delle origini, della natura e delle caratteristiche di quella politica razziale, nella quale furono coinvolti, sia pure in forme diverse, tutti i segmenti del mondo universitario e della ricerca.

La politica razziale e la comunità scientifica

La letteratura concernente la politica razziale promossa dal regime nazista tedesco è vastissima e affronta sia la problematica teorica che quella sociologica. La prima problematica riguarda il contributo che varie branche scientifiche (antropologia, biologia, eugenica e demografia) diedero alla definizione dei "fondamenti" della politica della razza. La seconda riguarda il ruolo che la comunità scientifica tedesca ebbe nell'attuazione di quella politica e le conseguenze che ne derivarono per la comunità scientifica stessa, legate al fenomeno dell'emigrazione degli scienziati ebrei e antinazisti che impoverì la scienza tedesca a un punto tale da farle perdere, a favore degli Stati Uniti[7], la posizione di primo piano che occupava.

Un simile indirizzo di ricerche non è stato sviluppato con pari intensità a proposito del caso italiano. Le ragioni di questa disattenzione possono essere ricondotte al fatto che il caso tedesco è talmente rilevante e ha prodotto effetti così drammatici da mettere in secondo piano quello italiano. Inoltre, la politica razziale antiebraica, ha avuto un ruolo *costitutivo* centrale nel razzismo nazista, ovvero una funzione fondante nella concezione politica hitleriana. Lo stesso non può certamente dirsi nel caso italiano: il regime mussoliniano non adottò una legislazione razziale prima del 1938 e, negli anni precedenti, prese ripetutamente le distanze dai provvedimenti e dalla politica razziale dell'alleato germanico, respingendo l'idea che si potesse parlare di razze da un punto di vista strettamente o esclusivamente biologico. Questa differenza ha condotto alcuni storici a liquidare la questione della politica razziale antiebraica del fascismo come marginale, riducendola a un atto di ossequio nei confronti dell'alleato tedesco, ovvero a una concessione nei confronti delle richieste che venivano da quest'ultimo.

Un'analisi storica più attenta mostra che le cose non stanno affatto così. Il fascismo italiano ha elaborato una "sua" politica della razza, con caratteristiche autonome e originali che si riflettono nei provvedimenti legislativi adottati nel 1938. Il dissenso con il nazismo circa la politica razziale adottata da quest'ultimo a partire dal 1934 non si attenua, anzi si accentua nel periodo che va dal 1938 al 1943. L'elemento di divergenza può essere racchiuso nella formula "discriminare non perseguitare": i fascisti non si propongono di colpire direttamente gli ebrei, bensì "soltanto" di metterli al bando dalla vita nazionale. Formula chiara quanto ipocrita, perché quei provvedimenti crudeli e perseguiti in modo accurato e pedante furono, di fatto, duramente persecutori. Lo stesso Renzo De Felice, dopo aver proposto un'interpretazione riduttiva del razzismo fascista[8], ha corretto sensibilmente questa visione nella sua biografia di Mussolini[9].

A nostro avviso, sono entrambe sbagliate le due tesi interpretative "semplici" del razzismo fascista: da un lato, quella secondo cui esso era il risultato di una scelta politica contingente e marginale e, dall'altro, quella secondo cui la politica razziale antiebraica aveva un ruolo costitutivo nell'ideologia fascista. Nel caso italiano, accanto al fattore tradizionalmente considerato come determinante (ovvero le scelte dettate dalla politica estera) occorre aggiungerne altri che tutti insieme (e nessuno escluso) congiurarono a determinare la scelta di sviluppare la politica razziale in Italia. La politica razziale del fascismo può essere compresa soltanto come il punto d'arrivo di una serie di percorsi (o di "binari") che, sebbene distinti e indipendenti, produssero un effetto cumulativo dirompente. Proviamo a descrivere rapidamente questi diversi fattori.

[7]   Per una bibliografia dettagliata cfr. G. Israel, P. Nastasi, *Scienza e razza nell'Italia fascista*.

[8]   R. De Felice, *Storia degli ebrei italiani sotto il fascismo*.

[9]   R. De Felice, *Mussolini il rivoluzionario, Il fascista, Il duce, L'alleato, La guerra civile*.

È comunemente ammesso che l'Italia sia sempre stata uno dei paesi europei in cui l'antisemitismo si è manifestato in forme poco intense. Ciò è vero, ma richiede alcune precisazioni. Le manifestazioni di antisemitismo in Italia sono state largamente collegate alla matrice religiosa e quindi al tradizionale antisemitismo cattolico. Un esame della situazione nei primi decenni del secolo ne fornisce una piena conferma: le manifestazioni antiebraiche più violente vengono da ambienti cattolici e soprattutto da quelli della Compagnia di Gesù. L'organo di stampa di quest'ultima, *La Civiltà Cattolica*, fornisce il contributo più rilevante in questa direzione. Questo fenomeno spiega le caratteristiche peculiari degli atteggiamenti antisemiti in Italia: l'antisemitismo cattolico non mira a perseguitare il popolo ebraico sulla base di principi razziali, né tantomeno a ottenerne l'eliminazione fisica, bensì mira al dissolvimento della sua identità religiosa. L'obiettivo primario è la *conversione* di ogni ebreo, la dissoluzione dell'antica Israele nella nuova Israele cattolica. La conversione redime l'ebreo di ogni colpa e lo integra completamente nella fede cristiana: la persecuzione non è quindi altro che uno strumento di pressione per conseguire quest'obiettivo. Si comprende quindi come l'antisemitismo cattolico, salvo alcune significative eccezioni, anche queste provenienti dagli ambienti gesuiti, non possa condividere il razzismo biologico di stampo germanico che, affermando la diversità ineliminabile delle razze, non offre altra scelta che la pura e semplice distruzione della "razza ebraica". Di qui il carattere "blando" che il razzismo non poteva non avere in Italia, sotto l'influsso della Chiesa cattolica: un razzismo che poteva proporsi soltanto attraverso una definizione di razza in senso non biologico, ma come identità culturale e spirituale.

È interessante notare come questa visione abbia influenzato anche certi atteggiamenti del mondo laico italiano di orientamento liberal-democratico, nei confronti del problema ebraico. Già Jean-Paul Sartre, nel suo famoso saggio sull'antisemitismo, aveva messo in luce un aspetto peculiare del pensiero liberale sulla questione ebraica: malgrado i suoi indiscutibili meriti nel favorire il processo dell'emancipazione degli ebrei e nella lotta per la fine delle discriminazioni, il pensiero liberale ha mostrato un'evidente incapacità di comprendere il diritto degli ebrei a mantenere la propria specificità culturale, spirituale e religiosa. Per il pensiero liberale, l'ebreo deve emanciparsi rinunciando alla propria ebraicità e dissolvendo tutte le proprie "diversità" nella nozione di uomo astratto ("cittadino") su cui si fonda la società democratico-liberale. Si manifesta qui un curioso parallelismo con il punto di vista cattolico: in entrambi i casi si chiede all'ebreo, come condizione per la fine delle discriminazioni, il suo annullamento in quanto tale e, in un caso, di convertirsi al cattolicesimo, nell'altro di sentirsi come cittadino privo di qualsiasi altra specificazione. Nel contesto italiano, queste due richieste finiscono per trovare dei punti di contatto e persino di saldatura. Al riguardo, appare emblematica la posizione di Benedetto Croce. La sua opposizione nei confronti delle persecuzioni antiebraiche fu indiscutibilmente netta, ma la sua posizione sulla questione ebraica non fu altrettanto limpida. Croce ribadì più volte che l'identità ebraica era un retaggio del passato da superare al più presto, altrimenti la sua persistenza sarebbe servita di pretesto per il perpetuarsi dell'antisemitismo

33

stesso. Ora, se si tiene conto del fatto che, per Croce, l'identità dei cittadini di una nazione occidentale come l'Italia si caratterizzava anche per il loro essere cristiani ("Non possiamo non dirci Cristiani" è il titolo di un suo famoso saggio), è facile cogliere l'ambigua sovrapposizione fra i due rifiuti. Questi bizzarri liberali, che guardano all'Europa come a una riproposizione del Sacro Romano Impero in veste democratico-rappresentativa, chiedono agli ebrei di rinunciare alla loro identità in nome non dell'ideale del "cittadino", ma dell'ideale del "cittadino-cristiano", e ricorrono allo stesso argomento che era servito per secoli a giustificare l'antisemitismo religioso, ovvero l'obsolescenza del messaggio religioso ebraico di fronte a quello cristiano.

L'esempio di Croce è tanto più significativo in quanto egli fu uno dei pochi che non dedusse dalla posizione sopra descritta un atteggiamento d'indifferenza o, peggio, di giustificazione delle persecuzioni. Ma la stragrande maggioranza degli intellettuali questa deduzione la fece: l'indifferenza talora gelida nei confronti del problema ebraico e dell'identità ebraica si trasformò, di fronte all'emergere della campagna razziale, in silenziosa acquiescenza e spesso in consenso più o meno aperto.

Ecco allora una delle caratteristiche peculiari del caso italiano: la sostanziale estraneità della popolazione rispetto alla politica razziale e, per converso, il consenso, la partecipazione e spesso la vergognosa compromissione di una larghissima maggioranza del mondo intellettuale in quella politica.

Non è difficile cogliere le diversità della politica e della legislazione razziale del fascismo italiano rispetto a quelle sviluppate in Germania. In Italia, si manifesta una marcata diffidenza nei confronti della tematica del razzismo biologico, e si preferisce far riferimento a una nozione di razza assai ambigua. Il termine di cui si fa uso più volentieri è quello di "stirpe". La "stirpe" o razza ebraica non si caratterizza, rispetto alla "stirpe" o razza italica, tanto per una diversità biologica, quanto per un complesso di elementi spirituali, culturali, religiosi e di costume che appaiono radicalmente estranei e irriducibili a quelli dominanti nel paese. Troviamo una descrizione perfetta di questa idea in un notiziario del 1939 del Guf (Gruppo Universitario Fascista) di Catanzaro, dove si dice che

il razzismo oltre che un problema biologico è essenzialmente un elevamento etico, che tocca le coscienze e acuisce il senso della nazione, il senso di questa comunità umana che si sa stretta da vincoli di lingua, di religione, di storia comuni, ma che trova il più saldo elemento di coesione in quella identità di pensare e di agire dipendenti dalla conformazione psichica di una razza unitaria.

Secondo il patologo Nicola Pende, uno dei maggiori teorici del razzismo italiano, il concetto di razza deve essere "dinamico-sintetico-evolutivo", e questo concetto applicato al caso italiano ci fornisce la nozione di "unità romano-italica", che è stata il risultato del fondersi delle genti ario-italiche in un'unità superiore, "inconfondibile con gli altri ariani d'Europa... con caratteri antropologici-psicologici suoi propri". Beninteso, questa unità finisce con il determinare anche caratteristiche fisiche e biologiche unitarie e distinte. Gli Ebrei sono assolutamente estranei a questa unità, per cui l'"allevamento dello stato maggiore biologico della nazione italiana" implica il "divieto severo" della coniugazione degli italiani con "gente che, come gli ebrei, gli etiopici e gli arabi, sono tanto lontani, soprattutto spiritualmente, dalla progenie romano-italica"[10].

È in questa visione "teorica" che si trovano le motivazioni del ricorso a provvedimenti di esclusione e discriminazione piuttosto che a provvedimenti di eliminazione fisica. La legislazione razziale fascista riflette in modo chiaro questa impostazione e in questo si differenzia da quella germanica.

Per capire come mai si fosse potuto arrivare a quelle politiche e a quei provvedimenti godendo di un clima di acquiescenza, per non dire di consenso, soprattutto nel mondo intellettuale, occorre tener conto di diversi altri fattori. Da quanto precede è chiaro che uno di essi è dato dalla peculiarità del nazionalismo italiano che si rifaceva al mito di Roma, madre delle genti, capace di unificare popoli diversi entro una comune visione etica e spirituale, e non al mito del sangue e della razza che era quello fondante del nazionalismo germanico. Ma uno degli aspetti più interessanti, e finora meno esplorati, è il ruolo che ebbe la politica della popolazione, demografica, eugenica, ortogenetica, nel diffondere una visione razziale che, sia pure entro le caratteristiche spiritualistiche anzidette, finì con il mettere radici sempre più profonde e inquinare le menti, fino a proporsi come una vera e propria politica.

È opportuno riflettere sul modo in cui si ponevano i temi della popolazione nelle società occidentali dei primi decenni del secolo. Uno dei problemi che più era motivo di angoscia era dato dal generale declino demografico delle nazioni europee. A questo problema di carattere quantitativo se ne aggiungeva uno di carattere qualitativo e cioè il presunto declino delle qualità antropologiche degli europei di fronte agli altri popoli. Taluni ne scorgevano le cause in una degenerazione biologica, nella minore potenza riproduttiva e si discuteva se ciò fosse dovuto a fattori di carattere "spirituale" (la mollezza dei costumi di una popolazione sempre più agiata) oppure a una inevitabile decadenza genetica legata alle leggi "scientifiche" inesorabili che governerebbero l'ascesa e il declino dei popoli. Il problema dei minorati, degli elementi "difettosi" e degenerati e dell'influsso negativo che essi potevano avere nel declino della popolazione divenne un tema ossessivo in tutte le società europee e anche negli Stati Uniti e coinvolse direttamente il mondo scientifico. Fu questo il periodo in cui l'eugenica assunse un ruolo di primo piano e suscitò un interesse quasi spasmodico. Gli scienziati si dividevano fra i fautori della cosiddetta eugenica "positiva", la quale mirava a identificare le pratiche igienico-sanitarie capaci di migliorare lo stato generale della popolazione; e l'eugenica "negativa", che mirava a conseguire lo stesso risultato attra-

---

[10] Per queste citazioni cfr. G. Israel, P. Nastasi, *Scienza e razza nell'Italia fascista*.

verso pratiche coercitive e violente, dal divieto dei matrimoni con soggetti "difettosi" fino alle pratiche di sterilizzazione dei medesimi soggetti. Anche in paesi democratici come quelli scandinavi, e prima ancora che nei regimi totalitari, l'eugenica negativa venne usata per giustificare pratiche violente come la sterilizzazione forzata di donne disturbate psichicamente o il sequestro dei loro figli.

Il problema della popolazione veniva quindi considerato come una questione essenzialmente fisica e biologica e la popolazione come un "materiale" manipolabile con tecniche spregiudicate che venivano giustificate in nome di un fine "superiore" e di un'etica nazionale. In altri termini, il miglioramento della quantità e della qualità della popolazione era motivato dall'obiettivo di preservare la continuità e la superiorità della civiltà europea o, per essere più precisi, delle singole nazioni che la componevano. Si potrebbero riempire centinaia di pagine per documentare gli argomenti, talora espressi in modo cinicamente duro e violento, con cui l'esigenza di preservare la salute complessiva della popolazione veniva sostenuta anche da illustri scienziati. Come è facile desumere da quanto abbiamo fin qui detto l'eugenica negativa ebbe in Italia minore fortuna, anche per l'opposizione della Chiesa Cattolica e per la generale impostazione spiritualista del razzismo "italico". Ma è assai facile produrre citazioni di scienziati che sostenevano il ruolo dello Stato etico nell'obiettivo primario del miglioramento della razza. Così, il clinico Ferruccio Banissoni (seguace di Pende) scriveva nel 1939 che

> l'individualismo, inteso nel senso di un prevalere dell'arbitrio e non della libera volontà la quale implica meditate e accettate autolimitazioni nei rapporti con la collettività, è sul finire. È pure sul finire la "borghesia" intesa nel senso di un acquetamento pavido e soddisfatto. La medicina, se accetta e continuerà ad accettare con pietà l'individualismo egocentrico del malato e del sofferente, tende pure verso le masse di popolo, di lavoratori, di combattenti, verso gli orizzonti più ampi e luminosi, verso il grande compito della preparazione di una generazione sana, efficiente e potente[11].

Nei primi decenni del secolo l'antropologia coincideva con la "antropologia fisica", ovvero con lo studio delle conformazioni fisiche dell'individuo per dedurne conclusioni circa il comportamento individuale, sociale e psichico. Per quanto anche i sostenitori più seri di questo approccio abbiano cercato di seguire metodi scientifici e oggettivi nelle loro ricerche, l'antropologia fisica conteneva una inclinazione pericolosamente razziale. Lo studio delle caratteristiche fisiche finiva quasi sempre con il mirare all'identificazione delle "diversità" razziali, e quindi delle "superiorità" e "inferiorità". L'unanime adesione degli antropologi a tale approccio illustra il clima cupo e malsano in cui si svolgeva questo genere di

---

[11]   Cfr. ancora G. Israel, P. Nastasi, *Scienza e razza nell'Italia fascista*.

ricerca scientifica. Il piano inclinato, dallo studio delle razze al razzismo, su cui si rischia di scivolare è testimoniato da innumerevoli esempi. Valga per tutti quello di un personaggio illustre e scientificamente valido come Sergio Sergi. Sarebbe difficile sostenere che la sua partecipazione al *Consiglio Superiore della Demografia e della Razza* istituito dal regime nel 1938 e che raccoglieva una pleiade di professori universitari, fosse un atto politico riprovevole ma disgiunto dalle sue concezioni scientifiche, quando si constati che Sergi era anche fautore di quella che egli stessa chiamava l'"antropologia coloniale", che doveva servire di supporto e giustificazione teorica agli intenti imperiali e coloniali del fascismo. Il razzismo non era per Sergi un'imposizione esterna o una concessione fatta per pavidità, bensì qualcosa di connaturale alla sua visione scientifica. È altresì penoso constatare che illustri scienziati, come Corrado Gini (già Presidente dell'*Istituto Centrale di Statistica* e luminare delle scienze statistico-demografiche italiane), parteciparono di persona a missioni come quella che, nel 1935, molestava gli indigeni Dauada dei laghetti libici del Fezzàn, prelevando maschere di gesso del loro volto e misurando il loro metabolismo basale, con il dichiarato fine non soltanto di "conoscere le leggi che regolano i fenomeni biopsicologici umani, ma anche di tracciare su di essi le norme di ordine pratico e contingente". Tutto ciò al fine evidente e dichiarato di rilevare le "diversità" biopsicologiche degli indigeni e di proporre provvedimenti da adottare per la migliore "gestione" di questo materiale umano acquisito alla proprietà dell'Impero fascista.

Non meno significativa è la vicenda dell'accanimento con cui uno stuolo impressionante di scienziati (da Nicola Pende a Sabato Visco, da Sergio Sergi a Corrado Gini, auspice il Presidente del *Consiglio Nazionale delle Ricerche* Guglielmo Marconi) si gettò sul "vivaio umano" (secondo l'infelice locuzione dell'epoca) rappresentato dalle popolazioni di contadini provenienti dal nordest d'Italia e che avevano colonizzato i territori bonificati dell'Agro Pontino. Pareva a costoro che quel "vivaio umano" (o "laboratorio di biologia umana", secondo un'altra locuzione d'uso) fosse il contesto ideale per applicare una forma di eugenica razionale e realizzare quei miglioramenti che, applicati su larga scala, avrebbero permesso di "tessere un abito fisico, morale e intellettuale per una nuova grande Patria", ovvero di creare il nuovo "stato maggiore biologico della Nazione" (secondo le parole di Pende).

Questo clima esaltato, il favore e la diffusione di cui godettero queste tematiche fin dalla metà degli anni Venti, diedero un potente contributo alla formazione di una mentalità razzista la quale, negli anni Trenta, trovò occasione di manifestarsi attraverso iniziative politiche e legislative. La prima occasione venne, per l'appunto, dalla trasformazione del Regno d'Italia in Impero coloniale. L'occupazione di ampi territori africani e la loro colonizzazione, attraverso un imponente movimento migratorio di coloni italiani sulla cosiddetta "quarta sponda", stabilì un contatto diretto con altre "razze". L'esigenza di evitare forme di promiscuità che potevano sminuire l'immagine di padroni e dominatori che gli occupanti dovevano proiettare di se stessi, spinse il regime a mettere in atto provvedimenti legislativi razziali. Furono queste le prime leggi razziali italiane, giustificate dalle teorie che larga parte del mondo scientifico (antropologi, demografi, statistici, biologi e genetisti) si era adoperata a mettere in piedi e che ora venivano direttamente usate come apparato teorico di sostegno. Le seconde leggi razziali furono quelle che colpirono l'altra "razza" con cui gli italiani erano a contatto, e dalla quale dovevano distinguersi per evitare pericolose e debilitanti contaminazioni: la razza ebraica.

In questo passaggio cruciale che conduce dalla teoria alla pratica, fino a conseguenze concrete molto pesanti e drammatiche, scorgiamo l'intervento di un fattore determinante: i fini coloniali e imperiali di un regime totalitario come quello mussoliniano. Non a caso, gli anni che vanno dal 1935 al 1938 sono quelli in cui il fascismo decide di compiere una brusca virata verso una politica che, in certo senso, lo riconduce alle ispirazioni delle origini: la polemica contro la borghesia imbelle e decadente, lo sforzo di marcare una rottura definitiva con ogni forma di compromesso con il democratismo liberal-borghese. Nel 1937, Mussolini, esasperato dalle difficoltà che incontra nell'infondere nel popolo italiano una coscienza nazionale e il sentimento di essere un popolo forte, dominatore e, se necessario, crudele, decide di "mollare tre poderosi cazzotti nello stomaco della borghesia". Questi tre cazzotti furono: l'abolizione del "lei", vile e servile, a favore del maschio e dignitoso "voi"; l'introduzione del "passo romano di parata" nelle sfilate militari; e, infine, il razzismo e la legislazione razziale antiebraica.

Questo elemento di scelta politica e ideologica fu un catalizzatore determinante nell'assunzione della politica razziale come elemento fondante e caratterizzante della nuova fase rivoluzionaria del fascismo, ma il fascismo possedeva già un retroterra teorico e un consenso molto vasto, soprattutto nel mondo scientifico e intellettuale, maturato attraverso un lungo esercizio su queste tematiche.

Il razzismo del fascismo italiano è stato quindi un movimento autonomo e dotato di caratteristiche peculiari e non una semplice scopiazzatura di tendenze estere o una concessione all'alleato tedesco. Esso è stato la manifestazione estrema del nazionalismo autarchico fascista. Un'autorevole testimonianza in tal senso ci fu data da Giorgio Almirante, il quale così si espresse nel 1938, sull'organo teorico del razzismo fascista, *La Difesa della Razza*:

> Il razzismo è il più vasto e coraggioso riconoscimento di sé che l'Italia abbia mai tentato. Chi teme, ancor oggi, che si tratti di un'imitazione straniera (e i giovani non mancano, nelle file di questi timorosi) non si accorge di ragionare per assurdo: poiché è veramente assurdo sospettare che un movimento inteso a dare agli italiani una coscienza di razza, cioè qualche cosa come un nazionalismo potenziato del cinquecento per cento, possa condurre a un asservimento a ideologie straniere[12].

Fin dagli anni Venti, Mussolini aveva posto il problema demografico e razziale come problema centrale della nazione. Si era trattato dapprima di bloccare, con mezzi coercitivi, il fenomeno dell'emigrazione che depauperava dell'unica

---

[12]   Cfr. G. Israel, P. Nastasi, *Scienza e razza nell'Italia fascista*.

risorsa e ricchezza l'Italia "proletaria". Si era trattato quindi di affrontare il problema della sua crescita quantitativa: il *problema dei problemi*, come lo aveva definito Mussolini stesso, osservando (in un famoso articolo del 1927 dal titolo "Il numero come forza") che la questione demografica era "la pietra più pura del paragone alla quale sarà saggiata la coscienza delle generazioni fasciste" e che avrebbe mostrato "se l'anima dell'Italia fascista è o non è irrimediabilmente impestata di edonismo, borghesismo, filisteismo". Un gran numero di scienziati risponde prontamente all'appello: il decennio che va da quel momento fino alle leggi razziali del 1938 rappresenta un fiorire di discettazioni e di realizzazioni pratiche (come quelle relative alla bonifica dell'Agro Pontino) sul tema della demografia e della razza. Questo tema non viene del resto considerato soltanto sul piano puramente quantitativo (espansione numerica delle popolazione), ma su quello qualitativo, ovvero del miglioramento della popolazione in termini biologici, genetici e psichici e su questo fronte si impegnano soprattutto gli antropologi, i genetisti, i biologi e i medici. Soltanto questo impegno e questo retroterra può spiegare come mai, nel momento in cui il regime si lancia nella campagna e nella legislazione razziale, trovi tanti illustri scienziati e accademici pronti alla bisogna: il *Consiglio Superiore della Demografia e Razza* non è un'accolita di mezze figure, ma raccoglie nomi di primo piano della scienza italiana, la campagna razziale viene lanciata con un *Manifesto degli scienziati razzisti* e un organo di propaganda e azione politica come l'*Ufficio Razza* del *Ministero della Cultura Popolare* viene affidato alla guida di Sabato Visco, Preside della *Facoltà di Scienze* dell'*Università di Roma* e membro autorevole del *Consiglio Nazionale delle Ricerche* e di molte altre istituzioni.

Indubbiamente, in questa collaborazione attiva di tanta parte della scienza italiana nella politica razziale, ritroviamo certe caratteristiche della visione razziale tipiche di un certo contesto politico-culturale italiano che abbiamo descritto parlando di una visione "spiritualistica". Non si può dire che manchino, nell'ambito del fascismo, correnti influenti che si rifanno ai dogmi del razzismo biologico germanico e che quindi pongono la questione ebraica negli stessi termini in cui la ponevano i teorici hitleriani. Ma non si tratta della corrente dominante. Una ricostruzione storica che non si fermi alla superficie mette in luce un conflitto fra queste correnti biologistiche e filo-tedesche e una tendenza maggioritaria, che è bene rappresentata dai nomi di Pende e Visco, che propugna una visione "spiritualistica" del razzismo, tale da essere bene accetta al mondo cattolico e al Vaticano e che si traduce in una politica razziale di esclusione totale della componente ebraica dalla vita nazionale (magari nella speranza di provocare un'emigrazione massiccia), senza ricorrere a provvedimenti di soppressione diretta.

L'analisi storica deve quindi tener conto di questo fenomeno evidente e significativo: la stretta correlazione che esiste fra le scelte politiche del fascismo sui temi della popolazione, della demografia, dell'eugenica e della razza, e gli orientamenti teorici e pratici di gran parte del mondo scientifico sui medesimi temi. Non è certamente possibile sostenere che le tematiche razziali da cui era ossessionata tanta parte del mondo scientifico potessero da sole produrre la scelta di una politica razziale e l'elaborazione di una legislazione della razza. Perché si verificassero queste scelte occorreva la determinazione di un regime totalitario e imperiale come quello fascista. Ma questa determinazione da sola non poteva bastare se non fosse esistito un larghissimo consenso, soprattutto nella classe dirigente del paese, e in particolare in quella sezione che era coinvolta direttamente nelle tematiche demografico-antropologico-razziali, e cioè il mondo scientifico e universitario. Quel retroterra era la base essenziale del consenso su cui la politica totalitaria poteva innestarsi e da cui anzi ricavava i suoi temi e le sue elaborazioni teoriche. Non a caso il razzismo italiano aveva certe caratteristiche "spiritualistiche" del tutto peculiari che non ritroviamo in altri paesi, come la Germania. La diversa piega che prende il razzismo sul piano politico nei due paesi del Patto d'acciaio corrisponde in modo preciso alla differente visione dominante sui temi della razza e ai diversi orientamenti del mondo scientifico in materia.

Quando parliamo delle caratteristiche teoriche del razzismo fascista gli ambienti scientifici che appaiono più direttamente coinvolti sono quelli delle scienze antropologiche, biologiche e sociali. Biologi, antropologi, medici, genetisti, statistici, demografi, giuristi sono chiamati a costruire l'edificio teorico del razzismo di marca italica ed essi rispondono in modo zelante e plebiscitario a questo appello. Ma che dire del resto della comunità scientifica? In che misura essa si lasciò coinvolgere in questa azione? Se i fisici, i matematici, i chimici e i tanti studiosi di altre branche si fossero tenuti rigorosamente lontani da queste tematiche, o addirittura le avessero respinte, potremmo considerare i temi sviluppati in questo paragrafo come una digressione incongrua rispetto al panorama che abbiamo tentato di tracciare della comunità matematica. A prima vista, potrebbe sembrare che le cose stiano così, perché è difficile trovare contributi espliciti alla tematica razziale in senso stretto da parte di scienziati non appartenenti alle categorie sopra elencate. Ma anche qui occorre astenersi da conclusioni affrettate quanto superficiali. Di fatto, anche se non vi fu un esplicito coinvolgimento nei temi specifici della razza, tutta la comunità scientifica si lasciò trascinare nella politica razziale dai settori più attivi, e cioè da quelli biologici, antropologici e demografici. L'obiettivo che la scienza italiana accettò senza fiatare, e anzi perseguì in modo zelante e fedele, può essere così riassunto: *la popolazione, la cultura e, in particolare, la scienza italiana dovevano essere purificate dalla componente ebraica.* Del resto, il regime aveva enunciato un punto dottrinario e pratico cruciale: per ricostruire il popolo italiano, occorreva partire dalle basi, ovvero puntare sulla formazione dei giovani, degli italiani nuovi di zecca. Quindi, la realizzazione di una scuola razzialmente pura era lo strumento primario per realizzare questo obiettivo. Non fu certamente un caso se i primi provvedimenti legislativi per la "difesa della razza" (promulgati nell'autunno 1938) ebbero come obbiettivo la scuola e l'università, e l'eliminazione da esse dell'elemento ebraico.

Questo obiettivo fu accettato e praticato in modo zelante dalla comunità accademica e universitaria e, in particolare, dalla comunità scientifica. Il 5 ottobre 1938 la rivista dell'Università di Roma *Vita Universitaria* pubblica in anticipo l'elenco completo e "autorizzato" dei docenti che, in forza delle nuove leggi, avrebbero dovuto abbandonare l'insegnamento il 16 ottobre dello stesso mese.

La comunità universitaria si accinge quindi a riempire i vuoti che si sarebbero creati con l'allontamento di un centinaio di professori ordinari e di molti altri assistenti e liberi docenti di razza ebraica. Da quel momento è tutto un coro che ribadisce all'unisono la convinzione che la cacciata dei colleghi ebrei, lungi dal creare problemi all'istituzione, avrebbe dato inizio a una nuova gloriosa fase della vita accademica e scientifica, finalmente liberata dalla contaminazione razziale.

La forma in cui si manifesta l'adesione del mondo universitario alla politica razziale del regime è duplice: sul piano teorico, si sottolineano tutte le caratteristiche specifiche e superiori della scienza italica che mostrano la necessità di liberarla dalla presenza di apporti razziali di natura totalmente differente e contaminante, e quindi lo sviluppo di una campagna tesa a rivendicare i valori della scienza della razza italiana, la sua superiorità indiscussa, la necessità di un suo sviluppo autarchico; sul piano pratico, vengono applicati scrupolosamente i provvedimenti del regime, con l'esclusione puntigliosa dei colleghi ebrei dalla partecipazione alla vita universitaria e scientifica. Questo è il modo con cui il mondo universitario collabora attivamente alla politica della razza. Vediamo ora rapidamente come la matematica italiana fu coinvolta e si lasciò coinvolgere in quella politica.

La matematica italiana di fronte alle leggi razziali

Gli eventi che hanno caratterizzato il comportamento della comunità dei matematici italiani di fronte alle leggi razziali sono stati descritti e analizzati in dettaglio in altri scritti[13]. Mi limiterò pertanto qui a dare una rapida sintesi di queste analisi.

Senza dubbio, l'evento più significativo sul piano istituzionale fu rappresentato dalla deliberazione assunta dalla Commissione scientifica dell'*Unione Matematica Italiana* poco tempo dopo la promulgazione dei provvedimenti razziali. Riunitasi il 10 dicembre 1938, la Commissione pubblicò un comunicato che rappresenta uno dei più vergognosi atti di compromissione del mondo scientifico con la campagna razziale antiebraica:

La Commissione Scientifica della U.M.I. si raduna il giorno 10 Dicembre in una sala dell'Istituto Matematico della R. Università di Roma. Sono presenti: Berzolari, Bompiani, Bortolotti Ettore, Chisini, Comessatti, Fantappié, Picone, Sansone, Scorza, Severi. Ha giustificato l'assenza il prof. Tonelli. Presiede il Prof. Berzolari, funge da segretario il Prof. Bortolotti. Dopo amichevole, esauriente discussione, risulta stabilito quanto segue: una rappresentanza della U.M.I. si recherà da S.E. il Ministro della Educazione Nazionale, e gli comuni-

---

[13] *Cfr. in particolare: G. Israel, Politica della razza e antisemitismo nella comunità scientifica italiana, in: Le legislazioni antiebraiche in Italia e in Europa; G. Israel, P. Nastasi, Scienza e razza nell'Italia fascista; P. Nastasi, La Comunità Matematica Italiana di fronte alle leggi razziali; P. Nastasi, La matematica italiana dal manifesto degli intellettuali fascisti alle leggi razziali. Le citazioni che compaiono in seguito sono tratte da questi scritti e, in particolare, si ritrovano tutte nel secondo.*

cherà il voto della Commissione perché nessuna delle cattedre di Matematica rimaste vacanti in seguito ai provvedimenti per l'integrità della razza, venga sottratta alle discipline matematiche. Il voto continua osservando che: La scuola matematica italiana, che ha acquistato vasta rinomanza in tutto il mondo scientifico, è quasi totalmente creazione di scienziati di razza italica (ariana): basti ricordare, oltre Lagrangia, fra gli scomparsi, Arzelà, Battaglini, Bellavitis, Beltrami, Bertini, Betti, Bianchi, Bordoni, Brioschi, Capelli, Caporali, Cesàro, Cremona, De Paolis, Dini, D'Ovidio, Genocchi, Morera, Peano, Ricci Curbastro, Ruffini, Saccheri, Siacci, Trudi, Veronese, Vitali. Essa, anche dopo le eliminazioni di alcuni cultori di razza ebraica, ha conservato scienziati che, per numero e qualità, bastano a mantenere elevatissimo, di fronte all'estero, il tono della scienza matematica italiana, e maestri che con la loro intensa opera di proselitismo scientifico assicurano alla Nazione elementi degni ricoprire tutte le cattedre necessarie.

Si trattava di un documento che con argomento sfrontato – gli *allievi* assurgevano al rango di "maestri degni di ricoprire tutte le cariche necessarie" e dichiaravano la marginalità dei *maestri* degradati al rango di semplici "*cultori* di razza ebraica" – proclamava l'intenzione di avventarsi senza por tempo in mezzo sui posti lasciati scoperti. Ciò venne fatto scrupolosamente e, di fronte a tale comportamento, appaiono penosamente ipocrite le lacrime di coccodrillo di chi, come Antonio Signorini, dopo aver "occupato" la cattedra di Tullio Levi-Civita, scriveva al suo maestro-cultore di razza ebraica: "Io sono ancora molto turbato dagli avvenimenti recenti e mi domando, con viva apprensione, se verso di Te non ho mancato accettando l'offerta del gruppo matematico romano". L'espulsione dei docenti ebrei si manifestò anche con provvedimenti puntigliosi, come l'impedire l'ingresso alla biblioteca dell'Istituto Matematico romano a persone come Federigo Enriques (che tanto aveva collaborato alla sua creazione) o Levi-Civita. Quest'ultimo, nel proporre la candidatura di Max Born al premio Nobel, con lettera del dicembre 1938, dichiarava la propria difficoltà nel fornire dettagli precisi nella proposta, "a causa della campagna antisemita che infuria qui" e che non gli permetteva di avere "sufficienti contatti con il mondo accademico italiano" in modo da potersi "informare in modo completo". Peraltro, con ipocrisia analoga a quella già vista nel caso di Signorini, Severi si recava talora a casa di Levi-Civita per portargli qualche fascicolo di riviste scientifiche che questi non poteva più consultare.

Tanto zelo da parte della comunità matematica ebbe come premio l'istituzione (con legge del 13 luglio 1939) dell'*Istituto Nazionale di Alta Matematica (INDAM)*, di cui abbiamo già parlato, che fu affidato alle cure di uno dei più fedeli matematici di regime, Francesco Severi, e inaugurato alla presenza del Duce in persona. L'Istituto affiancò, sul piano della matematica "pura", l'*INAC* diretto da Mauro Picone. Così, i due grandi matematici fascisti si contendevano il primato della rappresentanza del fascismo nella matematica (e viceversa della matematica nel fascismo), contendendo sul fatto se fosse da preferire e più conveniente per la società fascista l'approccio "puro" (Severi) oppure l'approccio "applicativo" (Picone).

L'assenza di successive autocritiche o di dichiarazioni di pentimento conferma la sordida natura del voto della Commissione scientifica dell'*UMI*. A meno che non si vogliano considerare come una forma di autocritica, e non piuttosto come un'ulteriore manifestazione di ipocrisia, affermazioni come quella pronunziata da Mauro Picone nel 1946, nel necrologio di Guido Fubini: "... dopo aver, fin dall'adolescenza, servita la Patria, con la più nobile concezione dei propri doveri di cittadino e di docente e altamente onorata con opere insigni, fu costretto a staccarsene per gli stolti, infami provvedimenti razziali del 1939, eterna vergogna per questa sua Italia ch'Egli amò come di più non è possibile". O quella sempre dovuta a Picone, nel necrologio di Guido Ascoli (scritto nel 1948):

> ... la vita universitaria di Guido Ascoli ebbe, purtroppo, dal 1938 al 1945, ben sette anni di dolorosa interruzione, a causa di quegl'insensati provvedimenti razziali che privarono l'Italia, in quel lungo difficilissimo periodo, dell'opera preziosa di cittadini di altissimo valore morale, spirituale ed intellettuale, i quali dimostrarono sempre di amarla nei suoi pericolosi sanguinosi cimenti, strenuamente battendosi in sua difesa, come aveva fatto l'Ascoli stesso nella Prima Guerra Mondiale e, per esempio, anche il grande matematico Eugenio Elia Levi, che, durante la stessa guerra, eroicamente cadde nelle infauste giornate di Caporetto, colpito alla fronte dal nemico, a cui voleva, ignorando che le nostre difese erano state tutte travolte, contendere il passo nell'amato Suolo".

Chi parlava era quello stesso Picone che aveva presenziato e dato il suo voto favorevole alla mozione della Commissione Scientifica dell'*UMI* del dicembre 1938.

L'ipocrisia di questi atteggiamenti era proporzionale ai misfatti commessi, i quali non si erano affatto limitati a quel voto.

Uno degli episodi più significativi fu la decisione, assunta nell'ottobre del 1938, di sostituire d'ufficio l'unico rappresentante italiano nella redazione dello *Zentralblatt für Mathematik*, che era allora la principale rivista internazionale di recensione delle pubblicazioni matematiche ed era pubblicata in Germania: quest'unico rappresentante nazionale era l'ebreo Tullio Levi-Civita. I matematici con cui i vertici della comunità matematica italiana avevano deciso di sostituire Levi-Civita, erano Enrico Bompiani e Francesco Severi. Si noti che tale esclusione era un eccesso di zelo. Difatti, nonostante la persecuzione antiebraica in Germania avesse caratteristiche assai più virulente che non in Italia, la direzione dello *Zentralblatt* aveva chiuso un occhio sulla presenza in redazione di alcuni matematici ebrei come Richard Courant, famoso matematico ebreo tedesco da tempo emigrato da Göttingen negli Stati Uniti. Ciò testimonia come persino in Germania si cercasse di non rompere tutti i residui rapporti fra il mondo scientifico tedesco e la comunità scientifica internazionale.

I vertici della matematica italiana si comportarono in modo ancor più estremista di quella tedesca e ruppero quest'ultimo delicato filo di rapporti internazionali. Era d'altra parte evidente che, quando fosse stato portato alla luce il problema della presenza di scienziati ebrei nella redazione dello *Zentralblatt*, le autorità naziste non avrebbero più potuto far finta di nulla. La reazione del diret-

43

tore dello *Zentralblatt*, Otto Neugebauer, alle decisioni dei vertici della matematica italiana non si fece attendere. Prima egli chiese conferma a Levi-Civita e all'editore della rivista Ferdinand Springer dell'avvenuta esclusione. Quando la situazione fu chiara e fu evidente la motivazione razziale della sostituzione, Neugebauer si dimise, e con lui si dimisero Courant, i matematici americani Oswald Veblen e J. D. Tamarkin, il danese H. Bohr e l'inglese G.H. Hardy. In una lettera all'editore, Veblen metteva in luce la gravità del dramma avvenuto: la solidarietà scientifica internazionale era stata ferita, i residui fili che legavano il mondo della ricerca matematica internazionale con gli ambienti tedeschi e italiani erano stati tagliati, lo *Zentralblatt* non poteva più considerarsi "un'utile intrapresa scientifica". L'attività di recensione doveva ormai trasferirsi altrove, negli Stati Uniti, non per motivi nazionalistici, ripugnando a Veblen il concetto stesso di "matematica nazionale", ma perché solo in quel paese essa poteva godere della necessaria libertà di espressione. Fu l'atto di nascita di una nuova rivista internazionale di recensioni, il *Mathematical Reviews*.

Questo eccesso di zelo con cui i matematici italiani collaborarono alla "arianizzazione" dello *Zentrablatt* non fu un caso isolato. Francesco Severi fu protagonista non soltanto di questa vicenda ma anche di un'altra non meno grave. Difatti, alle prime avvisaglie dei provvedimenti antiebraici, egli si mosse attivamente per "arianizzare" la rivista più prestigiosa della matematica italiana, gli *Annali di Matematica pura e applicata*, il cui comitato di redazione era composto dallo stesso Severi e da tre ebrei: Guido Fubini, Tullio Levi-Civita e Beniamino Segre. Come risulta da una lettera inviata il 16 ottobre 1938 da Beniamino Segre a Tullio Levi-Civita, Severi aveva richiesto l'appoggio del Presidente dell'Accademia d'Italia per esonerare Levi-Civita dalla carica di condirettore degli *Annali* ed espellere gli altri due membri di razza ebraica. Il Presidente diede via libera a Severi che agì di conseguenza. Come nel caso delle cattedre, gli *Annali* furono completamente "arianizzati": Severi si autonominò direttore e i nuovi membri "ariani" del comitato di redazione furono Enrico Bompiani, Michele De Franchis, Antonio Signorini e Leonida Tonelli.

Una menzione merita anche l'attivismo di un personaggio come Enrico Bompiani che si manifestò, in particolare, nell'attività di preparazione della grande mostra universale cosiddetta dell'E 42, che avrebbe dovuto svolgersi nel nuovo quartiere romano dell'EUR e che fu annullata per lo scoppio della guerra. Nell'ambito di tale esposizione era prevista una "Mostra della Scienza" e la parte matematica fu affidata alle cure di una speciale sottocommissione. La prima seduta di insediamento della sottocommissione ebbe luogo il 17 novembre 1939 sotto la presidenza di Ugo Bordoni e con la partecipazione di uno stuolo di matematici di primo piano: Enrico Bompiani, Ettore Bortolotti, Francesco Paolo Cantelli, Giovanni Giorgi, Giulio Krall, Mauro Picone, Giovanni Sansone, Filippo Sibirani, Francesco Severi, Antonio Signorini e Leonida Tonelli ai quali poi si unirono Attilio Frajese, Fabio Conforto e Roberto Marcolongo.

Bompiani si segnalò subito con il sottolineare la necessità di sviluppare il punto di vista autarchico e rivendicazionista, asserendo che sarebbe stato necessario "oltre che illustrare i principi, *rivendicar priorità di studio agli italiani, quando questo sia possibile senza falsare la storia della scienza*".

Il primo prodotto dei lavori della Sottocommissione, "Indice e norme per la presentazione della Matematica nella Mostra della Civiltà Italica", precisa che tale indice ha lo scopo di elencare le persone che "debbono non essere dimenticate" e che tuttavia l'elenco deve avere come guida prioritaria il principio "che l'apporto italiano alla Matematica costituisce, in più momenti essenziali, una delle manifestazioni più alte del valore intellettuale della razza italica e che quindi va messo in primo piano; tanto più che esso è sistematicamente ignorato nelle opere straniere di storia della Matematica". Il risultato di questo proposito è evidente: non un solo nome di matematico ebreo compare nell'elenco, neppure per sbaglio. Questa linea di "pulizia etnica" appare ancor più evidente nel lungo saggio storico di Enrico Bompiani, visto come contributo "teorico" alla Mostra e il cui titolo era *Contributi italiani alla Matematica*. Non vi si trovano esplicite affermazioni antiebraiche, ma lo sforzo di produrre un'immagine della matematica italiana depurata di ogni contributo ebraico va al di là di ogni limite suggerito dalla decenza. La premessa della relazione ne chiarisce del resto, al di là di ogni dubbio, le intenzioni, quando afferma che "l'apporto italiano alla Matematica costituisce, in più momenti essenziali del pensiero umano, una delle manifestazioni più alte del valore intellettuale della razza italica". Nel testo, il non menzionare un solo nome di matematico ebreo conduce alla presentazione farsesca di alcuni sviluppi della ricerca. Così, nel campo dell'analisi funzionale, il nome di Volterra (creatore del concetto di funzionale e dei fondamenti di questa disciplina) è omesso. Ancor più clamorosa è l'omissione del contributo di Tullio Levi-Civita alla fondazione del calcolo differenziale assoluto che, secondo il Bompiani, è riconducibile al solo Gregorio Ricci Curbastro. Un vertice è infine raggiunto nella presentazione del contributo della scuola geometrica italiana la quale, come osserva il Bompiani, deteneva ormai "una posizione di assoluto primato nell'indirizzo algebrico". Un primato che era stato conquistato anche e soprattutto in virtù delle ricerche di matematici ebrei come Corrado Segre, Guido Castelnuovo e Federigo Enriques, i cui nomi sono cancellati. Dimentico della promessa di "rivendicar priorità di studio agli italiani, quando questo sia possibile senza falsare la storia della scienza", Bompiani dichiara, con supremo sprezzo del ridicolo, che "la straordinaria fioritura d'ingegni e messe di risultati per cui l'Italia è stata detta "aquilifera della Geometria" [sic] ha preparato il terreno alle ulteriori conquiste raggiunte dall'attuale generazione dei geometri italiani".

Ma l'opera di "revisione storiografica" non si esercita soltanto nel contesto dell'attività preparatoria dell'E 42 e Bompiani non era certamente il solo a fare operazioni del genere. Anzi, la sua opera di revisione era quasi poca cosa rispetto a quella condotta nella monumentale opera *Un secolo di progresso scientifico italiano* edita dalla *SIPS* nel 1939. "La forza operante della tradizione – scriveva il matematico Annibale Comessatti nel primo saggio dell'opera – agisce con fatalità storica, quando, come nel caso della scuola geometrica italiana, quella tradizione s'innesta sulle qualità eminenti della razza, creando addirittura una forma di pensiero, prezioso retaggio di autarchia intellettuale". Tuttavia, lo sforzo di condurre fino in fondo l'operazione di "pulizia" dal contributo ebraico si era rivelato tanto difficile che, in un'avvertenza riportata a tutta pagina all'inizio del volume, si dichiarava:

Per la migliore intelligibilità degli Articoli che seguono, sono citati anche gli apporti più rilevanti di matematici ebrei, che furono professori nelle Università italiane, in quanto l'opera loro, a causa della posizione ufficiale che occupavano, non poteva non determinare reciproci scambi fra i contributi da essi apportati e quelli dei matematici ariani. Lo stesso criterio è stato adottato per gli Articoli di tutte le altre Sezioni.

Seguiva in nota la lista dei nomi di questi matematici ebrei con cui i matematici ariani non avevano potuto evitare dei reciproci scambi: Emilio Almansi, Alberto Mario Bedarida, Guido Castelnuovo, Federigo Enriques, Gino Fano, Guido Fubini-Ghiron, Beppo Levi, Eugenio Elia Levi, Tullio Levi-Civita, Salvatore Pincherle, Giulio Racah, Beniamino Segre, Corrado Segre, Giulio Supino, Alessandro Terracini, Vito Volterra. Insomma, un autentico Gotha della matematica italiana.

L'opera di "riscrittura" della storia della matematica in senso autarchico e razzialmente puro ebbe anche un attore di primo piano nella persona dello storico Ettore Bortolotti. Questi, oltre a distinguersi per una pubblicistica ossessivamente rivolta alla rivendicazione della superiorità della matematica italiana, rivolse accanitamente i suoi strali contro il collega storico della matematica (ebreo) Gino Loria, da lui accusato di scarsa fedeltà ai valori della scienza nazionale e di aver indebitamente esaltato le conquiste della matematica straniera.

Il tema della superiorità della matematica italiana e della sostanziale irrilevanza del contributo ebraico a essa appare quindi come un *leitmotiv* della matematica italiana nel periodo della campagna razziale fascista. Nell'occasione del Secondo Congresso Nazionale dell'*Unione Matematica Italiana* del 1940, il presidente Luigi Berzolari inviava al Prefetto di Bologna una lettera richiedente aiuti per l'organizzazione in cui si riprendevano i temi della famigerata delibera della Commissione scientifica dell'*UMI*:

> Tale Congresso avrà interesse veramente nazionale, poiché sarà una rivista della produzione matematica italiana nell'ultimo triennio, e verrà a dimostrare che, anche dopo la dipartita dei professori di razza ebraica, non è venuta meno la produzione scientifica nel nostro paese, anzi, che nel clima fascista essa ha ripreso nuova vita e vigore.

Il regime fu sensibile a tanto attivismo sul fronte razziale e delegò a inaugurare il congresso il suo massimo rappresentante nel campo della politica culturale autarchica e razziale, Giuseppe Bottai. Egli fu salutato da vivissimi applausi mentre, ricordando il primo congresso dell'*UMI* del 1937, elencava come conquiste dei geometri ariani proprio quei settori in cui più era stato forte il contributo dei "geometri d'altre razze":

> S'affermò in quel Congresso (e in questo se ne avrà di certo, la solare conferma) il primato dell'Italia nella geometria algebrica, nel calcolo delle variazioni, nella geometria proiettiva differenziale; la sua posizione di primissimo piano nelle teorie delle funzioni, delle equazioni differenziali, delle algebre,

della relatività, delle trasformazioni termoelastiche, negli studi di calcolo delle probabilità e attuariale, di storia delle matematiche, di storia dei numeri. Più che un trionfo è una rivelazione: la matematica italiana, non più monopolio di geometri d'altre razze, ritrova la genialità e la poliedricità tutta sua propria per cui furono grandi nel clima dell'unità della Patria, i Casorati, i Brioschi, i Betti, i Cremona, i Beltrami, e riprende, con la potenza della razza purificata e liberata, il suo cammino ascensionale.

Altro che cammino ascensionale... Malgrado le trionfalistiche affermazioni dei vertici dell'*Unione Matematica Italiana* e il sostegno dato dal regime, non fu affatto facile "colmare i vuoti" e manifestare la "potenza della razza purificata". L'applicazione della politica razziale alla ricerca scientifica rappresentava l'estrema espressione di una visione nazionalista autarchica che avrebbe isolato la matematica italiana da quella internazionale, chiudendola in un "ghetto" e danneggiandola in modo difficilmente riparabile. L'isolamento ormai gravissimo della ricerca matematica italiana negli anni della guerra è testimoniato dal Convegno internazionale tenuto a Roma nel novembre '42 e organizzato dall'*INDAM* di Severi. Gli atti del convegno, cui parteciparono solo matematici dei paesi fascisti o fascistizzati, mostrano la totale assenza o la presenza pressoché marginale ed episodica della matematica del nostro paese in settori centrali della ricerca: teoria dei numeri, topologia e gruppi topologici, algebra commutativa. Abbiamo rilevato fin dall'inizio che i primi segni di questa involuzione della matematica italiana si erano manifestati ancor prima dell'avvento del fascismo. Tuttavia, siccome essi erano strettamente legati a un atteggiamento di disinteresse e di sufficienza nei confronti dei nuovi sviluppi della ricerca, il processo di involuzione non poteva non essere aggravato da ogni spinta tendente a stimolare l'isolamento dei matematici italiani nel loro piccolo orto. La politica autarchica del regime incoraggiò i peggiori sentimenti di avversione e chiusura nei confronti di tutto ciò che veniva dall'estero, avallando l'illusione di una indiscutibile e incrollabile superiorità della matematica "italica". La politica razziale fu l'estrema punta di tale tendenza: non soltanto si poteva fare a meno degli stranieri, ma anche dei matematici ebrei, anche dei più illustri e prestigiosi, di cui bastava annullare la presenza e cancellare la memoria.

In conclusione, le leggi razziali appaiono come il colpo finale che aggrava e rende irreversibile una crisi della matematica italiana che poteva essere curata soltanto da un rapporto più stretto con la ricerca internazionale. L'isolamento e il declino che già si stavano manifestando da tempo, per dinamiche interne e istituzionali, furono accelerati e resi sempre più gravi dalla politica dell'autarchia (materiale e intellettuale) e dalla politica della purezza della razza. Un bilancio completo degli effetti che tali tristi vicende hanno avuto sull'evoluzione della matematica italiana nella seconda metà del Novecento non è stato ancora fatto.

47

Letture consigliate

A. Brigaglia, C. Ciliberto (1998) Geometria algebrica, in: AA.VV., *La matematica italiana dopo l'Unità. Gli anni tra le due guerre mondiali*, Milano, Marcos y Marcos, pp. 185-320

R. De Felice (1961) *Storia degli ebrei italiani sotto il fascismo*, Einaudi, Torino

R. De Felice (1965-97) *Mussolini il rivoluzionario, Il fascista, Il duce, L'alleato, La guerra civile*, Einaudi, Torino

S. Di Sieno (1998) Storia e Didattica, in: AA.VV., *La matematica italiana dopo l'Unità. Gli anni tra le due guerre mondiali*, Marcos y Marcos, Milano, pp. 765-816

A. Guerraggio, P. Nastasi (1993) *Gentile e i matematici italiani. Lettere 1907-1943*, Bollati Boringhieri, Torino

G. Israel (1984) Le due vie della matematica italiana contemporanea, in: *La ristrutturazione delle scienze fra le due guerre mondiali* (Atti del Convegno, Firenze/Roma 28 Giugno - 3 Luglio 1980), a cura di G. Battimelli, M. De Maria, A. Rossi (2 voll.), Editrice Universitaria di Roma La Goliardica, Roma, vol. I (L'Europa), pp. 253-287

G. Israel (1989) Politica della razza e antisemitismo nella comunità scientifica italiana, in: *Le legislazioni antiebraiche in Italia e in Europa*, Atti del Convegno nel cinquantenario delle leggi razziali (Roma, 17-18 Ottobre 1988) Camera dei Deputati, Roma, pp. 123-162

G. Israel (1998) Vito Volterra e la riforma scolastica Gentile, *Bollettino dell'Unione Matematica Italiana*, Sez. A, *La matematica nella società e nella cultura* (8), 1-A, pp. 269-288

G. Israel, A. Millán Gasca (1995) *Il mondo come gioco matematico, John von Neumann scienziato del Novecento*, La Nuova Italia Scientifica, Roma

G. Israel, P. Nastasi (1998) *Scienza e razza nell'Italia fascista*, Il Mulino, Bologna

G. Israel, L. Nurzia (1989) Fundamental Trends and Conflicts in Italian Mathematics between the Two World Wars, *Archives Internationales d'Histoire des Sciences*, 39, N°. 122, pp. 111-143

J. Olff-Nathan (1993) *La science sous le Troisième Reich*, Editions du Seuil, Paris

P. Nastasi (1991) La Comunità Matematica Italiana di fronte alle leggi razziali, in: M. Galuzzi (ed) *Giornate di Storia della Matematica*, Atti del Convegno, Cetraro, Settembre 1988, Editel, Cosenza, pp. 365-464

P. Nastasi (1998) Il contesto istituzionale, in: AA.VV., *La matematica italiana dopo l'Unità. Gli anni tra le due guerre mondiali*, Marcos y Marcos, Milano, pp. 817-944

P. Nastasi (1998) La matematica italiana dal manifesto degli intellettuali fascisti alle leggi razziali, *Bollettino dell'Unione Matematica Italiana*, Sez. A, *La matematica nella società e nella cultura* (8), 1-A, pp. 317-346

C. Pucci, L'Unione Matematica Italiana dal 1922 al 1944: documenti e riflessioni, in: *Symposia mathematica*, vol. XXVII, Academic Press, London, pp. 187-212

F. Severi (1940) L'inaugurazione del R. Istituto di Alta Matematica (Roma), *Scienza e tecnica*, vol. 4, pp. 272-276

V. Volterra (1907) Il momento scientifico presente e la nuova Società Italiana per il Progresso delle Scienze, *Rivista di Scienza*, vol. 2, pp. 225-237

Matematica e fascismo - Il caso di Berlino

Jochen Brüning

Quando Adolf Hitler prese il potere il 30 gennaio 1933, ebbe fine un lungo e prospero periodo di vita scientifica e culturale in Germania. La Prima Guerra Mondiale e gli echi della Rivoluzione Russa avevano sconvolto la base sociale delle scoperte intellettuali e artistiche di maggior valore ma non l'avevano seriamente danneggiata; nel giro di pochi anni i nazisti riuscirono a distruggerla. I principali strumenti usati furono le leggi contro i nemici politici e "razziali", in particolare la *Gesetz zur Wiederherstellung des Berufsbeamtentums* (Legge della Pubblica Amministrazione) del 7 aprile 1933, e la continua propaganda di massa contro tutti i "Feinde des Reiches". Esse prepararono il terreno a misure di persecuzione e di distruzione di inaudita crudeltà e minuziosità.

In queste circostanze, non fu risparmiata neppure una professione di modesto valore politico come quella del matematico; numerosi matematici tedeschi furono vittime di persecuzione, espulsione e persino assassinio; e la matematica tedesca soffrì enormemente a causa della perdita della maggior parte dei suoi più eminenti rappresentanti. In questa relazione[1] intendiamo studiare in dettaglio la comunità matematica tedesca durante il periodo della dittatura. Siamo interessati ai vari modi in cui i suoi membri ebbero a che fare con il regime nazista, dalla collaborazione completa a una cauta resistenza, ma l'argomento principale di questo studio è l'emigrazione.

Le nostre riflessioni coinvolgono matematici delle università, insegnanti, ingegneri, filosofi che hanno coltivato la matematica e anche laureati che hanno deciso di lavorare nell'industria. Si tratta di una comunità abbastanza omogenea nella preparazione culturale e, sia pure con minore evidenza, nel percorso professionale. Grazie al prestigio delle loro professioni i suoi membri erano socialmente dei privilegiati; molti di loro erano conosciuti a livello internazionale per il loro lavoro di ricerca e avevano, in complesso, una ragionevole possibilità di emigrare e continuare la loro vita in condizioni accettabili. Ma tutto ciò non si riferisce a coloro che non erano ricercatori attivi, per i quali fu molto più difficile affrontare il terrore nazista. Sia chiaro che questa considerazione non intende

49

---

[1] *Questa relazione ha origine dalla mostra "Terrore ed Esilio", allestita nel corso dell'ICM 1998. La mostra e il catalogo sono stati preparati da Dirk Ferus, Reinhard Siegmund-Schultze e dall'autore per conto della Deutsche Mathematiker-Vereinigung. Il catalogo può essere richiesto alla Geschäftsstelle der DMV, Mohrenstr. 39, 10117 Berlin, Germany.*

sminuire la sofferenza dell'emigrazione; semplicemente occorre mettere nella giusta prospettiva i diversi destini umani qui considerati.

A tutt'oggi siamo a conoscenza di centoquarantacinque matematici di madrelingua tedesca che dovettero abbandonare il loro posto di lavoro e la loro casa dopo il 1933. Molti di loro emigrarono, ma quattordici furono uccisi dai nazisti o spinti al suicidio. Nelle pagine che seguono, punteremo l'attenzione sui matematici di Berlino che contarono cinquantatré emigrati e due assassinati. Questo restringimento di prospettiva è, entro certi limiti, legittimato dal fatto che la comunità matematica di Berlino rappresentava bene le tendenze professionali del tempo ed era abbastanza "tipica" nel proprio comportamento sociale e politico. La storia della ricerca matematica fino al 1933 è sostanzialmente ben nota – anche se molti dettagli devono ancora essere completamente analizzati – ma l'ampiezza del coinvolgimento dei matematici nelle attività intellettuali e culturali di quel periodo, al di là degli obiettivi professionali, è stata per noi una sorpresa. In un buon numero di casi abbiamo scoperto una gamma veramente incredibile di interessi e attività, come nel caso di von Mises, che abbiamo descritto minuziosamente, ma solo raramente abbiamo trovato testimonianza di attività apertamente politiche.

Il novanta per cento circa dei matematici perseguitati erano "ebrei" secondo i canoni nazisti, e ciò vuol dire una schiacciante maggioranza. Tuttavia un certo numero di matematici "ariani" fu snobbato, svantaggiato o perseguitato per la propria opposizione politica, che spesso prendeva semplicemente la forma della solidarietà verso i colleghi ebrei. Questo occasionale atteggiamento coraggioso non mutò in alcun modo il corso degli eventi, ma può consolarci quando consideriamo questo periodo buio, così come può consolarci la solidarietà sperimentata da molti emigrati nei paesi che li hanno ospitati.

Per mancanza di spazio, possiamo presentare qui solo una parte del materiale presentato dalla mostra "Terrore ed Esilio" e dal catalogo [1], ma ci auguriamo che gli aspetti più importanti ne risultino chiari.

Alcuni quadri biografici

Per chiarire le precedenti affermazioni, incominciamo presentando alcuni brevi resoconti di destini individuali. Sono storie tipiche, in una qualche misura, nel gruppo di matematici che interagirono con il regime nazista in modo serio e gettano un po' di luce sul panorama mentale della Repubblica di Weimar, quindi sulle condizioni che portarono i nazisti al potere e fecero funzionare il loro sistema. Bisogna tenere a mente che, tuttavia, ogni caso individuale è speciale; perciò eviteremo valutazioni generali e ci limiteremo a presentare esempi di sofferenza, di opposizione e di collaborazione.

Cinque eminenti matematici non ebrei

Il seguente gruppo di cinque persone ebbe molta influenza sulla scena berlinese e probabilmente al di là di essa, senza dubbio nel caso di Theodor Vahlen, responsabile del settore matematico presso il *Reichserziehungsministerium*, il Ministero dell'Educazione.

Theodor Vahlen, 1869-1945

Theodor Vahlen si era avviato alla carriera accademica come ricercatore. Studiò a Gottinga con Klein e a Berlino con Kronecker, specializzandosi in algebra. Nel 1905 pubblicò un libro intitolato *Abstrakte Geometrie*, che non fu ben accolto e di cui Max Dehn fece una pessima recensione [2]. Vahlen allora si diede alla matematica applicata, in particolare alla balistica – a proposito della quale pubblicò la prima monografia in tedesco – e diventò professore all'Università di Greifswald nel 1911; ma la sua ricerca restò poco importante. Il cambiamento radicale nei suoi interessi matematici corrispose, tuttavia, a uno sviluppo delle sue attività in campo politico, attività fondate su un'ideologia fortemente nazionalista. Così già nel 1923 definì la matematica uno "specchio della razza" e iniziò a fare carriera nel partito nazista NSDPA. Dal 1924 al 1927 fu "Gauleiter" nel partito (in Pomerania, uno stato del Nord). Nello stesso anno fu licenziato come professore, senza pensione, a causa delle sue azioni dirette contro lo stato. Anche se questo provvedimento non impedì ai suoi camerati di danneggiare la Repubblica di Weimar, esso mostra tuttavia che lo stato non era completamente indifeso nei confronti dei suoi nemici: certamente avrebbe potuto essere rovesciato solo con il rilevante apporto degli impiegati statali.

Nel 1933, Vahlen proseguì la sua carriera nel *Reichserziehungsministerium*, sotto il nuovo ministro Bernhard Rust, diventando responsabile, tra l'altro, dell'assunzione dei professori di matematica. Diventò subito attivo nel licenziamento dei matematici ebraici, ottenuto soprattutto grazie alla Legge della Pubblica Amministrazione. Poiché tale legge nel suo articolo 3, il più efficace, escludeva i membri della pubblica amministrazione che avevano combattuto nella Prima Guerra Mondiale o che erano stati assunti prima del 1° agosto 1914, in molti casi egli dovette addurre altre ragioni. Qualche volta fu l'articolo 6, molto generico, a fornigli il pretesto necessario. Per esempio egli lo applicò ai danni di Max Dehn, per il quale nel 1935 motivò il licenziamento come una "misura per ridurre la spesa pubblica". Come ulteriore ricompensa per i suoi servigi, Vahlen, già sessantacinquenne, prese il posto di Richard von Mises all'Università di Berlino nel dicembre del 1934. Insieme a Bieberbach pubblicò la rivista *Deutsche Mathematik* e infine diventò membro ordinario e presidente incaricato della *Preussische Akademie der Wissenschaften*.

Ludwig Bieberbach, 1886-1982

Ludwig Bieberbach fu senza dubbio un matematico di grande talento e un brillante geometra. La sua classificazione dei gruppi cristallografici generalizzati – o gruppi Bieberbach – resterà sempre legata al suo nome come pure la sua congettura sulla "*schlichte Funktionen*", anche se alcuni anni fa è diventata un teorema. Bieberbach studiò a Gottinga dove subì decisamente l'influenza di Felix Klein. Con la sua impressionante "Habilitation" del 1912 e altri lavori significativi, fu rapidamente promosso in posti eminenti: dopo Zurigo, Königsberg, Basilea e Francoforte, fu scelto come successore di Constantin Carathéodory all'Università di Berlino nel 1921. L'evoluzione del suo rapporto con l'ideologia nazista e più tardi con l'organizzazione del partito nazista risulta meno chiara [3, 4]. Apparentemente, egli iniziò con la convinzione che la matematica ha due diverse origini: il formalismo algebrico astratto costruito sulle proprietà dei numeri interi e il ragionamento geometrico derivante dalla nostra percezione dello spazio. Adattando come Vahlen le popolari teorie razziste del tempo, Bieberbach affermò che il ragionamento geometrico concreto era tipico della razza "ariana" [5] e infine tentò di diffondere questa convinzione come direttore editoriale della rivista *Deutsche Mathematik*. Sebbene le affermazioni di Bieberbach fossero, almeno prima del 1933, prive di accenti antisemiti e considerate da lui stesso come strettamente "scientifiche", strada facendo egli diventò sempre più politico.

Sembra chiaro che Bieberbach tentò di impossessarsi di tutta la matematica tedesca sottomettendo la *Deutsche Mathematiker-Vereinigung* (DMV), l'organizzazione professionale dei matematici universitari tedeschi, al *Führer-Prinzip*, secondo le richieste del governo nazista. Tuttavia, la sua posizione non fu completamente accettata dai matematici tedeschi. La lotta per il completo controllo della *DMV*, lanciata da Bieberbach e da alcuni seguaci nel 1934, in definitiva fallì (un resoconto dettagliato si può trovare in [3]). Bieberbach dovette rinunciare al posto di direttore editoriale del *Jahresbericht der Deutschen Mathematiker-Vereningung*, e di conseguenza la sua influenza politica diminuì considerevolmente. Tuttavia anche la *DMV* dovette pagare un prezzo. Mentre l'autonomia della ricerca fu sostanzialmente salvata e i matematici trovarono un pretesto per sopravvivere come "specialisti non politici", l'organizzazione dovette conformarsi agli obiettivi globali dello stato nazista. Formalmente, questo fu espresso con una legge suppletiva secondo la quale il presidente della *DMV* doveva essere approvato dal governo.

Bieberbach anche se entrò presto e con convinzione nel partito nazista mantenne alto il livello della sua professionalità e, all'inizio, anche dell'onestà individuale. Per esempio il primo aprile 1933 tenne un discorso all'università in occasione del cosiddetto "giorno del boicottaggio", diretto contro tutti i professionisti ebrei, in particolare contro i professori universitari. Dopo alcune frasi di generica approvazione, egli disse: "Un filo di rimorso rovina la mia gioia perché al mio caro amico e collega Schur non è concesso essere qui tra noi oggi" [6]. Ma solo un anno dopo sottoscrisse pienamente il licenziamento di Edmund Landau a Gottinga – che aveva dovuto abbandonare l'incarico non a causa della Legge della Pubblica Amministrazione, ma a causa del boicottaggio organizzato dagli studenti nazisti – dicendo tra l'altro che "i rappresentanti di diverse razze non si mischiano come non si mischiano insegnanti e studenti" [5, p. 236]. Negli anni successivi, Bieberbach restò uno dei più attivi difensori dell'ideologia nazista tra i matematici tedeschi e si impegnò per il licenziamento di colleghi ebrei o "politicamente inaffidabili" in un buon numero di casi, includendo alla fine anche il suo amico Issai Schur.

Bieberbach sopravvisse alla guerra. Apparentemente mantenne le sue convinzioni "scientifiche" sui legami tra razza e pensiero matematico, ma scrisse una "apologia", in una lettera ad Heinz Hopf nel 1949. Non fu riabilitato come professore e dopo essere venuto a conoscenza della morte di matematici nei campi di concentramento si oppose attivamente ad alcuni tentativi per reintegrarlo al suo posto[2].

Georg Hamel, 1877-1954

Hamel fu allievo di David Hilbert, sotto la cui influenza studiò i fondamenti della meccanica; in questo campo egli si guadagnò una certa reputazione. Diventò professore alla Technische Hochschule di Berlin Charlottenburg, l'altra istituzione berlinese che utilizzava matematici ricercatori; naturalmente i suoi doveri di insegnante e sovente i suoi interessi nella ricerca si concentrarono sulle applicazioni all'ingegneria.

Hamel fu un amministratore competente e abile. Quindi diventò il presidente permanente del *Reichsverband deutscher mathematischer Gesellschaften und Vereine,* un gruppo di professionisti che si interessava della matematica, fondato nel 1921 soprattutto con l'obiettivo di assicurare un livello adeguato alla matematica e ai matematici in tutti i campi educativi. Così, in qualità di organizzazione politica, il *Reichsverband* fu soggetto alla pressione politica da parte del governo nazista più direttamente che non la *DMV.* Hamel non esitò affatto a seguire il *Führer-prinzip* nella sua organizzazione alla prima richiesta. Nel colpo di Stato del 1933 egli descrisse la posizione del *Reichsverband* come segue:

> Vogliamo cooperare veramente e con lealtà con lo stato. Come tutti i tedeschi, ci poniamo incondizionatamente e felicemente al servizio del movimento nazionalsocialista, dietro al Führer, il nostro cancelliere Adolf Hitler... La matematica in quanto insegnamento dello spirito, dello spirito come azione, è vicina agli insegnamenti del sangue e della terra come parte integrale dell'intero processo educativo [7].

Abbastanza ovviamente Hamel aveva il sostegno dei funzionari nazisti così che, tra gli altri incarichi, egli diventò presidente di compromesso della *DMV* dopo che Bieberbach ebbe fallito nel tentativo di introdurvi il *Führer-prinzip.* Tuttavia, aderendo completamente alle nuove regole naziste date dal *Reichsverband,* egli contribuì a limitare la pressione sulle altre organizzazioni scientifiche di matematici come la *DMV.* Al di là dell'aver prestato le sue abilità di amministratore a tali dubbi sforzi collaborativi, pare che Hamel non abbia nuociuto a nessun altro.

Erhardt Schmidt, 1876-1959

Erhardt Schmidt studiò con Hermann Amandus Schwarz a Berlino e David Hilbert a Gottinga. Ottenne la "Habilitation" nel 1906 all'Università di Bonn ed ebbe incarichi a Zurigo, Erlangen e Breslau prima di arrivare a Berlino nel 1917. Fu un ottimo e profondo studioso di geometria e di analisi. Combinò varie idee

---

[2]   *Comunicazione privata di Host Tietz.*

e risultati di Hilbert nell'unico concetto di spazio di Hilbert e sviluppò gran parte della teoria corrispondente, così importante per numerose scoperte del XX secolo. Buona parte della sua opera più tarda è stata dedicata al problema isoperimetrico che egli risolse in spazi di curvatura costante.

Schmidt non fu per nulla attirato dall'ideologia nazista: quando era rettore dell'Università nel 1929 fece ricorso alla polizia contro i tumulti causati dai gruppi di studenti nazisti. Nel 1933 si impegnò a fondo contro il licenziamento (illegale) del suo collega Issai Schur, che fu alla fine sospeso. E quando, con altri mezzi, questi fu allontanato dall'istituto, continuò a frequentarlo regolarmente a casa; tra gli altri professori berlinesi, solo Max von Laue mantenne la medesima abitudine – la qual cosa non era proprio senza pericolo.

D'altra parte Schmidt certamente condivideva alcune diffuse posizioni che si possono definire *nazionaliste*. L'elemento principale era il desiderio di una profonda revisione del trattato di Versailles, che in generale veniva vissuto come umiliante per la Germania. Menahem Max Schiffer, uno degli allievi di Schur che poi emigrò negli Stati Uniti, riporta il seguente racconto di una conversazione tra Schmidt e Schur nel 1938, fattogli da Schur:

Quando egli (Schur) si lamentò amaramente con Schmidt delle azioni naziste e di Hitler, Schmidt difese quest'ultimo. Egli disse: Supponiamo di dover combattere una guerra per riarmare la Germania, unificarci con l'Austria, liberare la Saar e la regione tedesca della Cecoslovacchia. Una tale guerra ci costerebbe mezzo milione di giovani vite... Ora Hitler ha sacrificato mezzo milione di ebrei e ha fatto grandi cose per la Germania. Spero che un giorno sarete risarciti ma io resto ancora grato a Hitler [8].

La ruvidezza e l'ingenuità di quest'affermazione sono difficili da conciliare con ciò che per altre vie si sa dei discorsi politici di Schmidt. Tuttavia la tendenza di base risulta credibile; essa formava probabilmente uno dei pilastri principali sui quali Hitler ha costruito il suo potere.

Non vi sono dubbi invece sull'integrità individuale di Schmidt. In modo convincente essa è documentata in un discorso tenuto in occasione del suo settantacinquesimo compleanno, nel 1951. L'oratore era il matematico ebreo Hans Freudenthal, un tempo allievo di Schmidt, che per un soffio era riuscito a scampare all'occupazione tedesca dell'Olanda; egli disse:

È facile praticare l'onestà che la matematica chiede a se stessa. Se non la praticate, sarete puniti rapidamente e amaramente. È molto più difficile tener fede a questa virtù, messa alla prova con numeri e dati, con gli uomini e gli amici. Il fatto che noi lontani, esclusi per anni da una Germania ostile, lo sappiamo e non abbiamo mai dubitato di lei, è evidente dal gran numero di contributi che hanno raggiunto gli *editor* del *Festschrift* [9].

Rudolf Rothe, 1873-1942

Rudolf Rothe fu allievo di Hermann Amandus Schwarz. Egli lavorò in geometria differenziale e in teoria delle funzioni complesse; è noto per aver completato l'edizione della raccolta di lavori di Karl Weierstrass dopo la morte di Johannes Knoblauch. Diventò professore alla Technische Hochschule di Chrlottenburg nel 1915; per un certo periodo ebbe un incarico all'università. Egli offre un altro esempio della posizione *nazionalista* già vista in Schmidt; nel 1921 in un discorso agli studenti in qualità di Rettore della Technische Hochschule egli disse: "Dai vostri ranghi dovranno uscire i capi della nostra nazione per guidarla al rinnovamento culturale e spirituale... Ricordiamo l'obiettivo di preparare questa e le generazioni a venire per il tempo in cui il nostro liberatore apparirà" [10]. Tuttavia, più tardi, egli prese le difese dei colleghi ebrei – per esempio nel caso di Ernst Jacobsthal – con maggior vigore rispetto ad altri matematici berlinesi.

Richard von Mises, il rappresentante più eminente della matematica applicata a Berlino

Richard von Mises nacque a Lemberg (allora importante città austriaca) nel 1883, in una famiglia nobile. Dopo essersi laureato in ingegneria a Vienna, prese la "Habilitation" a Brünn nel 1908. Già nel 1909 diventò professore alla *Reichsuniversität* di Strasburgo, e da lì si spostò ad Aachen nel 1911, e a Berlino nel 1920. Lavorò in quasi tutti i campi della matematica applicata che si erano velocemente sviluppati sull'onda della Prima Guerra Mondiale. Svolse un lavoro pionieristico praticamente in ogni settore, basandosi su una forte intuizione anche se con occasionali carenze di precisione matematica; un esempio ben noto è la sua teoria della probabilità "limiting frequency" che, nonostante la sua enorme carica di intuizione, non raggiunse mai una maturità teoretica paragonabile a quella della misura di Kolmogorov.

Durante la Prima Guerra Mondiale, progettò e costruì un grande aeroplano (che porta il suo nome) e prestò servizio nell'esercito austriaco come pilota. Nel 1913 tenne quello che potrebbe essere definito il primo corso universitario sulla meccanica del volo a motore.

A Berlino diventò il primo direttore dell'Istituto di Matematica Applicata, una delle più antiche istituzioni di questo tipo in Germania, e da lì indirizzò con molto successo l'espansione di questo nuovo settore non solo a Berlino, ma in tutta la Germania. Oltre agli interessi matematici, che erano già molto ampi, fu profondamente coinvolto dai problemi filosofici e artistici. Fu così che scrisse un ottimo studio sul positivismo e fu riconosciuto a livello internazionale come un'autorità sul poeta Rainer Maria Rilke; il suo *Rilke Sammlung* è ora ad Harvard.

Nonostante fosse ebreo - secondo i canoni nazisti - non fu colpito dalla Legge della Pubblica Amministrazione poiché aveva combattuto in guerra. Tuttavia egli sentiva che le azioni del nuovo governo prima o poi lo avrebbero colpito e alla fine avrebbero distrutto ogni opportunità di lavoro. Così fin dal 1933 decise di emigrare. Accettò un'offerta dalla Turchia (precedentemente rifiutata da Richard Courant e James Franck) per una cattedra di nuova creazione a Istanbul. Dovette allora negoziare con il ministro, rappresentato da Vahlen, e chiese che gli fossero riconosciuti i diritti pensionistici maturati in ventiquattro anni di servizio. Ma, nonostante la promessa di Vahlen, non ottenne mai una garanzia scritta in tal senso. Quando dopo la guerra chiese i danni, le autorità tedesche domandarono a Bieberbach, fra i molti, un giudizio competente sul caso. Bieberbach si espresse a favore di von Mises, ma il risarcimento fu accordato solo dopo la morte dell'interessato.

La situazione in Turchia non soddisfaceva von Mises e altri emigrati almeno per due motivi: l'università era sì in fase di costruzione, ma non aveva ancora raggiunto i livelli ai quali essi erano abituati, e inoltre l'influenza della Germania nazista era in continua crescita. Così von Mises decise di spostarsi negli Stati Uniti. Vi arrivò nel 1939 insieme a Hilda Geiringer, la sua ex assistente che avrebbe sposato nel 1943, e nel 1944 diventò professore ad Harvard. ("Il rischio di essere raggiunto dal Terzo Reich era troppo grave" scriveva a Theodor von Kármán nel 1939 [11].)

Come abbiamo già detto, Vahlen, ormai sessantaquattrenne, era ansioso di diventare direttore dell'Istituto di Matematica Applicata di Berlino. In qualità di direttore del Dipartimento di Matematica, Schmidt chiese a von Mises di consigliargli in modo circostanziato eventuali successori. Piuttosto sorprendentemente, egli raccomandò proprio Vahlen come la miglior scelta possibile, anche se "con una rinuncia deliberata, egli si dedica a compiti relativamente elementari"; egli non vedeva nessun altro scienziato qualificato che fosse anche abbastanza "politico" per guidare il giovane istituto verso i difficili anni a venire. È possibile che von Mises pensasse pure ai suoi diritti pensionistici mentre dava questo consiglio, ma se anche così fosse stato, lo fu inutilmente. E il suo Istituto decadde costantemente per tutti i rimanenti anni del periodo nazista.

Richard von Mises rappresentava due tradizioni abbastanza differenti: per un verso aveva le caratteristiche del tipico "professore tedesco" dell'Università di Berlino alla fine del diciannovesimo secolo, ma per l'altro era consapevole delle tradizioni dell'impero austriaco. Così non risulta per nulla sorprendente che egli pure abbia condiviso la posizione *nazionalista*; per esempio, in un discorso tenuto all'Università di Berlino nel 1930 egli ricordò la guerra dicendo:

commemoriamo con il più profondo rispetto la smisurata scia di morte, quelli che erano con noi in guerra ma non sono ritornati, coloro che tentarono coraggiosamente, con salda disciplina e fremente entusiasmo, di tenere lontano dalla Renania l'orrore della guerra; ma che non furono capaci di risparmiarle l'umiliante occupazione del nemico dopo la guerra. Ricordiamo con tristezza la nazione persa e non ancora liberata, sulla quale ancora non possiamo mettere piede.

Comunque von Mises si astenne per tutta la vita dall'esprimere convinzioni politiche e non parteggiò per alcun tipo di movimento politico.

Issai Schur, grande matematico e grande uomo

Nel 1933 l'Università di Berlino aveva quattro professori di matematica: Erhard Schmidt, Richard von Mises, Ludwig Bieberbach e Issai Schur, l'unico fra tutti ad avere legami da molto tempo con l'università. Era nato in Bielorussia, nella città di Mogilev, ma parlava tedesco, che egli considerava la propria lingua madre, senza alcuna inflessione. Era emotivamente molto legato alla Germania e all'Università di Berlino, la qual cosa gli fece rifiutare numerosi cordiali inviti ad emigrare nei primi anni del nazismo. Aveva studiato con Frobenius ed era diventato uno dei più importanti studiosi di algebra a livello internazionale. Ma la sua opera era molto differenziata: essa comprendeva contributi importanti alla teoria dei gruppi e alla teoria dei numeri, alla teoria degli invarianti e delle funzioni, alle equazioni integrali, e a molti altri settori. Forse fu l'ultimo matematico a coprire tutti gli aspetti della matematica "classica" secondo il criterio ottocentesco; ma la sua posizione gli rese difficile accogliere gli sviluppi rivoluzionari come la "nuova algebra" fatta emergere da Emmy Noether.

Oltre ad essere uno scienziato brillante, Issai Schur era anche un insegnante non comune e di successo. Le sue lezioni erano ammirate e affollate, così come ricorda Walter Ledermann: "Schur era un magnifico oratore. Le sue lezioni venivano preparate meticolosamente... (e) erano incredibilmente alla moda. Ricordo la mia presenza ad un corso di algebra che veniva tenuto in un teatro da conferenze con circa 400 studenti. Talvolta, quando dovevo accontentarmi di un posto arretrato, utilizzavo il binocolo da teatro per vedere l'oratore" [12]. Schur creò pure una "scuola" grazie all'enorme influenza esercitata su quei matematici che avevano compiuto gli studi con lui. Tra il 1917 e il 1936 non meno di ventidue studenti discussero la tesi sotto la sua guida; altri sei non poterono finirla a causa del suo licenziamento. La scelta dei progetti di tesi corrispondeva all'ampio campo d'azione dell'approccio di Schur alla matematica. Egli si occupava dei suoi studenti anche sotto altri aspetti, aiutandoli quando era possibile. Tra i suoi studenti, più tardi molti dovettero emigrare; Alfred Brauer, Käte Fenchel (nata Sperling), Kurt August Hirsch, Walter Ledermann, Bernhard Neumann, Hanna Neumann (nata von Caemmerer), Rose Peltesohn, Felix Pollaczek, Richard Rado e Menahem Max Schiffer furono i più noti. Come già detto, la Legge della Pubblica Amministrazione non fu applicata a Schur in quanto egli era diventato professore prima del 1914. Tuttavia egli fu licenziato nella primavera del 1933. Questo causò un coro di proteste tra studenti e colleghi:

Quando le lezioni di Schur vennero cancellate gli studenti e i professori protestarono, in quanto Schur era rispettato e molto gradito. L'ultimo giorno Erhard Schmidt iniziò la sua lezione con una protesta contro quel licenziamento e anche Bieberbach, che più tardi si creò una vergognosa reputazione come nazista, si espose in difesa di Schur. Schur proseguì tranquillamente a casa i suoi studi di algebra [8].

Il primo licenziamento dovette essere ricusato come illegale ma, come in molti altri casi, ci fu una pressione continua con ripetute richieste ufficiali di prepensionamento. Inoltre la vita quotidiana degli ebrei rimasti in Germania diventava sempre più insopportabile. Nel corso dei dodici anni del terrore nazista furono emanate non meno di duemila leggi contro i cittadini ebrei, compresa l'esclusione da teatri, biblioteche, parchi pubblici, alberghi e compreso il divieto di acquistare molti prodotti, inclusa persino la carta. Non è dunque sorprendente che Schur il 31 agosto 1935 abbia accettato di andare in pensione. Tuttavia fino al 1938 non emigrò, poiché era molto legato alla sua patria e anche perché pensava di poter restare in una posizione che avrebbe potuto essere di aiuto ai matematici più giovani. Questo significava, naturalmente, che egli avrebbe dovuto subire ancora più umiliazioni.

Uno dei divieti che maggiormente urtò Schur fu la proibizione di usare le biblioteche. Alfred Brauer ricorda:

> Quando Landau morì nel febbraio del 1938, a Schur fu chiesto di commemorarlo durante il funerale. Per prepararsi aveva bisogno di conoscere alcuni dettagli matematici della sua opera che aveva dimenticato. Mi chiese di consultarla in biblioteca. Naturalmente a me non era concesso di frequentare la biblioteca dell'istituto di matematica che io stesso avevo costituito nel corso di molti anni. Mi rivolsi al *Preußische Staatsbibliothek* e fui autorizzato ad accedere alla sala lettura per una settimana, ma non a prendere in prestito libri... Così potei almeno rispondere ad alcuni dei quesiti di Schur [13].

Dopo il pensionamento, Schur fu sempre più isolato; rimasero in contatto con lui solo i suoi studenti, Schmidt e von Laue. Tuttavia restò membro della *Preußische Akademie der Wissenschaften* fino a quando, nel 1938, Bieberbach intraprese alcune azioni contro di lui; poco dopo si dimise "volontariamente" dall'Accademia. Quest'ultima vergognosa azione può averlo infine indotto a emigrare in Palestina. Come umiliazione finale, dovette pagare la *Reichsfluchtsteuer*, una tassa (25% del patrimonio) per coloro che lasciavano la Germania nazista. Ma anche dopo tutto questo rimase legato ai matematici tedeschi:

> Schur quando non poteva dormire, voleva leggere lo *Jarbuch über die Fortschritte der Mathematik*. Allorché in Palestina fu costretto a vendere la sua biblioteca personale e l' "Institute for Advanced Study" di Princeton mostrò interesse per lo *Jahrbuch*, egli inviò un telegramma per chiarire che non era in vendita e ciò poche settimane prima di morire. Soltanto dopo la sua morte l'Istituto acquistò la copia [13].

Issai Schur morì a Gerusalemme nel 1941.

Assassinati dai nazisti: Robert Remak (1888-1942) e Kurt Grelling (1886-1942)

Come abbiamo già messo in evidenza, il gruppo di vittime dei nazisti preso in considerazione non è rappresentativo in quanto molte di loro ebbero la fortuna di salvare almeno la vita grazie all'emigrazione. In generale, riuscire a emigrare non era facile, ma era molto più semplice per quegli scienziati con una reputazione internazionale e con una diffusa rete di amici e colleghi. Nel caso fossero mancate entrambe, la situazione di uno scienziato ebreo avrebbe potuto diventare molto presto disperata. Questo fu il caso di Robert Remak e Kurt Grelling: entrambi erano matematici di alto livello, entrambi furono assassinati ad Auschwitz.

Robert Remak, nipote di un famoso medico e fisiologo ebreo che portava il suo stesso nome, fu uno dei primi ebrei ad essere nominato professore all'Università di Berlino, prima del 1918. Egli studiò con Frobenius e si specializzò in teoria dei gruppi e in geometria numerativa. La sua dissertazione del 1911 diede un importante contributo alla teoria dei gruppi (il "teorema Wedderburn-Remak-Schmidt-Krull"). A testimonianza della sua reputazione c'è una lettera di Issai Schur a Oswald Veblen del 10 luglio 1936: "Considero il professor Robert Remak un importante ricercatore che si è distinto per la sua versatilità, originalità, forza e vivacità... Senza dubbio egli può essere definito un eminente studioso nel campo splendido e importante della geometria numerativa". Inoltre, Remak aveva esteso i suoi interessi in settori abbastanza legati alle applicazioni, come l'economia, con attenzione ai più importanti modelli matematici. Viene così considerato un precursore dell'*activity analysis*. Egli anticipò pure l'importanza dei computer nel progresso di questo campo; nel suo saggio "L'economia può diventare una scienza esatta?" egli affermava:

> Voglio sottolineare... che non ho fatto alcuna asserzione politica o economica, ho semplicemente formulato problemi e indicato schemi di calcolo... è ancora da scoprire se il risultato del calcolo favorirà il capitalismo, il socialismo o il comunismo... Queste equazioni sono difficili da gestire matematicamente. Comunque si sta lavorando per la soluzione numerica di equazioni lineari con parecchie incognite facendo uso di circuiti elettrici [14].

Sembra che Remak fosse una persona difficile e mancasse di quella affabilità nei rapporti sociali che avrebbe potuto favorire la sua carriera accademica. Nel 1933 fu licenziato secondo la Legge della Pubblica Amministrazione. Allora andò avanti a lavorare privatamente; in particolare diresse un gruppo che tentava di comprendere la nuova algebra che era stata presentata nel libro di van der Waerden. Dopo l'epurazione della *Notte dei Cristalli* nel 1938, fu condotto al campo di concentramento Sachsenhausen, vicino a Berlino, ma fu lasciato libero dopo otto settimane. Tentò disperatamente di emigrare negli Stati Uniti con la moglie (non ebrea), ma non ci riuscì. Nel 1939 scappò in Olanda dove la moglie non volle seguirlo; divorziarono poco dopo. Ad Amsterdam fu aiutato, tra gli altri, da Hans Freudenthal, il che, secondo una testimonianza dello stesso Freudenthal, non risultava cosa facile a causa della complicata personalità di Remak. Nel 1942 fu catturato dagli occupanti tedeschi e inviato ad Auschwitz, dove morì.

Kurt Grelling fu uno dei pochi matematici del gruppo da noi considerato attivo politicamente. I fondamenti delle sue idee socialiste gli vennero dal padre, l'avvocato ebreo Richard Grelling, ben noto come uno dei cofondatori nel 1892 del *Deutsche Friedensgesellschaft*. Grelling studiò matematica, fisica e filosofia a Berlino e Gottinga, e si laureò nel 1919 con Ernst Zermelo a Gottinga. Già nel 1908 fu coautore con Leonard Nelson dell'articolo *Bemerkungen zu den Paradoxien von Russell und Burali-Forti*, che conteneva una esauriente analisi dei diversi tentativi di risolvere i paradossi della teoria degli insiemi, e presentò il *Grellingsche Antinomie*. Tra il 1911 e il 1914 curò la rubrica di filosofia nel periodico socialista *Sozialistische Monatshefte*; nel 1919 prese parte come delegato al congresso della SPD a Weimar.

Grelling dovette lasciare l'università per motivi economici. Fu insegnante con un incarico fisso alla *Walter-Rathenau-Oberrealschule* a Berlino-Neukölll dal 1923 in poi. Anche a lui toccò il licenziamento nel 1933 a seguito della Legge della Pubblica Amministrazione. Poiché nel suo caso non poteva valere l'articolo 3, in quanto aveva partecipato alla guerra, si dovette usare l'articolo 6, molto più "flessibile" (risparmio nell'amministrazione). Paradossalmente, invece di subire quotidiane umiliazioni Grelling trovò allora il tempo per lavorare più intensamente, vivendo con una piccola rendita che aveva appena ereditato. In particolare fu molto attivo nella *Gesellschaft für empirische Philosophie*, un'associazione orientata alla interdiplinarietà filosofica fondata dal filosofo Hans Reichenbach.

A seguito della spaventosa impressione della *Notte dei Cristalli*, Grelling non fece rientro in Germania da un viaggio in Belgio. Dopo l'attacco tedesco al Belgio del maggio 1940 fu deportato dai belgi nel campo di Gurs nella Francia del Sud. Greta, la moglie non ebrea, si rifiutò di divorziare e lo seguì dappertutto. Tragicamente, nel 1941 non poté accettare l'offerta di una cattedra alla "New School for Social Research" di New York; non ebbe infatti il permesso di entrare negli Stati Uniti. In una lettera a Paul Bernays del gennaio 1941 egli scrive: "Nella mia disgraziata situazione cerco di tenermi su con il lavoro scientifico... Qui al campo ho incontrato due amici più giovani, uno di loro è un matematico molto competente. L'altro è un autore interessato alla filosofia con il quale discuto di problemi filosofici e matematici" [15]. Per inciso, l'"autore" era lo scrittore austriaco Jean Améry che, nell'autobiografia del 1971, ricordava Grelling con la seguente affermazione:

> Grelling è molto raramente citato oggi. Invece di avere successo professionalmente, fu obbligato a prendere un treno per Auschwitz; Laval aveva mostrato il corso degli eventi. Al logico e al matematico fu insegnata la logica della storia di cui in precedenza egli non sapeva nulla [16].

In realtà, nel settembre del 1942 Grelling e sua moglie furono deportati ad Auschwitz, dove, molto probabilmente, furono assassinati il giorno stesso del loro arrivo.

Emigrazione. La Squadra di Soccorso all'estero

Dunque, non era facile emigrare. Prima di tutto la decisione di emigrare era molto difficile in gran parte dei casi, per motivi sia materiali sia emotivi, malgrado le circostanze fossero sempre più intollerabili. Se la decisione era presa, occorreva compiere il secondo passo; trovare un luogo ragionevole dove andare non era affatto più semplice. Nei quadri biografici precedenti sono state illustrate alcune di queste difficoltà: per uno studio dettagliato di tutti gli aspetti dell'emigrazione dei matematici dalla Germania, si può fare riferimento a Reinhard Siegmund-Schultze [17]. Ora vogliamo concentrarci su un punto importante, vale a dire il fatto che per molti matematici l'emigrazione nella maggior parte delle nazioni sarebbe stata praticamente impossibile senza l'aiuto costante di altri matematici già residenti nel paese ospitante.

Tra coloro che tentarono di aiutare i loro colleghi tedeschi a fuggire da un ambiente spaventoso e ostile, si segnalano le seguenti persone che furono particolarmente attive e utili: Harald Bohr, Richard Courant, Stephen Duggan, Godfrey Harold Hardy, Emmy Noether, Oswald Veblen e Hermann Weyl.

Harald Bohr (1887-1951), fratello di Nils Bohr, fisico eminente, diventò molto noto per il suo lavoro sulle funzioni quasi periodiche. Fuggì in Svezia durante l'occupazione nazista della Danimarca (dove Käte Sperling-Fenchel, la studentessa di Issai Schur menzionata prima, lavorava come sua segretaria dopo essere emigrata). Uno degli amici più intimi di Bohr era *Godfrey Harold Hardy* (1877-1947), un eminente analista e studioso di teoria dei numeri che sostenne non meno di diciotto matematici tedeschi emigrati a Cambridge; tra di loro c'erano Kurt Hirsch, Bernard Neumann e Richard Rado di Berlino. Bohr e Hardy avevano, come Veblen, stretti legami con Gottinga. Entrambi erano stati attivi nell'introdurre gli scienziati tedeschi sulla scena internazionale dopo la Prima Guerra Mondiale, opponendosi fortemente al boicottaggio contro di loro. Si erano fatti molti amici tra i matematici tedeschi e seguirono con grande attenzione l'evoluzione politica in Germania. In particolare, Bohr e Hardy avevano collaborato strettamente per un certo periodo con Courant, Veblen e Weyl per l'assegnazione di borse di studio della fondazione Rockefeller a giovani matematici. I loro sforzi uniti per il benessere della matematica e dei matematici ebbero una naturale prosecuzione anche quando le condizioni peggiorarono nel 1933. Bohr aveva commentato criticamente l'articolo di Bieberbach del 1933 [5]. La risposta di Bieberbach fu pubblicata nel *Jahresbericht* senza il consenso degli altri editori (che provocarono la lotta all'interno della DMV già prima menzionata); Hardy aggiunse su *Nature* un giudizio attentamente formulato ma adamantino. Negli anni a venire, i due si concentrarono sempre più sul salvataggio dei matematici tedeschi di provenienza ebraica.

Gran parte del lavoro di salvataggio negli Stati Uniti era coordinato da *Stephen Duggan* (1870-1950), uno scienziato politicamente impegnato che aveva fondato nel 1919 l'*Institute of International Education* a New York, con il forte sostegno della *Carnegie Endowment for Peace*. Duggan diede pure vita dopo il 1933 all'*Emergency council in Aid of Displaced German* (più tardi: *Foreign*) *Scholars* (EC). Questa organizzazione procurò incarichi temporanei a più di trecento studiosi. Tra loro Alfred Brauer, l'allievo di Schur, e Hilda Geiringer, l'ultima moglie di Richard von Mises. Duggan si suicidò quando fu posto sotto indagine durante il periodo maccartista.

Un altro influente matematico americano che a Princeton fece molto per aiutare gli stranieri fu *Oswald Veblen* (1880-1960), uno dei pionieri della topologia algebrica. Aveva trascorso un periodo a Gottinga e aveva modi europei (come Hardy usava dire: "Veblen combina le migliori qualità di un americano con le migliori qualità di un inglese"). Nel valutare i suoi sforzi, bisogna tenere a mente che la situazione economica negli Stati Uniti era difficile nei primi anni Trenta, in particolare c'era una grave carenza di posti in università. Ciò rendeva

61

difficoltoso trovare incarichi per gli stranieri nelle università americane, e creò problemi a quelli che tentarono.

Tra i matematici tedeschi che erano arrivati per primi negli Stati Uniti, forse il più grande sforzo per aiutare i propri conterranei fu fatto da *Richard Courant* (1888-1972), *Hermann Weyl* (1885-1955) e *Emmy Noether* (1882-1935). Weyl, senz'altro uno dei più influenti matematici del ventesimo secolo, era diventato il successore di Hilbert a Gottinga nel 1930. Nel 1933 fu invitato a far parte dell'*Institute of Advanced Study* a Princeton. All'inizio egli rifiutò, ma poi, preoccupato per le ascendenze ebraiche di sua moglie Hella, decise di lasciare Gottinga e accettò il secondo invito. Alquanto sorpreso, trovò l'atmosfera scientifica di Princeton di suo gradimento. Continuò il suo lavoro di ricerca quasi senza interruzione nonostante il profondo interesse per la situazione della scienza in Germania sotto i nazisti. La sua nuova posizione gli permise di esercitare una certa influenza in favore di altri emigranti e spese molte energie nel fare questo.

Richard Courant, studente e coautore con Hilbert, e analista influente con un senso particolare per interessanti applicazioni, era diventato una delle figure preminenti all'Istituto di Gottinga negli anni Venti. Con la comparsa della Legge della Pubblica Amministrazione - che non veniva ancora applicata al suo caso - egli fu "messo in congedo" ma non licenziato subito. In quella incerta situazione, cominciò a valutare le possibilità di emigrare anche se non avrebbe proprio voluto partire. In una lettera ad Harald Bohr egli esprimeva sentimenti sicuramente condivisi da altri ebrei tedeschi: "Sono stato più colpito dal mutare degli eventi e meno preparato di quanto avessi pensato. Qui mi sento così vicino al mio lavoro, al paesaggio circostante, a così tanta gente e alla Germania nel suo insieme che questa "espulsione" mi colpisce con una forza quasi insopportabile" [18]. Rifiutò l'offerta di andare a Istanbul (che Richard von Mises accettò più tardi) e dopo alcune riflessioni scelse di andare all'Università di New York alla fine del 1934; a quel tempo si trattava di un luogo poco importante per la ricerca matematica. Metà del suo primo modesto salario fu pagata dall'EC. Ma Courant ben presto cominciò a lavorare per altri emigranti e naturalmente anche per la NYU; l'istituto creato da lui e a lui intitolato diventò uno dei principali centri della matematica.

Emmy Noether era "a giudizio dei più competenti matematici viventi, ... il più eloquente e creativo genio matematico prodotto fino ad allora da quando l'educazione superiore delle donne era iniziata." (Albert Einstein [19]). Aprì la strada all'approccio algebrico astratto che diventò fondamentale per lo sviluppo della matematica nel ventesimo secolo. Poiché era una donna, la sua carriera accademica fu lenta. Anche se riuscì a prendere la "Habilitation" a Gottinga nel 1919, nel clima più liberale del dopoguerra, non riuscì ad ottenere niente di più di una cattedra universitaria da incaricato. Nel 1933 fu licenziata a causa della Legge della Pubblica Amministrazione. Con il crollo del 1933 andò negli Stati Uniti dove ottenne un posto di professore visitatore al *Byrn Mawr College*. Subito dopo il suo arrivo fondò, insieme a Weyl il *German Mathematicians Relief Fund*. Questa associazione chiedeva che ogni emigrante tedesco che avesse trovato lavoro versasse il due per cento del proprio stipendio per aiutare quelli che erano appena arrivati o stavano per partire. Fino alla morte prematura nel 1935, Emmy Noether fu uno dei più generosi sostenitori di questo fondo.

Dopo la guerra

La situazione della matematica in Germania e dei matematici tedeschi immediatamente dopo il conflitto fu difficile per molti motivi: la maggior parte dei migliori aveva lasciato, la rete internazionale offriva scarso sostegno e la nazione era fisicamente ed economicamente distrutta. Courant aveva esattamente previsto tutto questo in una lettera che aveva scritto a Hellmuth Kneser all'inizio del 1933:

È spiacevole pensare quali tesori stanno per essere distrutti in questo modo dopo più di dieci anni di ricostruzione. Mi duole molto vedere quale danno insensato sarà causato alla Germania... In ogni caso è lo spirito del nostro istituto che è stato distrutto. Sgradevoli segnali di opportunismo si sono infine manifestati. Ho molta paura che, al di là di quello che mi è capitato, azioni irreversibili siano state intraprese [18].

Il forte sostegno degli Stati Uniti dette vita a un periodo di rapida ricostruzione nella Germania Occidentale, spesso riportato come "Wirtschaftswunder", ma questo solo lentamente servì ad innalzare il livello dell'insegnamento e della ricerca in matematica. Per la Germania Orientale la situazione fu persino più difficile poiché la nazione restava sotto un regime autocratico, mancando così del flusso di idee, tecnologie e capitali di cui la parte occidentale poteva usufruire.

La costruzione del sistema educativo che esiste oggi in Germania iniziò solo dopo il 1970. Fino ad allora, le possibilità di impiego accademico erano poche e molti matematici promettenti trovarono la loro strada nelle università americane, creando così una "seconda ondata migratoria". Questo spiega come sia difficile costruire la bravura quando la si è persa. Nonostante l'elevato livello dell'istruzione in generale, sembra indispensabile raggiungere in alcuni centri una "massa critica" di buona qualità, per poter formare un'atmosfera altamente produttiva, originale e stimolante. Ma per fare questo non c'è una maniera univoca. Il risultato dipende molto dalla scelta delle persone giuste, dalle loro capacità intellettuali e dalle loro abilità di interazione. Ci sono esempi ben noti in cui tutto questo ha funzionato, almeno per un certo periodo, e molti altri in cui non ha funzionato affatto. I matematici attivi oggi in Germania sono senz'altro ben inseriti nel mondo e hanno sviluppato relazioni attraverso il confine interno della Germania, che per cinquanta anni è stato quasi impenetrabile. Credo sia giusto affermare che la matematica tedesca ha raggiunto di nuovo in alcuni campi un buon livello internazionale, ma non gioca un ruolo paragonabile ai decenni precedenti il 1933.

Come si comportarono gli emigranti espulsi dai nazisti con la Germania del dopoguerra? Pochissimi rientrarono in qualità di scienziati attivi: nel gruppo

63

berlinese di cui si è parlato, solo uno su quarantaquattro: lo statistico Karl Freudenberg. Alcuni chiesero i danni, ciò che in generale fu accordato dopo un penoso iter burocratico (che nel caso di van Mises si concluse solo dopo la sua morte). Ci furono naturalmente molte visite da parte degli emigrati e attività per aiutare la matematica tedesca all'estero, ma l'atteggiamento generale era probabilmente simile a quello che Bernhard Neumann, ben sistemato in Australia, descrisse in una lettera del 22 agosto 1993:

> Mai nessuno ufficialmente mi ha chiesto di rientrare in Germania, nonostante molti amici mi domandassero se avessi desiderato farlo. Sono stato spesso in Germania, una nazione che amo visitare perché vi risiedono ancora la mia famiglia e i miei amici, e perché posso parlare la mia lingua, ma dove non potrei più immaginare di vivere [20].

Da parte della Germania ci fu, naturalmente, un formidabile processo di "rieducazione", numerose discussioni sulle atrocità del regime nazista in generale e su come prevenire tali disastri in futuro, ma anche un lungo periodo di silenzio riguardo ai dettagli biografici dei sopravvissuti, da entrambe le parti. Forse bisognava aspettare la generazione successiva per affrontare concretamente i fatti. Inoltre non è stato sorprendente che in Germania l'opinione pubblica si sia interessata ai dettagli del periodo nazista solo nell'ultima decade del ventesimo secolo. E non può essere fortuito che il Congresso Internazionale dei Matematici sia ritornato in Germania solo nel 1998, dopo un intervallo di novantaquattro anni. Fu in questa occasione che la mostra, alla base di questa relazione, è stata concepita e fu solo in questa occasione che tutti i matematici emigrati da Berlino, ancora in grado di farlo, accettarono l'invito a partecipare al congresso come ospiti d'onore della DMV e della città di Berlino. Formavano un modesto gruppo (Annice e Franz Alt, Michael Golomb con sua figlia Deborah Sedwick, Rushi e Walter Ledermann, Dorothea e Bernhard Neumann, la figlia di Feodor Theiheimer, Rachel) ma la loro presenza ha inciso in modo molto speciale sull'atmosfera dell'ICM. Ancor più del solito, il più vasto incontro di lavoro dei matematici si è mosso in prospettiva storica. L'esperienza personale dei fuoriusciti ha mostrato chiaramente che la matematica, malgrado la sua verità eterna e la sua bellezza senza rivali, si fonda su una fragile e spesso pericolosa base umana. Ha mostrato come facilmente l'egoismo e l'opportunismo possono distruggere una lunga tradizione di cultura intellettuale e di amicizia, date talune circostanze. Ma ha pure mostrato che, sempre, si deve andare avanti e tentare ancora.

Bibliografia

[1] J. Brüning, D. Ferus, R. Siegmund-Schulze (1998) *Terror and Exile. Persecution and Expulsion of Mathematicians from Berlin between 1933 and 1945*, An Exhibition on the Occasion of the International Congress of Mathematicians, Technische Universität Berlin

[2] M. Dehn (1905) *Jahresbericht der Deutschen Mathematiker-Vereinigung* 14, pp. 535-537

[3] H. Mehrtens (1989) The Gleichschaltung of Mathematical Societies in Nazi Germany, *The Mathematical Intelligencer* 11, pp. 48-60

[4] H. Mehrtens (1987) *Ludwig Bieberbach and "Deutsche Mathematik"*, in: E.R. Phillips (ed) *Studies in the History of Mathematics*, Washington

[5] L. Bieberbach (1934) Persönlichkeitsstruktur und mathematisches Schaffen, *Unterrichtsblätter für Mathematik und Naturwissenschaften* 40

[6] K. Hirsch (1986) Sixty Years of Mathematics, *Mathematical Medley* 14, pp. 469-473

[7] G. Hamel (1933) Die Mathematik im Dritten Reich, *Unterrichtsblätter für Mathematik und Naturwissenschaften* 39, pp. 306-309

[8] M. Menahem Schiffer (1998) *Issai Schur. Some Personal Reminiscences*, in: *Heinrich Begehr* (ed) Mathematik in Berlin: Geschichte und Dokumentation, Aachen

[9] Ansprachen anläßlich der Feier des 75. Geburtstages von Erhard Schmidt durch seine Fachgenossen, Mimeographed Notes, Berlin, 13.1.1951

[10] R. Rothe (1921) Die Aufgaben der Technischen Hochschule auf dem Gebiete der Geistekultur, *Die Technische Hochschule* 3, pp. 226-236

[11] Papers of Theodor von Kármán, Archives, California Institute of Technology, Pasadena

[12] W. Ledermann (1983) Issai Schur and his School in Berlin, *Bulletin of the London Mathematical Society* 15, pp. 97-106

[13] A. Brauer (1973) *Gedenkrede auf Issai Schur*, in: *Issai Schur. Gesammelte Abhandlungen 1. Band*, Berlin

[14] R. Remak (1929) Kann die Volkswirtschaftslehre eine exakte Wissenschaft werden? *Jahrbücher für Nationalökonomie und Statistik* 131, pp. 703-735

[15] V. Peckhaus (1994) *Von Nelson zu Reichenbach: Kurt Grelling, in Göttingen und Berlin*, in: L. Danneberg, A. Kamlah, A. und L. Schäfer (eds) *Hans Reichenbach und die Berliner Gruppe*, Braunschweig

[16] J. Améry (1971) *Unmeisterliche Wanderjahre*, Stuttgart

[17] R. Siegmund-Schultze (1998) *Mathematiker auf der Flucht vor Hitler. Quellen und Studien zur Emigration einer Wissenschaft*, Braunschweig

[18] C. Reid (1976) *Courant in Göttingen und New York. The Story of an Improbable Mathematician*, Springer-Verlag New York, Heidelberg, Berlin, p. 143

[19] A. Dick (1970) *Emmy Noether, 1882-1935*, Basel, p. 37

[20] B. Neumann (1993) Letter to Reinhard Siegmund-Schultze of August 22

65

Matematica e cultura in Russia

Silvano Tagliagambe

La Russia e la modernità

Per comprendere i caratteri generali del pensiero filosofico e scientifico russo bisogna, in primo luogo, tener conto di una sua specificità, che lo rende unico nel panorama generale della cultura europea: il suo collocarsi, sia cronologicamente sia per quanto riguarda il processo costitutivo che ne marca l'origine, tutto all'interno dell'era moderna. La sua storia è infatti breve: tutti gli studiosi, russi e no, concordano nel sostenere che ci vollero secoli di "preistoria", prolungatisi sino al secolo XVIII, perché la filosofia si manifestasse in Russia come "disciplina autonoma", con oggetto e problematiche proprie e con un suo linguaggio specifico.

Questa lunga preistoria, definita da uno dei massimi studiosi della patristica greca, G. Flovorskij, un "secolare silenzio", viene da alcuni, come P. Ja. Caadaev, fatta risalire allo stretto legame con il patrimonio culturale bizantino, con la *misérable Byzance*, considerata sterile per quanto riguarda il campo speculativo, non in grado di produrre, nell'ambito di esso, risultati creativi; da altri, come lo stesso Flovorskij, attribuita invece all'incapacità, da parte del bizantinismo russo, di recepire e cogliere gli stimoli, fin troppo ricchi, che potevano essere desunti dallo spirito di ricerca e dalla curiosità intellettuale tipici della cultura di Bisanzio.

Quello che è certo, comunque, è che, attraverso Bisanzio, la Russia si cristianizzò ma non si ellenizzò: l'eredità filosofica "pagana" dell'antica Grecia, che la cultura bizantina, anche nel suo periodo di declino, non dimenticò mai, non incise in modo significativo sul pensiero del popolo russo, per il quale l'eredità greco-bizantina fu sempre e soltanto strumento di fede e non energia creatrice.

Questa cesura rispetto alla grande tradizione del pensiero occidentale va imputata anche alla lingua paleoslava o "slava ecclesiastica antica". Trasmessa in Moravia da Cirillo e Metodio, i due santi evangelizzatori degli slavi, e poi sviluppatasi in Bulgaria, che era stata convertita prima di Kiev, era successivamente passata nelle terre russe, con traduzioni di testi liturgici, apocrifi, vite di santi, crestomazie o raccolte di detti di sapienti (Socrate, Platone, Aristotele inclusi) a carattere prevalentemente morale. Grande mezzo di evangelizzazione del popolo, questa lingua finì però per separare il popolo russo dal latino, la lingua della cultura occidentale. Ne scaturì il progressivo consolidarsi di quella che uno dei padri dell'indirizzo slavofilo, Ivan Vasil'evic Kireevskij, chiamò "la muraglia cinese" che si erge tra la Russia e l'Europa: una muraglia nella quale Pietro il Grande riuscì ad aprire brecce e varchi significativi e che dopo di lui si è incrinata ogni giorno di più, ma che tuttavia ha continuato a resistere.

La "rivoluzione dall'alto" di Pietro il Grande

In questo quadro generale l'azione di Pietro il Grande ha costituito un momento di radicale discontinuità, dando avvio a un grandioso e controverso processo di "modernizzazione" forzata, teso a gettare un ponte tra la cultura e la società russe e quelle europee occidentali. Cardine di questo processo fu l'edificazione *ex-novo* di San Pietroburgo, che dal momento stesso della sua fondazione divenne non soltanto una delle due grandi metropoli della Russia, che contendeva il primato politico e culturale a Mosca, ma anche e soprattutto un *simbolo*, la realizzazione concreta di un sogno, di un progetto, di un'idea quasi ossessiva.

Il sogno, il progetto, l'idea ossessiva erano quelli di Pietro I il Grande, il quale diede inizio nel 1703 alla edificazione della nuova città, nelle paludi in cui il fiume Neva scarica le acque del lago Ladoga nel golfo di Finlandia, sfociando nel mar Baltico. Per lo zar la nuova città doveva essere "una finestra sull'Europa". In senso proprio, in quanto pensata e realizzata come una base navale e, al tempo stesso, un centro commerciale e quindi luogo per eccellenza di scambi e nodo di relazioni, capace di raccogliere e condensare tutti gli stimoli cosmopoliti che potevano affermarsi in seguito all'incremento delle comunicazioni con gli altri paesi del continente europeo. E in senso figurato, a significare, con la sua stessa nascita, che la storia russa doveva iniziare daccapo, rigenerarsi, staccandosi da tutte le stratificate tradizioni autoctone, accumulate dal *narod* (popolo) russo e di cui era espressione Mosca la sacra, da sempre simbolo della purezza del sangue e della terra, proprio per il suo essere ubicata e radicata nel cuore profondo della Russia. Per rafforzare ulteriormente questa funzione simbolica della nuova città Pietro il Grande la volle profondamente diversa da Mosca e da tutte le città russe, disorganici e caotici agglomerati di viuzze tortuose. La pianta della nuova città venne disegnata come sistema di isole e di canali, con il centro civico situato sul fronte del porto. Il modello era quello, geometrico e rettilineo, tipico dell'urbanistica occidentale sin dal Rinascimento e a realizzarlo vennero chiamati appositamente architetti e ingegneri stranieri, provenienti da Italia, Francia, Olanda e Inghilterra.

Lo sforzo di progettazione, pianificazione, organizzazione e costruzione fu veramente immenso: a distanza di un solo decennio dall'inizio dei lavori erano già sorti in mezzo a quelle paludi trentacinquemila edifici; di lì a due decenni c'erano quasi centomila persone e Pietroburgo era già una delle grandi metropoli europee. Essa portava chiaramente impressi, nella sua struttura urbanistica e architettonica, i segni del progetto che era alla base della sua fondazione e della sua funzione culturale e simbolica di ponte verso l'occidente. Grandi spazi, grande struttura cittadina, prospettiva classica simmetrica, monumentalità barocca, facciate di modello rigorosamente occidentale, senza alcuna concessione ai tradizionali stili russi, rapporto rigidamente stabilito (2:1 o 4:1) tra l'ampiezza delle strade e l'altezza degli edifici, in modo da dare al panorama complessivo l'aspetto di una infinita distesa orizzontale: tutto concorreva a dare l'idea di un uso dello spazio accuratamente programmato e pianificato, secondo un ordine che poco o nulla lasciava al caso o all'improvvisazione.

Ma la nuova città sulla Neva non fu il solo prodotto di questo grandioso sforzo di modernizzazione, concepita e imposta dall'alto, voluto da uno zar deciso a cambiare il destino del suo paese. Pietro I si rese conto che Pietroburgo, così come egli l'aveva concepita e voluta, aveva un senso e, soprattutto, che avrebbe effettivamente potuto svolgere la funzione di ponte verso l'Europa, al quale l'aveva destinata, soltanto se la sua realizzazione fosse stata accompagnata e sostenuta da un effettivo sviluppo industriale e da nuova cultura secolare, capace di imporsi a quella tradizionale. Altrimenti essa avrebbe rischiato di rimanere vittima della sua radicale eterogeneità, sia dal punto di vista ambientale, sia da quello sociale e ideologico, rispetto al resto della nazione, eterogeneità che avrebbe potuto provocare una resistenza e una reazione tanto violente da far sì che la nuova città venisse sentita dal paese come un corpo estraneo, da isolare e rigettare con quelle sue dimensioni tanto ampie da sembrare del tutto innaturali.

Il processo di industrializzazione in Russia

Prima dell'avvento al trono di Pietro il processo di industrializzazione era stato scarso, ostacolato com'era dalla mancanza di operai qualificati, oltre che dall'assenza di un mercato interno e dalla scarsità di capitali. Le prime fabbriche erano comparse in modo sporadico dopo il 1650, quando lo zar Alessio, ispirandosi all'atteggiamento protezionistico adottato dai sovrani occidentali nei confronti dell'industria, aveva dato l'avvio alla coltivazione del cotone e del gelso; nel 1681 fu fondata una manifattura di velluti che tuttavia fu costretta ben presto a chiudere i battenti e, nel 1684, un olandese aprì a Mosca una fabbrica di tessuti di lana.

Con l'ascesa al trono di Pietro il Grande si verificò una nuova ondata di interesse nei confronti dell'industria. Il nuovo zar istallò un grande numero di ferriere negli Urali e in Siberia e la produzione ebbe uno sviluppo così soddisfacente che, dopo il 1716, la Russia cominciò a esportare ferro. Dopo la conclusione della guerra con la Svezia, Pietro rivolse la sua attenzione all'incremento delle esportazioni: fra il 1722 e il 1724 vennero create negli Urali cinque nuove fabbriche, di cui quattro per la produzione di rame. In Siberia fu costruita un'acciaieria a Irkutsk, valendosi anche del lavoro dei prigionieri di guerra svedesi. Infine, nel "governatorato" di Kazàn vi erano 38 fonderie, altrettante in quello di Pietroburgo, 39 in quello di Mosca e 70 sul Volga e sulla Oka. Nel 1718 sembra che la produzione avesse raggiunto un volume globale di poco superiore alle 25.000 tonnellate.

Questi impianti russi erano sì numerosi, ma scarseggiavano di attrezzature e, soprattutto, di specialisti, per cui la qualità della produzione rimase necessariamente a un livello piuttosto basso. Per ovviare a questa lacuna furono allora chiamati dall'Europa occidentale specialisti stranieri, per lo più francesi e olandesi, che, con le loro conoscenze tecniche, le loro innovazioni, i loro capitali da investire svolsero una funzione di primo piano nello sviluppo e nella modernizzazione della Russia. Anche se nelle intenzioni dello zar gli stranieri dovevano servire ad apportare un contributo di conoscenze tecniche, anziché di capitale, le due funzioni non tardarono a convergere, in ragione dei legami tra innovazione tecnica da un lato, capitale di rischio e gestione dall'altro. Anche grazie al loro apporto nel settore tessile furono così create ampie fabbriche che possedevano fino a cinquecento telai; nel 1702 venne costruita a Mosca una manifattura di lino da vele, cui seguirono, nel 1705, delle fabbriche di stoffe. Alla morte di Pietro il Grande esistevano circa dieci fabbriche di panno e quasi altrettante di lino, oltre a una dozzina di manifatture di articoli in seta. Si producevano anche passamanerie, calze, cappelli e arazzi.

Per quanto riguarda le costruzioni navali, addirittura leggendario è il profondo interesse manifestato dallo zar per questo settore: durante il suo regno, Pietroburgo divenne il più importante arsenale della Russia, ove si costruivano navi ispirate ai modelli olandesi che egli aveva avuto modo di studiare durante la sua visita ai cantieri di Zaandam.

Complessivamente, sotto Pietro il Grande comparvero, secondo le stime effettuate, almeno 118 nuove manifatture (ma altri calcoli fanno salire questo numero a 233).

Per dare impulso e assicurare continuità a questo ingente processo di industrializzazione Pietro il Grande, oltre ad attrarre specialisti dai paesi dell'Europa occidentale e centrale, si preoccupò di creare, in Russia, le condizioni favorevoli alla nascita e allo sviluppo di una nuova cultura scientifica e tecnica, in modo da porre le basi per la fioritura, nel paese, delle competenze necessarie ad assicurarne uno sviluppo non effimero.

Il monopolio del clero ortodosso su scuola e cultura

Sotto questo aspetto la situazione era tutt'altro che soddisfacente. In Russia l'arte del leggere e dello scrivere si era diffusa con un effettivo impatto sociale solo nel Seicento, con l'inizio delle scuole, in gran parte ad opera del clero ortodosso, che rimase per lungo tempo al centro del sistema scolastico dal momento che disponeva non soltanto di una vasta rete di scuole elementari, ma anche delle uniche istituzioni di formazione superiore e specialistica presenti al tempo di Pietro il Grande. Da questo punto di vista Kiev precede cronologicamente e qualitativamente Mosca. In particolare le istituzioni scolastiche dei gesuiti polacchi si proposero allora come un modello esemplare, perché l'insegnamento appariva anche agli ortodossi come l'arma migliore per combattere il calvinismo e il cattolicesimo, che si stavano diffondendo nel regno polacco lituano.

La scuola ortodossa più nota di Kiev – modellata sui collegi aperti in Polonia dai gesuiti che, com'è noto, avevano pressoché il monopolio dell'istruzione in Europa nei secoli XVII-XVIII – fu quella fondata nel 1632 da Pëtr Mogila (o Mohila, nella pronuncia ucraina), che si trasformò poi, nel 1694, in Accademia teologica. Dalle scuole dei gesuiti essa aveva mutuato il metodo pedagogico, il curriculum di studi nonché l'uso degli stessi manuali teologici destinati all'insegnamento. Essendo frequentata da molti studenti laici, essa fu, in pratica, la prima università del mondo slavo ortodosso. Agli inizi era aperta a tutte le classi sociali, per cui, oltre ai figli dei sacerdoti, vi studiavano i figli dei nobili e dei cosacchi, dei mercanti. Ancora nel 1734 aveva tra i suoi iscritti ben 722 studenti laici e solo 380 seminaristi e la sua fama andava oltre i confini di Kiev e dell'Ucraina.

Alla sua attività è stato dedicato un numero speciale degli "Harvard Ucrainian Studies" (VIII, n. 1-2, giugno 1984) dal titolo "The Kiev Academy" nel quale viene citato, tra l'altro, il giudizio di A. Kniazeff, rettore dell'Istituto S. Sergio di Parigi, una delle principali accademie teologiche dell'emigrazione, secondo il quale

la scolastica di Kiev creò un pensiero chiaro e disciplinato. Esso obbligava a definire e a provare. Non rifiutava in blocco le idee provenienti dall'Occidente e di fronte alla scienza occidentale non assumeva un atteggiamento di paura o di sdegno. Al contrario, incitava i teologi ortodossi a utilizzare per conto loro tutto quello che il pensiero occidentale poteva avere di meglio, favorendo in definitiva la nascita dello spirito accademico.

Alla fine del 1687 venne invece fondata a Mosca la futura Accademia slavo-greco-latina diretta da due greci, i fratelli Lichudi, giunti a Mosca nel 1685. Ambedue avevano conseguito la laurea in filosofia nell'università di Padova e, dopo aver insegnato a Kiev, composero manuali di poetica, retorica, logica, fisica (di Aristotele) e psicologia. Il loro insegnamento però era ancorato alla vecchia filosofia scolastica e non rifletteva il fermento di idee dell'ateneo padovano, dal quale provenivano. Ciononostante a Mosca ebbero vita difficile e dovettero presto lasciare la città. La scuola languì, perché non venne trovato nessuno in grado di sostituirli.

Ma a parte le Accademie, la Chiesa, fra il 1721 e il 1765, riuscì a fondare ben ventotto seminari, modellati su quello dell'Accademia di Kiev e con insegnanti provenienti da questa stessa città (l'Accademia di Mosca riuscì a fornire professori solo verso la fine del secolo XVIII).

Ora – come osserva in un lungo saggio dal titolo "Ocerki po istorii estesvoz-nanija v Rossii v XVIII stoletii" (Lineamenti di storia della scienza in Russia nel XVIII secolo), pubblicato nel 1914 nella rivista *Russkaja mysil*, Vladimir Ivanovic Vernadskij (1863-1945), geochimico e fondatore di un nuovo indirizzo, di tipo evoluzionistico, in mineralogia, pensatore acuto e versatile, al quale si devono anche le prime ricerche approfondite di storia della scienza russa – questa posizione predominante del clero nel sistema formativo del paese ebbe conseguenze molto negative, dato il suo assoluto disinteresse per la ricerca scientifica e i suoi problemi:

Nella lunga storia della chiesa russa è difficile trovare qualcuno che si sia occupato consapevolmente dell'ambiente circostante o che si sia addentrato nel mondo della matematica. E tra questi pochissimi non c'è nessuno scienziato di rilievo. Questo atteggiamento non poteva rimanere privo di conseguenze per la cultura russa.

Pietro il Grande si rese dunque conto che per ovviare alla mancanza di una radicata e consolidata cultura scientifica e tecnica all'interno del tessuto socia-

71

le del paese non bastava inviare giovani russi all'estero ad apprendere la ricerca sperimentale e le nuove tecniche che stavano fiorendo in campi diversi, come egli stesso aveva cominciato a fare, soprattutto per quanto riguardava il settore delle costruzioni navali. Né poteva risultare sufficiente chiamare da diversi paesi matematici e ingegneri, giuristi e teorici della politica, imprenditori ed economisti politici. Occorreva invece riorganizzare tutto il sistema della formazione, sottraendolo al monopolio della Chiesa ortodossa e, soprattutto, facendolo gravitare attorno a una istituzione centrale, di grande prestigio, finanziata dallo Stato.

La nascita dell'idea di fondare un'Accademia delle scienze in Russia e i primi contatti con Leibniz

Da questa esigenza scaturì l'idea dello zar di fondare anche in Russia un'accademia scientifica o un'università, idea di cui egli parlò nel corso di un colloquio con il patriarca Adriano già nel 1698.

Dalla conoscenza diretta che egli aveva attinto personalmente visitando diverse accademie e università straniere e dalle informazioni che aveva avuto dai suoi compagni in questa avventura, Pietro il Grande aveva tratto la convinzione che nessuna delle istituzioni culturali fino a quel momento presenti nel panorama europeo corrispondeva alle condizioni della Russia e ai suoi intenti. Fu in questa intensa attività di esplorazione dell'esistente e di progettazione di qualcosa di nuovo e di diverso che ebbe modo di inserirsi Leibniz, le cui opinioni esercitarono un influsso diretto e rimarchevole sullo zar.

Nel momento in cui entrò in contatto con quest'ultimo, Leibniz era già membro effettivo della "Royal Society" di Londra, che era stata fondata nel 1660, e della "Académie des sciences" di Parigi, che aveva iniziato la sua attività pochi anni dopo, nel 1666. Stava inoltre lavorando alla costituzione della "Berliner Akademie der Wissenschaften", che fu fondata nel 1700 soprattutto per impulso della principessa Sofia e di sua figlia Sofia Carlotta, dal 1684 moglie del principe elettore Federico, poi re di Prussia. Di questa nuova istituzione scientifica Leibniz fu nominato primo presidente. Egli era dunque, a quel tempo, uno dei maggiori esperti di organizzazione della cultura e profondo conoscitore della ancor giovane esperienza delle principali accademie europee.

Per Pietro il Grande era quindi del tutto naturale rivolgersi a lui. A sua volta Leibniz nutriva particolare interesse e curiosità per la Russia in quanto essa costituiva l'anello di congiunzione tra Oriente e Occidente, il tramite più diretto per arrivare alla Cina e ai paesi asiatici, il cui patrimonio linguistico e culturale esercitava un forte potere d'attrazione su di lui. Oltre a ciò, i propositi dello zar di stabilire finalmente stretti contatti tra il suo regno e l'Europa costituivano un'occasione unica per poter disporre di conoscenze geografiche, storiche, etnografiche, linguistiche di prima mano e fino a quel momento di difficile accesso. A lusingare e attrarre il filosofo tedesco era inoltre l'idea di poter esercitare un influsso di rilievo sullo sviluppo culturale e sociale di una grande nazione che aveva deciso, grazie all'opera di un sovrano illuminato, la cui fama cominciava a diffondersi con echi favorevoli in tutta Europa, di mutare rotta, andando verso Occidente.

L'impegno con cui Leibniz affrontò questa incombenza è testimoniato dalla considerevole quantità di lettere, appunti, progetti da lui elaborati e stesi nel corso di quasi due decenni. Essi mostrano la sua grande fiducia nei propositi di riforma e nelle capacità organizzative del sovrano russo.

Il progetto costitutivo dell'Accademia
delle scienze e delle arti di San Pietroburgo

Ma Leibniz non ebbe la soddisfazione di vedere l'istituzione dell'Accademia delle scienze russa, per la quale si era tanto battuto e al cui progetto costitutivo aveva lavorato con tanto impegno. Dopo la sua morte gli subentrò, come principale consigliere dello zar in questa impresa, Christian Wolff (1679-1754), professore a Halle dal 1706, che lo stesso Leibniz aveva segnalato a Pietro. Wolff prese parte attiva non soltanto all'elaborazione del progetto finale dell'Accademia, ma fu altresì incaricato di selezionare e scegliere personalmente gli scienziati tedeschi che dovevano essere chiamati a far parte della nuova istituzione. Blumentrost, a nome dello zar, in una lettera di cui è rimasta una copia senza data ma che risale ai primi mesi del 1723, gli offrì la carica di vicepresidente dell'Accademia e di responsabile dell'insegnamento di fisica e matematica. L'offerta non ebbe seguito a causa delle eccessive pretese economiche del filosofo di Halle, che subordinava l'accettazione al versamento in anticipo e in un'unica soluzione della somma di ventimila rubli come compenso per una permanenza in Russia di cinque anni (va ricordato, per raffrontare questa cifra a quelle indicate in precedenza, che nella prima metà del XVIII secolo un tallero corrispondeva a 70 copechi russi, cioè a 70 centesimi di rublo). Inoltre Wolff aveva lasciato chiaramente trasparire in più occasioni e con diversi interlocutori il suo desiderio di vedersi assegnata la carica di presidente dell'Accademia. L'impossibilità di accogliere queste richieste indusse lo zar a servirsi, da quel momento in poi, della collaborazione del discepolo di Leibniz unicamente per la scelta e l'invito in Russia di altri scienziati.

All'inizio del 1724 Pietro il Grande poté finalmente ratificare il progetto istitutivo dell'Accademia delle scienze e delle arti di Pietroburgo e dell'Università a essa annessa, che fu approvato dal Senato, in sua presenza, nella seduta del 22 gennaio 1724. Esso faceva esplicita menzione della necessità di scegliere i membri della nuova società tra i più illustri ricercatori *stranieri* del tempo, data la mancanza, in Russia, di "filosofi naturali" in grado di figurare degnamente in essa. Non solo, ma vi compariva l'invito, espressamente rivolto ai membri stranieri, a portare al loro seguito uno o due studenti particolarmente dotati e promettenti, al fine di disporre di personale in grado di svolgere attività d'insegnamento presso il ginnasio costituito in seno all'accademia e preparare, così, le future leve di ricercatori russi. I ventidue membri effettivi dell'Accademia, nominati da Caterina I tra il 1725 e il 1727, erano tutti stranieri: e dei centodieci accademici, nominati tra il 1725 e la fine del XVIII secolo, soltanto ventotto erano russi.

Con la realizzazione di questo nuovo, grande progetto Pietro il Grande dava un ulteriore impulso al suo processo di modernizzazione, partito dall'alto. E, a sottolineare il profondo legame tra la fondazione della città che la ospitava e l'Accademia, entrambe prodotto dello stesso, titanico disegno strategico, Pietro volle che la *Kunstkammer*, la "culla della scienza russa", come si legge in una targa commemorativa sistemata sull'edificio, prima sede dell'Accademia delle scienze, venisse sistemata nell'isola Vasil'evskij, la più grande della città, con un'estensione di più di mille ettari, posta di fronte al cantiere navale, destinata a diventare il centro amministrativo e culturale della nuova capitale. Per ordine dello zar qui dovevano essere sistemati i più importanti edifici pubblici e, a partire dal 1716, i nobili furono autorizzati a costruire le loro dimore soltanto in questa parte della città. La *Kunstkammer*, la cui costruzione iniziò nel 1718 e fu portata a termine nel 1734, cioè nove anni dopo la morte dello zar, ospitava diversi laboratori, una grande biblioteca, la tipografia dell'Accademia: nella torre che sovrasta l'edificio venne installato il primo osservatorio russo.

La "modernità" della cultura russa

Dal quadro che, sia pure sinteticamente, si è qui cercato di ricostruire emerge un primo, fondamentale, tratto distintivo della scienza russa rispetto a quella occidentale. Essa si inserisce all'interno di uno sfondo culturale che è moderno in un duplice senso: per cronologia, come si è detto, e per gli atti e per il processo di modernizzazione forzata che Pietro il Grande impone alla sua origine. Le riforme petrine, ispirate soprattutto da un'esigenza di adeguamento tecnico-militare ai paesi europei più progrediti, segnano, come ha osservato Vittorio Strada[1], la conclusione della fase storica della "prima Russia", cioè della Russia ancora in formazione dei primi sette secoli del secondo millennio, e danno avvio alla "seconda Russia", già sostanzialmente formata e orientata ormai verso Occidente, assunto come civiltà da imitare, il cui ciclo si protrae fino all'ottobre del 1917. Tra queste due Russie c'è un legame profondo e contraddittorio che consiste in un insieme di valori, di situazioni e di problemi, e che marca in maniera profonda la storia del paese, lasciando tracce indelebili.

La coscienza etnico-nazionale russa nei primi sei-sette secoli del suo sviluppo ha individuato il proprio 'altro' in due direzioni: in Oriente e in Occidente. Partendo da una prima comunanza cristiana la Russia ha gradatamente affermato un suo cristianesimo nazionale di derivazione bizantina che l'ha portata a contrapporsi alle confessioni occidentali, cattolica prima e poi anche protestante. Un primo motivo di identità russa è dunque stato di natura religiosa, costituito dal *pravoslavie*, dal cristianesimo ortodosso che ha offerto alla Russia una comunità con la restante ortodossia cristiana slava e non slava, ma che, a partire dalla caduta di Costantinopoli, ha conferito alla Russia una pos-

---

[1] V. Strada, *La questione russa. identità e destino*, Marsilio, Venezia, 1991, p. 116.

sibilità o una pretesa di privilegio e di egemonia, in quanto erede della seconda Roma. L'altra direzione di sviluppo del senso del proprio 'altro' per la Russia è stato l'Oriente, toccando il punto più intenso con la dominazione tartaro-mongolica, la quale, sentita da alcuni storici come un catastrofico distacco dall'Occidente europeo, rafforzò comunque il carattere specifico della Russia, conferendole connotazioni nuove, poiché due secoli di dominio lasciarono una traccia profonda e organica nell'identità etnico-nazionale russa[2].

La grandiosa operazione rinnovatrice di Pietro il Grande produsse un radicale sconvolgimento di questo quadro proprio per la sua natura capillare e pervasiva, che abbinò alla europeizzazione una

secolarizzazione che tolse alla chiesa russa la sua residua autonomia e fece dello Stato russo, variante assai particolare dell'assolutismo, il detentore, nella figura del sovrano, del potere non solo politico, ma anche, per usare un termine qui anacronistico ma chiaro, ideologico. La conseguenza di ciò fu che per i russi, per la loro stragrande maggioranza che rimase fedele alla tradizione nazionale, l'Anticristo non fu più soltanto il falso cristiano occidentale, ma lo stesso Pietro I, falso russo, a detta di una leggenda che negava al sovrano persino la nazionalità. Si creavano così due autocoscienze nazionali: l'una propria della cerchia ristretta del potere, l'altra delle masse popolari. Autocoscienze nazionali, è opportuno aggiungere, entrambe poco limpide, anche se, indubbiamente, quella dei ceti alti non poteva non avere una maggiore coerenza concettuale. Coerenza che si sviluppò all'interno di un nuovo ceto sociale, nato dall'europeizzazione e alimentato dal contatto con la cultura europea: l'*intelligencija*, per chiamare questo ceto con un termine successivo. In un primo momento l'autocoscienza nazionale dell'*intelligencija* non si differenziò da quella del ceto popolare, ma poi gradatamente essa assunse una sua connotazione particolare, divergendo sempre più da quella ufficiale e giungendo, infine, nel secondo decennio del XIX secolo, a una collisione con essa. Il risultato di questo processo, chiaro a chi conosca la storia della cultura russa, fu che l'autocoscienza nazionale non soltanto si triplicò in una sua espressione ufficiale, in un'altra popolare e in una terza intellettuale. Il fatto è che, con il complicarsi della realtà russa nell'orizzonte di quella europea, anche queste autocoscienze si differenziarono al loro stesso interno. Ciò è vero soprattutto per l'*intelligencija*, nel cui seno si formarono tendenze e partiti diversi e contrapposti. Ma è vero, in una certa misura, anche per le classi di potere, le cui tendenze conservatrici o liberali erano connesse a diverse visioni della Russia, del suo passato e della sua peculiarità [...]. Quanto all'autocoscienza nazionale del popolo, essa è la meno chiara e conosciuta, ma è indubbio che anch'essa si sia articolata in vari modi,

---

[2]   *Ivi, pp. 115-16.*

manifestati, ad esempio, nelle utopie popolari, nella religiosità dei vecchi credenti e negli stessi comportamenti delle masse contadine, fedeli al mito dello zar e, insieme, non immemori della ribellione di Pugacëv[3].

Se abbiamo insistito tanto su questi aspetti legati all'articolarsi e al differenziarsi dei percorsi di quella che possiamo chiamare "l'autocoscienza nazionale" russa, è perché questa dialettica interna ebbe sulla storia del pensiero filosofico russo conseguenze di notevole rilievo, dalle quali non si può prescindere.

Critica dell'idea di progresso e della concezione della storia come sviluppo lineare

La prima e la più rilevante di queste conseguenze consiste nel particolare atteggiamento che la cultura e la società russe nel loro complesso hanno nei confronti del tempo, che differisce sensibilmente da quello che viene via via affermandosi nei paesi dell'Europa occidentale. L'elemento da richiamare e sul quale concentrare l'attenzione a questo proposito è la scarsissima incidenza che ha, all'interno di questo mondo, l'idea di *progresso,* inteso come possibilità di un mutamento controllato, basato sulla convinzione di poter arrivare al nuovo e a un futuro migliore anche attraverso un processo di crescita, a sua volta concepito come proseguimento ed evoluzione e capacità di cogliere le opportunità offerte dalla situazione presente e dalla tradizione del passato, di cui peraltro si avvertono i limiti e le insufficienze. Questo schema evolutivo che, come ha efficacemente sottolineato, ad esempio, C. Hill[4], tanta parte ha nella storia occidentale dall'inizio del XVII secolo in poi, in Russia è eclissato dalla concezione del mutamento come *ribaltamento escatologico del tutto.* In seguito alla prevalenza pressoché assoluta di questa visione, il processo dinamico presenta aspetti del tutto particolari, che portano a vedere il cambiamento esclusivamente come radicale ripulsa della fase precedente e il nuovo come risultato di una pura e semplice trasformazione del vecchio o, per meglio dire, di un'operazione di capovolgimento di esso. Sono stati Lotman e Uspenskij[5] a mettere egregiamente a fuoco questo caratteristico andamento della cultura russa, dal quale deriva la sua sostanziale immutabilità nelle diverse fasi da essa attraversate. La peculiarità fondamentale di questa cultura, a loro giudizio, consiste infatti nella

sua polarità di fondo, che si esprime nella natura duale della sua struttura. I valori culturali essenziali (ideologici, politici, religiosi) nel sistema della società medioevale russa si ripartiscono in un campo assiologico a due poli, sepa-

---

3 Ivi, pp. 116-17.

4 C. Hill, Intellectual Origins of the English Revolution, Clarendov Oxford Press, 1965 - ed. it. Le origini intellettuali della rivoluzione inglese, Il Mulino, Bologna, 1976.

5 Ju. M. Lotman, B.A. Uspenskij, Rol' dual'nyh modelei v dinamike russkoj kul'tury do konca XVIII veka - Il ruolo dei modelli bipolari nella dinamica della cultura russa fino alla fine del XVIII secolo, Trudy po russkoj i slavianskoj filologii, XXVIII, 1977.

rati tra loro da un netto confine, cosicché il campo medesimo risulta sprovvisto di una fascia assiologica neutrale[6].

Un tipico esempio di questa situazione è il fatto che la concezione del Medioevo russo, a differenza di quella occidentale, non ammette, come zona intermedia tra gli estremi dell'Inferno e del Paradiso, il Purgatorio. Ne scaturisce, come conseguenza immediata, l'impossibilità di riconoscere, per quel che riguarda la vita terrena, un tipo di comportamento che possa essere qualificato come neutro, né santo né peccaminoso, tale da fungere da fascia di neutralità strutturale tra i poli di questa opposizione binaria e da riserva dalla quale attingere gli elementi che, proprio perché non coinvolti in un giudizio di esaltazione o di condanna estreme, possano dar corpo a una zona cuscinetto di mediazione tra due fasi diverse dello sviluppo e garantire così il passaggio dall'una all'altra senza eccessive scosse e fratture.

Nel mondo occidentale, rilevano Lotman e Uspenskij, la presenza e la disponibilità di un ampio spettro di comportamenti considerati neutrali e di una fascia di istituzioni sociali qualificate anch'esse come tali hanno consentito ai critici della società del tempo di attingere i loro ideali da ben precisi ambiti della realtà circostante (dall'ordinamento sociale extra-ecclesiastico, dalla famiglia piccolo-borghese); la loro lotta assumeva, di conseguenza, il significato di un tentativo di corrodere e ribaltare la gerarchia di valori esistenti, facendo in modo che elementi attinti dalla sfera neutrale divenissero valori standard, cioè la norma. Ne scaturiva, come si è detto, la possibilità di stabilire una continuità non fittizia tra l'oggi che veniva negato e il futuro atteso e sperato: e proprio in virtù del riconoscimento di questa possibilità venne via via emergendo e consolidandosi una visione della storia che accettava la sfida dei timori, delle ansie, delle angosce che solcano l'esistenza umana senza per questo cedere alla tentazione di fuggire dalla realtà.

Nella cultura russa, invece, l'assenza di un'idea di progresso, intesa come opportunità di trarre da elementi del presente le condizioni per una trasformazione di quest'ultimo in grado di produrre forme nuove, fa sì che in essa finiscano con il prevalere meccanismi che riproducono fatalmente aspetti del passato. Questa sua peculiarità non è limitata al medioevo o all'epoca anteriore alla fine del XVIII secolo. La possiamo invece riscontrare in fasi diverse del suo sviluppo e in aspetti apparentemente assai eterogenei tra loro. Ad esempio nell'ondata dei movimenti popolari in forma religiosa, nota sotto il nome comune di *raskol* (scisma), che si levò nella seconda metà del XVII secolo. Come nota un attento storico del *raskol*, A.I. Klibanov

l'insufficiente sviluppo dei rapporti sociali, il fatto che i nuovi fenomeni economici, nel XVII secolo, erano ancora all'inizio della loro storia e avevano

[6] *Ivi, p. 4.*

coinvolto soltanto degli strati insignificanti della classe contadina, ebbero come conseguenza che, nella visione del *raskol*, il motivo predominante fosse l'idealizzazione degli antichi costumi patriarcali; ciò trova la sua espressione nella contrapposizione dell'antica fede a quella 'nuova' di Nikon e nella richiesta di tornare agli antichi costumi[7].

L'influenza e il predominio di questo tipo di atteggiamenti non rimasero però circoscritti al XVII secolo. Ancora alla fine del XIX secolo, infatti, appena tre decenni prima della rivoluzione d'ottobre, all'interno di una corrente del *postnicestvo* (digiunismo), che si era formata nell'ambito della setta del *christovoverie* (fede di Cristo), fu operato da V.F. Moksin il tentativo di introdurre una nuova forma di *christovoverie*, esente da ogni forma di pregiudizio, superstizione, ignoranza e fondata sull'idea del "progresso" di matrice borghese. Ma questo sforzo di rispondere alle mutate condizioni della realtà circostante attraverso la riforma del movimento secondo lo spirito degli interessi e dei valori degli elementi borghesi che gli davano il tono si trovò la strada sbarrata non soltanto dalla concorrenza degli altri esponenti più in vista della corrente, ma anche dalla resistenza degli strati sociali più umili, che continuavano a rimanere attaccati all'antico e credevano che un autentico rinnovamento potesse scaturire soltanto dal rispetto delle tradizioni del primitivo *christovoverie*.

Questa stessa tendenza a contrapporre all'esistente forme antecedenti di organizzazione e a ritenere che il rinnovamento potesse essere il risultato di un ritorno all'antico ha del resto profondamente permeato anche l'intera storia del movimento rivoluzionario russo. Già Aleksandr Ivanovic Herzen (1812-1870) rilevava che gli slavofili, cercando di riempire di significato effettivo quella *narodnost'* (termine derivante da *narod*, "popolo" e "nazione" insieme) che era una delle parole d'ordine ufficiali dell'epoca di Nicola I, erano portati a esaltare acriticamente le tradizioni popolari e le forme patriarcali di vita e a negare quelle più moderne e meno autoctone. La loro adesione alla tradizione medioevale russa, di cui si dichiaravano eredi e continuatori, li induceva a condannare senza appello Pietro il Grande perché creatore di uno stato che perseguiva dichiaratamente l'ideale del rinnovamento e della modernizzazione. In odio al mondo contemporaneo, essi esaltavano le forme più antiche del possesso e della distribuzione della terra nella comunità contadina; in odio allo Stato, essi volevano sentirsi vicini al popolo russo, ai contadini e ravvivare con il sentimento la chiesa. Il loro era dunque un idoleggiamento delle origini, un mito della Russia al di fuori del tempo che dà ragione a Lotman e Uspenskij quando rilevano che, nella storia russa, il mutamento non avviene generalmente attraverso l'elaborazione di modelli alternativi e, nei limiti del possibile, inediti, bensì attraverso uno scambio assiologico, per cui ciò che era positivo diventa

---

[7]   A.I. Klibanov, *Storia delle sette religiose in Russia*, La Nuova Italia, Firenze, 1980, p. 67.

negativo e viceversa. La conseguenza immediata di ciò è che lo stesso concetto di "nuovo" risulta essere, in genere, la realizzazione e la riproposta di concezioni le cui radici affondano nel più remoto passato.

La costante e massiccia presenza di questo tratto peculiare è del resto confermata da numerosi studiosi di differente formazione e orientamento. Così A. Gerschenkron in un articolo pubblicato nell'*American Historical Review* dell'ottobre 1953 osserva, a proposito dei populisti, che pur essendo partiti da una salda e corretta coscienza dell'arretratezza economica del loro paese essi avevano poi rapidamente distorto questa loro intuizione e avevano finito con l'affermare, paradossalmente, che

la conservazione dell'*antico*, piuttosto che una facile adozione del *nuovo*, costituivano il vantaggio dell'arretratezza. In conclusione, una tragica resa del realismo all'utopia. Questa fu forse la principale ragione della decadenza del populismo. Quando l'indice dello sviluppo industriale balzò verso l'alto alla metà degli anni '80, dopo che il governo si era impegnato in una politica di rapida industrializzazione, il divorzio fra l'utopia populista e la realtà economica divenne troppo grande e il movimento fu incapace di sopravvivere alle pressioni che seguirono l'avvento al trono di Alessandro III[8].

Anche Venturi, nell'*Introduzione* alla sua classica opera *Il populismo russo*, dopo aver ricordato la netta contrarietà, dagli slavofili sempre manifestata, nei confronti delle rivoluzioni e dei dispotismi e, in generale, dei metodi barbari per combattere la barbarie, osserva:

Proprio in questo atteggiamento sembra stare la radice più profonda dell'interesse attuale riaffiorante nell'Unione Sovietica per questi personaggi, così lontani dalla Russia di oggi, per questi romantici ottocenteschi che sembravano per decenni caduti sotto il disprezzo o lasciati nell'oblio.

E riferendosi a questo interesse propone una riflessione di particolare significato e importanza ai fini della nostra analisi:

Un moto profondo di ritorno all'antica Russia, alla religione dei padri invita a guardare con occhi diversi al passato, a considerare e apprezzare di nuovo valori che sembravano distrutti e sepolti (basterà, per persuadersene, vedere come viene di nuovo considerata l'arte russa medievale, o aver letto le opere di Pasternak e di Solzenicyn, o anche soltanto aver visto il film di Tarkovskij su Andrej Rublëv). Ma, quel che più conta, è vedere come questo moto profondo e vario oggi presente nell'Unione Sovietica finisce, come negli anni '30 del

---

8   A. Gerschenkron, *Continuity in History and Other Essays*, Harvard University Press, Cambridge, 1968, pp. 454.

secolo scorso, come all'epoca del sorgere della slavofilia, col volgersi contro un avversario, un nemico, soprattutto, insieme temuto e odiato: lo stato dispotico e burocratico[9].

E guardando alla cronaca più recente della vita del paese si potrebbero aggiungere, a quelli citati da Venturi, molti altri interessanti e significativi esempi di questo moto profondo di ritorno all'antica Russia.

Controprova della scarsa incidenza dell'idea di progresso basato su un progetto di trasformazione graduale e di ammodernamento e inteso nel senso di mutamento controllato, è l'assoluta prevalenza di programmi di trasformazione *integrale* della società russa. Il tema della rigenerazione, della rinascita, della palingenesi è una costante della cultura del paese, prima e dopo la rivoluzione. E questa idea del cambiamento come rovesciamento totale innesca, come si è detto, un meccanismo in forza del quale si è inevitabilmente portati a guardare al passato e a riconsiderare con interesse forme di vita e di cultura già a suo tempo sperimentate e consumate. Lo aveva ben compreso Herzen, il quale rilevava come la contrapposizione tra slavofili e occidentalisti fosse la lotta di due modelli alternativi che si distinguevano in tutto, fuorché nella comune tendenza a guardare intensamente al passato, alla Russia medievale gli uni, a Pietro il Grande gli altri. E significativa è l'esortazione che egli rivolge ad entrambi gli indirizzi:

È tempo che l'umanità dimentichi quel che non è necessario del suo passato, o meglio che se ne ricordi, ma come di cose passate e non esistenti[10].

A dare ulteriore spinta a questa scarsa o nulla propensione alle idee di progresso, crescita, modernizzazione contribuisce la diffusa diffidenza nei confronti dell'industrializzazione e dello sviluppo di certi settori del tessuto economico. Come rileva Gerschenkron:

la creazione di grandi centri industriali minacciava, nel gergo del tempo, di infettare la Russia con il 'cancro del proletariato'. Il governo era ansioso di scongiurare lo spettro delle rivolte contadine: non aveva alcun desiderio di evocare la minaccia di rivoluzioni urbane. Il tradizionalismo implicito in una struttura economica di tipo agrario appariva assai migliore garanzia di stabilità politica che non l'irrequieta mutevolezza dell'industrialismo moderno. Fra le forze che nella Russia della seconda metà degli anni 1850 erano in grado di far sentire la propria voce non ce n'era nessuna che potesse spingere il governo a spostarsi verso una politica più decisa a favore dell'industrializzazione. La nobiltà grande e piccola, considerata come gruppo, non desiderava affatto una crescita urbana su larga scala, che avrebbe minacciato la sua preminenza

---

9   F. Venturi, *Il populismo russo*, Einaudi, Torino, 1972, vol. I, pp. LIV-LV.
10   *Ivi*, vol. I, p. 4.

in seno al corpo sociale dello Stato russo. L'*intelligencija* era in gran parte radicale, e la stabilità politica non rientrava nei suoi ideali. Avversava l'aristo-crazia e propugnava un tipo di emancipazione dei contadini che andava ben oltre i limiti accettabili per il governo; ma nella sua ostilità per l'industrializ-zazione e nel suo far propri i valori - veri o presunti - di una società agraria essa era sorprendentemente vicina alle posizioni del governo, sia pure per ragioni assai diverse[11].

Sul piano strutturale questa diffidenza nei confronti dell'industrializzazione, combinata con la concezione del mutamento basata sul principio della con-trapposizione e dell'alternanza degli opposti, cioè di modelli sociali radical-mente diversi in perenne competizione tra loro, provocò un caratteristico andamento, lento e a singhiozzo, della dinamica evolutiva del processo di svi-luppo della società russa in tutti i settori. Questo andamento può essere facil-mente documentato ed esemplificato: così, mentre la Russia di Caterina II, per il numero delle fabbriche e officine, per il volume della produzione e per la parte che aveva nel commercio europeo, si collocava fra le grandi potenze eco-nomiche del XVIII secolo, già alla metà dell'Ottocento la Russia industriale attraversava una fase di ristagno, e non partecipava in alcun modo al movi-mento generale che trasformava le economie occidentali. E ancora: alla situa-zione degli anni '90 del XIX secolo, caratterizzati da un impetuoso progresso, che fissò i lineamenti di una nuova geografia industriale per il trentennio suc-cessivo, subentrò presto un prolungato periodo di ristagno, durante il quale l'e-conomia del paese, in particolare la sua industria metallurgica, fu colpita (soprattutto tra il 1901 e il 1903) da una grave crisi. In seguito al continuo oscil-lare tra i due poli attorno ai quali si concentravano le idee relative al modello di società da perseguire (apertura verso l'occidente e relativa scelta di un pro-cesso di modernizzazione che ricalcasse le orme di ciò che era stato fatto, soprattutto, in Inghilterra, Germania e Francia, da una parte; difesa a oltranza della specificità della genuina tradizione russa, dall'altra) le iniziative del pote-re statale erano spesso caratterizzate da un'aspra lotta contro ciò che era stato faticosamente messo in piedi nel corso di decenni. Questa situazione non pote-va che determinare la periodica distruzione di quanto acquisito dalle genera-zioni precedenti, con la conseguente mancanza di quel processo di accumula-zione di risultati e di esperienze che è la condizione indispensabile per uno svi-luppo stabile e duraturo.

Questo elemento è stato colto con molto acume da Pëtr Čaadaev (1794-1856) nella prima delle otto sue *Filosofskie pis'ma*, datata 1 dicembre 1829, nella quale egli enumera criticamente i mali del passato russo, che in sostanza gli appare privo di storia:

---

[11]   A. Gerschenkron, *Politica agraria e industrializzazione in Russia. 1861-1917,* in: *Storia economica Cambridge,* vol. VI, II, Einaudi, Torino, 1974, p. 771.

Uno degli aspetti più deplorevoli di questa nostra bizzarra civiltà è che noi dobbiamo ancora scoprire le verità più banali e ovvie anche fra i popoli certamente meno evoluti di noi. Il fatto è che noi non abbiamo mai camminato insieme agli altri popoli, non apparteniamo a nessuna delle grandi famiglie del genere umano, né all'Occidente, né all'Oriente e non abbiamo le tradizioni né dell'uno, né dell'altro. È come se fossimo collocati fuori dal tempo, per cui l'istruzione universale del genere umano non si è mai diffusa tra noi. La mirabile concatenazione delle idee umane nel succedersi delle generazioni e la storia dello spirito umano, che gli ha permesso di raggiungere il livello in cui si trova oggi nel resto del mondo, non hanno avuto alcuna incidenza su di noi. Ciò che altrove rappresenta il fondamento medesimo della società e della vita non è per noi che teoria e pura speculazione[12].

La "reazione" contro la filosofia

Un aspetto, di notevole rilievo ai fini del nostro discorso, che caratterizza il quadro culturale della Russia della seconda metà dell'Ottocento e dei primi anni del Novecento, è la diffusa ostilità e diffidenza nei confronti della filosofia che venne progressivamente maturando fra i pensatori progressisti e rivoluzionari. Questi ultimi, in generale, erano infatti cresciuti con un profondo sospetto nei confronti della cultura "ufficiale", che non faceva mancare il suo apporto, in termini di sostegno ideologico, alle classi dominanti e alla monarchia. La filosofia "accademica" non poteva non essere coinvolta in questo giudizio globalmente negativo, tanto più che all'interno di essa, come si è visto, erano in netta prevalenza gli indirizzi e gli orientamenti idealistici e spiritualistici. Accanto a questi orientamenti emerse e si rafforzò progressivamente, in concomitanza con lo sviluppo del capitalismo, un indirizzo positivistico, rappresentato soprattutto da pensatori come K.D. Kavelin (1818-1885), Vladimir Viktorovic Lesevic (1837-1905), Evgenij Valentinovic De Roberti (1843-1915), Grigorij Nikolaevic Vyrudov (1843-1913), Nikolaj Ivanovic Kareev (1850-1931), per non citare che i principali, i quali, malgrado si fossero in prevalenza formati alla scuola di intellettuali rivoluzionari come Herzen (1812-1870) e Petr Lavrovic Lavrov (1823-1900), con l'acuirsi delle tensioni sociali e delle contraddizioni di classe si erano schierati dalla parte della borghesia. La necessità di combattere le tendenze materialistiche che prevalevano all'interno delle organizzazioni rivoluzionarie portò questo filone positivistico ad accostarsi sempre di più agli orientamenti neokantiani che erano emersi nell'ambito del positivismo tedesco e a far propria la conclusione di Otto Liebmann, il quale nella sua opera *Kant e gli epigoni*, pubblicata nel 1865, aveva terminato l'esame dei quattro indirizzi principali della filosofia tede-

---

[12] P. Ja Caadaev, *Polnoe sobranie socinenij i izbrannye pis'ma (Raccolta completa delle opere e lettere scelte)*, vol. 1, Nauka, Moskva, 1991, pp. 323.

sca post-kantiana (idealismo di Fichte, Schelling e Hegel, realismo di Herbart, empirismo di Fries, trascendentismo di Schopenhauer) con l'invito: "Si deve dunque tornare a Kant".

In queste condizioni, negli ambienti progressisti e rivoluzionari crebbe un diffuso senso di insofferenza nei confronti della filosofia. Le espressioni più radicali di questa tendenza si ebbero nell'opera di due fra i più attivi esponenti di "Zemlja i Volja", Aleksandr Aleksandrovic Serno-Solov'evic (1838-1869) e Nikolaj Isaakovic Utin (1840-1883), i quali consideravano il pensiero filosofico un patrimonio delle generazioni precedenti, prigioniere del sogno utopistico di una personalità umana libera e incondizionata, e perciò in grado di svilupparsi e di progredire senza limiti. Ormai, però, ai filosofi e ai romantici era subentrata una schiera, sempre più nutrita, di socialisti rivoluzionari, i quali, scriveva Utin, erano mossi

non già da idee astratte, ma da una rigorosa aderenza alla dura realtà, che ha il potere di richiamare sempre a sé e di rammentare costantemente la propria presenza". Alla filosofia bisognava pertanto sostituire una nuova, autentica scienza, capace di "riempire di avversione per l'attuale regime sociale" e di prospettare "l'indifferibile e irrefutabile necessità di un nuovo ordinamento, improntato alla massima libertà (*Narodnoe delo*, 2-3, 1868, p. 40).

Anche Petr Nikitic Tkacev (1844-1885), uno dei principali ideologi del populismo rivoluzionario, fu portato dalla sua ostilità contro le più recenti tendenze filosofiche occidentali (in particolare l'empiriocriticismo di Mach e Avenarius, che stava trovando sostenitori anche in Russia[13]), a teorizzare la necessità di superare la filosofia, che veniva da lui considerata un fattore di deviazione dei giovani, in quanto tale da indurli a perdere di vista i compiti pratici che la vita poneva loro dinanzi. Al contrario delle indagini scientifiche e delle generalizzazioni operate nell'ambito di esse, che hanno a che fare con fenomeni effettivi e concreti, quelle filosofiche, secondo Tkacev, "si riferiscono a insiemi di fenomeni di natura esclusivamente speculativa, sprovvisti di realtà concreta". (P.N. Tkacev, O pol'ze filosofii (Sull'utilità della filosofia), *Delo*, 5, 1877, p. 83.)

L'aspetto caratterizzante di queste prese di posizione nei confronti del pensiero filosofico è costituito dalla marcata tendenza a considerare quest'ultimo soprattutto un'arma ideologica, uno strumento della battaglia non solo ideale e culturale, ma anche politica e sociale, che si svolgeva nel paese, l'oggetto di una disputa che andava ben al di là del merito specifico delle sue assunzioni e conclusioni e che coinvolgeva problemi riguardanti la stretta attualità del momento storico che si stava vivendo. Le posizioni dei diversi autori venivano così poste in riferimento con il "clima generale" che vigeva all'interno della Russia

83

---

[13] Particolare rilievo, in questo senso, ebbe l'opera di V.V. Lesevic, autore dell'opera Ot Konte k Avenariusu (Da Comte ad Avenarius), che testimonia e spiega l'evoluzione dal positivismo tradizionale al "secondo positivismo" di Mach e Avenarius, appunto.

di quel periodo e giudicate in base alla funzione di sostegno di una determinata linea o di un certo orientamento politico che, più o meno occasionalmente e strumentalmente, si potevano trovare a svolgere. Lo stretto nesso, che si credette di poter istituire, tra il diffondersi delle filosofie a carattere più decisamente speculativo e contraddistinte da un massiccio ricorso ai metodi astrattivi e il rafforzamento di indirizzi reazionari e conservatori in campo politico, indusse gli esponenti delle organizzazioni e dei movimenti rivoluzionari a porre sul banco degli imputati buona parte del patrimonio filosofico disponibile.

L'incidenza di questo atteggiamento antifilosofico degli anarchici e dei populisti è testimoniata dal persistere di posizioni analoghe anche nel dibattito successivo alla rivoluzione d'ottobre. In uno dei primi numeri di *Pod znamenem marksizma* (Sotto la bandiera del marxismo), la nuova rivista, definita come "organo del materialismo militante", che aveva iniziato le pubblicazioni nel gennaio del 1922, comparve infatti un articolo di S.K. Minin, intitolato significativamente *Filosofiju za bort!* (A mare la filosofia!). L'autore, esperto di critica della religione, presentava l'intero pensiero filosofico come una variante dell'ideologia religiosa sprovvista, proprio come quest'ultima, di qualsiasi valore conoscitivo. Il suo significato più autentico, a giudizio di Minin, era invece quello di costituire l'espressione indiretta e mediata, ma non per questo meno genuina, degli interessi di classe della borghesia e delle altre classi dominanti. Il saggio iniziava in modo caratteristico e tale da far subito intendere le intenzioni e le aspirazioni di chi lo aveva scritto:

> Negli ultimi mesi la lotta sul fronte del pensiero astratto si è ravvivata: le mitragliatrici delle riviste hanno ricominciato a crepitare, l'artiglieria pesante, composta di trattati e volumi, ha ripreso a cannoneggiare. Sintomo consolante! Ma in questo attacco impetuoso mostriamo non poco disordine e talvolta, purtroppo, ciò si verifica proprio in riferimento ai problemi fondamentali. Esempi? Eccone uno portentoso e sorprendente, il nostro affaccendarci attorno a non si sa bene quale 'filosofia del marxismo' (S.K. Minin, Filosofiju za bort! (A mare la filosofia) *Pod znamenem marksizma*, 1922, n. 5-6) [25].

In una successiva opera, intitolata *Osnovnye voprosy marksizma* (le questioni fondamentali del marxismo) Minin precisava ulteriormente il suo punto di vista, indicando con chiarezza i bersagli della sua polemica:

> Ma noi, nonostante tutto, continuiamo a parlare di questa stessa 'filosofia' e a strombazzare la sua importanza. Così Plehanov fa uso assai spesso di questa espressione, non marxista, di 'filosofia del marxismo' o 'aspetto filosofico del marxismo'. E lo stesso Lenin giunge a scrivere, nella prefazione alla II edizione di *Materialismo ed empiriocriticismo*: Spero che, indipendentemente dalla polemica con i machisti russi, essa [l'opera in questione] non sarà inutile, quale sussidio alla conoscenza della *filosofia del marxismo*, del materialismo dialettico, come anche delle conclusioni *filosofiche* tratte dalle più recenti scoperte delle scienze della natura'. E la redazione della nuova rivista *Pod zname-*

nem marksizma commette, a questo proposito, peccati tutt'altro che veniali, a cominciare dalla premessa 'Dalla redazione', pubblicata nel primo numero". S.K. Minin, *Osnovnye voprosy marksizma* (Le questioni fondamentali del marxismo, Mosca, 1923, p.10.)

La conclusione di Minin era perentoria:

Nel completare la costruzione del nostro bastimento scientifico e nell'equipaggiarlo dobbiamo aver cura di buttare a mare, insieme con la religione, la filosofia tutt'intera.

Il "diamat" staliniano

Nei pochi mesi successivi alla rivoluzione in cui fu ancora attivo ed ebbe effettivamente in mano le leve del comando, Lenin si impegnò tenacemente a costruire passo passo gli elementi di quella che potrebbe dirsi una *cultura critica* della modernizzazione e del mutamento. Rifacendosi alla lezione di Marx, esposta in modo particolarmente limpido nella prefazione a *Per la critica dell'economia politica,* dove viene indicato come tratto distintivo delle sovrastrutture il fatto che esse subiscano la rivoluzione assai più lentamente della base strutturale, egli era convinto della possibilità di elaborare prodotti conoscitivi oggettivabili, tali da poter essere conservati e riutilizzati e da assumere per questo carattere di acquisizioni durevoli, suscettibili di cumulabilità, anche nel caso in cui le circostanze storiche avessero eventualmente indotto ad accantonarli provvisoriamente. E infatti nel suo *Proekt rezoljucii o proletarskoj kul'ture* (Abbozzo di risoluzione sulla cultura proletaria) dell'8 ottobre del 1920, egli scriveva esplicitamente che "una cultura effettivamente proletaria" è il risultato non di una comunque intesa "invenzione" *ex novo*, bensì di un processo di "sviluppo", dal punto di vista della concezione del mondo del marxismo, delle "conquiste più preziose dell'epoca borghese". Lungi dal respingere queste ultime, la "cultura proletaria" ha invece, secondo Lenin, "assimilato e rielaborato quanto vi era di più valido nello sviluppo più che bimillenario della cultura e del pensiero umani" e deve continuare a lavorare "su questa base e in questa direzione"[14].

Questo tentativo di Lenin fu brutalmente censurato dalla nuova generazione di pensatori e ricercatori a cui Stalin affidò il compito di realizzare la "grande svolta" sul fronte della filosofia e della scienza quando il suo potere si fu definitivamente consolidato, e cioè a partire dall'inizio degli anni Trenta. A fungere da portabandiera di questa linea di radicale rinnovamento della cultura furono M.B. Mitin e P.F. Judin, dirigenti della cellula comunista dell'Istituto dei professori rossi. Accanto a loro figuravano i filosofi P.M. Fedoseev, F.V. Konstantinov,

---

[14] *Lenin, Opere scelte in sei volumi, Editori Riuniti-Edizioni Progress, Roma, 1973-1975, vol. VI, pp. 187-88.*

M.D. Kammari, i fisici V. Egorsin e A.A. Maksimov, i matematici E. Kol'man e S. Janovskaja, il biologo B. Tokin. La palese e macroscopica frattura che caratterizza il passaggio dalla generazione di matrice ed estrazione leniniana a questa imposta da Stalin si manifestò concretamente nel 1931 con il radicale mutamento di rotta delle due principali riviste del paese, quelle alle quali era stato affidato il compito di approfondire il problema del rapporto fra filosofia e scienza e il significato culturale delle nuove teorie e concezioni che stavano emergendo in campo scientifico, e cioè *Pod znamenem marksizma* (Sotto la bandiera del marxismo) e *Estestvoznanie i marksizm* (Sotto la bandiera del marxismo). Le loro redazioni furono completamente rivoluzionate: e per cancellare in modo più esplicito ogni traccia di continuità con il passato la seconda, "organo della sezione di scienze esatte e scienze della natura dell'Accademia comunista", assunse la nuova denominazione *Za marksistsko-leninskoe estestvoznanie* (Per una scienza della natura marxista-leninista), "organo dell'Associazione degli istituti di scienza della natura dell'Accademia comunista". Già il numero 2-3 del 1930 era uscito con un editoriale della nuova redazione, intitolato *Per lo spirito di partito nella filosofia e nelle scienze della natura*, preceduto dalla seguente nota: "La redazione della rivista fa presente che questo numero, allestito e realizzato dalla vecchia redazione durante l'estate, esce con ritardo per motivi tecnici e il suo contenuto non riflette ancora la svolta di cui si parla nell'articolo di apertura. I problemi attinenti alla svolta suddetta verranno pertanto affrontati nel prossimo numero della rivista". Ciò che emerge immediatamente dalla lettura dell'editoriale in questione, oltre all'accanita rivendicazione del carattere non neutrale, intriso di spirito di parte, di qualsiasi risultato conseguito nell'ambito della sfera teorica, è la stretta connessione che vi viene postulata tra teoria e pratica, che lascia chiaramente trasparire l'affermarsi della tendenza a giudicare il valore delle ipotesi scientifiche sulla base del successo o meno delle loro concrete applicazioni.

Quali fossero, poi, gli obiettivi di carattere pratico ai quali lo sviluppo della scienza veniva considerato destinato ad assoggettarsi, lo possiamo arguire chiaramente dalla risoluzione, dal titolo *Bilanci e nuovi compiti sul fronte filosofico*, approvata a conclusione della seduta congiunta delle sezioni dell'Istituto di filosofia dell'Accademia comunista e dell'organizzazione moscovita della Società dei materialisti dialettici militanti del 24 aprile 1930. Si trattava, per così dire, di un documento di compromesso, ancora a cavallo tra le due fasi, quella ormai al tramonto, e quella che si stava per aprire, del dibattito culturale sovietico, e che quindi rifletteva esigenze e tendenze contrastanti: comunque in esso erano già chiaramente indicate le finalità verso le quali dovevano convergere tutte le "forze sane" del paese:

> L'attività futura sul fronte filosofico della lotta per il marxismo-leninismo deve essere condizionata in primo luogo da quei compiti di carattere generale, che al giorno d'oggi stanno di fronte al paese della dittatura del proletariato. La rivoluzione proletaria nella tappa attuale del suo sviluppo, nelle condizioni cioè di accanita lotta di classe e di costruzione vittoriosa del socialismo, è pervenuta al compito fondamentale della rivoluzione socialista nel nostro

paese, cioè l'estirpazione delle radici del capitalismo. Sulla base dei successi conseguiti nella industrializzazione del paese, la collettivizzazione integrale e la liquidazione dei *kulaki* come classe significano porre le basi per la gestione socialista dell'economia nazionale. Fino al momento in cui all'industria ormai collettivizzata in senso socialista continuerà a contrapporsi l'ampio margine di discrezionalità della piccola proprietà agricola, lo spontaneismo avrà sempre un ruolo importante nelle relazioni sociali.

La tappa attuale della rivoluzione ci ha posto di fronte compiti, dalla cui soluzione dipende la trasformazione della "cieca" necessità in una possibilità di scelta consapevole da parte degli stessi produttori. Questa è la tendenza che si sta realizzando nella lotta di classe e che conduce alla creazione delle premesse per la distruzione delle classi[15].

L'obiettivo "politico-sociale" di pervenire a una rapida collettivizzazione integrale delle campagne e quello economico di conseguire un sensibile aumento a breve termine della produzione agricola costituiscono dunque due tra i moventi di maggiore importanza della lotta contro la scienza e gli scienziati borghesi. A una struttura inedita della produzione agricola, orientata in senso collettivistico, si pensava infatti necessario far corrispondere una tecnica agronomica completamente nuova, elaborata a partire da principi scientifici completamente differenti da quelli tradizionali. E che questi movimenti abbiano poi finito per condurre a una visione gravemente distorta dei complessi problemi concernenti i rapporti tra motivazioni politiche, esigenze scientifiche e necessità d'ordine economico-sociale non è poi del tutto sorprendente, se si rammenta, almeno, che l'istituzione e il consolidamento di rapporti di produzione socialisti nelle campagne erano uno dei nodi "teorici" più difficili da sciogliere per il marxismo e se si analizzano le vicissitudini della politica agricola del partito comunista sovietico negli anni immediatamente successivi alla morte di Lenin.

Una volta impostata la questione nei termini che si sono visti, la partecipazione della scienza alla costruzione del socialismo poteva essere considerata realmente proficua solo a patto che si riuscisse ad arrivare a una sua profonda rielaborazione che comportasse soprattutto la revisione dei metodi e dei tempi di lavoro fino a quel momento seguiti. Tale revisione, volta in primo luogo a pervenire alla pianificazione, cioè alla direzione consapevole e organizzata su basi sistematiche, dell'attività sperimentale e scientifica, doveva essere compiuta sulla base dei principi fissati dalla linea generale del partito. Il richiamo alla dialettica, considerata come metodo universale delle scienze, valeva soprattutto a sottolineare quest'ultima esigenza. Dal momento infatti che come principio fondamentale del materialismo dialettico si era assunto quello concernente l'inscindibile nesso fra teoria e pratica, inteso nel senso riduttivo che si è detto, il

---

[15] S. Tagliagambe, *Scienza, filosofia, politica in Unione Sovietica. 1924-1939*, Feltrinelli, Milano, 1978, p. 285.

riferimento a quella dottrina filosofica andava concepito essenzialmente come richiamo a un costante collegamento con i problemi concreti che il partito si trovava ad affrontare e con le direttive che esso impartiva nel tentativo di giungere a una loro soluzione.

Fu questo collegamento, infatti, a costituire il *leit-motiv* di tutti i dibattiti culturali successivi. Il più importante tra quelli che si svolsero subito dopo le vicende ricordate fu quello che si tenne nel marzo 1931 in occasione della seduta congiunta del direttivo dell'Associazione di scienza della natura dell'Accademia comunista, del comitato di direzione della sezione di scienza della natura dell'Istituto dei professori rossi e della redazione generale della *Grande enciclopedia sovietica*. La riunione fu aperta da una relazione introduttiva di O.J. Smidt, nella sua qualità di redattore capo dell'enciclopedia, il quale, pur riconoscendo le insufficienze e gli errori del lavoro compiuto sul fronte delle scienze della natura, ne rivendicava però anche la sostanziale validità ed efficacia. Ad esso seguì un intervento di A.A. Maksimov, molto critico nei confronti dei criteri e delle scelte ai quali ci si era attenuti nell'elaborare e nel realizzare il programma di lavoro per la pubblicazione dell'enciclopedia medesima. "Dobbiamo concludere," egli dichiarava infatti dopo aver analizzato il contenuto di alcune voci scientifiche,

che per quel che riguarda la scienza della natura non abbiamo una trattazione marxista: abbiamo cercato con attenzione voci di stampo marxista e dobbiamo dire francamente che non ce ne sono. Di alcune di esse si può tutt'al più dire che possono anche non essere criticate in modo così radicale, che possono pertanto essere passate sotto silenzio: se però ci si deve riferire alla stragrande maggioranza delle voci bisogna dire che non soltanto non forniscono un orientamento marxista, ma esprimono indirizzi direttamente opposti al marxismo stesso. La nostra conclusione, già formulata nelle *Tesi* che abbiamo elaborato ed espressa in sede di Presidium dell'Accademia comunista, che la sezione di scienze della natura della *Grande enciclopedia sovietica*, diretta dal compagno Smidt, deve essere qualificata come antimarxista, questa conclusione, dicevamo, è indubbiamente corretta. Agli errori di carattere ideologico segnalati sono strettamente connessi quelli compiuti nella scelta degli autori[16].

Nel corso della discussione ci fu, da parte di diversi specialisti, un puntiglioso esame delle manchevolezze "ideologiche" delle singole sezioni scientifiche dell'Enciclopedia. Per quanto riguarda, in particolare la matematica, fu S. Janovskaja a prendere la parola per rilevare le insufficienze e gli errori da cui risultava, a suo parere, affetta la parte dedicata a questa disciplina.

[16]   *Za marksistko-leninskoe estestvoznanie*, 1931, n. 1, p. 73.

Ella osservò:

La matematica occupa una posizione peculiare nell'ambito delle discipline scientifiche, se non altro per il fatto che ad essa sono strettamente legate le speranze dell'idealismo. Non per niente Lenin in *Materialismo ed empiriocriticismo*, citando la *Storia del materialismo* di F.A. Lange, ricorda che 'Hermann Cohen, che è, come abbiamo visto, entusiasta dello spirito idealistico della fisica moderna, arriva al punto di predicare l'insegnamento della matematica superiore nelle scuole, al fine di infondere negli allievi del liceo lo spirito idealistico ricacciato dalla nostra epoca materialistica'[17]. In effetti la matematica, essendo la scienza più astratta, costituisce un terreno fecondo per l'idealismo, e, proprio per questo, per quel che la concerne, anche se non è ancora possibile fornirne una elaborazione positiva sul piano della metodologia del materialismo dialettico, bisogna, in ogni caso, che la critica dell'idealismo sia chiara e precisa. Ora, se prendiamo in esame il contenuto della sezione di matematica dell'*Enciclopedia* dobbiamo constatare che non soltanto non vi è traccia alcuna di critica all'idealismo, ma al contrario, come ha giustamente sottolineato il compagno Maksimov, si assiste proprio alla sua esaltazione.
La voce 'Aritmetica', ad esempio, è improntata ad uno spirito prettamente utilitaristico: in essa vanamente si cercherebbe una qualche allusione al marxismo, alla lotta di classe, a quella ideologica (...) E questo è ancora niente: il fatto è che ci troviamo di fronte a una diretta raccomandazione dell'idealismo più inveterato in matematica: 'Il problema dei fondamenti dell'aritmetica', scrive ad esempio l'autore, 'ha trovato una soddisfacente soluzione nelle opere di Robert Grassmann, di Karl Weierstrass, di Julius W.R. Dedekind, di Georg Cantor ed altri. Più oltre, è vero, egli stesso riconosce che il problema dei fondamenti dell'aritmetica non può essere considerato risolto una volta per tutte, ma le sue speranze di soluzione sono manifestamente affidate al formalismo di David Hilbert, cioè all'opera di un autore che, senza alcun imbarazzo, ha trasformato la matematica in un gioco, col risultato di impedire che ai suoi concetti fondamentali possa essere attribuito un qualunque contenuto reale, concreto. L'idealismo sotto la maschera dell'utilitarismo, ecco l'impostazione metodologica generale di questa voce, molto mediocre sotto il profilo scientifico'[18].

Critiche analoghe sono rivolte dalla Janovskaja alle voci "Algebra" e "Assioma": a proposito di quest'ultima essa osserva che il suo vizio di fondo è costituito dal

distacco di logica e storia, il quale, a sua volta, è il risultato del tentativo di trattare il logico non come la presa di coscienza e la comprensione della necessità storica, bensì come un qualcosa che può essere spiegato o esposto in modo del

[89]

---

[17] Lenin, *Materialismo ed empiriocriticismo*, Editori Riuniti, Roma, 1970, p. 302.
[18] *Za marksistko-leninskoe estestvoznanie*, 1931, n. 1, pp. 74-75.

tutto formalistico, senza il minimo riferimento alla storia, alla realtà, alla pratica. Non si tratta pertanto del semplice distacco del logico dallo storico, ma anche della separazione, inevitabilmente connessa con esso, della forma dal contenuto, della teoria dalla pratica. Anche l'autore di questa voce, come fa del resto lo stesso O.J. Smidt, si limita a parlare di "strutture e metodi appositamente predisposti", che noi "*raccogliamo, scegliamo, costruiamo, adattiamo* dapprima in modo non del tutto consapevole, per passare quindi a una fase di piena consapevolezza e coscienza' e che 'grazie a un *lento adattamento* vengono perfezionati'. 'Raccogliamo', 'scegliamo', 'costruiamo', 'adattiamo': tutto facciamo fuorché *riflettere*. In quest'ultimo caso, infatti, non ci sarebbe un solo briciolo di convenzionalità e la matematica non potrebbe essere considerata, come lo è da tutti i machisti, anziché una scienza che si riferisce alla realtà materiale, un semplice magazzino di confezioni già pronte, entro il quel il fisico può scegliere a piacimento, guidato soltanto da considerazioni di 'opportunità e comodità' e di 'economia del pensiero'. Un punto di vista, questo, che costituisce una completa deformazione della realtà storica, un vero e proprio travisamento di ciò che si verifica effettivamente nella correlazione tra la matematica e la fisica.

Qui il materialismo viene chiaramente confuso con l'idealismo, con la sensazione, con l'esperienza, qui non si parla di esperimento, ma piuttosto di esperienza, termine che, come è noto, si presta alle più diverse interpretazioni. L'autore si attiene al punto di vista empiristico e confonde, in tutta convinzione e sincerità, questo suo empirismo con il materialismo. Egli vorrebbe attenersi al nostro punto di vista, ma non sa e non riesce a rendersi conto che l'empirismo e il materialismo non sono la stessa cosa.

Vorrei soffermarmi anche su un altro punto. L'autore è nel giusto quando sostiene, o giunge quasi a sostenere, che l'assioma è contemporaneamente una definizione e un giudizio. Questa circostanza pone in rilievo il suo carattere sintetico, dato che esso non può venir trattato né come una semplice definizione, né come un puro giudizio. L'autore, invece, prende lo spunto dal fatto che l'assioma è anche una definizione e dal fatto che in ogni definizione c'è un aspetto di convenzionalità per trarre la conclusione che gli assiomi sono un che di convenzionale. Questo non è vero: le cose non stanno affatto così. La differenza tra la nostra logica e la logica formale consiste proprio nel fatto che mentre per quest'ultima parlare di verità o falsità è sempre e soltanto espressione di un giudizio, per noi può anche essere frutto di una corretta definizione, in quanto una corretta definizione riflette esattamente i tratti essenziali e peculiari dell'oggetto (della cosa, del processo, del rapporto) indagato, mentre una definizione scorretta non lo può fare. I giochi, le definizioni vuote, le determinazioni puramente nominali non sono mai stati ammessi dal marxismo, e Lenin ha lottato con tutte le sue forze contro di essi. Mi spingerei troppo lontano se continuassi a parlare di questo problema, ma ritengo in ogni caso necessario sottolineare che per noi anche le definizioni, come i giudizi, possono essere vere o false, corrette o scorrette, perché anch'esse riflettono la realtà.

Infine nella voce ci si sarebbe dovuti soffermare sul fatto che non si può parlare di un singolo assioma o di un giudizio isolato, ma solo di un *intero siste-*

ma di giudizi, e che il singolo sistema può avere senso solo se viene considerato come una parte di una totalità, di un sistema.

A proposito del fatto che con il mutamento e lo sviluppo della scienza mutano e si sviluppano anche gli assiomi, sarebbe stato necessario vedere *come* essi mutano e mostrare che questo sviluppo, *determinato dalla pratica*, ci fa avvicinare sempre di più alla verità assoluta. Il fatto è che molti idealisti confondono questi due fatti, vale a dire la compattezza del sistema di assiomi, che va considerato come una totalità, e la sua variabilità, al solo fine di deformare la realtà delle cose. Così, per l'idealista, un determinato sistema di assiomi ci consente di definire i numeri reali, i quali però potrebbero essere definiti anche in altro modo, cioè seguendo il cosiddetto metodo genetico, corrispondente in tutto e per tutto e per tutto allo sviluppo storico, legato com'è al progressivo mutamento, alla 'estensione' del concetto di numero e alle operazioni che vengono fatte su di esso. Da questo punto di vista, però, fondamentale e determinante non è l'indirizzo genetico: tutto viene capovolto, e il sistema di assiomi finisce con l'essere considerato come un qualcosa che, analogamente a Minerva, esce bell'e fatta dalla testa di Giove, viene cioè fuori, in forma già compiuta, dalla testa del matematico moderno. È proprio questo sistema a divenire, così, il demiurgo della matematica, al quale spetta di stabilire il corso e i limiti della successiva estensione genetica del concetto di numero. Le discussioni sul metodo genetico e su quello assiomatico continuano ancora ad agitare la filosofia della matematica borghese, ma di esse non si trova traccia nella voce, malgrado sia della massima importanza per noi spiegare il ruolo subordinato dell'assiomatica nella scienza e chiarire che essa non costituisce in realtà il punto di partenza, ma è invece il risultato di un'analisi che si può operare a cominciare da un livello già piuttosto elevato dello sviluppo scientifico. Questa attribuzione all'assiomatica della funzione di base e fondamento torna assai utile all'idealismo, in quanto quest'ultimo, nell'ambito della matematica, agisce proprio prendendo le relazioni che si riscontrano effettivamente nella realtà, e capovolgendole, in modo da poter poi asserire che il tronco ha tratto origine dalla testa, e non viceversa: questa è l'impostazione contro la quale dobbiamo combattere. Per questo ritengo, in conclusione, che la voce 'Assioma' vada considerata idealistica e non marxista[19].

Questa analisi critica della Janovskaja, per la linearità e la chiarezza delle posizioni che esprime, può ben sintetizzare ed esemplificare il senso complessivo del dibattito sulla scienza della natura, e sulla matematica in particolare, che si sviluppò a partire dal 1931 e per tutta l'epoca staliniana.

[19] *Ivi, pp. 79-81.*

Conclusione

Abbiamo proposto due momenti, che riteniamo particolarmente significativi, del dibattito sulla matematica nel pensiero scientifico russo, cercando di inquadrarli nel clima sociale e culturale delle rispettive fasi storiche. Questi "colpi di sonda" non hanno certo l'ambizione di condensare ed esprimere la complessità di una vicenda storica lunga e tormentata, soprattutto nelle sue tappe relative alla prima metà del nostro secolo. Ma possono almeno dare un'idea delle conseguenze che scaturiscono inevitabilmente da un certo tipo di atteggiamento nei confronti della ricerca scientifica, conseguenze che Julian Huxley mirabilmente riassume in una sua opera del 1949, dedicata all'analisi del "caso Lysenko":

La scienza non può svilupparsi ed espandersi se non in certe condizioni materiali ed entro una particolare atmosfera morale ed intellettuale. Come dice Muller: 'Ci sono volute migliaia di anni per costruire le basi di libertà di indagine e di critica indispensabili alla scienza. Ciò è stato possibile solo col formarsi della prassi democratica, coadiuvata dai progressi nella tecnica fisica, nello standard di vita e nell'educazione. Queste condizioni soltanto nei tempi moderni sono progredite in modo sufficiente da permettere quella diffusa, organizzata, obiettiva ricerca della verità, alla quale noi oggi diamo il nome di scienza'. L'atmosfera indispensabile al progresso della scienza può, però, essere facilmente distrutta o avvelenata, per ignoranza o per pigrizia mentale, dal pregiudizio o da interessi mascherati o dal potere delle autorità[20].

---

[20]   J. Huxley, *La genetica sovietica e la scienza*, Longanesi&C., Milano, 1977, pp. 193-194.

matematica
ed economia

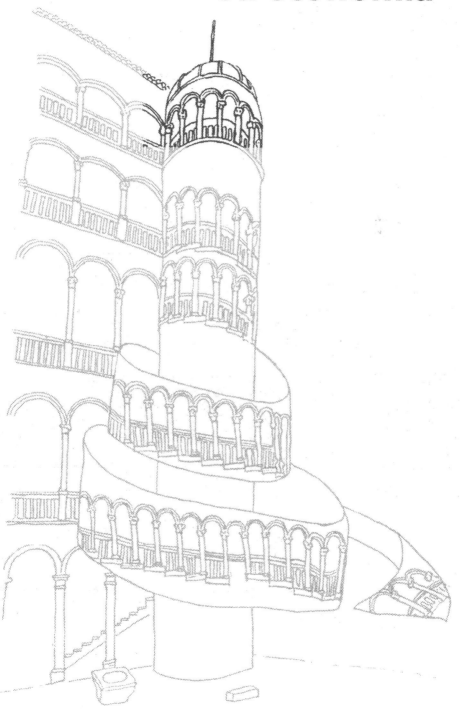

Economisti e matematica dal 1494 al 1969
Oltre l'arte del far di conto

MARCO LI CALZI, ACHILLE BASILE

> *Il vero economista deve possedere una rara combinazione di talenti.*
> *[…] In qualche misura deve essere un matematico, uno storico,*
> *un uomo di stato ed un filosofo.*
> J.M. Keynes (1936)

Introduzione

Il primo rapporto tra matematica ed economia risale ai calcoli di natura commerciale con cui i mercanti dell'antichità avevano quotidianamente a che fare. Questo rapporto fu successivamente arricchito dai calcoli di natura finanziaria necessari ad usurai e banchieri e si sviluppò in un *corpus* di applicazioni dell'aritmetica che oggi chiamiamo computisteria. La sua rilevanza pratica è alla base dell'importanza attribuita da qualsiasi persona che investa i suoi risparmi, scorpori l'I.V.A. da una fattura o compili la dichiarazione dei redditi alla capacità di far di conto – o *numeracy* per gli anglosassoni.

Durante l'Alto Medioevo, quando far di conto era ancora un'arte riservata a pochi, i mercanti svilupparono un metodo per far "quadrare i conti" delle loro imprese e tenere traccia correttamente delle entrate e delle uscite. È in Italia, probabilmente nella seconda metà del XIII secolo, che si sviluppa il sistema di contabilità a partita doppia che ancora oggi è alla base della gestione dei conti di qualsiasi azienda. Una descrizione dei suoi metodi fu pubblicata per la prima volta a Venezia nel 1494 all'interno del compendio di economia e matematica di Luca Pacioli (1445 ca.-1514 ca.), *Summa de Arithmetica, Geometria Proportioni et Proportionalitate*. In omaggio alla lagunare città di mercanti che ha ospitato anche il terzo convegno su "Matematica e Cultura", prendiamo le mosse da qui per raccontare come si è evoluto il rapporto tra la matematica e l'economia.

La nostra tesi è semplice. Fino a quando le esigenze pratiche del commercio o della finanza sono state soddisfatte dall'aritmetica raccolta nei prontuari di computisteria, i rapporti tra la matematica e l'economia sono stati costanti ma superficiali. I mercanti hanno bisogno di tenere in ordine i loro conti e i matematici possiedono l'arte necessaria per farlo. La progressiva trasformazione di secolari precetti economici in una scienza sociale fa emergere sia un rapporto più profondo tra l'economia e la matematica sia una nuova professione – l'economista – titolata a gestirlo.

L'economista moderno, in molti casi, non ha mai avuto occasione di utilizzare la contabilità a partita doppia. Tuttavia, prima di accedere a questa professione, ha dovuto studiare il calcolo differenziale, l'algebra lineare, la teoria della probabilità e la statistica. In seguito, secondo la sua specializzazione, deve coltivare una conoscenza abbastanza approfondita della matematica che gli è necessaria per la costruzione, la comprensione e l'uso di modelli quantitativi. La sua attività, oggi, somiglia a quella di un ingegnere che si sforza di rendere concreti i precetti di un'arte che ha raggiunto lo *status* di scienza.

Di questo *status* è simbolo dal 1969 il conferimento del Premio Nobel per la Scienza Economica (o, più esattamente, del Premio in Memoria di Alfred Nobel) istituito dalla Banca Centrale di Svezia. Il nostro racconto sull'evoluzione dei rapporti tra matematica e scienza economica comincia dall'anno di pubblicazione del primo testo di matematica e contabilità (1494) e si arresta con il riconoscimento internazionale della figura dello scienziato economista (1969). Durante questo periodo di quasi cinquecento anni[1], il rapporto tra matematica ed economia si trasforma radicalmente.

La matematica, vista inizialmente come un modo per esemplificare i concetti economici, diventa progressivamente uno dei linguaggi in cui formulare e comunicare la teoria economica. Raggiunto lo *status* di linguaggio, tutti gli economisti devono confrontarsi con essa. Nei casi migliori, essa diviene un genuino strumento conoscitivo. Più spesso, è usata come una tecnica, per dimostrare la coerenza logica di una teoria. Talvolta, il suo uso decade in un abuso retorico che ha solo lo scopo di conferire parvenza di scientificità ad un argomento. In ogni caso, al momento dell'istituzione del premio Nobel in Economia, la conoscenza della matematica è ormai considerata un requisito della professione.

Questo scritto riassume i passaggi fondamentali nella storia di questa trasformazione attraverso la voce (anzi, la penna) di molti dei suoi protagonisti, offrendo una piccola antologia commentata di citazioni dai loro scritti. Tutte le citazioni (inclusa l'epigrafe) sono di nostra traduzione; alcune di queste sono state suggerite dalla lettura di [1]. Per maggiori approfondimenti sul ruolo della matematica nella costruzione della teoria economica, rimandiamo il lettore a [2] e [3].

La matematica come fonte di esempi

Le competenze matematiche dei primi studiosi di economia sono probabilmente racchiuse entro i confini dell'aritmetica necessaria alla contabilità e alla computisteria. Poiché l'economia si occupa di prezzi e di valori, la riflessione teorica non

---

[1]   *Del trentennio dal 1969 al 1999 si occupa l'articolo "Chi ha detto che un matematico non può vincere il Nobel?" pubblicato anch'esso in questo volume.*

può evitare del tutto l'uso dei numeri. Ma questo uso è soprattutto esemplificativo: serve a convincere il lettore che i "conti tornano", ovvero che quanto si afferma discende dalla logica interna dei fatti economici.

La riflessione sull'economia, infatti, non è ancora articolata in una scienza. Gli studiosi cercano di scoprire le "leggi naturali" di comportamento dei sistemi economici e l'aritmetica contribuisce in modo determinante a fare emergere i fenomeni economici che occorre spiegare. Nel suo *Essay on the Nature of Commerce*, scritto intorno al 1720 ma pubblicato nel 1755, Richard Cantillon (1680-1734) illustra così come alla stessa quantità di lavoro di un uomo possa corrispondere un potere d'acquisto diverso:

> Ad esempio, se la giornata di un uomo è pagata un'oncia d'argento e quella di un altro uomo è pagata soltanto mezza oncia, allora il primo ha accesso al doppio di prodotti della Terra che il secondo.

Invece delle proporzioni, Adam Smith (1723-1790), unanimemente considerato il padre della scienza economica, utilizza la moltiplicazione e la divisione in *An Inquiry into the Nature and Causes of the Wealth of Nations* (1776) per chiarire come la specializzazione possa aumentare la produttività di un lavoratore:

> Un lavoratore non specializzato [...] non riuscirebbe certamente a produrre venti spilli in un giorno. [...] Ma laddove dieci di questi lavoratori [...] sono impiegati in due o tre mansioni diverse [...], essi riescono a produrre oltre 48.000 spilli al giorno. Ciascuno di essi, dunque, [...] è come se producesse 4.800 spilli al giorno.

Appena qualche anno dopo, per esemplificare il rischio che la crescita della popolazione conduca ad una drastica riduzione della qualità della vita, Thomas Malthus (1766-1834) introduce in *An Essay on Population* (1798) le progressioni aritmetiche e geometriche:

> Supponendo che la popolazione attuale sia di 100 milioni, la specie umana crescerebbe come i numeri 1, 2, 4, 8, 16, 32, 64, 128, 256, e i mezzi di sussistenza come 1, 2, 3, 4, 5, 6, 7, 8, 9. In due secoli il rapporto tra popolazione e mezzi di sussistenza sarebbe di 256 a 9.

Cantillon sostiene che alla stessa quantità di lavoro può corrispondere un salario diverso. Smith spiega che una diversa organizzazione del lavoro può aumentare la produttività di un lavoratore. Malthus mostra che il tasso di crescita della popolazione può divergere drasticamente dal tasso di sviluppo dei mezzi di sussistenza. Ciascuna di queste proposizioni può essere enunciata senza fare uso della matematica. Tuttavia, il ricorso all'esempio aritmetico fa emergere l'argomento con superiore chiarezza. I "conti tornano", perché di quanto si afferma si può dare un riscontro numerico che rassicura il lettore sulla coerenza del discorso.

La matematica come linguaggio

Lentamente – e, soprattutto, inconsapevolmente – l'uso della matematica come fonte di esempi chiarificatori condurrà gli economisti a introdurre un linguaggio più esplicitamente matematico nei loro scritti. In questo processo di arricchimento culturale emergono tre tendenze diverse.

Da una parte, v'è lo sforzo sincero di formulare in modo rigoroso le leggi dell'economia, introducendo definizioni precise e proposizioni dimostrate matematicamente. Si consideri ad esempio come Antoine A. Cournot (1801-1877) dimostra nelle sue *Recherches sur les Principes Mathématiques de la Théorie des Richesses* (1838) l'esistenza di un prezzo che massimizza i ricavi:

Dal momento che la [funzione di domanda] $F(p)$ è continua, la funzione $pF(p)$, che rappresenta il valore della quantità venduta annualmente, deve essere anch'essa continua. [...] Poiché $pF(p)$ è inizialmente crescente, e poi decrescente in p, deve esistere un valore di p che massimizzi questa funzione, ed esso è dato dall'equazione $F(p) + pF'(p) = 0$.

L'esistenza di questo prezzo – ottimo, perché conduce ai massimi ricavi ottenibili – giustifica lo sforzo degli economisti di fornire precetti che aiutino gli uomini d'azienda a trovare il prezzo migliore a cui vendere i loro prodotti. La dimostrazione è un'applicazione semplice ma genuina della matematica all'economia. Non a caso, Cournot è da molti considerato il padre dell'economia matematica. Tuttavia, studiosi come Cournot restano rari fino al 1870 e lo stesso Cournot non scriverà più di economia successivamente al 1838.

Molto più comune, invece, è la tendenza a introdurre un linguaggio più matematico come naturale complemento alla ricerca del rigore, che tuttavia non è identificato con i canoni matematici. Il modo principale di comunicazione degli studiosi di economia resta prevalentemente non matematico, con occasionali intrusioni della terminologia matematica.

Possiamo considerare rappresentativo di questa tendenza dominante il manuale *Principles of Political Economy* (1848[1], 1871[7]) di John Stuart Mill (1806-1873), che fu il testo di riferimento nella formazione degli economisti fino a ben oltre la seconda metà del secolo XIX:

L'equazione della domanda internazionale [...] può essere concisamente espressa come segue. Il prodotto di un paese si scambia per il prodotto degli altri paesi esattamente alle ragioni di scambio necessarie per eguagliare le esportazioni e le importazioni.

Mill enuncia la proposizione che il tasso di cambio di una valuta deve essere tale da rendere il valore delle importazioni uguale al valore delle esportazioni. Espressa in forma di "equazione della domanda internazionale", la stessa proposizione può essere data in forma matematica. Dunque, la matematica può essere usata come linguaggio per discorrere di economia.

Cent'anni dopo, troviamo la piena consapevolezza di ciò in un aneddoto sul fisico Gibbs riportato da Paul A. Samuelson (nato nel 1915 e premio Nobel per l'economia nel 1970) in una sua appassionata difesa dell'importanza della matematica per la teoria economica [4]:

> Si dice che il grande Willard Gibbs abbia tenuto un solo discorso davanti la facoltà di Yale [...], mentre si dibatteva con ardore quali dovessero essere i corsi fondamentali: 'Gli studenti dovrebbero essere obbligati a sostenere esami di lingua o di matematica?' Gibbs, che non era un uomo loquace, si alzò e tenne un discorso di [cinque] parole: 'La matematica è un linguaggio'.

La diffusione tra gli economisti della consapevolezza che la matematica possa essere un linguaggio con cui comunicare la teoria economica e costruire le sue applicazioni è una concausa importante di tutte le trasformazioni successive nel rapporto tra matematica ed economia. Per semplicità, le raccoglieremo in tre filoni.

Per i più, seguendo Mill, l'assimilazione del metodo assiomatico e delle tecniche dimostrative mutuate dalla matematica fornirà la base su cui fondare la trasformazione di una collezione di concetti economici vaghi e contraddittori in un *corpus* sistematico e logicamente coerente. Nelle parole di Samuelson [4]:

> I problemi della teoria economica – l'incidenza fiscale, gli effetti di una svalutazione – sono per loro stessa natura questioni quantitative. [...] Quando li affrontiamo a parole, risolviamo le stesse equazioni che avremmo se li scrivessimo in forma matematica. [...] I vantaggi del metodo matematico nel trattare le inferenze deduttive sono indiscutibili. [...] Dove si compiono gli errori peggiori è nella formulazione delle ipotesi. [...] Uno dei vantaggi del metodo matematico di dimostrazione – o, più esattamente, dei canoni di dimostrazione di un matematico, si usino parole o simboli – è che ci obbliga a mettere sul tappeto tutte le nostre carte e mostrare quali sono le ipotesi.

Alcuni grandi studiosi seguiranno l'esempio di Cournot. Superando l'uso della matematica come mera tecnica, ne faranno un genuino strumento conoscitivo indispensabile per l'avanzamento della teoria economica. Ancora Samuelson scrive in [4]:

> Il teorema di Eulero è fondamentale per la più semplice versione della teoria neoclassica della distribuzione del reddito. Eppure, senza matematica, nessuno può fornirne una dimostrazione rigorosa.

Per altri, infine, la parafrasi del linguaggio matematico servirà solo ad ammantare di maggiore autorità le proprie tesi. Lungi dagli esempi di Smith o Malthus, semplici e comprensibili a chiunque, in questo caso la matematica non sarà usata per un arricchimento culturale ma per oscurare al profano la comprensione delle leggi dell'economia. Contro questa tentazione degenerativa ammonisce John Maynard Keynes (1883-1946), forse il più grande economista mai vissuto, in un aneddoto riportato dall'amico Roy F. Harrod nella biografia *The Life of John Maynard Keynes* (1951):

Quando nel 1922 gli chiesi quanta matematica dovesse conoscere un economista, mi rispose che Johnson, nel suo articolo sull'*Economic Journal*, aveva già condotto le applicazioni dell'analisi matematica alla teoria economica fin dove era utile farlo.

Per valutare più consapevolmente quest'affermazione, sarà utile sapere che l'articolo di Johnson a cui si riferisce Keynes è stato pubblicato nel 1913 e fa uso del calcolo differenziale e dei determinanti. Si tratta, dunque, di un bagaglio matematico simile a quanto (nel 1922!) ci si attenderebbe da un ingegnere.

Nelle tre sezioni successive presentiamo in quale modo, nel suo rapporto con l'economia, la matematica sia stata declinata come tecnica, come strumento conoscitivo e come mezzo retorico.

La matematica come tecnica

Consideriamo per primo il ruolo della matematica nello sviluppo delle tecniche di analisi economica. Un esempio aiuterà a capire i termini della questione. Si rilegga la citazione di Cantillon riportata sopra, che porge il problema di stabilire quale "legge naturale" conferisca alla giornata lavorativa del primo uomo un valore più alto della giornata del secondo. Verosimilmente, il lavoro del primo uomo è pagato di più perché è più produttivo del lavoro del secondo uomo. Formuliamo due congetture la cui concatenazione spieghi il fenomeno: 1) una maggiore produttività crea un valore maggiore; 2) un valore maggiore si trasforma in un salario più alto. Come possiamo trasformare queste congetture in conoscenza?

Si può immaginare di procedere per induzione empirica, osservando se a una produttività più alta corrisponda un valore maggiore e se a un valore più alto corrisponda un salario maggiore. Tuttavia, poiché il valore di una giornata lavorativa non è una quantità misurabile, possiamo solo accertare se a una produttività più alta corrisponda un salario maggiore. L'esito di questo esperimento non è conclusivo: una correlazione positiva tra produttività e salario è condizione necessaria ma non sufficiente per l'esistenza delle due correlazioni positive congetturate. Viceversa, se troviamo una correlazione negativa, non possiamo determinare quale tra le due congetture sia corretta.

In generale, e questo è un problema tipico per tutte le scienze sociali, risulta assai difficile costruire esperimenti conclusivi anche per le più semplici proposizioni. Poiché ciò impedisce di procedere per induzione empirica, molti studiosi sono costretti a procedere per via deduttiva. Se definiamo accuratamente i concetti di salario, valore e produttività, possiamo scrivere un teorema e dimostrare che maggior produttività crea maggior valore, anche se non necessariamente un salario più alto.

Il primo studioso a porre un'enfasi consapevole sul metodo deduttivo della matematica come fondamento della scienza economica fu William S. Jevons (1835-1882) nel suo *opus magnum* su *The Theory of Political Economy* (1871):

L'economia, se ha da essere una scienza, deve essere una scienza matematica.

Le caratteristiche del suo metodo sono evidenti nella lettera dell'1 giugno 1860 al fratello Herbert:

Ricavo da principi matematici tutte le principali leggi a cui gli economisti politici erano già arrivati, ma le dispongo in un sistema di definizioni, assiomi e teorie rigorosi e coerenti come se fossero problemi geometrici.

A Jevons fece seguito un radicale cambiamento di metodo (noto come "rivoluzione marginalista") che trasformò l'economia. L'introduzione del metodo deduttivo dei marginalisti è alla base della teoria neoclassica, che ancora oggi costituisce il paradigma della scienza economica. Gli storici del pensiero economico dibattono da molti anni sulle relazioni tra l'introduzione del metodo marginalista e il progresso della scienza economica. In questa sede, ci basterà osservare che esso ha due effetti concomitanti.

Il primo effetto è "matematizzare" una parte del discorso economico, aprendo la disciplina ai contributi di altri scienziati, soprattutto fisici ed ingegneri. Questi, a loro volta, studiano e si concentrano sui problemi che meglio si attagliano al metodo deduttivo. La scienza economica guadagna in profondità in alcuni campi ma intanto rischia di perderne di vista altri ugualmente importanti. Il secondo effetto, infatti, è relegare in secondo piano gli aspetti storici e istituzionali difficili da trattare "matematicamente".

L'esempio più caratteristico del primo effetto è l'introduzione di una funzione d'utilità per descrivere il comportamento dei consumatori. Come spiega Tjalling Koopmans (1910-1985, premio Nobel per l'economia nel 1975) nei suoi *Three Essays on Economic Science* (1957):

La funzione di utilità di un consumatore appare molto simile ad una funzione potenziale nella teoria gravitazionale.

Agli ingegneri avvezzi alla meccanica razionale – tra essi, gli italiani Antonelli, Pareto e Boninsegni – o ai fisici usi al principio di conservazione dell'energia, basta trasporre le loro conoscenze in campo economico per generare una messe di risultati nuovi e di analogie illuminanti. L'economista più rappresentativo di questo processo è sempre Samuelson, che nell'articolo *How "Foundations" Came to Be* (1998) scrive:

Fui vaccinato presto e capii che l'economia e la fisica potevano condividere gli stessi teoremi (Eulero sulle funzioni omogenee, Weierstrass sui massimi vincolati, le identità sui determinanti di Jacobi sottostanti alle reazioni di LeChatelier, ecc.), anche senza riposare sulle stesse fondazioni e sulle stesse certezze empiriche.

Al successo di queste mutuazioni si accompagna tra il 1870 e il 1930 l'affermarsi di una metodologia per l'uso della matematica nella ricerca economica vicina a quanto in uso nella meccanica razionale di fine Ottocento. Non a caso, il più grande successo dell'economia neoclassica è la teoria dell'equilibrio economico generale ideata da Leon Walras (1834-1910) e consolidata da Vilfredo Pareto (1848-1923), che studia l'economia come un sistema di forze contrapposte alla ricerca di un equilibrio.

Questa impostazione, oggi superata dall'introduzione di metodi matematici più moderni, sopravvive nelle formulazioni matematicamente più accessibili – e quindi più diffuse – della teoria neoclassica. Ciò con due principali effetti. Primo, gli economisti continuano sovente ad adottare le ipotesi più convenienti da ricondurre a questa analogia invece di quelle più realistiche. Assai poco progresso, invero, è stato fatto da quando Henri Poincaré criticava in una lettera a Walras del primo ottobre 1901 i suoi assiomi di comportamento economico:

> Voi supponete che gli uomini siano infinitamente egoisti e infinitamente lungimiranti. La prima ipotesi potrebbe essere accettata in prima approssimazione, ma la seconda suggerisce cautela.

Il secondo effetto è la scarsa attenzione generalmente dedicata dagli economisti a paradigmi alternativi (quali le teorie evolutive delle biologia) o alle più recenti teorie della fisica (come la relatività o le teorie quantistiche). Ciò anche se in qualche caso vi sono state teorie matematiche suggerite da problemi economici che successivamente sono state riscoperte in fisica. Ma, in questi casi, più che tecnica la matematica è già strumento conoscitivo: e a questo dedichiamo la prossima sezione.

La matematica come strumento conoscitivo

Le applicazioni di maggior successo della matematica all'economia ne hanno esaltato il ruolo di strumento conoscitivo. Numerose teorie economiche sono state enunciate e perfezionate in virtù dell'uso sistematico e illuminato della matematica e il lettore interessato ne troverà in [5] una rassegna organica.

Tra queste applicazioni, ne ricordiamo sette: a) la teoria dell'equilibrio economico generale, basata su una matematica simile a quella della meccanica razionale e successivamente sui metodi della topologia differenziale e algebrica; b) la teoria delle aspettative razionali, fondata sull'inferenza statistica e sulla programmazione dinamica; c) la teoria dei giochi, che ha generato addirittura una matematica *ad hoc*; d) l'economia dell'incertezza, basata sulla stessa teoria dei giochi e sul calcolo delle probabilità; e) la teoria delle scelte sociali, fondata sui metodi dell'algebra; f) la finanza matematica, che ha arricchito la teoria dei processi stocastici in tempo continuo; g) la teoria dell'allocazione ottima delle risorse, da cui si è sviluppata la programmazione lineare e più in generale la ricerca operativa.

Alcuni tra i principali autori di queste teorie hanno ricevuto il premio Nobel per l'economia. Rimandiamo per maggiori dettagli all'articolo "Chi ha detto che un matematico non può vincere il Nobel?" pubblicato in questo volume, dove si trovano notizie su Debreu e l'equilibrio economico, su Nash e la teoria dei giochi, su Arrow e le scelte sociali, su Kantorovich e l'allocazione ottima.

Qui ricordiamo invece tre matematici scomparsi prima del 1969: Ramsey, von Neumann e Bachelier. Almeno per i primi due, siamo quasi certi che soltanto la tardiva istituzione del premio Nobel in economia abbia loro impedito di ottenere questo riconoscimento. Non a caso, Robert T. Solow (nato nel 1924 e premio Nobel per l'economia nel 1987) sostiene in un suo breve scritto autobiografico del 1990 che i tre studiosi maggiormente importanti per l'economia fra i non economisti sono stati Ramsey, von Neumann e lo statistico matematico Harold Hotelling (1895-1973).

Il primo autore è Frank P. Ramsey (1903-1930), morto giovanissimo, ma autore di contributi assolutamente originali su tre problemi diversi: fornire un criterio generale per prendere decisioni in condizioni d'incertezza (1926, pubblicato postumo nel 1931); determinare il sistema migliore di tassare i redditi (1927); stabilire il modo migliore di accumulare i risparmi nazionali (1928). Quest'ultimo lavoro introdusse l'uso del calcolo delle variazioni in economia, portando all'attenzione degli economisti la necessità di introdurre tecniche per la soluzione dei problemi di ottimizzazione dinamica.

Il secondo autore è John von Neumann (1901-1957), genio multiforme, che si interessò soltanto sporadicamente all'economia ma fornì anche lui contributi assolutamente originali. Trovò infatti la prima soluzione generale per giochi di puro antagonismo tra due persone (1928); fornì il primo modello di crescita economica in cui si dessero anche condizioni per la permanenza nel tempo dell'equilibrio (1937); e, insieme a Oskar Morgenstern (1902-1977), sistematizzò alcune intuizioni precedenti fondando la teoria dei giochi e la teoria delle decisioni (1944).

Il terzo autore, ancora oggi sconosciuto alla maggior parte degli economisti, è Louis Bachelier (1870-1946). Nella sua tesi di dottorato (1900) sui problemi di speculazione, egli rappresentò il movimento dei prezzi di attività finanziarie attraverso passeggiate aleatorie, anticipando di pochi anni il moto browniano di Einstein (1905) e di oltre settant'anni l'uso delle martingale per la rappresentazione matematica di un mercato efficiente.

Il contributo della matematica all'economia, peraltro, non si limita al suo ruolo di strumento conoscitivo a fini teorici. Come abbiamo detto, a partire dal 1870, la rivoluzione marginalista trasforma consapevolmente l'uso della matematica da linguaggio in tecnica d'analisi. In questo processo, la teoria economica si caratterizza sempre di più per l'uso sistematico del formalismo assiomatico tipico del metodo deduttivo. Il limite di questo approccio è che esso consente di sviluppare teorie di rilevanza generale, ma non fornisce modelli predittivi temporalmente e geograficamente collocati.

A partire dal 1930, sotto la pressione degli statistici, si afferma un secondo (e parallelo) processo di formalizzazione che invece concerne le osservazioni empiriche. Per capire il mondo e per prevedere che cosa accadrà, occorre una scienza quantitativa che sappia manipolare i dati statistici. Da essi deve trarre modelli descrittivi e predittivi, la cui validità è basata su criteri formali ma empirici. In un certo senso, è la rivincita del metodo induttivo sul metodo deduttivo. Accanto all'economia matematica, che riduce a teoremi i fenomeni economici, nasce l'econometria, che invece cerca di misurarli.

L'atto di nascita di questa nuova disciplina è la fondazione dell'Econometric Society, "*an international society for the advancement of economic theory in its relation to statistics and mathematics*" da parte di Irving Fisher (1895-1973) e Ragnar Frisch (1895-1973, premio Nobel in Economia nel 1969). Ecco come quest'ultimo descrive l'econometria nell'articolo *On a Problem in Pure Economics* (1926):

> A metà strada tra matematica, statistica ed economia, troviamo una nuova disciplina che, in mancanza di un nome migliore, possiamo chiamare *econometria*. L'econometria ha come scopo di sottoporre le leggi astratte della teoria economica o dell'economia "pura" a verifiche sperimentali e numeriche e dunque di trasformare l'economia pura, per quanto possibile, in una scienza in senso stretto.

Dopo le prime comprensibili difficoltà, l'Econometric Society, anche per una serie di circostanze finanziarie favorevoli, ha un successo insperato e l'econometria si afferma rapidamente, distinguendosi dai rami tradizionali dell'economia. Allo stesso Frisch è comunemente attribuita l'invenzione dei termini "microeconomia", "macroeconomia" ed "econometria" con cui ancora oggi si designano le tre materie principali nel curriculum di primo anno di un dottorando in economia.

Può essere utile, prima di lasciare questa sezione sui successi dell'economia matematica, confrontare le parole piene di speranza di Frisch con un aneddoto raccontato da Keynes nei suoi *Essays in Biography* (1933):

> Planck [...], il famoso inventore della teoria quantistica, mi disse una volta che in gioventù aveva pensato di studiare l'economia, ma di averla trovata troppo difficile! [...] Planck avrebbe potuto impadronirsi dell'intero *corpus* di economia matematica in pochi giorni. [...] Ma la combinazione di logica e intuizione e la vasta conoscenza di fatti spesso imprecisi che sono necessari per una genuina interpretazione economica sono terribilmente difficili da padroneggiare per coloro il cui talento consiste principalmente nella capacità di concepire e sviluppare fino alle estreme conseguenze le implicazioni di fatti relativamente semplici e noti con grande precisione.

Anche se l'econometria e l'economia matematica hanno contribuito a volgere l'economia in scienza, il loro compito non è terminato. L'economia e la società cambiano continuamente: una loro genuina interpretazione richiede ancora altri strumenti e altre conoscenze matematiche.

La matematica come mezzo retorico

Una conseguenza dei successi nell'applicazione del metodo e degli strumenti matematici all'economia è la diffusione del linguaggio matematico come mezzo retorico. Proposizioni banali opportunamente acconciate in forma di teorema possono sembrare (soprattutto al profano) argomentazioni scientifiche. In questi casi, purtroppo, la matematica non contribuisce né all'analisi né allo sviluppo della scienza economica, ma è asservita a strumento per paludare e conferire maggior dignità a studi che – evidentemente – poco merito hanno in sé.

La tesi che l'economia soffra di un'eccessiva matematizzazione trae fondamento proprio da questo diffuso artificio retorico. Moltissimi studiosi, tra i quali alcuni premi Nobel in economia come M. Allais e W. Leontief, hanno attaccato anche violentemente la pratica di spacciare teoremi matematici come buona economia.

Una tra le critiche più note all'uso della matematica come strumento di analisi economica fu mossa da Alfred Marshall (1842-1924) in una lettera a Bowley del 27 novembre 1906:

> È improbabile che un buon teorema matematico basato su ipotesi economiche costituisca buona economia. Ecco le mie regole: (1) usare la matematica come un linguaggio stenografico piuttosto che come strumento di analisi; (2) attenersi alla regola precedente fino in fondo; (3) tradurre in inglese; (4) illustrare con esempi che siano importanti nella vita reale; (5) bruciare la matematica; (6) se non si può applicare la regola (4), bruciare la (3). E quest'ultima regola ho dovuto spesso applicarla.

Coerentemente, nei suoi *Principles of Economics* (1890[1], 1920[8]) il manuale di economia più diffuso a cavallo tra il secolo XIX e il secolo XX, Marshall preferì relegare in appendice l'apparato formale. Ma, come spiega il suo allievo Keynes nei suoi *Essays in Biography* (1933), fece ciò per evitare di ingenerare l'impressione che, da sola, la matematica fornisca la risposta ai problemi della vita reale.

Condizione necessaria per una fertile applicazione della matematica all'economia è che essa contribuisca alla comprensione di fenomeni importanti. Altrimenti, è meglio tacere. Il rischio che il formalismo matematico possa prendere il sopravvento sulla sostanza dei problemi, del resto, è lo stesso descritto in generale da John von Neumann in [6]:

> Via via che una disciplina matematica si allontana dai suoi riferimenti empirici [...] corre gravi pericoli. Essa diventa sempre più puro estetismo, sempre più solo *l'art pour l'art*. Ciò non è necessariamente un male, se il campo è circondato da temi correlati, o se la disciplina subisce l'influenza di uomini dotati di un gusto eccezionalmente ben sviluppato. Ma c'è un grave pericolo che il campo si sviluppi lungo il cammino di minima resistenza [...] e che la disciplina diventi una massa non organizzata di dettagli e complicazioni.

La matematica come requisito professionale

La versatilità dei ruoli che la matematica svolge in rapporto all'economia – tecnica, strumento d'analisi, mezzo retorico – implica che essa sia da conside-

105

rarsi a tutti gli effetti un requisito professionale indispensabile per l'economista moderno.

Ecco il consiglio di Samuelson ad un giovane che desideri approfondire la teoria economica ma abbia basi matematiche modeste [4]:

È empiricamente vero che, se si esaminano la formazione e il curriculum di tutti i grandi economisti teorici del passato, una percentuale sorprendentemente alta ha almeno una preparazione matematica di livello intermedio. [...] Inoltre, senza matematica si corrono gravi rischi psicologici. Crescendo in età, si può sviluppare un complesso di inferiorità e abbandonare gli studi teorici oppure [...] diventare molto aggressivi contro questi. [...] Un pericolo altrettanto grande è di sopravvalutare la potenza del metodo matematico, nel bene o nel male.

Una buona consapevolezza matematica deve fornire all'economista la capacità di discernere la buona dalla cattiva teoria e aiutarlo a non farsi incantare dalle sirene retoriche. Dopo tutto, la matematica è uno strumento che va giudicato per l'uso che se ne fa. Il consiglio conclude infatti:

La matematica non è una condizione né necessaria né sufficiente per una fruttuosa carriera in teoria economica. Può aiutare. E può certamente costituire un impedimento, perché è assai facile trasformare un buon economista umanista in un mediocre economista matematico.

Non c'è una *via regia* matematica all'economia. Ma è un fatto che l'importanza della matematica nella comunicazione professionale economica è indiscussa. Ad esempio, uno studio di G.J. Stigler (1911-1991, premio Nobel per l'economia nel 1982) e altri due collaboratori documenta che, rispetto all'insieme delle cinque principali riviste di economia, la percentuale di articoli che fanno uso del calcolo differenziale o di altre tecniche più avanzate è passata dal 2% nel 1932-33 al 31% nel 1952-53 e dal 46% nel 1962-63 al 56% nel 1989-90 [7].

Più sorprendente, forse, è che un altro studio di T. Morgan [8] rilevi come nel 1982-86 i "modelli matematici senza dati empirici" fossero 42% sull'*American Economic Review* (rivista di riferimento per gli economisti), 18% sull'*American Political Science Review* (rivista di riferimento per gli scienziati politici), 1% sull'*American Sociological Review* (rivista di riferimento per i sociologi), 0% sul *Journal of the American Chemical Society* (rivista di riferimento per i chimici) e appena 12% sulla *Physical Review* (rivista di riferimento per i fisici).

Apparentemente, v'è più matematica in economia (e di gran lunga!) che nelle altre scienze sociali affini o persino nelle più tradizionali discipline scientifiche. Tanto più importante, dunque, diventa una solida cultura matematica che ponga l'economista in condizione di non patire alcun complesso d'inferiorità e di saper discernere autonomamente la buona economia dalla cattiva. Anche per non tradire quel quarto di nobiltà matematica che in epigrafe Keynes attribuisce ad un vero economista.

Bibliografia

[1] W.J. Zakha (1992) *The Nobel Prize Economics Lectures: A Cross-Section of Current Thinking*, Avebury, Aldershot

[2] B. Ingrao, G. Israel (1987) *La mano invisibile: L'equilibrio economico nella storia della scienza*, Laterza, Bari

[3] P. Mirowski (1991) The When, the How and the Why of Mathematical Expression in the History of Economic Analysis, *Journal of Economic Perspectives* 5, pp. 145-157

[4] P.A. Samuelson (1952) Economic Theory and Mathematics – An Appraisal, *American Economic Review, Papers and Proceedings* 42, pp. 55-66

[5] AA. VV. (1981-1991) *Handbook of Mathematical Economics*, 4 voll., North-Holland, Amsterdam

[6] J. von Neumann (1947) The Mathematician, in: *The Works of the Mind*, R.B. Heywood (ed), University of Chicago Press, Chicago, pp. 180-196

[7] G.J. Stigler, S.M. Stigler, C. Friedland (1995) The Journals of Economics, *Journal of Political Economy* 103, pp. 331-359

[8] T. Morgan (1989) Theory versus Empiricism in Academic Economics: Update and Comparisons, *Journal of Economic Perspectives* 2, pp. 159-164

Chi ha detto che un matematico non può vincere il Nobel?

Achille Basile, Marco Li Calzi

Matematica da supportare o da sopportare?

Che i matematici non vincano il Premio Nobel è cosa risaputa. Il premio è assegnato per la Chimica, la Fisica, la Letteratura, la Medicina e, dal 1969, anche per l'Economia (qui, ovviamente, non prendiamo in considerazione quello per la Pace). Esso viene conferito a coloro che abbiano reso (citiamo testualmente da [1]) *"i maggiori servigi all'umanità"*.

Il Premio Nobel per la Matematica, invece, non c'è. L'idea che ciò possa corrispondere al fatto che dalla Matematica non vengano servigi all'umanità è logicamente inconsistente e falsa. Tuttavia, essa aleggia, magari solo inconsciamente, nel pensiero dei più e certamente anche in quello dei cosiddetti uomini di cultura.

Si può ben comprendere come agli albori del secolo l'Economia non sia stata affiancata alle più tradizionali e, a quel tempo, più prestigiose discipline. Ancora oggi, in realtà, il premio ad essa dedicato suscita discussioni; si veda ad esempio [2, pp. 345-346]. Ma è davvero difficile accettare che, trascorsi ormai cento anni, non esista ancora un riconoscimento degli studi matematici equivalente sotto tutti gli aspetti al Premio Nobel. Al di là di aneddoti, barzellette e congetture circa l'omissione della Matematica nel testamento di Alfred Nobel (si vedano gli articoli [3] e [4]), dell'assenza di un premio equivalente noi matematici, con il nostro operato quotidiano, siamo almeno corresponsabili.

Naturalmente, a partire dal 1936 esiste la Medaglia Fields. Tuttavia, per risonanza esterna al mondo della Matematica e per valore monetario, in altre parole, per impatto sociale, si tratta di qualcosa di relativamente trascurabile. Esistono anche svariati altri premi scientifici di prestigio che non sono preclusi alla Matematica, pur se non sono specificamente ad essa dedicati. Alcuni sono perfino di importo non irrisorio. Per ovvie ragioni di vicinanza geografica, citiamo fra tutti il Premio Balzan [5]. Tuttavia, molti di questi premi sono spesso ignorati pressoché dall'intera comunità dei matematici.

Relativamente a ciò che i matematici considerano il "loro Nobel", cioè la Medaglia Fields, ci preme insistere sulla questione del suo impatto sociale poiché riteniamo che in esso si manifesti l'opinione che la società ha della Matematica.

Per valutare la sua risonanza, invitiamo i lettori a riflettere su due domande e, soprattutto, a riproporle nei contesti che riterranno più opportuni:

109

- Dato un qualsiasi gruppo di persone di cultura medio-superiore, quanti tra i suoi componenti sono a conoscenza dell'esistenza della Medaglia Fields? Per contro: esiste davvero tra essi qualcuno che non ha mai sentito parlare del Premio Nobel?
- Se una persona è al corrente della Medaglia Fields, quanti Fields Medalists sa citare? Per contro: quanti Premi Nobel conosce?

Inutile dire che la nostra esperienza è deludente, spesso anche tra i laureati in Matematica o i matematici di professione.

Ancora. I Premi Nobel sono immediatamente annunciati per radio, in televisione e su tutta la stampa. Ciò non avviene certamente per il rilievo immediato che il lavoro premiato ha nella vita di tutti i giorni che, anzi, quasi sempre i contemporanei non riescono a cogliere. Per contro:

- quanti giornalisti saprebbero dire o scrivere su due piedi qualcosa di significativo sulla Medaglia Fields?

Passando poi al valore monetario della Medaglia Fields, è evidente che di per sé non è importante se un premio scientifico valga un Euro o un milione di Euro. Tuttavia, se l'importo del premio è notevole, ciò colpisce l'immaginario collettivo. Inoltre, quando un'istituzione come la Banca di Svezia stabilisce di finanziare un Premio Nobel per le scienze economiche, questo comporta il riconoscimento di un valore sociale per il lavoro di migliaia di economisti in tutto il mondo.

Che la Matematica non abbia nulla (o quasi) di analogo suggerisce che la società ci sopporti ma non ci apprezzi. Una curiosa coincidenza aggiunge un ulteriore elemento in questa direzione. Durante le ricerche per la preparazione di questo intervento, ci siamo imbattuti nella voce Premio Nobel di una vecchia enciclopedia edita nella metà degli anni Settanta.

Comprensibilmente, la matrice dei vari premi Nobel non contiene la colonna dei premi per l'Economia: sarebbe stata troppo corta rispetto alle altre. C'è nel testo l'osservazione che dal 1969 si assegna anche un premio per le scienze economiche e la citazione dei pochi premiati fino ad allora. Ma, ed ecco la stranezza, viene saltato l'anno 1972 che è proprio quello in cui il premio per l'Economia viene conferito ad Arrow, il primo dei "matematici" che in questi trent'anni ne ha ricevuto uno.

I Matematici vincono il Premio Nobel per l'Economia

Ritorniamo al tema principale e all'affermazione iniziale che possiamo così correggere: i matematici non vincono un Premio Nobel riservato specificamente a loro. Fortunatamente, giacché è difficile tenere a freno l'intelligenza e inscatolarla, accade che i matematici vincano, per così dire, i Premi Nobel degli altri. In particolare, sembrano piuttosto bravi nel vincere i premi riservati agli economisti.

A tutt'oggi, ciò è accaduto almeno nel 10% delle occasioni in maniera inequivocabile e, se adottiamo criteri meno restrittivi per definire la professione di "matematico", addirittura nel 17% dei casi. Siamo convinti che anche in futuro i matematici vinceranno Premi Nobel o che a vincerli saranno economisti che hanno fornito contributi di carattere essenzialmente matematico[1].

Per quanto concerne il passato, desideriamo passare in rassegna i Premi Nobel per l'Economia conferiti ai "matematici":

– Gerard Debreu (1983);
– Kenneth J. Arrow (1972, congiuntamente a John R. Hicks);
– John F. Nash (1994, congiuntamente a John C. Harsanyi e Reinhard Selten);
– Leonid V. Kantorovich (1975, congiuntamente a Tjalling C. Koopmans).

Qualche parola sulla selezione effettuata, benché abbastanza pacifica (ma non univoca), ci pare d'obbligo; così come il chiarimento del connesso nostro pensiero in merito ai rapporti tra Matematica ed Economia.

Quest'ultima è una scienza con una profonda connotazione sociale e quindi la rilevanza dei temi da essa studiati va valutata in funzione della loro ricaduta sulla Società. Proprio la complessità dei principali tra questi temi può essere sovente meglio affrontata con l'ausilio dello strumento logico-matematico. Ciò sia in termini di capacità di elaborazione che di analisi delle varie proposizioni. La minaccia che lo sviluppo di sofisticati modelli slegati dalla realtà sia spacciato come buona ricerca economica quando, nella migliore delle ipotesi, è solo un buon esercizio intellettuale, può essere vinta solo promuovendo la diffusione di maggiore cultura matematica tra gli economisti. In questo modo, la scrematura di ciò che è rilevante per lo sviluppo della scienza economica da ciò che è solo esercitazione formale non avrà a soffrire della difficoltà di decifrare e riconoscere i termini in cui le questioni vengono poste.

Dualmente, nella comunità matematica i tradizionali criteri di giudizio circa la rilevanza di un lavoro si basano sulla sua profondità matematica, sulla sua capacità di introdurre nuove idee o nuovi metodi, o sulla soluzione di un problema che a lungo sia rimasto irrisolto. Questi criteri non sono adeguati per valutare un contributo matematico all'Economia (così come ad una qualsiasi altra disciplina). Piuttosto, bisogna tenere in considerazione quanto l'uso dello strumento matematico contribuisca allo sviluppo della disciplina a cui è stato applicato e quindi alla comprensione del mondo reale[2].

Ci sembra che sulla scelta di Kantorovich e Nash sia difficile eccepire. Si tratta indubbiamente di matematici. Se anche i due non avessero mai incontrato l'Economia e quindi non avessero mai vinto il relativo Premio Nobel, sarebbero comunque ricordati per le tracce indelebili che hanno lasciato nella Matematica di questo secolo. Anche nel caso di Debreu la scelta non è sorprendente. Come vedremo, sia per formazione sia per la specificità del suo contributo alla Teoria Economica, è difficile non "leggerlo" come un matematico.

Nel caso di Arrow, invece, la nostra scelta potrebbe non essere condivisa. Tuttavia, riteniamo ci siano varie buone ragioni per iscriverlo al "club dei mate-

---

[1] In questo scritto ci siamo concentrati sull'Economia, ma non riusciamo a resistere alla tentazione di segnalare ai lettori che l'ultimo Premio Nobel per la chimica è stato co-assegnato nel 1998 al matematico britannico J.A. Pople per aver sviluppato i metodi di calcolo che hanno reso possibile il trattamento delle equazioni matematiche che sono a fondamento delle applicazioni della meccanica quantistica nei problemi chimici.

[2] In termini di risoluzione di problemi che non si aveva modo di affrontare altrimenti o in termini di chiarimento sui ruoli dei concetti fondamentali.

matici". Tali ragioni vanno ricercate nella sua formazione di base, nei rapporti tra il suo lavoro e quello di Debreu, nell'esplicito riferimento fatto dal comunicato stampa [6] che annunciava il suo Premio Nobel a un teorema (e i teoremi evocano la Matematica) come a uno dei suoi più importanti contributi alla Teoria del Benessere Sociale e, soprattutto, nel suo esemplare atteggiamento intellettuale che affronta questioni di chiara rilevanza politica e sociale con un'intima esigenza di coerenza logica soddisfatta introducendo e promuovendo l'uso di tutti i necessari strumenti formali, anche molto astratti.

Gerard Debreu

Nasce a Calais nel 1921 e compie gli studi universitari alla Scuola Normale Superiore durante l'occupazione nazista di Parigi. I suoi studi sono di Matematica e Fisica. Per esplicita dichiarazione dello stesso Debreu, il docente che su di lui ebbe maggiore influenza fu Henri Cartan, ma in generale fu tutto il pensiero bourbakista che influenzò la formazione del suo gusto matematico. Successivamente, tra il 1946 e il 1948, ebbe luogo la sua conversione ad economista sotto l'influenza del volume *A la Recherche d'une Discipline Economique* da poco pubblicato da Maurice Allais (che otterrà anche lui il premio Nobel nel 1988).

In seguito, Debreu si è occupato esclusivamente di Economia (o Economia matematica) ricoprendo sempre incarichi prestigiosi in importanti istituzioni scientifiche europee o americane. Il Premio Nobel gli è stato conferito nel 1983 con la seguente motivazione: *"per aver incorporato nuovi metodi analitici nella teoria economica e per la sua rigorosa riformulazione della teoria dell'equilibrio generale"*.

L'implicito riferimento è all'introduzione nella teoria economica dell'analisi matematica delle multifunzioni, della teoria degli insiemi convessi e dell'analisi convessa. Questi strumenti, che vanno ben oltre il calcolo differenziale, oggi fanno parte con molti altri della "cassetta degli attrezzi" di un buon teorico dell'economia. V'è inoltre un esplicito richiamo alla sua opera principale [7] sull'equilibrio economico generale.

La teoria dell'equilibrio economico generale estende l'analisi parziale degli equilibri in cui tipicamente si studia il mercato di un singolo bene nell'ipotesi semplificatrice (ma irrealistica) che esso non sia influenzato dai mercati degli altri beni. Una maggiore aderenza alla realtà richiede invece un approccio generale dove tutti i mercati interagiscano e si consideri l'economia nel suo complesso, con l'ambizione di determinare simultaneamente i prezzi e le quantità di equilibrio per tutti i beni.

La prima formulazione di questa teoria risale a Leon Walras nel 1874, ma soltanto negli anni '50 del nostro secolo, con un celebre lavoro di Arrow e Debreu [8], essa ha ricevuto la prima formale conferma di consistenza logica attraverso la dimostrazione dell'esistenza di un equilibrio. Nel 1959 Debreu pubblica [7], in cui sintetizza tutto il suo lavoro degli anni '50; accanto ad esso, naturalmente è inevitabile il riferimento all'opera di Arrow sulle stesse questioni.

Con una totale adesione all'impostazione assiomatica, Debreu vi presenta in modo pressoché definitivo la teoria dell'equilibrio economico generale in ipotesi di concorrenza perfetta. Ciò almeno per l'ambito che all'epoca era meglio sviluppato: non sono infatti toccate le questioni collegate all'unicità e alla stabilità degli equilibri. L'universalità, oltre che l'eleganza, consentite dall'approccio assiomatico sono esplicitamente riconosciute nella motivazione estesa del Premio Nobel [9] dove sono elencati diversi contesti in cui si applica la stessa teoria. Per noi matematici ciò non è una novità (anzi, è la nostra forza): le buone teorie formali astratte hanno proprio la caratteristica di essere svincolate dalle particolari interpretazioni del mondo reale che le hanno suggerite e di essere dunque applicabili in diversi contesti. Ma per il mondo della teoria economica degli anni '50 fu una vera e propria innovazione, se non addirittura una rivoluzione, che ha influenzato pesantemente gli sviluppi futuri.

Accenneremo ora, seppure molto sommariamente e limitatamente al caso di economie di solo scambio, al contenuto della monografia di Debreu [7]. Buona parte di essa è scritta per pervenire alle idonee definizioni dei concetti di cui si occupa la teoria e per studiarne le relazioni formali reciproche. A conclusione di questo sforzo si raccolgono i frutti formulando le definizioni di *economia astratta* e di *equilibrio*, mostrando l'esistenza di almeno un'allocazione di equilibrio ed esibendo le sue proprietà di ottimalità.

Un'economia consiste di:
- un insieme finito A di agenti;
- uno spazio vettoriale V dove un vettore rappresenta un paniere di beni;
- un sottospazio vettoriale P del duale algebrico di V i cui vettori p (prezzi) consentono di confrontare i vari panieri di beni x tramite il valore numerico $<x,p>$;
- per ciascun agente a, una terna $\{V(a), e(a), \gtrsim(a)\}$ dove: $V(a) \subseteq V$ è l'insieme dei possibili consumi di a, contenente i panieri di beni che a può avere interesse a consumare; $e(a)$ è la dotazione di beni inizialmente in possesso di a; $\gtrsim(a)$ è la sua relazione di preferenza sui panieri in $V(a)$.

Cercando di soddisfare le sue preferenze, l'agente a tiene conto dei prezzi p e domanda i panieri di beni $d(a,p)$ che, nell'insieme $B(a,p) = \{x \in V(a): <x,p> \leq <e(a),p>\}$, risultano massimali rispetto alla relazione $\gtrsim(a)$. Per semplicità, supponiamo che ci si trovi di fronte a un solo vettore domandato.

A fronte di un'offerta complessiva di beni pari ad e (la somma di tutte le dotazioni iniziali $e(a)$), un prezzo p è detto di equilibrio se la domanda complessiva $d(p)$ (la somma di tutte le domande individuali $d(a,p)$) è pari ad e.

I tre punti fondamentali in [7] sono: la dimostrazione dell'esistenza di almeno un funzionale-prezzo di equilibrio, la prova dell'ottimalità paretiana di $d(a,p)$ quando p è un prezzo di equilibrio e, infine, il riconoscimento che ogni allocazione di risorse $x(a)$ paretiana coincide con il sistema delle domande individuali $d(a,p)$ per un opportuno prezzo di equilibrio p in un'economia in tutto identica a quella iniziale salvo che nelle dotazioni iniziali, che adesso vanno prese pari ad $x(a)$.

Successivo a [7] è un altro celebre risultato di Debreu (e Scarf). Si tratta della dimostrazione della congettura di Edgeworth secondo cui in economie con un grande numero di agenti è possibile utilizzare, nella caratterizzazione delle allocazioni di equilibrio, un criterio di ottimalità più forte di quello di Pareto: il criterio del nucleo. La corretta formulazione del teorema di equivalenza coinvolge tecnicismi che esulano dai nostri scopi (sebbene siano tutt'altro che insormontabili). Il riferimento ad esso si giustifica, oltre che per la sua importanza, per il fatto che svolgerà un ruolo nella sezione dedicata a Kantorovich.

Kenneth J. Arrow

Proprio come Debreu, Arrow nasce nel 1921. A New York, sua città natale, presso la Columbia University, studia prima Matematica (fra gli altri, con Alfred Tarski) conseguendo nel 1941 un Master; poi, influenzato dai corsi di Harold Hotelling, si orienta verso il Ph. D. in Economia, che ottiene infine nel 1951. Svolse parte delle sue ricerche per la tesi di dottorato e per altri lavori giovanili presso la Cowles Commission, ove avvenne l'incontro con Debreu, e presso la Rand Corporation in un ambiente che oggi ci appare magico per il coinvolgimento di studiosi del calibro di R. Bellman, D. Blackwell, H. F. Bohnenblust, J. Milnor, J. Nash, P. Samuelson, L.S. Shapley, fino alla presenza davvero speciale di J. von Neumann.

Arrow è oggi professore emerito alla Stanford University dove ha insegnato Economia, Statistica e Ricerca Operativa, pur con una parentesi di dieci anni ad Harvard, fin dal 1949. Il Premio Nobel gli è stato conferito nel 1972 con la seguente motivazione: "*per i pionieristici contributi alla teoria dell'equilibrio economico generale e alla teoria del benessere*".

Naturalmente, i contributi di Arrow alla teoria dell'equilibrio hanno una base largamente comune con quelli di Debreu, sebbene i due, pur partendo da motivazioni abbastanza simili, non abbiano sviluppato esattamente lo stesso approccio. In particolare, lo studioso americano è costantemente motivato da interessi applicativi. Un confronto tra le due personalità esula dallo spirito di questo intervento, che è di rassegna piuttosto che di approfondimento. Ai lettori interessati a questo meritevole approfondimento segnaliamo i capitoli IX e X di [10]. Qui ci limitiamo a segnalare un contributo precipuo di Arrow nello sviluppo di una teoria dell'incertezza all'interno dell'equilibrio economico generale ed a occuparci più in dettaglio dell'altra sua fondamentale linea di ricerca, la teoria del benessere, attraverso la discussione del teorema di impossibilità che è ritenuto, citiamo da [6], "*forse il maggiore dei molti contributi di Arrow*" al riguardo.

Pur non tecnicamente difficile, nel senso degli strumenti tecnici richiesti, il teorema di impossibilità di Arrow è di grande eleganza matematica e, osiamo dire, di sublime apporto interpretativo. L'ambito in cui ci si muove è lo studio di meccanismi accettabili di aggregazione delle preferenze individuali al fine di costruire una relazione di preferenza sociale.

Relativamente ad un insieme X di possibili alternative, supponiamo che ogni individuo a della società A disponga di una relazione di preferenza individuale $\succ(a)$. Un meccanismo di aggregazione delle preferenze è un'applicazione che trasformi le preferenze $\{\succ(a): a \in A\}$ in una singola preferenza collettiva $\succ(A)$. Il termine tecnico abitualmente utilizzato al posto di meccanismo di aggregazione è *funzione di benessere sociale*.

Al di là del termine, una funzione di benessere sociale designa un concetto assolutamente generale la cui accettabilità dipende dalla realizzazione o meno di determinati requisiti di razionalità. Per cominciare, ci aspettiamo che una "buona" funzione di benessere sociale sia in grado di rispettare l'*unanimità*: se ogni individuo preferisce l'alternativa x ad y, allora anche socialmente x deve essere preferita ad y. Possiamo esprimere questo requisito con una formula molto semplice:

$$\cap_{a \in A} \succ(a) \subseteq \succ(A), \text{ per ogni } \{\succ(a): a \in A\}.$$

Già un po' più tecnico ma di chiarissima interpretazione, è il requisito di *indipendenza dalle alternative irrilevanti*. Esso è rispettato da una funzione di benessere sociale

$$\{\succ(a): a \in A\} \mapsto \succ(A)$$

quando, a partire da due arbitrarie alternative x,y e da due arbitrarie relazioni di preferenza individuali $\{\succ(a): a \in A\}$ e $\{\rhd(a): a \in A\}$, succede che, se per ogni $a \in A$, le relazioni $\succ(a)$ e $\rhd(a)$ coincidono su $\{x,y\}$, allora si ha $\succ(A) = \rhd(A)$, sempre su $\{x,y\}$.

Le funzioni di benessere sociale che siano indipendenti dalle alternative irrilevanti e che rispettino l'unanimità forniscono un modello accettabile di aggregazione delle preferenze individuali. Naturalmente, si pone la questione della loro esistenza. La risposta a tale questione è banalmente affermativa, ma rivela un inquietante comportamento di queste funzioni di benessere sociale che pure abbiamo appena indicato come "accettabili".

Fissiamo infatti un agente b e consideriamo l'applicazione

$$\{\succ(a): a \in A\} \mapsto \succ(A) := \succ(b). \tag{1}$$

È ovvio che questo paradossale meccanismo di aggregazione (secondo cui l'opinione dell'intera collettività A è quella dell'individuo b) sia indipendente dalle alternative irrilevanti sia rispettoso dell'unanimità. Ma è anche ovvio che, psicologicamente, ci piacerebbe poter disporre di funzioni di benessere sociale diverse da queste che fanno sentire puzza di dittatura. Ebbene, il teorema di impossibilità di Arrow affronta la questione dell'esistenza di buone funzioni di benessere sociale stabilendo che ne esistono di tipo non dittatoriale soltanto se la società è composta da un numero infinito di individui, ovvero se questo numero è finito, ma la società deve decidere soltanto su due alternative. Nel caso socialmente molto più significativo di società con un numero finito di individui ed almeno tre alternative tra cui scegliere, non esistono funzioni "accettabili" di benessere sociale diverse dalle (1).

John F. Nash

Se si eccettuano, per così dire, poche frange, la produzione scientifica di Nash si concentra tra il 1950, anno della sua tesi di Ph.D. a Princeton sui giochi non cooperativi, e il 1958, anno in cui pubblica sull'*American Journal of Mathematics* l'articolo "Continuity of Solutions of Parabolic and Elliptic Equations".

Si tratta di due scritti molto importanti nella vita di Nash (e anche per la scienza in generale). Infatti, la breve tesi di dottorato è valsa a Nash il Premio Nobel per l'Economia, mentre l'articolo del 1958 lo ha portato sulla soglia della Medaglia Fields e al riconoscimento definitivo tra i colleghi come stella di prima grandezza della Matematica contemporanea.

La medaglia Fields non fu mai conferita a Nash che, per la verità, non fece in tempo nemmeno ad avere una cattedra. L'opinione di Nash stesso [11] è che la Medaglia Fields non gli fu assegnata a causa della pubblicazione nel 1957 da parte di Ennio De Giorgi (suo coetaneo: sono nati entrambi nel 1928) di un lavoro in cui gli stessi risultati erano ottenuti per il caso ellittico. Ma i risultati di Nash toccavano anche il caso parabolico, introducevano tecniche diverse da quelle introdotte da De Giorgi e non vi erano dubbi sull'indipendenza dei due lavori. È più probabile che il mancato conferimento del premio si debba alle gravi difficoltà di Nash nell'avere rapporti comuni (per quello che "comune" significa nel caso dei matematici) con l'ambiente di lavoro [2].

La produzione di Nash consiste di sette articoli di Economia e Teoria dei Giochi (scritti nei primi anni a Princeton) e di sette articoli di Matematica pura. Nonostante questa relativa esiguità dei numeri e anche trascurando le ragioni che hanno portato Nash a vincere il Premio Nobel, egli è considerato uno dei matematici più geniali di questo secolo. Una significativa prova della considerazione da parte dei suoi colleghi è la pubblicazione sul *Duke Mathematical Journal* di due volumi speciali [12] che raccolgono saggi di eminenti scienziati scritti in onore di Nash ma, soprattutto, per testimoniare l'influenza del suo pensiero sulla ricerca successiva al 1958.

La pubblicazione nel 1995 non deve trarre in inganno. Infatti, come ricorda uno dei curatori, H. Kuhn, l'idea e il lavoro per questi volumi comincia nel 1993 e dunque un anno prima del Premio Nobel: non è a ciò, quindi, che si deve l'iniziativa. Inoltre, nell'apprezzare l'iniziativa non si deve trascurare la difficoltà relazionale accennata prima e il fatto che Nash fosse assente dalla scena Matematica attiva da più di 30 anni. In altre parole, vogliamo sottolineare che non si tratta del tributo pure pensabile e legittimo di amici (ne ha pochissimi) o allievi (non ne ebbe nessuno), ma dell'omaggio di veri e propri estimatori delle sue idee innovative che ancora oggi svolgono un ruolo preminente e non comune in almeno tre campi differenti: Teoria dei Giochi, Geometria, Analisi Matematica.

Il Premio Nobel è stato conferito a Nash nel 1994 per "*la pionieristica analisi degli equilibri nella teoria dei giochi non cooperativi*" e in particolare [13] "*per aver sviluppato un concetto di equilibrio noto appunto con il nome di Nash che ha posto i fondamenti per tutte le analisi e i raffinamenti successivi.*" Anche qui si verifica il fenomeno curioso che in fondo è l'argomento del nostro intervento. Come nel caso di Debreu, possiamo dire che il Premio Nobel per l'economia a Nash è il riconoscimento a un lavoro da matematico. Infatti, il contributo di Nash è puramente matematico nel senso della migliore tradizione. Semplificando, esso consiste nell'aver ideato un'appropriata definizione corredata poi da un opportuno teorema di esistenza. La fecondità dell'idea è testimoniata dal lavoro degli innumerevoli studiosi che successivamente ne hanno esaminato le applicazioni più disparate.

Un *gioco* (senza possibilità di cooperazione e con informazione completa per tutti gli *n* giocatori) è una funzione

$$f: S_1 \times \ldots \times S_n \mapsto R^n.$$

Ogni giocatore *i* sceglie simultaneamente una strategia s_i tra quelle a lui disponibili, che formano l'insieme S_i. In questo modo si ottiene il vettore di strategie giocate $(s_1,\ldots,s_n)$ a cui corrisponde un vettore di pagamenti per ciascun giocatore. In particolare, ogni giocatore i riceve l'importo $f_i(s_1,\ldots,s_n)$ che, evidentemente, gradirebbe massimizzare.

La questione di base è semplice: è possibile prevedere il risultato del gioco, cioè quale sarà la combinazione $(s_1,\ldots,s_n)$ di strategie giocate? Con esempi elementari, a cui qui non si accenna per brevità, è possibile mettere in evidenza che il tentativo di isolare un comportamento privilegiato dei giocatori, sulla base di ingenui criteri di razionalità, è destinato in generale al fallimento. Anche il ricorso alle cosiddette strategie miste, che permisero a von Neumann di risolvere i giochi a somma nulla con due giocatori, si rivela di per sé insufficiente. L'idea di Nash fu di fondare il suo concetto di soluzione sul seguente criterio di gioco razionale.

Un risultato $(s_1,\ldots,s_n)$ è razionale se per ogni giocatore *i* vale la seguente proprietà: fino a quando gli altri giocatori non cambiano le strategie dichiarate nel vettore $(s_1,\ldots,s_n)$, il giocatore *i* non ha alcuna convenienza a cambiare la propria strategia. È intuitivo che, se nell'esecuzione di un gioco ci si trova di fronte all'effettivo presentarsi di un risultato razionale nel senso appena detto, nessun giocatore ha ragione di pentirsi della scelta effettuata e dunque, qualora il gioco fosse giocato di nuovo, ogni giocatore confermerebbe la propria scelta. È questa proprietà di permanenza delle scelte che induce a chiamare equilibri (di Nash) i risultati razionali.

A nostro avviso si tratta di un'idea non elementare. Certamente più semplice è la dimostrazione dell'esistenza degli equilibri di Nash. D'altra parte egli non ha ricevuto il Premio Nobel per la dimostrazione del teorema di esistenza (che serve solo alla consistenza della sua idea di equilibrio) ma proprio per avere concepito questa nozione di equilibrio.

Leonid V. Kantorovich

Una figura di scienziato affatto diversa (rispetto a Nash) ma non meno poderosa è quella di Kantorovich. Chi ha studiato Analisi funzionale dalla fine degli anni Settanta in poi è probabile che vi si sia imbattuto (ignorandone l'attività di economista) per aver letto una delle varie traduzioni del suo corposo libro di Analisi Funzionale, scritto in collaborazione con Akilov.

Così come appare tranquillamente provinciale il contesto in cui avviene la formazione di Nash [2], Kantorovich, che nasce a San Pietroburgo nel 1912 (muore nel 1986), si vede invece catapultato nel vortice della grande Storia e degli sconvolgimenti sociali. Come egli stesso ricorda, una delle prime memorie coscienti della sua infanzia è la Rivoluzione d'Ottobre.

Alle difficoltà che Nash incontra nel veder riconosciuto in modo formale il proprio talento, si contrappongono i brillanti successi di Kantorovich che invece appare perfettamente a suo agio nel contesto sociale e nel tempo in cui opera. I numeri, nel caso di Kantorovich, sono davvero notevoli:
- si iscrive all'università a quattordici anni;
- uscitone a diciotto, a ventidue è già cattedratico di Matematica nella stessa università;
- scrive trecento articoli scientifici;
- crea una scuola di analisi funzionale ancora oggi attiva ed influente anche se ormai sparsa per il mondo;
- fonda e dirige un laboratorio per le applicazioni della Matematica all'Economia nell'ambito della prestigiosa Accademia Sovietica delle Scienze;
- vince il Premio Lenin nel 1965;
- ricopre vari incarichi governativi, fra cui la direzione dell'ufficio studi dell'Istituto per la Programmazione dell'Economia Nazionale, influenzando così la formazione degli alti ranghi della burocrazia sovietica impegnata nel controllo e governo dell'economia del paese.

Il Premio Nobel per l'economia viene conferito a Kantorovich nel 1975 per "*il contributo alla teoria dell'allocazione ottimale delle risorse*". Si tratta di una teoria che si occupa di stabilire l'utilizzo più efficace di determinate risorse a fronte:
- della necessità di usarle in un dato processo;
- della loro scarsità;
- e della possibilità di impiegarle in vari modi alternativi.

Kantorovich vi si imbatte nel 1938 ma la sua passione per l'economia politica e la storia moderna (evidentemente figlia dei tempi) è di molto precedente. Gli anni '30 in URSS vedono il consolidamento del regime sovietico e dello sforzo collettivo per il successo dell'idea socialista.

La questione generale dell'utilità del lavoro intellettuale produce nel caso della Matematica grande enfasi sulle applicazioni. A Kantorovich viene posto il seguente problema. Un'industria del settore legnario organizza la sua produzione su vari stabilimenti, ciascuno con proprie caratteristiche tecnologiche, produttive e di mercato. Si chiede quale sia il modo migliore di distribuire il legname grezzo fra le varie unità produttive allo scopo di massimizzare, stante vari vincoli che si presentano in modo naturale, la produzione complessiva.

Matematicamente, la traduzione di questo problema diventa: massimizzare una funzione lineare su un poliedro convesso. La principale difficoltà nella sua soluzione non è concettuale quanto piuttosto operazionale, per il grande numero di variabili coinvolte. Riconosciuta la comune formulazione matematica di una grande varietà di problemi economici, Kantorovich si pose e risolse il problema della ideazione di tecniche efficienti di soluzione del problema. I suoi risultati diedero vita ad una teoria matematica che oggi chiamiamo Programmazione Lineare. E ciò diversi anni prima che negli USA gli stessi risultati fossero ottenuti, indipendentemente, da Dantzig.

Anche in questo caso, dunque, il Premio Nobel è il riconoscimento ad un'attività principalmente da matematico sebbene, come è logico, di eccezionale rilievo per le sue applicazioni in campo economico.

Per concludere, rinviando all'articolo che su questo volume H. Kuhn dedica alla Programmazione Lineare, vogliamo mettere in evidenza come un'altra idea matematica fortemente collegata al nome di Kantorovich svolga un ruolo di primo piano nella teoria economica più recente. Facciamo riferimento alla nozione di *reticolo vettoriale* associata alla teoria degli operatori positivi.

Questi reticoli sono spazi vettoriali parzialmente ordinati che hanno la proprietà di possedere il sup per ogni coppia di loro elementi, per cui sono appunto anche dei reticoli. I principali spazi di funzioni di interesse in Analisi sono reticoli vettoriali. La loro denominazione occidentale è spazi di Riesz in omaggio al matematico ungherese F. Riesz che fu il primo ad indicare a Bologna nel 1928, durante un celebre Congresso Mondiale dei Matematici, l'opportunità di affiancare allo studio dell'interazione tra strutture algebriche e topologiche negli spazi di funzioni anche la loro interazione con le strutture d'ordine. A partire dalla metà degli anni '30, la teoria fu sviluppata indipendentemente in occidente (Birkhoff, Freudenthal) e soprattutto in URSS con il contributo determinante di Kantorovich, che attorno ad essa creò una vera e propria scuola di analisti funzionali. In URSS i reticoli vettoriali si chiamavano K-spazi.

I reticoli vettoriali formano oggi un argomento consolidato della matematica pura che conta decine di monografie, un paio di migliaia di articoli e persino un paio di riviste ben disposte, per statuto, verso di essi. Oltre a ciò, in Teoria Economica, dalla seconda metà degli anni Settanta in poi, accade sempre più spesso di imbattersi in modelli che fanno ricorso all'uso dei reticoli vettoriali. Ad esempio, essi forniscono un linguaggio naturale per descrivere la formazione di prodotti finanziari sofisticati derivati da strumenti di base più semplici:

$$(F\text{-}kI)^+ = (F\text{-}kI)Vo$$

è un'opzione di acquisto (europea) su un'attività di base *F* con prezzo di esercizio dell'opzione *k* (mentre *I* è un'attività non rischiosa che paga sempre 1 qualsiasi evento accada domani).

In modo più sostanziale, la struttura di reticolo vettoriale può essere intimamente legata a profondi risultati di Teoria Economica. Ad esempio, è stato recentemente dimostrato che il teorema di equivalenza di Debreu-Scarf cui si è accennato in precedenza è equivalente al fatto che lo spazio *P* dei prezzi sia un reticolo vettoriale. Più precisamente, sotto opportune ipotesi, è possibile dimostrare (anche se *V* è di dimensione infinita) che le allocazioni di equilibrio coincidono con quelle di Edgeworth se e solo se *P* è un reticolo vettoriale [14].

Bibliografia

[1] http://www.nobel.se/foundation/statutes.html#par1
[2] S. Nasar (1999) *Il genio dei numeri*, RCS Libri, Milano
[3] L. Garding, L. Hormander (1985) Why is there no Nobel Prize in Mathematics?, *The Mathematical Intelligencer* (7), pp. 73-74
[4] J.E. Morrill (1995) A Nobel Prize in Mathematics, *Amer. Math. Monthly*, pp. 888-891
[5] http://www.balzan.it , http://www.balzan.ch
[6] http://www.nobel.se/laureates/economy-1972-press.html
[7] G. Debreu (1959) *Theory of Value*, Yale University Press, New Haven, CT
[8] K.J. Arrow, G. Debreu (1954) "Existence of an equilibrium for a competitive economy", *Econometrica* 22, pp. 265-290
[9] http://www.nobel.se/laureates/economy-1983-press.html
[10] B. Ingrao, G. Israel (1996) *La mano invisibile*, Laterza, Bari
[11] http://nobel.sdsc.edu/laureates/economy-1994-2-autobio.html
[12] H.W. Kuhn, L. Nirenberg, P. Sarnak, M. Weisfeld (a cura di) (1995) A celebration of John F. Nash Jr., *Duke Math. J.* 81
[13] http://www.nobel.se/laureates/economy-1994-press.html
[14] C.D. Aliprantis, O. Burkinshaw (1991) When is the core equivalence theorem valid?, *Economic Theory* 1, pp. 169-182

matematica
arte
estetica

Dallo spazio come contenitore allo spazio come rete

Capi Corrales Rodriganez

Spazio e tempo

In filosofia si tratta di termini usati per definire la struttura della natura. Essi vengono descritti talvolta come i contenitori di tutti gli avvenimenti e i processi naturali, tal altra come le relazioni che collegano questi avvenimenti.
Enciclopedia Collier

Le due parole "contenitore" e "relazione" descrivono rispettivamente l'idea di spazio che si aveva nel 1700 e nella matematica coeva. Due secoli fa, i matematici associavano spazio e universo fisico e pensavano – come molta gente ancora oggi pensa – che il modello che descrive lo spazio come un'immensa scatola vuota sia un'esatta riproduzione dell'universo che ci circonda. In effetti, questo spazio, assunto come una replica del mondo fisico, era il solo preso in considerazione dalla corrente principale della matematica, e poteva essere descritto attraverso le seguenti proprietà: è un contenitore *cubico* (per esempio, con tre dimensioni, cioè ampiezza, profondità ed altezza), *infinito* e *omogeneo* (vale a dire, che ha le stesse proprietà in tutte le sue parti); non oppone *alcuna resistenza al moto* ed è dotato di un *modello analitico* (un sistema di coordinate) che dà ai matematici un riferimento con cui misurarsi.

Oggi, i matematici descrivono uno spazio (attenzione che non si tratta più di "spazio" ma di "uno spazio"), come un'entità astratta composta di due elementi: un *insieme di oggetti* – qualunque oggetto – e una *rete di relazioni* tra questi oggetti. Per fare un esempio, uno spazio potrebbe essere formato da curve e relazioni tra di esse; un altro da triangoli e relazioni tra triangoli. Si potrebbe affermare che gli oggetti sono i mattoni e le relazioni il cemento da usare nella costruzione di spazi matematici.

Queste due nozioni di spazio, radicalmente differenti, riflettono e testimoniano il cambiamento che è avvenuto nel modo in cui i matematici hanno pensato lo spazio a partire da Newton (1642-1727), uno dei primi matematici a menzionare esplicitamente la parola "spazio", fino a giungere a Hausdorff (1868-1942). Tuttavia, come Hegel ha spiegato in modo così bello, la struttura spirituale è tale che non bastano volontà, lontananza o una particolare educazione ad ottenere l'isolamento necessario per evitarci di essere sedotti dalla riflessione che cresce nella cultura intorno a noi. Stando così le cose, l'evoluzione della nozione di spazio in matematica descrive un cambiamento culturale nel modo di guardare lo spazio –

nello sguardo, si potrebbe dire – che si trova anche nelle diverse rappresentazioni e nei modelli di spazio di molti pittori occidentali, musicisti o scrittori. Per esempio, i due dipinti *Las Meninas* di Velásquez (1549-1660) e *Las Meninas* di Picasso (1881-1973) illustrano la definizione del dizionario Collier data qui sopra.

Il processo che ha portato i matematici da uno spazio pensato come contenitore a uno spazio inteso come rete di relazioni si è svolto in due momenti. Il primo è consistito nello sbarazzarsi dei vincoli che ipotizzavano l'uso degli oggetti della geometria euclidea – linee, punti ecc. – come soli possibili mattoni di uno spazio matematico. Questo momento del processo si è compiuto principalmente nel corso dell'Ottocento e all'inizio del Novecento; qualsiasi collezione di oggetti poteva essere pensata come un adeguato insieme di mattoni o "punti astratti" con cui costruire uno spazio matematico. Una volta consentito ad ogni insieme di oggetti di costituire i punti o gli elementi base di uno spazio matematico, si è avviato il secondo momento del lavoro: approntare gli strumenti che avrebbero permesso di costruire spazi utilizzando tali elementi come mattoni. C'era bisogno del cemento, per così dire, il mezzo per legare, per mettere in relazione questi oggetti tra di loro in modo da ottenere una struttura, uno spazio al di fuori di essi. Un processo, si potrebbe dire, di aritmetizzazione che ha caratterizzato gran parte della matematica del ventesimo secolo.

In queste pagine viene descritta brevemente la prima parte di questo processo, che conduce dal contenitore-spazio cubico alla nozione di spazio come un sottoprodotto di relazioni tra oggetti, così come è stato definito da Hausdorff nel 1914. E vengono illustrati i principali cambiamenti che si sono avuti attraverso i lavori di alcuni matematici e alcuni pittori. Questo processo potrebbe essere descritto come avvenuto in varie fasi:

Precursori: costruzioni matematiche e rappresentazioni pittoriche che mettono in discussione la nozione di spazio come contenitore cubico. Esempi: cartografi e Velázquez.

Fase 1: nascita di geometrie diverse dalla geometria euclidea. Esempi: Gauss e Goya.

Fase 2: riconoscimento della possibilità teorica di concepire spazi diversi dallo spazio euclideo. Esempio: Riemann.

Fase 3: sviluppo degli strumenti necessari alla costruzione di spazi i cui elementi non siano necessariamente linee e punti, o tridimensionali, o riproduzioni di spazi fisici. Esempi: Cantor, Seurat, Cézanne.

Fase 4: costruzione dei primi spazi astratti. Esempi: Ascoli, Volterra, Fréchet, Monet.

Fase 5: formalizzazione finale di spazi astratti. Esempi: Hausdorff, Kandinsky.

Precursori in matematica: da Newton a Eulero

La prima nozione di spazio matematico (che, come è stato detto, si supponeva riproducesse l'universo fisico e avesse la forma di un'immensa scatola vuota), fu tessuta dai matematici del Seicento e del Settecento usando essenzialmente quattro fili: la geometria euclidea, le discussioni teologiche e filosofiche sullo spazio, il processo arabo di aritmetizzazione della geometria e i numeri reali. Come esempi, pensiamo a Isaac Newton che in alcune lettere scritte nel 1600 discute le proprietà dello spazio (nel contesto di dibattiti filosofici e collegandole con la natura di Dio; il lettore può approfondire [1, 2]) e a Leonard Eulero che nel 1748 presenta nel secondo volume della sua *Introductio* due differenti e sistematiche descrizioni delle coordinate polari tridimensionali. Di fatto, l'Appendice di questo libro viene considerata da molti matematici come il primo Trattato sulla geometria analitica tridimensionale scritto in forma di libro di testo.

Questo contenitore-spazio cubico è stato per molti secoli l'unico spazio esplicitamente o implicitamente assunto dalla corrente principale della matematica. Tuttavia ci sono stati parecchi ambienti che a lungo hanno messo in discussione tale scelta. Forse il più interessante è quello dei navigatori e dei cartografi. Qualunque possibile rappresentazione su mappa pone la stessa difficoltà matematica: come descrivere i fatti geografici così che i navigatori possano fare affidamento sulle distanze e sulle direzioni che appaiono sulla mappa. Oltre alla mancanza di conoscenza di molte nazioni, i cartografi dovevano affrontare la difficoltà di dover trasferire le misure prese sulla superficie della Terra sui corrispondenti punti sulla mappa. Essi non riuscivano a trovare un modo di farlo senza avere delle forti deformazioni. I navigatori avevano bisogno di due caratteristiche: che da qualunque punto della Terra la rotta verso Nord apparisse come la direzione più diretta sulla mappa e che qualunque direzione del compasso fosse correttamente rappresentata rispetto alla direzione nord. Per esempio una rotta che andava da Est a Ovest doveva apparire sulla mappa come una linea orizzontale, mentre una che andava a Nord-Est doveva formare con questa un angolo di quarantacinque gradi.

La prima mappa che rispettava questi due principi fu disegnata nel 1569 da Mercatore (Gerhard Kremer), un cartografo fiammingo. Essa ha due inconvenienti: per rispettare gli angoli, più lontano si va dall'Equatore, maggiore risulta la deformazione. Si potrebbe disegnare una carta della Terra che rispetti le caratteristiche della carta di Mercatore, ma senza deformazione? La risposta a tale domanda, trovata dai matematici nel 1700, è negativa. È un risultato geometrico il fatto che se non si vuole sacrificare alcuna caratteristica della carta di Mercatore (un nord verticale e direzioni appropriate rispetto a tale nord), allora la sola possibilità è l'accettazione di questa deformazione.

Poiché nessuna deformazione sembrava essere incompatibile con una direzione fissa del nord, i cartografi decisero di girare attorno alla questione: si poteva disegnare una carta senza deformazione e con una direzione verso nord variabile? Per secoli i cartografi hanno tentato senza successo di rispondere a questa domanda.

Il problema alla fine fu risolto nel 1700 dal matematico Leonard Eulero il quale, nel suo articolo *De repraesentatione superficiei sphaericae super plano*, pubblicato nel Settecento, ha provato che nessuna parte della Terra può essere riprodotta su una superficie piana senza deformazione. Il teorema di Eulero dice che la carta perfetta non esiste. A seconda del nostro intento, un tipo di rappresentazione cartografica sarà più adatto di un altro. Il teorema di Eulero ha spinto i cartografi matematici a studiare la geometria sferica e la trigonometria come materie a sé, indipendenti dalla geometria euclidea.

In pittura: Velázquez

Come accadde con gli studi dei matematici, la maggior parte dei quadri dipinti all'inizio dell'Ottocento rappresentavano lo spazio come un contenitore cubico degli oggetti descritti nella scena. Tuttavia, come si è appena visto per la matematica, nel corso degli anni cominciarono ad apparire spazi pittorici che si allontanavano, mettendola in discussione, dalla smisurata scatola convenzionale che contiene gli oggetti ma non si relaziona con essi.

Nei numerosi anni della sua evoluzione, l'arte europea aveva tratto insegnamenti prima dalla teologia, arte didattica, e poi dalla politica, arte che segue un'idea normalizzata di bellezza. Questa situazione inizia a cambiare alla fine del 1600, il periodo in cui l'idea matematica di spazio comincia a rompere la sua stretta relazione con la natura di Dio. All'inizio del Seicento, si trova ancora l'artista "sostenitore dello Stato" (e quindi mantenuto da questo), ed è nel 1700, quando la creazione artistica si affranca dal committente, che all'interno dell'arte comincia un processo di riflessione. È un fatto spontaneo che questa riflessione porti l'artista, prima o poi, ad analizzare lo spazio. Il che è esattamente, secondo noi, ciò che caratterizza il lavoro di Velázquez: la sua profonda e spettacolare analisi dello spazio.

Pensiamo al suo lavoro *Las Meninas*, un dipinto così attinente allo spazio che vi troviamo rappresentato lo spazio che non è nel dipinto. La padronanza delle consuete regole – regole di prospettiva, non regole matematiche – e dei trucchi con i quali costruire uno spazio euclideo è completa in questo quadro. È impossibile mettersi di fronte a un dipinto senza chiedere a se stessi dov'è posto l'occhio che descrive la scena. Nel pittore? Nella ragazza? Nel visitatore che appare sulla porta in fondo alla scena? Prendendo ciascuno di questi occhi come origine di un sistema di coordinate, la costruzione geometrica è impeccabile. E ciò accade se gli occhi che guardano sono quelli del re e della regina riflessi nello specchio dietro. Uno specchio che porta nel dipinto lo spazio fuori dal dipinto, lo spazio dove noi, il pubblico, ci troviamo.

Sì, questo dipinto di Velázquez mostra la perfezione con la quale lo spazio euclideo avrebbe potuto essere costruito geograficamente ai tempi di Newton. Ma mostra anche qualcos'altro: una relazione tra lo spazio e ciò che sta in esso. Velázquez crea questa relazione in due modi.

Da un lato egli stabilisce una doppia relazione tra l'oggetto (la scena da rappresentare) e lo spazio intorno ad esso (il luogo dove la scena avviene) introducendo nel dipinto sia il suo studio, sia gli spettatori. Lo spazio intorno alla scena quando è stata dipinta e lo spazio intorno alla tela ogni volta che lo si guarda sono descritti in esso. Dall'altro

Velázquez ricerca l'impressione delle cose. L'impressione è senza forma ed accentua la materia – seta, velluto, tela, legno, protoplasma organico – con la quale le cose sono fatte.

È lecito essere sorpresi nel sentire la gente dire con una certa serietà di Velázquez che è un realista o un naturalista? Con legittima meraviglia, essi eliminano in questo modo tutti i meriti di Velázquez. Perché se Velázquez fosse stato principalmente interessato alle cose, alla *res* o alla natura, egli non sarebbe stato nulla di più che un discepolo del Quattrocento fiammingo e italiano. Quelli erano i conquistatori delle cose, delle *nature* delle cose.

Non c'è niente di più opposto al Realismo dell'Impressionismo. Per questo secondo non ci sono cose, non c'è *res*, non ci sono corpi, lo spazio non è un immenso ricettacolo cubico. Il mondo è una superficie di valori luminosi. Le cose, iniziando qui e finendo là, sono mischiate in un crogiuolo meraviglioso e iniziano a fluttuare l'un l'altra nei pori di ciascuna.

Chi è capace di prendere un oggetto in un dipinto dell'ultimo periodo di Velázquez? Chi è capace di determinare in *Las Meninas* dove una mano inizia e dove finisce? Potremmo forse sognare di avere tra le nostra braccia l'avorio e il languido corpo della Monna Lisa; ma la giovane che porge il vaso alla ragazza è come un'ombra e se noi tentassimo di andarla a prendere, nelle nostre mani rimarrebbe soltanto un'impressione. [3]

La netta distinzione tra lo spazio e i corpi che lo abitano stabilita con tanta precisione da Aristotele nella sua definizione di *topos* di un corpo – la ricordiamo: "frontiera interiore di ciò che lo contiene" – inizia a sparire in Velázquez. I suoi dipinti, proprio come quelli degli impressionisti dopo di lui, ci introducono in uno spazio di cose che si riflettono l'un l'altra, fluttuanti l'una dentro l'altra e messe in relazione l'una con l'altra. Così come i matematici del suo tempo – Newton per esempio – che stavano già considerando lo spazio come un oggetto geometrico a sé.

Fase 1: nascita delle geometrie diverse dalla geometria euclidea

In matematica: Gauss

Fino al 1800, la forma della Terra era stata dedotta dallo studio del sole e delle stelle. Ma se alla Terra fosse successo come a Venere di essere perpetuamente coperta dalle nuvole, come avremmo fatto? A questa domanda rispose Karl Friedrich Gauss, direttore dell'Osservatorio astronomico di Göttingen dal 1807. Nel 1818 egli condusse uno studio sull'estensione del regno Hannover. Riflettendo sui dati ottenuti dalle misurazioni dirette, egli notò e provò che sarebbe stato sufficiente portare avanti talune misurazioni specifiche sulla superficie della Terra per trovare la sua forma e che un simile processo avrebbe potuto essere seguito per ogni superficie. Detto in altre parole, non è necessario uscire da una superficie – cioè osservare il sole e le stelle nel caso della Terra – per determinarne la forma. Questo è il significato dell'espressione "geometria intrinseca" di una superficie: la geometria – forma – di una superficie, non solo la caratterizza, ma può anche essere descritta dalla superficie stessa senza lasciarla. Vediamo questo con l'esempio dei triangoli.

È un dato di fatto che nella geometria piana la somma degli angoli di un triangolo è 180°. Nei triangoli, con i loro lati disegnati direttamente sulla superficie di una sfera, la somma degli angoli risulta sempre superiore a 180°, mentre sulla superficie disegnata come una sella essa è meno di 180°. Ora supponiamo di voler determinare la forma di una superficie. Possiamo triangolare e calcolare l'ampiezza degli angoli in ciascun triangolo. Dove tutti i triangoli hanno angoli la cui somma ammonta a 180°, la nostra superficie ha una forma cilindrica o piana; nelle regioni della superficie dove la somma degli angoli dei triangoli è minore di 180°, la forma è simile a quella di un sella; infine là dove la somma degli angoli del triangolo è superiore a 180°, la forma è simile a un pezzo di sfera o ellissoide (Fig. 1).

Un'altra proprietà fondamentale della geometria euclidea o della geometria piana è quella nota come "postulato delle parallele": se gli angoli α e β nella Figura 2 sommano a meno di 180°, allora le rette *l* e *m* si incontrano da qualche parte nella stessa parte del piano rispetto alla retta *n* (o, in modo equivalente, data una retta e un punto non su di essa, possiamo costruire soltanto una retta che sia parallela a quella data e passi per il punto dato) (Fig. 2).

Nella geometria sferica le rette sono i cerchi massimi perpendicolari all'Equatore e tutti si incontrano al Polo Nord; quindi non si può costruire nessuna parallela ad uno di essi che passi per un punto esterno ad esso. Dunque, nella geometria sferica il postulato delle parallele non è vero. Questo fatto suonò come un particolare campanello d'allarme per i matematici: le costruzioni base della geometria euclidea sono l'estensione illimitata di lunghezze e la costruzio-

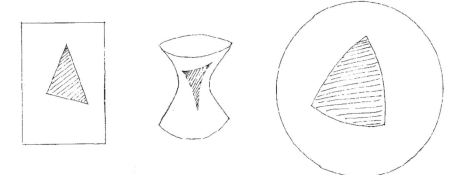

Fig. 1. Triangoli su superfici diverse

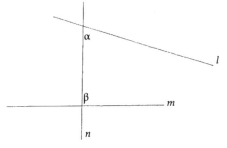

Fig. 2. Postulato delle parallele di Euclide

Fig. 3. Linee asintotiche

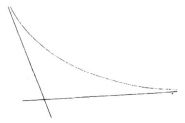

ne di parallele. Se fino a Riemann (1854) nessuno in matematica pose mai in questione la possibilità di estendere una lunghezza oltre ogni limite, i dibattiti sulla costruzione delle parallele erano iniziati già ai tempi di Euclide, che assumeva, sensa provarlo, che è possibile sapere ciò che avviene a due rette in luoghi infinitamente lontani da noi. Per esempio, le rette *l* e *m* nella precedente figura (Fig. 2) potrebbero curvare e comportarsi come asintoti, avvicinandosi sempre di più l'una all'altra senza però mai toccarsi. Perché no? (Fig. 3)

All'inizio dell'Ottocento, i matematici Gauss, Bolyai e Lobachevsky ebbero, in maniera indipendente l'uno dall'altro, la stessa idea. Supponiamo che si abbia una geometria che sia esattamente uguale alla geometria euclidea eccezion fatta per il postulato delle parallele; accettiamo che sia possibile costruire più di una parallela per un punto a una retta data. Dopo tutto nella geometria sferica non esiste una tale retta parallela; perché non giocare con la possibilità teorica di una geometria con più di una parallela? Quando svilupparono la loro idea, essi trovarono che teoricamente, matematicamente, tale geometria era perfettamente coerente e fu la *geometria iperbolica*. Con le geometrie di Gauss, Bolyai e Lobachevsky, Euclide fallì e la porta restò aperta a nuovi spazi e a nuove geometrie che iniziarono a visitare il mondo matematico.

Prima di osservare il lavoro di Goya, pittore contemporaneo a Gauss, osserviamo il modello grafico piano di un mondo con una geometria iperbolica e che fu sviluppato molti anni più tardi da Poincaré. Questo "mondo" consiste in un semi piano Ω limitato da una retta orizzontale, segno che viene considerato il limite del mondo, "la retta all'infinito". Il carattere peculiare del semipiano di Poincaré è che ogni cosa in esso diventa più piccola quando si avvicina a $\partial\Omega$ e più grande quando se ne allontana.

Come conseguenza di questa proprietà (metrica) una persona che vivesse nel mondo di Poincaré non sarebbe mai capace di raggiungere il suo $\partial\Omega$, poiché se partisse diciamo un chilometro lontano con una certa misura, nel momento in cui fosse a circa mezzo chilometro da $\partial\Omega$, sarebbe a metà della sua misura precedente e avvicinandosi ancora a $\partial\Omega$ diventerebbe sempre più piccola e per quanto piccola potrebbe diventare, sarebbe sempre capace di essere più piccola, così non raggiungerebbe mai $\partial\Omega$.

Esiste un altro modello grafico del semipiano di Poincaré. È ottenuto dalla chiusura della retta $\partial\Omega$, limite del precedente modello, in un cerchio (non è difficile pensare a una retta come a un ampio cerchio con un raggio così grande che il suo grafico ci sembri una retta); il mondo di Poincaré sarà la parte interna del

129

Fig. 4. Modello del piano iperbolico di Poincaré

disco. Il sistema metrico di Ω può essere compreso facilmente guardando i disegni di Escher di differenti coperture del suo secondo modello (Fig. 4).

Studiamo le rette in Ω. Definiamo una retta come il percorso più breve tra due punti. Con un piccolo ragionamento, si potrebbe dedurre che le "rette" in Ω assomiglierebbero a semicerchi perpendicolari a ∂Ω (nel modello piano sarebbero anche simili a rette verticali, per esempio ampi semicerchi). A che cosa assomiglierebbero le rette parallele? Sarebbero rette che non si incontrano in ∂Ω e così due rette sarebbero parallele quando non si incontrano del tutto o quando si incontrano "al limite del mondo", sulla retta all'infinito ∂Ω. Quindi, nel modello della figura successiva le due rette per il punto *p* sono parallele alla retta *l* e così il postulato delle parallele di Euclide non vale nel piano iperbolico di Poincaré (Fig. 5).

Le geometrie non euclidee come quella illustrata dal semipiano Ω (una descrizione più estesa di questo piano si può trovare in [4]), rimasero a lungo costruzioni marginali in matematica. Non furono integrate o inserite nella corrente principale di ricerca fino a dopo che Riemann ebbe portato avanti i suoi studi sullo spazio negli anni Cinquanta. Tuttavia il primo passo era stato fatto: le geometrie che hanno messo in discussione la geometria euclidea e il suo contenitore convenzionale cubico, erano emerse in matematica, e sarebbero state prese per buone.

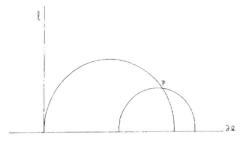

Fig. 5. Controesempio al postulato delle parallele di Euclide nel piano iperbolico di Poincaré

In pittura: Goya

"Con le pennellate di Goya inizia in pittura l'evoluzione che culmina con la smaterializzazione e decorporalizzazione delle trame impressionistiche, che Van Gogh descriverà più tardi come più musica e meno volume", scrive Hofmann [5]. Non ripeteremo ciò che è già stato spiegato nella descrizione dello spazio preimpressionistico che abbiamo trovato in Velázquez. I dipinti di Goya vanno avanti di alcuni passi rispetto alle sfide di Velázquez al contenitore cubico ed è su due di questi nuovi passi che ci soffermiamo.

Innanzitutto, cominciamo a trovare dipinti che rappresentano spazi che non sono né "fantastici" né "reali", ove con il termine "fantastico" intendiamo spazi non plausibili come, per esempio, quelli rappresentati nelle pitture di Hyeronimus Bosch e con il termine "reale" intendiamo quelli che riproducono un pezzo riconoscibile del mondo intorno a noi.

Secondariamente, troviamo anche dipinti nei quali per aiutare il pittore a descrivere un'azione non viene usato alcun riferimento estrinseco agli oggetti rappresentati.

Ritorniamo per un momento ai dipinti di Hyeronimus Bosch; essi coscientemente rappresentano qualcosa che non esiste e non potrebbe esistere nel mondo così come noi lo conosciamo. Tuttavia noi riconosciamo l'acqua, le piante, l'erba. La pittura di Goya è diversa. Quando vediamo per la prima volta *Il cane seppellito* (1819), non ci colpisce come qualcosa di fantastico. Immediatamente vediamo che c'è un cane seppellito, ma seppellito dove? Quale tipo di spazio ha dipinto Goya? Euclideo e con prospettiva? Euclideo e piano? Ellittico? In ciascuno di questi spazi potrebbe esistere quella sabbia se noi decidessimo che si tratta di sabbia. Potrebbe essere anche un albero o un pezzo di stoffa. Non c'è niente nella trama della materia che sta bruciando il cane che ci permetta di identificarla con esattezza. È un problema di immaginazione, ma non irreale. Non potremmo dire che è qualcosa che non esiste in natura e non possiamo identificare ciò che esso esattamente è. Lo spazio nel quale si trova il cane probabilmente non è né euclideo né sferico, ma è plausibile che sia l'uno e l'altro; il materiale che sta bruciando il cane non può essere identificato con precisione, tuttavia plausibilmente è un materiale esistente. Questo dipinto non è un dipinto che potremmo chiamare reale, tuttavia non è neppure fantastico. Non rappresenta un pezzo identificabile di materia fisica, ma non può neppure essere considerato un pezzo di una storia.

Come abbiamo descritto prima, la grande idea di Gauss fu quella di una geometria intrinseca ad una superficie: l'ambiente circostante la superficie non è necessario per descriverla. Troviamo qualcosa di simile nei dipinti "neri" di Goya. Nella serie di dipinti che descrivono la guerra che avveniva intorno a lui, Goya ci pone direttamente di fronte ai corpi umani; il nostro unico riferimento sta nella sua rappresentazione brutale dell'effetto e della disperazione della guerra. In questi dipinti non ci sono soldati, non ci sono armi, non ci sono cadaveri. Come Gauss, Goya non ha bisogno dell'ambiente per descrivere chiaramente e precisamente la brutalità e la tragedia che leggiamo nei suoi dipinti.

Fase 2: il riconoscimento della possibiltà teorica di concepire spazi diversi da quello euclideo

Riemann

Il contributo di Bernard Riemann al processo che stiamo descrivendo è essenziale. La nascita delle geometrie diverse da quella euclidea nel contesto matematico lo portò ad analizzare le restrizioni sotto le quali la matematica aveva lavorato fino a quel momento e, come potremo vedere, a porre un certo numero di problemi teorici. Come conseguenza, egli ha liberato la matematica dai limiti imposti dall'uso esclusivo degli oggetti euclidei come costituenti di uno spazio matematico e ha introdotto la possibilità di usare invece oggetti matematici arbitrari. Descriviamo le sue riflessioni nel dettaglio.

Una volta che le geometrie diverse da quella euclidea furono accettate come valide dai matematici, il successivo passo naturale fatto da Riemann è stato quello di accettare altri spazi, diversi da quello euclideo, come validi. Ma una volta che si abbiano molti spazi matematici a disposizione non è così immediato decidere quale fra loro si adatti meglio allo spazio fisico. Come Riemann mette in evidenza, questa decisione dipende sia da ciò che pensiamo a proposito dello spazio fisico, sia dai dati sperimentali a nostra disposizione. Perché lo spazio fisico dovrebbe essere un ampio contenitore cubico? Perché non potrebbe essere una sfera smisurata o un ellissoide smisurato? Se così fosse, data la dimensione dell'universo, noi lo percepiremmo non curvato, così come fondamentalmente facciamo.

Come ha notato Riemann, se pensiamo attentamente a ciò, non c'è prova che l'universo fisico sia realmente curvo e neppure infinito. Potrebbe essere sferico e quindi finito anche se illimitato. Per capacitarcene, pensiamo ad una formica che cammina sulla superficie di una sfera. Potrebbe andare avanti a camminare per sempre e non raggiungere mai un limite e potrebbe coprire una regione finita. Le linee sull'universo sferico potrebbero essere circonferenze, cammini illimitati ma finiti.

Riflessioni simili a queste condussero Riemann a fare alcuni passi fondamentali che egli spiegò (con una sola piccola formula!) nei Saggi con cui entrò alla Scuola di Filosofia di Göttingen [6].

Riguardo agli aspetti che interessano la nostra storia, i contributi di Riemann possono essere sintetizzati come segue:
1. egli fa differenza fra lo spazio fisico e uno spazio geometrico;
2. comprende che nella geometria rette e punti non sono nozioni importanti; suggerisce come essenziale invece l'idea della posizione data attraverso una metrica;
3. definisce uno spazio matematico come uno spazio n-dimensionale, che ha come "punti" elementi arbitrari, e sarà misurato se possibile con una metrica (esempio: n-uple). In questo modo con lui nascono gli spazi metrici.
4. lo spazio fisico è solo un particolare caso, un esempio di spazio tridimensionale. Non ha alcuna necessità di essere piano. Potrebbe essere sferico o ellittico, per esempio. Allora sarebbe illimitato ma finito.

I problemi che Riemann pose hanno fatto capire ai matematici che molto lavoro era ancora da fare. Per esempio, doveva essere definita la nozione di "dimensione". Inoltre, mentre negli spazi dotati di una metrica sappiamo come procedere, che cosa sappiamo di quei casi dove non conosciamo una metrica? Che cosa sappiamo degli spazi astratti suggeriti da Riemann i cui elementi non sono più punti o rette, ma oggetti di qualunque tipo, integrali, funzioni e così via? È stato necessario trovare un modo per definire qual è la posizione, comparando la posizione tra due elementi, quando non c'è una metrica. Le riflessioni di Riemann avevano suggerito possibilità fantastiche, ma gli strumenti per portarle avanti non erano ancora stati costruiti.

Fase 3: costruzione degli strumenti

In matematica: Cantor, il problema della dimensione e gli insiemi di punti

Per portare avanti le idee di Riemann, i matematici avevano bisogno, tra le altre cose, di definire con precisione la nozione di "dimensione". Al tempo della morte di Riemann (1866), quando i matematici usavano l'espressione "la dimensione di uno spazio", essi intendevano – intuitivamente – il numero di coordinate indipendenti necessarie a determinare la posizione di un punto in uno spazio dato. Per esempio in uno spazio sferico noi abbiamo bisogno solo di due coordinate per determinare la posizione di un punto (possiamo chiamarle longitudine e latitudine, così come nella geometria della superficie della Terra); perciò uno spazio sferico ha dimensione due. Ma questa definizione non era mai stata precisata ed era necessario farlo.

Nella loro corrispondenza del 1874, G. Cantor e R. Dedekind rifletterono su questa idea intuitiva di dimensione e concordarono nel sostenere che un insieme di dimensione due dovrebbe essere più grosso, in un certo senso, di un insieme della stessa natura, ma di dimensione uno. Il modo più semplice per controllare se due insiemi hanno la stessa misura è di accoppiare tutti i loro elementi a due a due: se, dopo aver fatto ciò, non sono rimasti elementi nei due insiemi, questi hanno la stessa misura. Così Cantor e Dedekind supposero che, per esempio, non si dovrebbe essere capaci di stabilire una corrispondenza uno a uno tra, diciamo, una retta (spazio di dimensione uno) e una superficie (spazio di dimensione due).

Ma con loro grande sorpresa – e con sorpresa per chiunque altro in matematica – nel 1877 Cantor fu capace di costruire una corrispondenza uno a uno tra un segmento e un quadrato, tra un segmento e un cubo e, in generale, tra un segmento (con una dimensione) e un cubo p-dimensionale con p arbitrario. E questo andava contro l'idea intuitiva di dimensione.

Dopo tanti ragionamenti, Dedekind pervenne alla seguente congettura (conosciuta ora come *il teorema dell'invarianza della dimensione*):

se siamo capaci di stabilire una corrispondenza uno a uno tra i punti di due insiemi con dimensioni differenti, allora la corrispondenza deve per forza essere discontinua (una corrispondenza è discontinua se il suo grafico non è liscio, ma ha buchi o salti, per esempio).

Questo teorema non fu provato né da Dedekind né da Cantor, né da altri loro contemporanei. Dopo molti anni e molti tentativi di persone diverse, furono L. E. J. Brouwer e H. Lebesgue che nel 1911, indipendentemente e seguendo metodi diversi, riuscirono nell'impesa.

Nelle differenti dimostrazioni sbagliate del teorema di invarianza che aveva costruito, Cantor si era trovato a dover decidere se alcune funzioni erano continue in tutti i loro punti. Questo richiedeva che si determinasse se esse hanno o non hanno punti "eccezionali", punti dove la funzione stessa ha un comportamento per qualche verso eccezionale. E nel tentativo di caratterizzare questi punti, Cantor si trovò a definire con rigore e precisione nozioni come: insieme, punto interno, esterno, di accumulazione o isolato di un insieme, e altre ancora.

In pittura: Seurat, insieme di punti

In alcuni pittori di questo periodo, troviamo esempi grafici dei tentativi di ridurre le relazioni di profondità (tre dimensioni) a relazioni su una superficie, una retta, un insieme di punti (due oppure una dimensione oppure dimensione zero) attraverso l'uso di punti. Un caso noto è quello di Seurat. Egli sceglie i punti, che hanno dimensione zero e – come nel caso di Kant – le relazioni tra punti (colore, densità) per descrivere gli oggetti nello spazio tridimensionale.

Consideriamo la sua opera *Poseuse de face* del 1886-97.

Prendiamo uno qualunque dei punti gialli sulla testa della ragazza. Se vogliamo descrivere ciò che caratterizza questo punto e renderlo diverso da qualunque altro punto giallo, per esempio sulla spalla, abbiamo bisogno di considerarlo in relazione ai punti che gli stanno intorno. Per esempio potremmo dire che un punto giallo nella testa ha un gran numero di punti scuri intorno, mentre un punto giallo sulla spalla ha un gran numero di punti gialli e bianchi intorno ad esso. La formalizzazione precisa di descrizioni come questa è un esempio del tipo di problemi che Cantor studiava a proposito degli insiemi matematici di punti.

Cézanne, il problema delle dimensioni

Un tentativo grafico di ridurre le relazioni di profondità a relazioni su una superficie si trova in Cézanne. Egli vede un oggetto tridimensionale e vuole costruirlo su una tela bidimensionale senza illusioni (regole della prospettiva o gradazione del colore) e senza deformazioni. Naturalmente fallisce. La rappresentazione conforme su una superficie bidimensionale di un oggetto tridimensionale risulta impossibile, come Eulero aveva già dimostrato. Tuttavia, nei suoi tentativi Cézanne riuscì a liberarsi (e a liberare i pittori che vennero dopo di lui) dalla tirannia della tridimensionalità. Egli compie questo passaggio tra il bidimensionale e il tridimensionale attraverso l'uso di linee, colori e piani e seguendo simultaneamente varie strategie che possono essere colte in un gran numero di suoi dipinti, per esempio nel *Mont Sainte Victoire* (1904-1906) e nello *Château Noir* (1900-1904).

Difficilmente vi troviamo linee continue disegnate inorno ad un oggetto. Con i suoi colori forti e le sue linee nere forti, Cézanne dà profondità al dipinto e ottiene volume, tridimensionalità. Tuttavia ci sono molti luoghi in cui le linee si perdono, dissolte nello sfondo o semplicemente tratteggiate. Così facendo, esse forniscono un elemento di bidimensionalità. Entrambi gli aspetti sono costantemente combinati nello spazio del dipinto.

I piani verticali, muovendo verso la fine della scena, ci portano indietro ai dipinti piani. Con le linee, egli costruisce piani, con i piani volumi. Una strategia che era già presente nei primi pittori, come Giotto.

Inoltre Cézanne non tenta mai di descrivere la materia con cui sono fatti gli oggetti. Egli dà a tutti la medesima trama piana, e talora, come possiamo vedere in *Mont Sainte Victoire,* persino lo stesso tipo di pennellate e colori (egli distingue la montagna e il cielo disegnando alcune linee nere discontinue). Prima di lui, la pittura tentava di adattare se stessa al tatto e alla trama dei diversi oggetti, mantenendo il duro se duro, il soffice se soffice, l'intangibile se intangibile. Questo è strettamente collegato allo stabilire la differenza tra oggetto e ambiente, tra lo spazio come qualcosa di esterno e l'oggetto come qualcosa che vive nello spazio. Gradualmente, nella pittura come nella matematica, "i corpi" e "lo spazio tra i corpi" vengono considerati equivalenti.

Osserviamo infine che nei dipinti di Cézanne le misure non variano mai secondo le regole della prospettiva. La profondità, la tridimensionalità vengono raggiunte accostando i volumi in modo tale che rispettino la bidimensionalità del dipinto: cambiando la distanza tra i piani verticali, Cézanne crea profondità, tensione e ritmo, sempre in relazione al piano, quello bidimensionale.

Fase 4: costruzione di spazi astratti

In matematica

I lavori di Cantor ebbero molte conseguenze rilevanti. Tra l'altro, essi fecero compiere il passo decisivo verso l'attuazione del divorzio tra spazio matematico e intuizione spaziale. Nei suoi lavori sugli insiemi di punti, egli sviluppò gli strumenti necessari per maneggiare "punti astratti", il che favorì la comparsa di spazi i cui "punti" erano elementi di natura diversa: curve, funzioni, integrali. Una volta definita una nozione di distanza o prossimità tra elementi di un insieme, si può costruire uno spazio.

Tra i primi esempi matematici di spazi i cui punti non sono quelli aritmetici, troviamo gli spazi costruiti da Ascoli e Volterra. Nel 1883 G. Ascoli considera spazi i cui "punti" sono curve [7]. Nel 1887 V. Volterra costruisce spazi i cui "punti" sono funzioni [8].

Con Volterra la nozione moderna di spazio matematico (suggerita da Riemann) raggiunge la sua definizione corretta: "spazio" è ogni insieme di oggetti e di relazioni tra questi oggetti (le relazioni ci diranno come misurare le distanze o le posizioni tra gli elementi). E il matematico può liberamente scegliere gli oggetti e le relazioni tra questi oggetti che vuole studiare. Volterra usa una corretta definizione di spazio astratto ma non la formalizza, non la rende esplicita. La prima definizione assiomatica di uno spazio astratto (come insieme di elementi arbitrari tra i quali stabiliamo una relazione di prossimità) viene stabilita da Fréchet [9]; lo strumento che egli usa per stabilire la prossimità tra gli elementi di uno spazio è la nozione di limite. Un paio di anni dopo, nel 1908, F. Riesz dà una nuova definizione assiomatica di spazio astratto, usando come strumento fondamentale l'idea di "condensation point" [10].

A questo stadio del processo, tutte le relazioni di "prossimità" che i matematici definiscono nei loro spazi, sono ancora abbastanza legate alla nozione di "distanza" e a una visione euclidea della struttura dello spazio.

In pittura: Monet

Se il matematico può liberamente scegliere gli oggetti e le relazioni che vuole studiare, lo stesso avviene per il pittore. Così troviamo, per esempio, gli *Impressionisti* che studiano le relazioni tra colore, tra pennellate, tra luci.

Se gli spazi matematici di questo periodo sono ancora legati ad una struttura euclidea, gli spazi pittorici sono ancora legati alla natura, al mondo sensoriale intorno a noi. I dipinti *impressionisti* rappresentano ancora i panorami, la gente, i fiori, gli animali. Ma sono spazi, come quelli di Cézanne, che non fanno distinzione tra gli oggetti e la loro collocazione. Le stesse pennellate, le stesse trame sono usate per l'aria, per l'acqua, la materia e i corpi.

La disposizione dei colori e delle linee è un'arte simile alla composizione musicale, e totalmente indipendente dalla descrizione della realtà. Non è necessario per un buon colore puntare alla rappresentazione di qualcosa di differente da se stesso. È costituito da relazioni e distribuzioni dei raggi di luce e non dai riflessi di alcunché d'altro.

Tutto ciò che percepiamo intorno a noi arriva all'occhio come una composizione di macchie di differente colore, sfumate diversamente – la percezione delle forme solide è solo il risultato dell'esperienza. Noi vediamo solo colori piatti e allora l'esperienza ci aiuta a scoprire che una macchia nera o grigia indica la parte scura di una sostanza solida.

Tutta la forza tecnica del dipinto dipende da ciò che potremmo chiamare il recupero dell'innocenza dell'occhio; sarebbe, diciamo, percepire tali macchie di colore in modo ingenuo, non essendo consci del loro significato, come viste da qualcuno che, cieco, improvvisamente riacquistasse la vista. (Ruskin, *Stones of Venice*, 1853).

Astrattamente parlando, la scoperta di Ruskin si riferisce all'abbandono della forma che l'imitazione dipinta o disegnata della realtà dovrebbe rappresentare in modo da mantenere la sua immediatezza. Gli Impressionisti portano avanti questo abbandono fino all'estremo: essi tentano di dare alla tela solo ciò che è percepito dall'atto visuale spontaneo, non guidato da alcuna conoscenza.

Un'impressione, un'immagine primordiale originaria con la maggiore innocenza e immediatezza possibili. Ed essi fanno ciò passando il dipinto con pennellate di colore. E ciascuna pennellata non è altro che una pennellata, una macchia di puro colore.

Fase 5: formalizzazione finale di spazi astratti

In matematica: Hausdorff

Con Volterra, Riesz e Fréchet, gli spazi astratti furono rigorosamente definiti. Abbiamo già detto che purtroppo tutte le definizioni date erano ancora legate ad un'idea euclidea di distanza o "prossimità". Il passo finale fu fatto da F. Hausdorff (*Grundzüge der Mengenlehre*, 1914):

Uno *spazio topologico* – o spazio astratto – è un insieme E formato da elementi x, ad ognuno dei quali sono associati sottoinsiemi U_x di E; i sottoinsiemi U_x vengono chiamati intorni di x e sono soggetti alle condizioni seguenti:
a) a ogni punto x viene associato almeno un intorno U_x. Ogni intorno U_x contiene il punto x;
b) l'intersezione di due intorni di un punto x contiene un terzo intorno di x;
c) se y è un elemento di U_x, allora esiste un intorno U di y contenuto in U_x;
d) se x e y sono due differenti elementi di E, allora esistono due intorni U_x e U_y con intersezione vuota.

La nozione di intorno non è più basata su un'intuizione o un'idea di spazio. Possiamo certamente definire l'intorno di un punto attraverso la distanza usuale euclidea, ma possiamo anche fare ciò attraverso altre relazioni matematiche. La definizione di Hausdorff è il punto iniziale per la teoria degli spazi astratti – chiamati anche spazi topologici – una teoria che in matematica è conosciuta come Topologia o Topologia generale.

In pittura

Al tempo in cui Hausdorff stava lavorando sugli spazi astratti, Kandinsky stava dipingendo i suoi acquerelli chiamati "astrazioni".

In essi, secondo l'artista, è rappresentato uno spazio astratto, dal momento che non vi sono né forme né oggetti legati ad una rappresentazione del mondo naturale. Tuttavia non si tratta, visti con gli occhi di un matematico, di dipinti astratti, poiché non sono frutto di un processo di astrazione su una realtà materiale, como lo sono i dipinti di Cézanne o di Mondrian. Questa differenza è facilmente descritta in spagnolo (o italiano), lingue che hanno due espressioni differenti per queste attività: "hacer abstracción a partir de la realidad" (astrarre dalla realtà) e "abstraerse de la realidad" (lasciare la realtà da parte).

Forse potremmo introdurre un nuovo termine per i dipinti come quelli di Kandinsky: *Astrattismo*. Potremmo dire che una pittura astratta è il prodotto di un processo di astrazione fatto su un pezzo del mondo intorno a noi e i pittori come Cézanne, Mondrian, Matisse o Picasso potrebbero essere chiamati pittori astratti. D'altra parte il Kandinsky di questi acquerelli e i pittori come Pollock, Malevitch o Tapies, sarebbero astrattisti. La ragione per cui ci preoccupiamo di individuare chiaramente la differenza tra astrattisti e pittori astratti, è che le sfide intellettuali poste dagli astrattisti non sono utili come illustrazione delle idee relative allo spazio sulle quali abbiamo riflettuto in queste pagine.

Bibliografia

[1] E. Grant (1981) *Much ado about nothing: Theories of space and vacuum from the Middle Ages to the Scientific Revolution*, Cambridge University Press

[2] J. Gray (1992) *Idea of Space*, Oxford University Press

[3] J. Ortega y Gasset (1987) *Papeles sobre Velazquez y Goya* (1950), Alianza Ed.

[4] M. Dedò (1996) *Trasformazioni Geometriche*, Decibel editrice

[5] W. Hofmann (1987) *Grundlagen der Modernen Kunst*, Alfred Krönen Verlag

[6] B. Riemann (1854) *Ueber die Hypothesen, welche der Geometrie zu Grunde liegen* (Habilitationschrift, Göttingen) traduzione dal francese di J. Hoüel (1870), in: Oeuvres mathématiques de Riemann, Blanchard, Paris, 1968

[7] G. Ascoli (1883) Le Curve Limite di una Varietà data di Curve, *Atti della Reale Accademia dei Lincei*, Roma

[8] V. Volterra (1887) Sopra le Funzioni che Dipendono da altre Funzioni e Sopra le Funzioni da Linee, Atti della Reale Accademia dei Lincei, Roma

[9] M. Fréchet (1906) Sur quelques points du Calcul Fonctionnel, *Rendiconti del Circolo Matematico di Palermo* 22, pp. 1-74

[10] F. Riesz (1908) *Stetigkeit und abstrakte Mengenlehre*, IV International Congress of Mathematics, Roma

La geometria dell'irrazionale

ACHILLE PERILLI

Il mio rapporto con la matematica, con quel mondo cioè che in qualche modo controlla il razionale come struttura portante, ha sempre avuto del paradossale, ma si è accentuato quando, più o meno trent'anni fa, decisi di iniziare un'esplorazione creativa concentrandomi sulla prospettiva. Analizzando le ragioni che la regolavano ne denunciavo la vera essenza: quella di essere una clamorosa falsificazione della realtà, imposta da un sistema costruttivo della conoscenza. "Indagine sulla prospettiva" fu il primo manifesto che pubblicai nel luglio 1969, dove affermavo: "La prospettiva, per secoli è stata una classificazione del mondo, operata con strumenti non reali, non corrispondenti, non veri" e aggiungevo: "La prospettiva è la forma più repressiva della fantasia che una classe dominante possa immaginare" annunciando un modo creativo nuovo per il mio lavoro: "ed è su questa categoria artificiale, che grosso modo possiamo chiamare prospettiva, che si svolge la mia analisi cercando d'inglobare elementi ritenuti certi dall'ottica ma falsificati da me attraverso una serie di interferenze di altri valori (colore, tono, segno, struttura)".

Mondrian ha scritto: "L'arte è un gioco e i giochi hanno le loro regole"; ogni volta che un artista apre una strada alla conoscenza visiva avvia un procedimen-

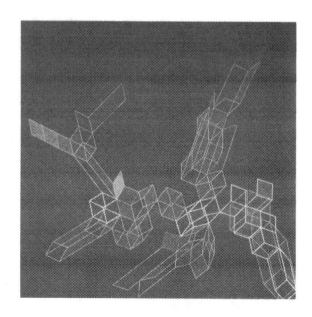

Achille Perilli
Eins zwei drei wir lieben
(1987)

Achille Perilli
Que viva Villa (1988)

to, che non si basa sui valori della logica ma che obbedisce alle leggi della fantasia. Per tali ragioni avendo compreso che stavo entrando con la sperimentazione in un mondo paradossale e avendo la tentazione di far convivere la due "facce della luna", il razionale con il mondo inconscio, ho cercato di definire quella che ho chiamato "la teoria dell'irrazionale geometrico".

Essa nasceva dalla considerazione che è possibile pensare una forma geometrica non più determinata dalle leggi del calcolo o dall'ottica, ma dai leggeri slittamenti, smottamenti che la memoria produce sui dati della percezione visiva. Prendeva corpo il concetto di irrazionale geometrico e iniziava un lavoro sul dissolvimento della forma geometrica, sulla perdita di peso, sull'uscita dalla bidimensionalità pittorica con lo spostamento dalla percezione visiva alla memoria, tale da produrre una mutazione fondamentale. Nel manifesto "Teoria sull'irrazionale geometrico" del 1982 ho cercato di chiarire questo concetto:

se questo avviene in uno spazio concentrato e teso come quello geometrico è la tensione che viene a sostituirsi al rigore, alla certezza, alla sicurezza. La forma si trasforma in un campo di rapidi movimenti, furiosi combattimenti, di incredibili deformazioni che definiscono nuove strutture inedite e complesse, regolate da leggi "altre", che avevo così definito in un precedente manifesto del 1975 "Machinerie, ma chère machine": "dal rapporto tra due moduli geometrici, talora in contrasto talvolta simili ma leggermente variati, nasce una sequenza che tende a spostarsi nello spazio sino a dilatarsi di quadro in quadro, a svilupparsi, a coinvolgere nella ricerca più elementi… e anche la lettura di queste sequenze propone dei percorsi frantumando l'idea di spazio centrale o di spazio superficie o di spazio luce.

È un'operazione che tende all'ampliamento, non alla riduzione, che sposta continuamente la ricerca dal percettivo al mentale, rifiutando ogni minimalizza-

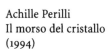
Achille Perilli
Il morso del cristallo
(1994)

Achille Perilli
La solenne trincata (1997)

141

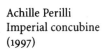
Achille Perilli
Imperial concubine
(1997)

zione delle problematiche del visivo, anzi dilatandole fino a intervenire su quegli spazi ancora ignoti tra codice e codice, coinvolgendo strutture linguistiche aliene. Si lavora cioè su quei territori che sono sotto l'influenza di una legge, ma non la subiscono: ne avvertono la presenza e la realtà, percepite con la massima ambiguità di significato, tale da consentire ogni possibile deformazione e trasformazione. Solo allora l'immaginazione creativa avrà la possibilità di costruirsi una nuova utopia: la non forma geometrica.

Questo mi ha dato la possibilità di interferire in uno spazio tridimensionale progettando esperienze teatrali diverse e varie e negli ultimi anni realizzando sculture che integrano nella natura organica elementi geometrici.

L'ultima esperienza da me realizzata in questi anni è quella chiamata "gli alberi"; operando su una struttura organica come un tronco o un frammento di legno, sulla sua superficie, inseguendo i rilievi, evitando i nodi, valorizzando le nervature mi riesce di inserire una struttura di geometrie complesse muoven-

Achille Perilli
Apollo e Dafne (1997)

Achille Perilli
La voglia di Giano
bifronte

143

dole tra i pieni e i vuoti per arrivare a quella comunicazione complessa che è il problema fondamentale del mio lavoro. La scommessa da vincere è portare nel tridimensionale quanto sono riuscito ad accumulare come immagini sulla superficie della pittura, per poter penetrare nel più profondo mistero del nostro mondo visivo.

Sono riuscito ad accumulare tutti questi materiali, frutto di trent'anni di ricerche in una mostra dal titolo "De insana geometria" ad Ancona alle Mole Vanvitelliana nel dicembre 1998.

Un'ultima considerazione: tutto questo lavoro alla scoperta del nuovo potrebbe trovare un'ulteriore conferma delle molteplici possibilità che offre qualora fosse possibile utilizzare quanto la moderna tecnologia offre. Ma è un campo che può essere reso possibile alla sperimentazione solo inserendolo in una didattica avanzata di un'ipotetica scuola del futuro che sappia ripercorrere la strada già aperta negli anni Trenta dal "Bauhaus" e proseguita negli anni Cinquanta dalla "Hochschule für Gestaltung" di Ulm.

In occasione del convegno di Matematica e Cultura 1999 è stato pubblicato il volume "Achille Perilli – 12 acqueforti e acquetinte", Centro Internazionale della Grafica, Venezia, 1999.

matematica
e cinema

Il nastro di Moebius: dall'arte al cinema

Michele Emmer

La metropolitana di Moebius

Nel 1958 Clifton Fadiman ha curato il volume di racconti di matematica *Fantasia Mathematica* [1]. In esso, una delle storie, scritta da A.J. Deutsch, era intitolata *A Subway named Moebius* (Una metropolitana chiamata Moebius).

August Ferdinand Moebius (1790-1860) era stato un grande matematico tedesco della prima metà dell'Ottocento. Nel 1858 egli aveva descritto per la prima volta una nuova superficie dello spazio tridimensionale, superficie che oggi è nota con il nome di *Nastro di Moebius* (Fig. 1). Nel suo lavoro aveva spiegato come sia possibile costruire in modo molto semplice la superficie che oggi porta il suo nome: si prende una striscia rettangolare di carta sufficientemente lunga. Se con A, B, C, D si indicano i vertici del rettangolo di carta, si procede in questo modo: tenendo fermo con una mano un lato della striscia (per esempio AB) si opera sull'altro lato CD una torsione di 180 gradi lungo l'asse orizzontale della striscia e si porta a coincidere A con D e B con C.

Questa superficie ha interessanti proprietà. Una consiste nel fatto che se la si percorre lungo l'asse più lungo con un dito, ci si accorge che la si percorre tutta ritornando esattamente al punto di partenza, senza dover attraversare il bordo della striscia; il nastro di Moebius ha cioè una sola faccia, e non due, un'esterna ed un'interna, come per esempio una superficie cilindrica. Volendo pitturare la superficie del nastro procedendo lungo l'asse orizzontale, è possibile colorare tutta la superficie senza staccare mai il pennello e senza attraversare il bordo della superficie.

L'idea del racconto contenuto nella antologia di Fadiman era che il complesso delle gallerie della metropolitana di Boston era divenuto talmente complicato

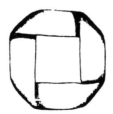

Fig. 1. A.F. Moebius, *Zur Theorie der Polyeder und der Elementarverwandtschaft*, in *Gesammelte Werke*, vol. 2, Lipsia 1886, p. 515

che poteva succedere che un treno si perdesse nei meandri della sotterranea, andando a finire in un *loop* senza fine, in un anello di Moebius. Il matematico nel racconto formula l'ipotesi che il sistema della metropolitana sia una rete di una grande complessità topologica con un ordine di connessione estremamente alto. Ecco perché il treno numero 86 Cambridge-Dorchester era sparito il 4 marzo!

Moebius: il film

A metà degli anni Novanta, il giovane regista argentino Gustavo Mosquera R. ha avuto l'idea di utilizzare la storia di Deutsch per far realizzare un film agli studenti del corso finale dell'*Universidad del Cine* di Buenos Aires (Fig. 2). Il film, portato a termine nel 1996, ottiene subito un lusinghiero successo. Riceve premi ed è invitato in molti festival del cinema.

Mosquera mi ha raccontato di aver voluto fare un film in cui convergessero tante cose diverse [2]: innanzi tutto il treno della metropolitana che scompare con tutti i passeggeri a Buenos Aires si lega subito alle terribili storie dei *desaparecidos* durante la dittatura militare. Ma l'esposizione non vuole essere troppo realistica: chi guarda il film può tranquillamente non accorgersi di questo piano di lettura. E secondariamente la grande complessità della rete della metropolitana rimanda al meandro, al labirinto, e quindi a Borges. (La sera che è stato proiettato a Venezia il film di Mosquera in un'altra sede dell'Ateneo veneziano si teneva un convegno su Borges!)

Fig. 2. A. Mosquera R., *Moebius*, film, Buenos Aires, 1996; locandina del film

Nel film vi è un incontro con un vegliardo cieco e una stazione della metropolitana si chiama *Borges*. Mentre il protagonista, il matematico esperto di topologia che cerca di risolvere il mistero della scomparsa, si chiama Pratt. Casuale il riferimento? Per nulla! Hugo Pratt aveva passato tanti anni in Argentina; il protagonista ha il suo nome, ha il suo senso dell'avventura, il suo desiderio di risolvere enigmi, di chiarire misteri. Anche Pratt nel libro *Corto Maltese: Tango* ambientato a Buenos Aires [3], un giallo che Corto cerca di risolvere, non mancherà di chiamare *Borges* una delle stazioni del treno che il protagonista utilizza.

Il film è stato realizzato con pochi mezzi e come molte volte nel cinema il regista con la sua fantasia e abilità ha sopperito alla mancanza di fondi. Per realizzare l'effetto del treno fantasma che passa nelle gallerie, Mosquera ha adattato una vecchia macchina da presa del 1926 per fare l'animazione a passo uno, cioè un fotogramma alla volta, delle immagini reali del passaggio del treno. Creando un effetto molto spettacolare, mai visto al cinema.

Una storia misteriosa, in cui è la matematica che è misteriosa, che ha una vita propria, che non si lascia comprendere nemmeno dai matematici. Un film senza un finale, con quel treno che corre nelle gallerie, senza un inizio e una fine, come il nastro di Moebius.

Moebius e l'arte: Max Bill

Non vi è dubbio che la più lucida esposizione sulla possibilità di un approccio matematico alle arti sia stata formulata dall'artista Max Bill in un articolo del 1949. Bill non era mai stato soddisfatto di come il titolo del suo articolo era stato tradotto, dall'originario tedesco, in inglese e nel 1993, in occasione della pubblicazione di una raccolta di saggi sul tema dei rapporti fra matematica e arte, nel ripubblicarlo come introduzione gli aveva dato un nuovo titolo che gli sembrava più aderente al suo pensiero in quegli anni: "The Mathematical Way of Thinking in the Visual Art of Our Time" (Il modo di pensare matematico nell'arte visiva contemporanea) [4, 5] (Fig. 3).

Il fatto nuovo avviene agli inizi del XX secolo: "Il punto di partenza per una nuova concezione è dovuto probabilmente a Kandinsky, che nel suo libro *Ueber das Geistige in der Kunst* pose nel 1912 le premesse di un'arte nella quale l'immaginazione dell'artista sarebbe stata sostituita dalla concezione matematica" [6]. È poi Mondrian ad allontanarsi più di ogni altro dalla concezione tradizionale dell'arte. Egli scriveva:

Il neoplasticismo ha le sue radici nel cubismo. Può essere chiamato anche pittura astratto-reale perché l'astratto (come le scienze matematiche ma senza raggiungere come loro l'assoluto) può essere espresso da una realtà plastica nella pittura. Essa è una composizione di piani rettangolari colorati che esprime la realtà più profonda, cui perviene attraverso l'espressione plastica dei rapporti e non attraverso l'apparenza naturale... La nuova plastica pone i suoi problemi in equilibrio estetico ed esprime in tal modo la nuova armonia [7].

149

Fig. 3. M. Emmer, ed.,
The Visual Mind, MIT Press, 1993.
In copertina, *Variation 12*,
di Max Bill, 1937

È opinione di Bill che Mondrian abbia esaurito le ultime possibilità che resta-
vano alla pittura. Quali strade si dovevano percorrere per rendere possibile un'e-
voluzione futura dell'arte? Il ritorno all'antico e al conosciuto, oppure l'accosta-
mento a una tematica nuova, e quale poteva essere questa nuova tematica?

Io credo che sia possibile sviluppare largamente un'arte basata su una concezione matematica... Si sostiene che l'arte non ha niente a che fare con la matematica, che quest'ultima costituisce una materia arida, non artistica, un campo
puramente intellettuale e di conseguenza estraneo all'arte. Nessuna di queste
due argomentazioni è accettabile perché l'arte ha bisogno del sentimento e del
pensiero. Il pensiero permette di ordinare i valori emozionali perché da essi
possa uscire l'opera d'arte.

Come può allora la matematica essere utile a un'artista? Risponde Bill che

la matematica non è soltanto uno dei mezzi essenziali del pensiero primario,
e quindi, uno dei ricorsi necessari per la conoscenza della realtà circostante,
ma anche, nei suoi elementi fondamentali, una scienza delle proporzioni, del
comportamento da oggetto ad oggetto, da gruppo a gruppo, da movimento a
movimento. E poiché questa scienza ha in sé questi elementi fondamentali e li
mette in relazione significativa, è naturale che simili fatti possano essere rappresentati, trasformati in immagini.

Ed ecco la definizione di che cosa deve essere una concezione matematica dell'arte:

> La concezione matematica dell'arte non è la matematica nei senso stretto del termine, e si potrebbe anche dire che sarebbe difficile per questo metodo servirsi di ciò che si intende per matematica esatta. È piuttosto una configurazione di ritmi e relazioni, di leggi che hanno un'origine individuale allo stesso modo in cui la matematica ha i suoi elementi innovatori originari nel pensiero dei suoi innovatori.

Max Bill ha chiamato le sue sculture dalla forma di nastri di Moebius *Endless Ribbons* (nastri senza fine) e ha raccontato nell'articolo *Come cominciai a fare le superfici a faccia unica* [8] in quale occasione aveva scoperto le superfici di Moebius:

> Marcel Breuer, il mio vecchio amico della Bauhaus, è il vero responsabile delle mie sculture a faccia unica. Ecco come accadde: fu nel 1935 a Zurigo dove, insieme a Emil e Alfred Roth stava costruendo le case di Doldertal che ai loro tempi ebbero grande seguito. Un giorno Marcel mi disse di aver ricevuto l'incarico di costruire, per una mostra a Londra, un modello di casa dove tutto, persino il caminetto, doveva essere elettrico. Era ben chiaro che un caminetto elettrico che splende ma non ha fuoco non è un oggetto dei più attraenti. Marcel mi chiese se mi sarebbe piaciuto fare una scultura da metterci sopra. Cominciai a cercare una soluzione, una struttura che si potesse appendere sopra ad un caminetto e che magari girasse nella corrente d'aria ascendente e, grazie alla sua forma e al movimento, agisse come sostituto delle fiamme. L'arte invece del fuoco! Dopo lunghi esperimenti, trovai una soluzione che mi sembrava ragionevole.

La cosa interessante da notare è che Bill pensava di aver trovato una forma completamente nuova. Fatto ancora più curioso, l'aveva trovata giocando con

151

Fig. 4. M. Bill, *Kontinuität*, granito, 1986

una striscia di carta, nello stesso modo in cui l'astronomo e matematico Moebius l'aveva scoperta molti anni prima! Nel film che abbiamo realizzato insieme nel 1978 nel suo studio di Zurigo, Bill ripete nell'aria quel gesto della mano che deve dare l'idea di una superficie che si muova nello spazio. Un gesto che esprime la creatività dell'artista meglio di tante parole. Purtroppo Max Bill non mi permise di filmare il piccolo armadio che aveva nel suo studio in cui erano contenute decine e decine di strisce di carta con le quali giocava e studiava per realizzare le grandi sculture topologiche che poi realizzava in pietra o in metallo. Temeva che altri artisti vedendo i suoi modelli gli copiassero l'idea!

Bill ebbe l'idea di realizzare per la sezione di topologia dell'esposizione permanente di matematica nel Museo delle Scienze di Londra una sala con le sue sculture topologiche. Purtroppo il progetto non fu mai realizzato.

Nel 1947 Bill realizzò la scultura *Kontinuität* in una versione alta dieci piedi, su una struttura in acciaio ricoperta di cemento collocata nel parco sulla riva del lago a Zurigo. Nel 1948 alcuni vandali la distrussero. *Kontinuität* fece il giro della stampa mondiale descritta come una scultura con superficie a faccia unica e nel 1947-48 Max Bill scoprì che *Kontinuität* non era affatto una superficie a faccia unica e nel 1986 l'ha realizzata di nuovo a Francoforte [9] (Fig. 4). Questa volta davanti al Dipartimento di Matematica, luogo più adatto alla superficie che aveva realizzato utilizzando il marmo di Carrara. In un volume del 1986 *Kontinuität. Granit-Monolit von Max Bill* sono documentate fotograficamente tutte le fasi della realizzazione: dalla scelta della pietra, al taglio, al trasporto sino alla realizzazione vera e propria. Bill pur continuando ad abitare a Zurigo non volle mai ricostruire lì la sua scultura. Che sia stata la struttura topologica a turbare il sonno dei bravi Zurighesi?

Bibliografia

[1] C. Fadiman (1958) *Fantasia Mathematica*, Simon & Schuster, New York

[2] G. Mosquera R. (1996) *Moebius*, film, Buenos Aires

[3] H. Pratt, *Corto Maltese: tango* (1998) Lizard edizioni, Roma

[4] M. Bill (1993) *The Mathematical Way of Thinking*, in: M. Emmer (ed) *The Visual Mind: art and Mathematics*, MIT Press (3rd ed), La copertina del volume riproduce un'opera di Max Bill

[5] *Die mathematische denkweise in derkunst unserer zeit*, Werk, n. 3, 1949. Ed. it. A.C. Quintavalle (a cura di), *Max Bill*, Quaderni n. 38, Università di Parma, Dipartimento arte contemporanea, 1977, pp. 4-7

[6] W. Kandinsky (1968) *Lo spirituale nell'arte*, I ed. tedesca, R. Piper & Co., Monaco, 1912; ed. it. De Donato Ed., Bari

[7] P. Mondrian (1975) *Le Néoplasticisme: Principe Général de l'équivalence plastique*, Editions de l'Effort Moderne, Parigi, 1920; ed. it. H. Holtzman (a cura di) *Piet Mondrian: tutti gli scritti*, Feltrinelli, Milano, p. 148

[8] M. Bill (1977) *Come cominciai a fare le superfici a faccia unica*, 1972, ed. it. A.C. Quintavalle (a cura di) *Max Bill, catalogo della mostra*, Parma, pp. 23-25

[9] W. Spies (1986) *Kontinuität. Granit-Monolit von Max Bill*, Busche Verlagsgesellschaft m.b.H., Dortmund

Alcune riflessioni sulla creazione di "Moebius"

GUSTAVO MOSQUERA R.

Il film trae spunto da un racconto breve intitolato "Una metropolitana chiamata Moebius", pubblicato nel 1950 sulla rivista interna dell'Università di Boston, nel quale l'autore A.J. Deutsch propone la topologia di Moebius come la causa apparente della sparizione di un treno sotterraneo, pieno di gente, che stava percorrendo l'intricata rete di gallerie poste nel sottosuolo di quella città nordamericana. Questa scomparsa provoca una interminabile operazione di ricerca da parte delle autorità responsabili della metropolitana, le quali, in mancanza di risorse economiche adeguate, si affidano a un giovane studioso di topologia, ritenendo che egli abbia le conoscenze matematiche necessarie per trovare la soluzione. In effetti, al termine del racconto il giovane protagonista incontra davvero il treno scomparso e avvisa le autorità, ma proprio nel momento in cui un secondo convoglio scompare lasciando il lettore con un finale aperto e una domanda in sospeso.

Quando ho letto il racconto, l'idea di partenza mi affascinò subito, anche se ero ben conscio del fatto che la storia era troppo breve perché io potessi usarla così com'era per realizzare un film di novanta minuti. E mi sembrò ovvio che la costruzione di un simile intrigo senza una soddisfacente soluzione finale poteva funzionare bene per un racconto breve, ma non sarebbe andata bene per un film perché avrebbe lasciato nel pubblico la sensazione di film non concluso... ed è qui che si presentò il primo problema da risolvere.

La seconda difficoltà consisteva invece nel fatto che questo racconto di appena dodici pagine era insufficiente anche solo come canovaccio per un lungometraggio: sebbene contenesse già un messaggio straordinario, occorreva inventare una gran quantità di situazioni e di personaggi sui quali tessere la trama. Una volta suscitato l'interesse, sarebbe stato poi necessario sostenere la tensione di almeno un'ora e mezza di pellicola.

Come terza questione, si presentò la necessità di fissare *ex-novo* il luogo geografico da cui la storia si sarebbe sviluppata, poiché avrebbe dovuto avere il colore, la struttura e i personaggi della città in cui poi in realtà il film sarebbe stato girato. La storia originale era ambientata nella città in cui l'autore era nato – la Boston degli anni Cinquanta – ma io non avevo motivo per adeguarmi a questa scelta. Da subito pensai di trasportare la storia a Buenos Aires.

Incominciai a riscrivere il testo sostituendo al nome delle stazioni sotterranee quello di alcune stazioni che già esistevano a Buenos Aires, e ne inventai altri per suggerire l'idea di una metropolitana futura un po' più estesa dell'attuale. In questo modo però tutto cominciò ad acquistare un significato speciale, a mano a mano che immaginavo lo svilupparsi di questa storia, perché il cambiamento dei luoghi era piuttosto semplice se lo si confrontava con il profondo cambiamento di significato che risultava dal solo immaginare i dialoghi possibili intorno alla sparizione di un treno con della gente ... proprio in un paese in cui si erano appena avute tante persone scomparse per motivi politici.

Fu così che un nuovo elemento incominciò a dare un'altra atmosfera al film, molto più intensa, e a offrire un motivo forte per adattare il testo alla situazione della repubblica argentina. Fu dal tentativo di immaginare il tono dei dialoghi che potevano scambiarsi le autorità di una società uscita da una dittatura militare che scaturirono gli elementi più interessanti su questo speciale treno/oggetto che sparisce. La metafora trovò qui il suo avvio.

La sfida fu quella di provare ad adattare, in un nuovo e complesso spazio a più dimensioni, le ragioni che inizialmente muovevano i personaggi del racconto al doppio gioco fra la nozione matematica astratta e la storia nascosta. Le "implicazioni politiche" d'altro canto dovevano essere dosate durante lo scorrere dei dialoghi del film con la consegna di non esporle mai direttamente, ma di aspettare il momento giusto per farle emergere.

Durante la preparazione del copione, che ricavai dal breve racconto menzionato, i personaggi cominciarono a "danzare" su una complessa linea di dialoghi a doppio senso.

Dei quindici allievi che si offrirono per tale operazione, solo cinque portarono a termine il lavoro. Dopo tre mesi, con la nostra produttrice esecutiva Maria Angeles Mira e con me naturalmente, restammo solo in sette, con l'incarico di preparare le proposte per i dialoghi del film. Alla fine toccava a me la decisione di accettarle o meno, poiché tutto quel *mare magnum* di situazioni e testi doveva essere ridotto a una estetica unificata e senza fratture.

Non fu facile decidere fino a che punto fosse possibile giocare con i dialoghi senza cadere nel *cliché* del burocrate, senza rompere la magia della doppia intenzione della linea di dialogo del film, il quale doveva giocare con il dato di partenza di un treno scomparso e nascondere fino all'ultimo il nuovo significato del concetto di "infinito", proposto originariamente dal racconto ed ora intenzionalmente cambiato in un significato politico.

Fig. 1. Il regista Gustavo Mosquera R. durante le riprese del film

Fig. 2. A sinistra: una comparsa impersona lo spirito di Borges con un "bandoneon". A destra: l'attore Guillermo Angelelli all'interno del treno

A quel punto la sostituzione dei pezzi cominciava ad essere una operazione delicata. Lo spirito giovane del topologo investigatore doveva confrontarsi con l'asprezza dei personaggi che racchiudevano un'altra nozione di "infinito", segnata più di atrocità da nascondere che di verità da scoprire. La nozione di "infinito" cominciava a collocarsi, grazie a questo nuovo sforzo, in un interessante conflitto di assurdi che si innestavano inesorabilmente sulla medesima materia.

La ricerca del codice per trasmettere questo doppio concetto di "infinito" mi costrinse a pensare a un'atmosfera adeguata, e mi resi conto che le narrazioni dei racconti di Jorge Luis Borges entravano in risonanza con le necessità del film. Però creare un'atmosfera "alla Borges" non è esattamente un affare semplice. Mi concessi l'uso di alcune risorse estetiche. Tra queste potrei sottolineare la gestione della macchina da presa a partire da precisi movimenti (che io definirei molto "ascetici") di esattezza matematica in modo da percorrere lo spazio senza lasciare che la macchina faccia qualcosa che riveli la presenza di un essere umano dietro di essa. Ma anche l'accordo della chiave tonale fredda della fotografia con la recitazione degli attori, per creare personaggi che si sentono perduti, e quindi piccoli di fronte all'enormità del labirinto.

Una chiave visiva carica di intensità mi parve di fondamentale importanza per permettere che la narrazione potesse giocare a collegare la fantasia di un treno scomparso con la crudele verità storica dei "desaparecidos" in Argentina.

Anche così fu difficile individuare il registro di interpretazione del giovane topologo, poiché nel suo sguardo indagatore dovevano rispecchiarsi le domande di tutti: a sostenere il ruolo è – con molta bravura – il giovane attore Guillermo Angelelli, che scopre questo nuovo mondo attraverso lo sguardo circospetto del giovane investigatore Daniel Pratt.

Infine si creò un'atmosfera di sconcerto attraverso l'uso dei nomi propri, delle cifre e/o di riferimenti vari che permettessero allo spettatore una doppia associazione per cui "è" finzione ciò che "fu" realtà. Daniel Pratt è il vero nome o è la rappresentazione fittizia di Hugo Pratt? È per caso che i burocrati partecipano alle loro riunioni sempre in tre oppure è per caso che la rappresentazione del

Fig. 3. L'attore Guillermo Angelelli
durante le prove

numero tre si associa ai grotteschi generali delle giunte militari autori dei "golpe" nei nostri paesi?

La speranza di imbattersi in uno sguardo nuovo su questo scenario senza vie d'uscita nacque con la creazione della figura dell'adolescente Abril, sufficientemente giovane ed estranea alla corruzione cui si trovano sottomessi gli "adulti" di questo labirinto. Ella si trova all'inizio di un processo di cambiamento della sua vita, e la sua innocenza ancora intatta le permette uno sguardo ingenuo che la distingue dagli altri protagonisti. Durante il film gioca, non cerca nulla. Tuttavia è proprio questa tranquillità che le permette di trovare risposte più in fretta. Con la sua innocenza ella giunge a quello che non tenta neppure di concettualizzare. Lei stessa si trasforma in un passaporto quasi naturale verso una speranza ancora possibile. Per me è stata colei che rappresenta la generazione che vive l'ansia di sapere che cosa è successo, dove sta tutta questa gente, e soprattutto "perché" accadde. Avevo chiaro che doveva parlare molto poco poiché la sua funzione era quella di guardare e giocare con lo sguardo. Annabella Levy realizzò questo intento, senza aver mai lavorato prima in alcun film o *pièce* teatrale. La sua freschezza di ragazza semplice fu fondamentale per questa parte.

Ciò che si impara in questo viaggio senza ritorno, come io percepii questo viaggio iniziatico, si trasforma in una lezione per tutti i personaggi del film, lezione confortata dallo sguardo sereno del vecchio professore che accompagna l'ingresso del giovane Pratt in un nuovo campo della conoscenza. Di fronte a loro si materializza la concezione dell'infinito e si rivela la tanto temuta verità che gli occhi non vedevano. L'apprendistato della conoscenza avviene quindi durante lo stesso viaggio, sull'esperienza unica del treno in marcia, che in realtà non sparisce ma entra in uno spazio nuovo. Perciò il finale del film non è pessimista, se non un po', perché apre le porte a una nuova prospettiva... la prospettiva del possibile.

La presenza... degli assenti, rappresentati all'interno del treno a grandissima velocità, partiti senza ritorno verso un'esperienza inesorabile, fu una delle mie maggiori preoccupazioni. E guidò la scelta del motivo musicale della sequenza

Fig. 4. Il regista Gustavo Mosquera R. e i suoi studenti si preparano per una ripresa all'interno del tunnel

finale, poco prima dell'epilogo, per la quale posi particolare attenzione alla selezione dei cori che alla fine avrebbero integrato la banda musicale. La mia intenzione è sempre stata quella di inserire voci umane reali che dessero corpo a tutti quelli che erano partiti. Fu necessario dedicare tempo all'ascolto di molti canti gregoriani, compito che potei svolgere un anno prima di dare il via alla riscrittura effettiva del copione e alla produzione del film.

La ricerca portò all'incontro con il musicista adatto al film. Il lavoro del giovane compositore Mariano Nuñez West fu tanto essenziale quanto brillante.

"Moebius" – ed è qui l'aspetto più significativo della mia esperienza come regista – è il risultato di un'esperienza umana vissuta con la mia équipe analoga a quella del racconto. Il viaggio (tanto per Daniel Pratt quanto per me come regista) condusse alla scoperta di una visione finale che mi fu possibile conquistare solo durante il cammino della realizzazione del film. Anche per me fu una "ricerca dell'infinito".

L'estetica e i preventivi di spesa...

La maggior parte dei film presenta la stesso deprecato problema: la mancanza di risorse. Allora gli viene applicata la denominazione "Film a basso costo", spesso utilizzata per inquadrare le opere in una precisa categoria che sembra ricevere una speciale attenzione dal pubblico e dalla critica. Anche "Moebius" è rientrato in questa classificazione, ma credo che sia opportuno fare una riflessione in proposito.

"Moebius" è costato 250.000 dollari, cifra per la quale non si può stabilire se sia eccessiva o insufficiente per realizzare un film. Potrebbe risultare esorbitante per una pellicola con due attori, girata interamente in una stanza d'albergo, come potrebbe benissimo risultare insufficiente per realizzare correttamente "2001: Odissea nello spazio".

Nell'analizzare il costo di "Moebius" si deve tener conto del fatto che nessun membro dell'équipe tecnica, né di quella degli attori, né tantomeno di quella di produzione o di regia ha ricevuto un salario per tutta la durata del lavoro, talché il costo di 250.000 dollari non può essere considerato il "costo reale" del film. Lo stesso capitò con la pubblicità de "El Mariachi" per la quale la possibilità di realizzazione si basava sull'uso di una quantità enorme di materiali prestati o rega-

157

lati. Non è in questo modo che si valuta il costo di un film, né tantomeno il risultato. Però detto questo, mi interessa occuparmi di un fatto più profondo legato a questo tema e cioè l'alchimia che un regista crea per il suo film.

Se è risaputo che non è il – tanto o poco – denaro a disposizione quello che determina la "grazia" di un film, pochi prestano attenzione al modo in cui elementi diversi – tanti o pochi che siano – si accordano nella struttura che il regista costruisce. L'atto di "magia" risulta allora dalla maniera in cui si coniugano quegli elementi – molti o pochi – in modo tale da non nuocere alla verosimiglianza.

Ricordando vecchie formulazioni matematiche si potrebbe affermare che a un numero determinato di risorse corrisponderanno alcune – e solo quelle – scelte possibili, che il regista può realizzare in modo che il risultato sembri verosimile allo spettatore.

Il talento sarà allora direttamente proporzionale alla determinazione della formula giusta per cui ciò che il copione richiede risulti verosimile per lo spettatore, indipendentemente dalla quantità di soldi di cui si dispone. Però non c'è dubbio che più si taglia un preventivo più si riduce la quantità di mescolanze possibili, lasciando un numero minore di alternative alla portata del regista.

Si tende sempre a pensare che le alchimie che rimangono fuori dalle nostre possibilità sono quelle che avrebbero funzionato meglio. (Anche se questo è qualcosa che non potrà mai essere verificato e che nessuno potrà mai sapere, poiché un film si realizza un'unica volta, e non esiste una seconda *chance* per lo stesso regista sul medesimo argomento, in modo che si possa stabilire un paragone.)

Certamente è difficile che il loro numero possa arrivare a zero per la riduzione del preventivo. Piuttosto il risultato infelice deriva di solito dal tentativo di continuare ad applicare nella nuova situazione una formula pensata per un preventivo più alto, mentre sarebbe necessaria una riformulazione decisa.

Non ho dubbi che il compito più triste per qualunque creatore cinematografico sia quello di rinunciare a un sogno già intravisto per riformularlo e renderlo possibile in ciò che solo gli si offre e che solo potrà essere visto dallo spettatore ... il film compiuto.

Per qualunque realizzatore, il miglior modo per cavarsela è in ogni caso quello di rifare il tutto tante volte quante il sogno può sopportare, scartando e ricostruendo una volta dopo l'altra, finché arriva il momento della pre-produzione.

Così è stato per "Moebius". Non credo che sarebbe stato possibile per me ottenere questo risultato con una quantità limitata di risorse se non avessi riformulato e visualizzato cento volte l'idea del risultato finale che cercavo, mentre i sette dell'équipe buttavano sul tavolo idee diverse e dialoghi e mentre mi toccava anche lo sgradevole compito di scartarne cento, altrettanto valide, perché non si adattavano all'impianto generale, senza poter neppure dare una spiegazione logica.

A questo punto anche il fattore tempo si tramutò in un'arma essenziale: ho potuto fare affidamento su una équipe dai tempi di lavoro estremamente larghi e ho potuto tenere più ore disponibili per il lavoro nelle gallerie di quelle che una produzione normale avrebbe previsto.

Suppongo che ci siano altri elementi da sottolineare – e ogni produzione di film ha i suoi, inevitabilmente. Ma credo di aver riassunto quelli che considero di maggiore importanza al momento della concezione dell'opera.

Come costruire un film

Peter Greenaway

Sono sempre alla ricerca di qualcosa di più sostanziale della narrazione per tenere insieme il "vocabolario" del cinema. Ho costantemente ricercato, citato e inventato principi organizzatori che riflettessero il passare del tempo con più successo della narrazione, che codificassero il comportamento più in astratto che nella narrazione e adempissero a questi compiti con una qualche forma di distacco appassionato. Voglio trovare un cinema che offra una panoramica sull'effimero, riconosca prontamente la propria presenza, non sia "manipolativo" sulle emozioni, insidioso e negativo, e che accetti velocemente e consapevolmente la responsabilità dell'inganno dell'illusione. Mi piace l'attività artistica autocosciente; quel genere di attività che ti dà scheletro e carne, oggetto progettato e finito, in un tempo e nello stesso tempo, sincronicamente e simultaneamente. I numeri aiutano. I numeri possono significare strutture definibili, facilmente comprensibili in tutto il mondo. E non comportano un sovraccarico emotivo. Curiosamente il cinema stesso, un mezzo notoriamente artificiale, è sempre stato familiarmente espresso in numeri – 8 mm, 9.5 mm, 16 mm, 35 mm, 6 per 8, 1 a 1.33; e, citando Godard, è un mezzo che si suppone fornisca la verità in ventiquattro inquadrature al secondo, sebbene da molti anni si sappia che ventiquattro fotogrammi al secondo – nella macchina da presa e poi nel proiettore – danno solo un genere di verità indistinta e sfocata. Ventiquattro fotogrammi al secondo sono una velocità dell'immagine a cui si è arrivati solo per risparmiare sulla pellicola vergine; è la velocità più bassa che può dare un'imitazione sufficientemente buona della realtà. Sessanta fotogrammi al secondo avrebbero dato una copia migliore della realtà ma nessuno cancellerà mai un'abitudine che fa risparmiare denaro se l'occhio e la mente sono già preparati irragionevolmente ad accettare un compromesso. Inoltre, in fase sperimentale si era notato che i film girati e proiettati a sessanta fotogrammi al secondo inducevano nausea della "realtà" in molti spettatori: essi consentivano al cinema di girare con troppa passione una simulazione del mondo reale.

Così, primo assioma (nella serie attuale): il cinema è attualmente e consapevolmente una rappresentazione povera del mondo. Sappiamo che potremmo fare meglio.

Uno dei miei primi film, che lascio ancora proiettare, è stato girato a Venezia. Intitolata *Intervals* (Intervalli), questa breve pellicola di dieci minuti era proprio quello che il titolo suggerisce: intervalli di tempo.

Il tempo è messo bene in rilievo al film - spazio uguale tempo: ventiquattro fotogrammi sono regolarmente e correttamente equivalenti a un secondo.

Dal momento che questo film su edifici, ingressi, portici, selciati e architettura a griglia fu costruito su e a Venezia, Vivaldi fu la sua giusta misura. Avevo scoperto che Vivaldi aveva composto anche sulle emozioni legate al numero 13. Bene, il film consiste di gruppi di 13 immagini visive, sistemate in 13 sezioni, il tutto ripetuto tre volte con una colonna sonora sempre più sofisticata. Le immagini sono senza l'acqua – una provocazione per un film su Venezia – anche se si sente sciabordare e scorrere, gocciolare e grondare d'acqua nella colonna sonora. Ero eccitato dall'asprezza del progetto redazionale, ma divenne subito chiaro che gli eleganti schemi matematici non sono visibili allo spettatore, neppure a quello spettatore al di sopra della media. È molto difficile per il pubblico contare le riprese e apprezzare le simmetrie temporali: le inquadrature sono di lunghezza differente, si susseguono in diversi gruppi e, cosa più importante, il loro contenuto tende a distogliere da un conto preciso. Il che naturalmente è proprio come dovrebbe essere.

Tuttavia, ero molto soddisfatto dell'eleganza strutturale del progetto. Suppongo che l'eccitazione fosse cabalistica. Proseguii l'esperimento. Feci un film chiamato *Dear Phone*, un saggio su usi e abusi del telefono, un intermezzo nel quale il contenuto narrativo era singolare e si riferiva a un'unica idea, suddivisa in dodici parti. Un narratore legge dodici storie mentre lo spettatore guarda gli stessi dodici testi sullo schermo (quasi gli stessi).

Si tratta di un "a solo" (il primo della serie), ma per me una importante indicazione per il futuro, che enfatizza questa particolare guerra (con momenti di tregua) tra immagini e testo, e questa pace (con scoppi di violenza) del testo come immagine.

In *Dear Phone* i testi iniziano quasi in modo illeggibile sul retro dell'equivalente di una busta, o come si usava dire nei romanzi e nei film degli anni Trenta, "sul retro di un pacchetto di sigarette", e migliorano via via fino a essere stampati in un libro: progetto di un'idea che (con piccole variazioni) si sviluppa dalla bozza approssimativa al testo pubblicato. In testa avevo l'idea che la maggior parte dei film è testo illustrato, così, per evitare di essere semplicemente un interprete mentre volevo essere un creatore, perché non fare un film da un testo senza illustrazioni? Ma non fu proprio così, perché qua e là affioravano gruppi di illustrazioni di telefoni e cabine telefoniche. Era come un libro dell'inizio del XX secolo in cui, per motivi economici (ancora), testo e illustrazioni erano separati. Tu, gentile lettore, sfogliando le pagine, eri obbligato a unire ciò che era stato separato dalle pure e semplici condizioni finanziarie o tecnologiche che avevano accompagnato la pubblicazione del libro.

Sebbene in questo film io traessi ancora piacere dai numeri, non credo che il pubblico mi seguisse. Speravo naturalmente che il piacere e il coinvolgimento fossero tenuti desti nel pubblico da altre caratteristiche del film, ma fui troppo esigente. Volevo che gli spettatori godessero anche delle mie delizie aritmetiche. E ho perseverato in questa ambizione.

Nei due anni seguenti i film sono aumentati ancora e il mio pezzo conclusivo dell'esperimento fu intitolato *Vertical Features Remake*. Il suo contenuto sociale stava nella presentazione dell'intrusione della città nella campagna, dell'urbano nel rurale. Il suo contenuto visivo era costituito da linee verticali filmate con semplicità: puntelli, pali, pali delle porte, sostegni, steccati collocati in campi, giardini, cortili, aie, in lande aperte e brughiere. Il suo contenuto estetico era una contemplazione dei dintorni selvaggi della città, del villaggio, della campagna, tenuti sotto controllo dall'uomo e filmati con un occhio al tempo, al paesaggio e alla – alquanto melanconica – bellezza.

Mentre il contenuto sociale, visivo ed estetico si prestava bene ad essere compreso, la struttura del montaggio non era affatto intuitiva. C'era uno schema severo che non avrebbe potuto indurre in nessun modo un godimento soltanto intuitivo o un elemento di piacere arbitrario. Le linee verticali erano (pressoché) sistemate in tre schemi di montaggio matematicamente esatti: il primo in *frame-counts* multipli resi con precisione, il secondo in *frame-counts* progressivamente in estensione e decrescenti, e il terzo in una combinazione asimmetrica dei due. I diversi montaggi erano accompagnati, e in alcuni casi governati, da una colonna sonora di Michael Nyman dalla vena acerba e decisamente metronomica. Ero esultante, preso dalla bellezza della combinazione di matematica e tradizioni pastorali inglesi composte in una nuova forma.

Ma il rigore come fonte di piacere non era facile neppure per un occhio attento e intelligente. Era la vecchia storia delle frustrazioni. Per combatterla, inventai quelle che Robert Wilson avrebbe chiamato "Knee-plays sections" (parti che giocano il ruolo del ginocchio), poste tra i tre film e organizzate in modo fittizio come confronto tra studiosi di film d'archivio che discutono dei rapporti fra l'interpretazione matematica e quella estetica.

Come un "a solo" (il secondo nella serie) questi accademici che discutono divennero personaggi che diedero origine a una generazione mitica di personaggi: Tulse Luper, Cissie Colpitts, Lephrenic, Ganglio, il Custode della mappa di Amsterdam, e molti altri. Essi vivono ancora e stanno per rinascere in un nuovo grandioso progetto basato sul numero atomico dell'uranio 92, ma più avanti diremo di più.

Ero arrivato ad un incrocio di contraddizioni: la plausibilità (e la godibilità) di un cinema astratto e matematicamente costruito, contro le sensazioni indotte dal cinema convenzionale. Mi tirai in disparte. Se i numeri e i sistemi di calcolo occidentali, locali e nazionali, fossero ora compresi in tutto il mondo, esisterebbero altri codici comprensibili a livello universale? L'alfabeto occidentale, di 26 lettere, è diventato onnipresente, anche nelle nazioni di lingua non fonetica dove atterrano aerei, si conta denaro, si scrivono libri e la comunicazione internazionale è ritenuta essenziale. Ho fatto alcuni film basati sulle diverse maniere di usare le 26 lettere dell'alfabeto inglese, avendo ben chiaro, come nel film *H is for House*, che in inglese almeno *His Holiness*, *Happiness*, *Hysteria*, *Headache*, *Hitchcock*, *Heaven* e *Hell* possono essere tutti legittimamente e assurdamente accostati l'uno all'altro grazie alla loro lettera iniziale. *H is for House* era il manuale d'appoggio per un bimbo che voleva dare un nome alle cose, come Adamo al principio del mondo, e rifletteva sul fatto che ogni oggetto richiede un nome: se un oggetto non ha un nome, può esistere? Per esempio, pensando alla semplice anatomia, quali lingue hanno un nome per lo spazio sul retro del ginocchio, o per quello tra naso e bocca? E se non abbiamo un nome per loro, come possono avere significato nella nostra immaginazione o nella nostra esperienza?

161

Un altro film di questo personale genere alfabetico è stato *26 Bathrooms*, un giallo non eccezionale, anche se il fatto che la lettera S stia per *Samuel Beckett bathroom* sembra un po' perverso. Ma, di nuovo, forse non così perverso come nel film *H is for House* dove la lettera H sostituiva *Bean – Haricot bean* (fagiolo bianco) e *Has-been* (è stato). Ci sono state delle difficoltà naturalmente, perché anche nei bagni inglesi dove pure succede molto di più del semplice pulirsi i denti, le lettere Q, X e pure la Z sono iniziali molto rare.

Chi fu responsabile di questa fuga dal testo, dalla trama, dalla storia e dall'intreccio per mettere in risalto i numeri? Bene, sono molti i colpevoli – e John Cage lo fu in modo particolare. Per me, gli anni di lavoro dal 1976 al 1980 furono in qualche modo basati su un errore matematico provocato da John Cage. Negli anni '50 egli aveva inciso molti dei suoi racconti brevi su un disco di vinile – due facciate di racconti esotici sulla sua dieta macrobiotica, la sua amicizia con John Tudor, il suo innaffiare cactus, il suo essere affascinato dai funghi e dalle camere senza eco e da Confucio che dice che una bella donna serve solo per spaventare il pesce quando salta nell'acqua... La sua strategia per raccontare queste brevi storie era quella di ridurle, di costringerle entro limiti precisi di tempo: sessanta secondi ognuno; le storielle da una riga dovevano estendersi per raggiungere il minuto e quelle di due paragrafi andavano mutilate per conformarsi all'intervallo. Così le storie diventarono in gran parte incomprensibili, astratte, persino musicali: l'attenzione dell'ascoltatore era occupata da una sorta di ansia che proclamava il tempo come elemento di ogni storia. Io mi compiacevo di questa tirannia del tempo sulla narrazione.

Tutto questo ben si accordava con il mio non voler raccontare storie sbrodolate, banali e arbitrarie. Inizialmente ne ho preso a prestito la struttura, sia pure reinterpretata, nel film *A walk through H* che aveva come sottotitolo *The Reincarnation of an Ornithologist*. Questo film trattava ancora delle emozioni del variabile paesaggio inglese, di mio padre (un ornitologo) e della sua morte, e degli uccelli migratori, ma soprattutto dell'emozione data da mappe che si allungherebbero da un ricordo di mappe delle montagne cinesi, tutte tratteggiate in marrone e senza parole, fino alla tessitura alla Borges di una mappa della stessa dimensione del mondo, fino all'idea che una mappa è sempre presentata nei tre tempi: ti dice dove sei, dove sei stato e dove puoi andare.

Poi, ed è stato molto più importante, ho usato una variazione sul concetto di Cage di tempo narrativo, in un film lungo, di tre ore e un quarto, intitolato *The Falls*; mentre *A Walk Through H* conteneva 92 mappe, *The Falls* conteneva 92 personaggi.

The Falls era molto ambizioso. Scienza degli uccelli, sogni volanti, Icaro, i fratelli Wright, il meschino finale tipo *Gli uccelli* di Hitchcock, teoria del disastro, tanti modi quanti ne volete di come potrei pensare di costruire i film – e quel particolare gioco da salotto del tempo – e tanti modi quanti ne volete di come voi potete pensare alla fine del mondo. Ma in tutto questo ossessivo scricchiolio di numeri ho commesso un semplice errore. Per colpa della scarsa chiarezza degli intervalli (ancora intervalli) che separavano le storie di Cage sul suo disco in vinile, avevo fatto il conto che le sue storie fossero 92, mentre di fatto erano solo 90. Il mio omaggio a Cage era stato un puro errore di calcolo. Piccolo abbastanza di fronte al mondo, enorme per me. Alcuni anni dopo ho fatto un documentario su Cage ed egli esplose in una risata quando gli spiegai l'errore che avrei potuto porre indirettamente ai suoi piedi. Il film *The Falls* fu mostrato al *Washington University Film-Club* e il mio errore trovò conforto nell'osservazione di uno spettatore entusiasta secondo il quale il numero 92 – il numero atomico dell'uranio – è davvero al suo posto in un film che si occupa dei modi in cui il mondo potrebbe finire. Da allora questo errore è diventato un credo. Permettetemi di citare di nuovo Cage, usando altri numeri. Egli disse: "se si introduce un 20% di novità in una nuova opera artistica si perderà immediatamente l'80% degli spettatori". Era nel giusto a suggerire che l'introduzione della pura aritmetica nel carattere narrativo della creazione di un film può avere una connessione diretta con le percentuali di spettatori. Ho i dati del botteghino per provare la sua teoria.

Con film come *Vertical Features Remake* e *The Falls*, stavo toccando il fondo di una miniera molto ricca. Ad aiutarmi a risolvere il mio dilemma, venne l'invito a scrivere una sceneggiatura nella quale i protagonisti parlavano tra di loro e non alla macchina da presa. Il film era *The Draughtsman's Contract* [in it. *I misteri del giardino di Compton House*] e può essere descritto come la storia di un disegnatore del diciassettesimo secolo (precisamente è ambientata nel 1694) che fa 13 disegni secondo un modello di 12 più uno. È un uomo che crede nella verità; disegna case di campagna e giardini, e si vanta dell'esattezza della natura o almeno dell'occhio umano che guarda la natura. Egli usa uno strumento ottico. Canaletto, il suo contemporaneo più prossimo, ne usò uno, così come fecero da Vinci e Dürer in tempi più vicini a noi. Questo strumento – per noi – era una griglia, un reticolo quadrato di filo metallico installato su un cavalletto in modo da poter essere visto con una lente monoculare. L'occhio trasferisce il paesaggio reticolato su di un pezzo di carta parimenti grigliata. Ma se questo strumento è un'indicazione del desiderio feroce del disegnatore di produrre disegni vicini alla natura, il suo metodo di lavoro è forse ancora più preciso e persino più controllato. Nel perseguire un simile compito egli aveva infatti notato, come feci anch'io, che, in un giorno di sole, le ombre sugli edifici si muovevano molto velocemente, così per disegnare accuratamente da una certa posizione dovevano bastare 1 o 2 ore al massimo, prima che l'accuratezza da descrivere non avesse più avuto senso una volta cambiate le ombre. Di conseguenza il disegnatore costruisce un apparato in movimento che gli consente di seguire il sole ogni due ore, puntando a ritornare nel medesimo luogo e alla stessa lente monoculare, il giorno seguente, per continuare il suo lavoro. I paesaggi delle case di campagna inglesi sono pieni di servitori, giardinieri e pecore. Ed essi si muovono. Ed essi muovono oggetti. La richiesta del disegnatore è che tutto sia congelato per la sua matita. Solo dopo aver chiarito questa regola egli firma il suo contratto: 12 (più 1) disegni di una casa di campagna in cambio di 12 (più 1, come bonus) rapporti sessuali con il suo committente, la signora della casa di Compton Anstey, una signora che, benché non lo si sappia ancora, sta cercando un erede. Dopo un po' di dipinti e pavoneggiamenti, il disegnatore si scopre vittima di un complotto. Le intelaiature dei suoi disegni lo intrappolano in un'accusa di omicidio. La sua abilità come stallone è stata confermata, la sua bravura come disegnatore preciso è sottaciuta. I suoi disegni sono distrutti.

Nonostante Julian Calendars e gli orologi atomici, la trama, con molti "a solo" per discutere di molti argomenti, in qualche modo reggeva e, allo stesso modo, reggeva un finale misterioso. Gli spettatori si divertivano e il film ricevette plausi da molte parti. L'essere una commedia, con le sue ambizioni di scalata sociale e le sue gerarchie, l'ha fatto apprezzare dal pubblico inglese; i barocchismi, le stravaganze e l'audacia sessuale l'hanno reso gradito a quello italiano; l'incisività matematica e il metodo rigorosamente cartesiano l'hanno resa accettabile ai francesi.

Il successivo film *A Zed and Two Noughts* [in it. *Lo zoo di Venere*] presentava otto periodi evolutivi secondo Darwin come sua strategia aritmetica. A quel tempo ero un neo-darwinista entusiasta, dopo essere stato un paleontologo dilettante da adolescente e un grande collezionista di fossili (e un collezionista di insetti inglesi come il giovane Darwin quando pensava di diventare sacerdote, solo per trovare un impiego che gli offrisse l'opportunità di essere un entomologo). Ero e sono arrivato a credere senza dubbio che non esista sistema migliore per rispondere alle domande senza risposta di quello introdotto nell'*Origine delle specie*. *Beagle* è diventata un'importante parola d'ordine. Mi insospettiscono i sistemi ordinatori della paleontologia che, osando segmentare grosse porzioni di trenta milioni di anni di caos in pezzi ordinati, è rassicurante e incoraggiante. Le file di insetti ordinati per specie e appuntati con date e nomi in una scatola canforata costituiscono una visione che procura la soddisfazione di una natura classificabile, ordinabile, manipolabile e domabile. Ma l'ironia resta. Darwin e il suo sistema sono tanto buoni – molto buoni – fino a quando funzionano. E io sono molto contento del fatto che abbiamo un sistema universale che offre risposte alle grandi domande senza allo stesso tempo offrire ricompense, consolazioni e condoglianze.

Il film *Zed and Two Noughts* tratta delle imprese di due studiosi del comportamento animale, determinati a usare Darwin per spiegare le inutili morti violente delle loro mogli in un incidente automobilistico che viene associato ad ogni tipo di indizio accidentale. La gemellanza e il pittore olandese Vermeer giocano ruoli significativi nel film – ma tutti i soggetti, grandi e piccoli, obbediscono al modello di una narrazione semplice alla Darwin, sia pure ulteriormente semplificata come se dovesse entrare in un libro scolastico delle elementari. Le otto aree-soggetto del film seguono lo sviluppo evolutivo di una specie, resa manifesta da una serie di putrefazioni. Nella prima osserviamo il deterioramento nel tempo di una mela – la mela di Adamo, o dovremmo dire la mela di Eva – un colpo facile alla Genesi ma anche una sottolineatura della divisione primaria fra i regni animale e vegetale. Successivamente, in ordine, siamo testimoni del disfacimento di gamberetti (invertebrati), del pesce-angelo (vertebrati d'acqua), di un coccodrillo (rettili), e poi in una cronologia precaria che non fa grandi salti evoluzionistici – ma implica almeno una crescita in grandezza e in esotismo – di un uccello e di quattro mammiferi – un cigno, un cane (un dalmata), e una zebra (tutte creature notoriamente e significativamente bianche e nere) fino a una scimmia nera, e infine fino alla potenziale previsione almeno della decomposizione di un uomo bianco – in verità due uomini bianchi, ovvero gli stessi studiosi del comportamento animale – che si autosacrificano nel nome (falso) della scienza. C'è inoltre un computo alfabetico. Un bimbo è addestrato a guardare il mondo come uno zoo alfabetico. Ma si tratta di un gioco e di un piccolo parallelo ironico. L'elencazione in ordine alfabetico può essere pulita e anche elegante e certamente suggerisce ordine, ma difficilmente offre spiegazioni. Collegare un *aardvark* (oritteropo N.d.T) e una antilope a causa delle loro iniziali significa non fare per nulla un commento evoluzionistico. Così come il bambino nel film pone un ragno e una mosca nello stesso contenitore, perché entrambi sono marroni e mostra di ignorare importanti principi che pure sono facili da osservare dal momento che una creatura mangia l'altra, così tutti i principi organizzatori sono erronei in un modo o nell'altro. Tutti i sistemi sono negoziabili, tutte le formulazioni sono locali in geografia e storia, tutti gli schemi organizzativi sono buoni poiché attualmente non ne esistono di migliori. Ma naturalmente ci saranno sistemi migliori. Possiamo trarre conforto dal fatto che emergeranno quando ce ne sarà bisogno. Questo film conclude – come l'avvocato del diavolo – che Darwin potrebbe ben diventare un Adamo credulone, e le sue storie potrebbero diventare né più né meno miti gradevoli e metafore romantiche. Per molto tempo esso è stato una parabola per me. I sistemi sono valutabili ma mutevoli. Non ci sono verità. Persino due più due può talvolta essere uguale a cinque. Noi ricerchiamo la verità ma gli strumenti dei quali siamo spesso così orgogliosi, sono notoriamente deboli.

A tutto questo fece seguito il film *The Belly of an Architect* [in it. *Il ventre dell'architetto*]. Anch'esso era giocato sul numero otto. Si trattava di un progetto diviso in otto periodi architettonici classici, per la maggior parte illustrati a Roma, presso l'Augusteum, il Foro romano dietro il Campidoglio, il Pantheon, la Villa Adriano, San Pietro, piazza Navona del Bernini, piazza del Popolo, il Vittoriano, il Foro italico e "il colosseo quadrato" all'EUR. Il film predisponeva ai piaceri dell'armonia dell'architettura classica, vista in rapporto all'immaginazione classica dell'architetto. Le altezze simmetriche, le piante-base degli edifici e il reticolato, con linee verticali e orizzontali molto forti, governavano la strategia di ripresa del film. Tutte le metafore e i legami narrativi confluivano nella persona di Etienne-Louis Boullée, architetto e studioso tra i più validi dei solidi platonici, amante della sfera, del cubo e della piramide, nonché ammiratore di Newton – eroe perpetuo della gravità che rende tutti gli architetti allo stesso tempo liberi e disciplinati, mantenendo i loro piedi sulla terra cosicché le loro menti possano essere libere fra le nuvole. Preparando la strada a considerazioni future, c'erano altri principi organizzatori in azione nel film: una sorta di ordinata codifica del colore; per esempio, una riduzione del colore alle tonalità di Roma e alle tinte della carne umana, che rende il verde nemico a entrambe, alberi sradicano edifici, e il verde è il colore della decadenza nel corpo umano.

Poi venne il film *Drowning by Numbers* [in it. *Giochi sull'acqua*]. Con un titolo simile, la numerazione non poteva essere ignorata. L'idea era di unire il racconto e il computo numerico. Qualche volta essi giocano insieme, qualche volta si accordano metaforicamente, qualche volta cadono drammaticamente fuori da ogni sincronismo. Il parallelo era il reciproco confondersi del Fato e del Libero Arbitrio. Il Fato costituisce il numerare. Il Libero Arbitrio il racconto.

La storia riguarda un trio sensibile al numero, tre donne tutte chiamate Cissie Colpitts, la stessa donna tre volte. Perché le donne si presentano sempre in tre? E perché gli uomini sempre in sette? Il numero tre è consacrato da Dante e dalla Chiesa Cattolica, sebbene dalla parte pagana ci siano le Tre Parche, che filano, misurano e recidono le nostre vite in sezioni accuratamente misurate, e le tre streghe nel Macbeth, che ordinano la morte attraverso la profezia. Sette è numero assai più maligno ma eccitante – i giorni della settimana, le età dell'uomo, i colori dell'arcobaleno, gli oceani, i continenti e le meraviglie del mondo, il numero più ampio percepito senza contare, numero apparente, del russare e del periodo mestruale. Le donne di *Drowning by Numbers* rappresentavano un campionario medioevale, la vergine, la moglie gravida e la strega, sebbene, nel film, questo trio di tipi femminili fosse capovolto, la vergine è tutt'altro che una vergine, la moglie gravida è sterile, la strega è una splendida e affascinante nonna. Queste donne contano tre ai funerali per avvisarci di un importuno dolore, e naturalmente, ci sono tre funerali. Queste donne sono blandite e corteggiate da un *coroner*, un uomo di morte, che nelle sue autorappresentazioni romantiche e sessuali è sempre frustrato. Egli è usato dalle donne come una pedina per liberarle dal reato di avere annegato i rispettivi mariti. La morte per annegamento può così apparire facilmente un incidente. In cambio delle ipotetiche attenzioni sessuali, egli sottoscrive i certificati di morte con innocenti cause inventate. Il *coroner* ha un figlio di dodici anni incline a imitare le investigazioni paterne sulla morte, usando corpi trovati in strada per il suo mestiere. Egli conta la morte, celebrando ciascun corpo di piccolo animale nel lanciare un razzo che permetta all'anima della creatura morta – l'anima di un riccio schiacciato, di una volpe pestata, di uno scoiattolo con la schiena spezzata, di una talpa uccisa dall'aratro – di raggiungere il cielo il più velocemente possibile.

E sopra tutti questi fanatici giochi di calcolo sta il sistema impersonale di calcolo del film. Da uno a cento. I numeri sono strettamente in sequenza ma il pubblico deve stare attento a seguire il conto preciso. Essi appaiono sui tronchi d'albero, sulle collezioni di farfalle, sul dorso di un'ape, sulla groppa di una mucca da latte. Appaiono nel dialogo e nella canzone. Il pubblico saprà con certezza che quando la successione dei numeri raggiunge cinquanta, il film è a metà. E la progressione dei numeri e la narrazione viaggiano elegantemente insieme quando inevitabilmente il coroner è persuaso a mantenere un certo appuntamento suicida con l'acqua. La sua barca che sta affondando non ha nome ma un numero, ed esso è, naturalmente, cento.

Con questo palese omaggio all'emozione della numerazione pura e semplice, della numerazione per se stessa, io avevo raggiunto un'altra significativa indicazione.

Il film *The Cook, the Thief, His Wife and Her Lover* [in it. *Il Cuoco, il Ladro, sua Moglie e l'Amante*] non ha uno scheletro numerico, ha invece un sistema di codificazione a colori – sette spazi colorati per invocare metaforicamente associazioni: fra le altre, le regioni blu polari, la giungla verde clorofilla, e un ristorante carminio, scarlatto e vermiglio carne. Poiché i personaggi si spostano da una stanza all'altra, come per enfatizzare realmente l'insistenza dell'organizzazione del colore, il colore dei loro abiti cambia per adattarsi al nuovo ambiente. Tutti i sette colori dello spettro newtoniano si uniscono per creare luce bianca, colore ortodosso simbolico del Paradiso quando e dove, con pesante ironia, gli amanti si incontrano carnalmente nell'accecante biancore della toilette del ristorante, nonostante le conclusioni siano ovvie, che i colori di una toilette bisognerebbe che fossero, dovrebbero essere, potrebbero ben essere, ci si aspetta che siano, i colori della defecazione. Un principio secondario di organizzazione nel film è la carta quotidiana del menu, che compie la sua strada nel film attraverso il pesce al venerdì verso un ultimo immaginario pranzo – un'Ultima Cena – di molte portate, dall'antipasto al caffé, con un gesto di cannibalismo assimilato all'ultimo liquore, prima di andare a letto, o nel caso del ladro, prima di morire. Un'idea ancora più sottile di numerologia è l'organizzazione della biblioteca dell'amante. I suoi scaffali di libri, poiché la cinepresa fa una carrellata verso l'omicida dell'amante bibliotecario con l'ingestione dei suoi volumi, traccia una cronologia di sensazionale storia francese – dalla Rivoluzione francese attraverso gli anni del Terrore fino al Consolato di Napoleone ed infine la sua disfatta a Waterloo. Si tratta di una piccola metafora di un regno di violenza e sangue – senza correre rischi (e in modo abbastanza fittizio) digeribile come un testo da esser messo contro un vero regno del terrore, impossibilmente ingerito in un ristorante contemporaneo in una qualche città capitale europea degli anni Ottanta.

Questo melodramma a larga scala del sesso e della digestione fu un prologo barocco ad altri eccessi nel film successivo intitolato deliberatamente *Prospero's Books* [in it. *L'ultima tempesta*] per essere sicuri che non si trattasse strettamente, completamente e solamente di un film sulla *Tempesta* di Shakespeare. Il film fu criticato dai puristi inglesi in quanto troppo ricco di elementi alla Greenaway e non a sufficienza di elementi di Shakespeare. È vero che c'era un'invenzione che andava al di là di Shakespeare, ma era legittimata dal suo testo. Esso riguardava un'altra biblioteca. La biblioteca dei libri di Alonso. Prospero, duca di Milano, esiliato da suo fratello, messo su un battello che imbarcava acqua con la giovane figlia Miranda, salpa verso una morte presunta per annegamento. Tuttavia il suo amico Alonso, con un gesto clandestino senza speranza ma animato da buone intenzioni, riempie la barca con un po' di cibo e alcuni libri. Questi pochi libri non dichiarati nella commedia, diventano 24 importanti volumi. Essi sono il fondamento del potere e della magia di Prospero. E lo accompagneranno per quindici anni fino a quando il salvataggio sarà possibile. C'è un libro dell'acqua, un libro degli specchi, un libro delle mitologie, un primo libro delle Stelle Piccole, un atlante che appartiene ad Orfeo, un libro di Geometria definito dall'autore "harsh", un libro dei colori, un libro di anatomia di Vesalio, un inventario alfabetico dei morti, un libro di racconti di viaggio, un libro della terra, un libro di architettura e musica, le novanta idee del Minotauro, un libro di lingua, un erbario chiamato *End-plants*, un libro dell'amore, un bestiario di animali del passato, del presente e del futuro, un libro delle utopie, un libro delle cosmografie universali, un libro chiamato amore per le rovine, una pornografia chiamata *autobiografia di Pasiphae e Semiramide*, un libro del movimento, un libro di giochi e un libro chiamato *trentasei commedie* che erano le opere complete di Shakespeare. Per il nostro immediato interesse sui numeri, il primo libro delle Stelle Piccole, brillava con ascese e discese, l'atlante di Orfeo era pieno di

167

figure per guidarvi attraverso la palude Stigia e giù nei vari gironi dell'Inferno dantesco e il libro della Geometria, grazie alle tecnologie grafiche moderne, si agitava e si muoveva con diagrammi di movimento, migliorando la sua descrizione di "harsh" – *che significa non negoziabile* – e introducendo il suo compagno, il Ragazzo Matematico, il cui corpo dalle pagine bianche era riprodotto e tatuato con un abaco vivente. Il libro di architettura e altra musica ha creato alleanze tra quelle due arti, con punteggi annotati, i novantadue concetti del Minotauro presentavano riferimenti al numero magico dell'Uranio in associazione con la distruzione e le possibilità di mutazioni aberranti indotte dalle radiazioni. Infine entrambi i libri della cosmografia universale e del Movimento raccoglievano enigmi aritmetici da ogni cosa e da ogni individuo matematico e sistematico, da Euclide a Robert Fludd, da Kirchner a Paracelso, da Babbage a Buckminster Fuller, e da Muybridge ad Hawkings. Bisognava non essere rispettosi del 1611, anno apparente del salvataggio di Prospero e anno apparente della commedia di Shakespeare, poiché la magia non ha confini cronologici.

Questi ventiquattro volumi potrebbero facilmente essere visti come contenitori di tutte le informazioni del mondo.

Solo così c'era tanto spazio in un film di due ore per una dissertazione sui 24 volumi e i 100 personaggi allegorici che Prospero creava sulla sua isola di suoni che deliziavano e non ferivano. I dodici libri e il centinaio di personaggi divennero il soggetto di alcune indagini minuziose degne di nota in molte mostre (inclusa quella a Palazzo Fortuny a Venezia) e in una novella non ancora finita chiamata *Le Creature di Prospero*, una impresa che mi ha introdotto alla fantasia del millennio e in una pletora di progetti assistiti dal sostegno del numero cento, inclusa una mostra di cento schermi a Monaco e una manifestazione di cento scale a Ginevra.

Ma la prima prova di questo nuovo entusiasmo ordinatore è stata una mostra stabile e poi un'opera itinerante, entrambe poste sotto lo stesso nome di *Cento oggetti per rappresentare il mondo*. La prima si tenne presso l'Hofburg Palace e il Semper Depot a Vienna, e la seconda fu rappresentata a Salisburgo, Parigi, Palermo, Napoli, Monaco, Rio, San Paolo, Copenaghen, Stoccolma e La Coruna. C'erano molti giochi, indovinelli e idee in quest'opera che mescolava l'educazione di Adamo ed Eva con una guida chiamata Thrope – una specie di misantropo – assistito e ostacolato da Dio rappresentato come niente di più di una testa tagliata – letteralmente una figura-testa – su un tavolo, e Satana, una femmina vestita alla Otto Dix, la cui intelligenza – se tutto va bene – si adattava al suo senso del male. Oggetto numero uno in questo lavoro era il Sole e Oggetto Numero 100 era il Ghiaccio, così uno spettatore avrebbe potuto velocemente vedere il percorso dal caldo al freddo, dalla vita alla morte, dall'ottimismo al pessimismo. L'articolo di mezzo, numero 50, era la Spazzatura. L'articolo numero 24 era appropriatamente il Cinema, confermando il detto di Godard secondo il quale il cinema è verità 24 fotogrammi al secondo.

Perché cento? Perché si tratta di un numero la cui utilità è riconosciuta ovunque. Noi spezzettiamo il tempo in secoli. Pensiamo e sogniamo e contiamo il nostro denaro in centinaia. E come la piccola ragazza saltellante di Velásquez nel primo piano di *Drowning by numbers* suggeriva – tutte le centinaia sono le stesse – una volta che avete contato cento, le altre centinaia sono semplici ripetizioni. Graficamente è un numero di molta soddisfazione – una sicura verticale e due cerchi ben marcati. Mettendo da parte le attuali celebrazioni per il millennio, sono sicuro che il numero cento sarebbe stato prevalente in ogni altra decade, ed inoltre – che cosa indicano i numeri quando i teologi del Vaticano possono oggi dirci che Cristo nacque l'anno sei AD, perché la stella più vicina che poteva arrivare da oriente era una cometa che passava sul Mediterraneo nell'inverno di quell'anno? Ma re Erode, che chiede il massacro degli innocenti, muore l'anno terzo BC. Così o noi stiamo celebrando il millennio sei anni troppo presto o tre anni troppo tardi.

Lo stesso presunto romanzo, *Le Creature di Prospero*, certamente iniziò come un esame della creazione e le storie seguenti di 100 creature inventate da Prospero nei quindici anni del suo esilio. Esse erano un misto di sacro e profano, il giudeo cristiano e il romano greco, con molte eccentricità – sia private sia pubbliche – introdotte per sottolineare ampiamente il mio incanto per le biblioteche. La creazione delle immagini presto superò la produzione di testi pubblicabili, e su invito dell'università di Strasburgo, un libro basato sugli stessi criteri fu annunciato e successivamente pubblicato. Le 100 allegorie divennero figure grazie alle nuove tecnologie – 100 immagini a piena pagina di riferimenti a collage, costruite intorno ad una proposizione allegorica. Duecento cittadini di Strasburgo posarono nudi per fare 100 immagini fotografiche che io potei poi vestire con un collage reso possibile dalla tecnologia del computer. C'erano molti giochi numerici minori rappresentati nelle classificazioni. Il numero 54, il Cronologista, è timbrato con le possibilità numeriche della lotteria del Regno Unito, il Numero 84, Re Mida, è anteposto alla prima Banconota d'America, valutata sei sterline. Il Numero 76, Semiramide, è messo davanti ad una lista di controllo numericamente forte dei suoi amanti militari, il Numero 25, l'Epicurea, è esposta con annotati i dettagli dei conti per i vestiti.

Durante questo periodo, dal 1993 al 1998, spesso agendo in simbiosi con i film, spesso agendo indipendentemente, ero variamente coinvolto in una serie di mostre in qualità di curatore, prendendo oggetti e articoli da collezioni internazionali e riorganizzando i loro contenuti per realizzare commenti sull'arte di creare i musei, comparando e raccogliendo, sulla classificazione e sui pregiudizi culturali. I conti alfabetici, i conti numerici, la codificazione attraverso il colore furono spesso usati come struttura.

Nel 1994 la più esplicita di tali mostre fu presentata nel Galles del sud, con il titolo *Alcuni principi organizzatori*. Mi fu dato il permesso e l'incoraggiamento a cercare circa trenta musei di piccole città del Galles meridionale per raccogliere elementi di organizzazione – semplici macchinari di commercio, agricoltura e industria del 17esimo, 18esimo e 19esimo e primo 20esimo secolo – macchine per pesare, macchine calcolatrici, macchine misuratrici, orologi, registratori di cassa, tastiere, strumenti educativi, carte ed indici di schedari, apparecchiature di stampa e per l'editoria. E il Galles meridionale con le sue copiose risorse di carbone e lavoro a basso costo fu un terreno sperimentale per la Rivoluzione Industriale. C'è molto in questo periodo che è vergognoso, non ultimo nella sua attitudine altezzosa ad irregimentare le cose, i fatti, i luoghi, l'ambiente, e più ancora la gente. Per esempio, c'era una ampia collezione frenologica che soddisfaceva il pregiudizio piccolo borghese sulla criminalità predeterminata. L'attenzione al benessere dei minatori delle miniere di carbone era rudimentale. Il semplice dispositivo per la fuga del gas era crudelmente calibrato. Numeri, non nomi, governavano la vita del minatore, identificando la sua paga, l'attrezzatura per timbrare il cartellino, la sua lampada da minatore, circondandolo di etichette numerate, chiavi e schede perforate. Mentre il minatore pagato poco lavorava lunghe ore in miserabili condizioni, i suoi datori di lavoro e i loro associati sognavano versi altisonanti e artificiali per la cosiddetta cultura indigena gallese, inventando alfabeti runici e romantiche chiaccherate per i numerosi monumenti gallesi antichi spesso considerati calendari celtici.

Per fare un paragone, parare e parodiare le mostre e il loro significato, portammo i sistemi numerici e organizzativi nostri, nei meccanismi di numerazione e conteggio di fabbrica per essere visti e sperimentati attraverso gli elementi di aria, acqua, fuoco e terra che sono stati sfruttati per rendere questa parte del mondo un temporaneo paradiso per pochi e un inferno senza fine per gli altri. Per dare alcune prospettive evasive a questa mostra di circa tremila articoli, la copertina del catalogo fu pubblicata con la stampa di Dürer della Melencolia che contiene rappresentazioni di solidi platonici, e del Tempo, che pesa e misura, con campane e un assai elegante Quadrato di Numeri basato sul 34, nel quale ogni lettura dei numeri consecutivi da uno a sedici, su e di fianco, attraverso e giù, in diagonale, sui lati e nei quadrati minori, porta a 34.

Ora, una completa autoconsapevolezza circa l'efficacia dei numeri nella creazione dei film fu preminente e il computo numerico divenne quasi un obbligo e certamente spesso un'autoparodia. Il film The Baby of Macon sfugge a tale ossessione, desiderando immergersi in altre suggestioni intense. Il film era percorso da tre colori Oro, Rosso e Nero, una trinità di Chiesa, Sangue e Morte, e dalla metafora organizzativa della Processione Petrarchesca – una specie di sistema di conto gerarchico in sè. E il film successivo, The Pillow Book, era più interessato ai testi, soprattutto a testi calligrafici, piuttosto che ai numeri, sebbene ci fosse una progressione che si misurava in un numero costantemente crescente di amanti, per sempre retrocedenti in età ed estraneità. Gradi di estraneità e soprattutto gradi di efficacia come amante non sono facilmente calibrati.

L'opera, Rosa, A Horse Drama, e meglio ancora il film tratto dall'opera, erano ossessionati dalle morti violente di dieci compositori che iniziavano con l'uccisione accidentale di Anton Webern nel 1945 e finivano con l'assassinio di John Lennon nel 1980. Nel caso di questi due compositori e di altri otto che li collegavano, erano sempre presenti dieci identici indizi, e questi erano costantemente reiterati e catalogati, con variazioni e diversi assortimenti.

E poi il film Eight and a Half Women. Si è trattato di una specie di omaggio al tanto celebrato film dei primi anni Sessanta Otto e mezzo di Fellini e soprattutto alla sua sequenza di fantasia maschile presentata attraverso Marcello Mastroianni. In Eight and A Half Women, sono presentate sfacciatamente otto e mezzo fantasie sessuali maschili archetipiche. È inoltre il mio ottavo film e mezzo a soggetto e rappresenta un ottavo del numero di film che io ho fatto in 31 anni.

E il prossimo progetto è *The Tulse Luper Suitcase*, accompagnato dal sottotitolo *A Fictional History of Uranium*. Questo, in sintesi, è un ritorno pieno di speranza alle primitive mitologie e al magico numero atomico 92. Posso discutere i suoi parametri, annunciare le sue ambizioni numeriche, ma resisto alla tentazione, sospettando che i calcoli finali della sua struttura e sintassi potrebbero risultare diversi dai suoi inizi numerici, nitidi e spero eleganti. È sufficiente dire che uno dei suoi molti strumenti di calcolo è connesso alla riscrittura dei famosi 1001 *Racconti di Scherherazade*, una storia per ogni notte per tre anni. Alla fine dei tre anni riferirò al ritorno dalla frontiera numerica, speranzoso che il computo non venga meno, poiché metaforicamente, sono sotto il medesimo divieto della stessa Sherherazade, la cui pena per inadempienza era la decapitazione.

171

math centers

Un museo per la matematica: perché, come, dove

ENRICO GIUSTI

Una delle cose che colpisce immediatamente un visitatore di un qualsiasi museo scientifico è l'assenza quasi totale della matematica, o quanto meno il suo ruolo totalmente marginale rispetto alle altre discipline scientifiche. Così, mentre viene a contatto con le più recenti scoperte nel campo della fisica come dell'astronomia, della biologia come della chimica, dell'ecologia, della farmacologia, della tecnica, ben difficilmente all'uscita da un museo egli conoscerà più matematica di quando era entrato. Lo stesso si può dire per le riviste o le trasmissioni radiotelevisive di divulgazione scientifica, nelle quali ogni nuova scoperta, e a volte anche molte pretese scoperte, trova immediatamente eco e suscita commenti e dibattiti, ma dove la matematica è raramente presente. Il caso della dimostrazione dell'ultimo teorema di Fermat, che ha provocato una notevole mole di articoli e libri, è più l'eccezione che la regola; un'eccezione dovuta con ogni probabilità alla semplicità dell'enunciato e all'eccezionalità del tempo trascorso tra la formulazione e la dimostrazione del teorema.

La ragione principale di questo disinteresse non sta nella cattiva volontà di curatori o editori, né nel più volte deprecato disinteresse dei matematici per la divulgazione, ma nella natura stessa della matematica, una scienza in cui, per dirla con Bertrand Russell, "non si sa di cosa si parla, né se quello che si dice è vero", o se si vuole, non si ha di che parlare.

In effetti, rispetto alle altre scienze la matematica si caratterizza per la mancanza di oggetti, o quanto meno di oggetti materiali; oggetti che si possano mostrare, descrivere, toccare, oggetti di cui valga la pena sapere. Quelli della matematica sono semmai degli oggetti immateriali, situati in una regione a metà strada tra il reale e l'immaginario, che difficilmente possono essere esposti in un museo. E poi, anche quando se ne può parlare, a chi interesserebbe conoscere la struttura di enti così astratti e lontani dall'esperienza quotidiana? Ci si può appassionare per la struttura dell'atomo o per l'evoluzione delle galassie, ma anche il visitatore ben disposto troverà difficile entusiasmarsi per gli assiomi della teoria dei gruppi. Messa a confronto con le altre scienze *sul loro terreno*, la matematica è destinata a soccombere, o quanto meno a ridursi ai suoi aspetti più folcloristici.

Ho sottolineato *sul loro terreno*, perché mi pare che risieda qui la vera differenza tra la museologia scientifica e la divulgazione matematica. La struttura di un museo scientifico, ma anche di gran parte della letteratura divulgativa, ruota essenzialmente intorno a oggetti e a fenomeni, oggetti da mostrare, fenomeni da descrivere e con cui stupire, e a partire dai quali eventualmente portare il visitatore ad allargare il proprio orizzonte e a familiarizzarsi con le teorie scientifiche attuali. I musei a carattere scientifico per lo più sono organizzati attorno ai fenomeni, quelli di storia della scienza attorno agli oggetti; queste vere e proprie "unità di comunicazione museologica" sono i punti di partenza sui quali i musei scientifici, chi più chi meno, possono contare per ampliare il loro discorso e per promuovere le conoscenze scientifiche o storico-scientifiche.

In musei così organizzati, la matematica non può che trovarsi a disagio. Infatti, anche se con alcune rare eccezioni, la matematica non ha né oggetti che possano interessare un largo pubblico, né fenomeni che possano avvincerlo; e a volerla costringere in uno schema modellato su altre scienze si rischia di ridurla ai suoi aspetti più appariscenti ma anche più marginali, quando non di stravolgerla completamente dandone un'immagine falsata, che rispecchia a livelli più elevati quella popolare del matematico (e della matematica) estranei alle vicende e alle necessità della vita quotidiana. Come l'uomo della strada immagina il matematico intento a fare lunghissimi calcoli (per i quali sarà presto sostituito dai computer), così il museo espone un milione di cifre di pigreco.

Ma il fatto che la matematica non abbia oggetti propri da mostrare non significa che non ci sia matematica negli oggetti, anche in quelli più semplici e comuni. Solo, le regioni della matematica sono più interne e riposte; rispetto a molti oggetti quotidiani e a molti prodotti della tecnica, la matematica si comporta come una sorta di scheletro, che non si vede dal di fuori, ma è essenziale per "tenere insieme" la loro struttura.

Un museo della matematica non può allora ripetere la strada dei musei della scienza, almeno di quelli che conosciamo; esso deve essere organizzato non come una vetrina ma come una miniera, dove il visitatore possa "scavare" la matematica che si cela dentro e dietro gli oggetti in mostra, che proverranno necessariamente dal di fuori: dalla fisica, dalla tecnologia, dalla vita quotidiana. In ogni caso un museo della matematica non è una mostra di oggetti; semmai questi ultimi, sotto forma di modelli o strumenti (ad esempio, modelli di superfici, strumenti di misurazione o di calcolo), potranno costituire una sezione storica del museo.

Né può essere un libro attaccato alle pareti. Non si tratta, sia ben chiaro, di insegnare la matematica, magari con tanto di dimostrazioni di teoremi. Al contrario, occorrerà evitare accuratamente le spiegazioni lunghe e formali. Da questo punto di vista il programma del museo è complementare a quello della scuola: lì si insegna, qui si avvicina il pubblico alla matematica. Da questa complementarità di fondo nasce la possibilità di una proficua collaborazione tra il museo e la scuola, senza confusione di ruoli.

In conclusione, la matematica del museo non è percepita immediatamente, come può a volte avvenire per altre discipline scientifiche, né può essere spiegata verbalmente, compito questo che appartiene alla scuola. Di conseguenza, l'unità museale non è né l'oggetto o il fenomeno, che non parlano naturalmente il linguaggio della matematica, né il testo scritto, che deve accompagnare ma non sostituirsi al contatto diretto con gli oggetti in mostra. Perché questi ultimi possano mostrare il loro contenuto matematico, è necessario che si presentino non isolatamente, ma in percorsi strutturati in una serie omogenea, dalla quale, al di là e al di sotto dei singoli oggetti che la compongono, emerga la struttura matematica che li unifica e li vivifica.

Il percorso diventa così l'unità costitutiva del museo. Un'unità composita, in cui possono trovare posto non solo gli oggetti funzionali alla descrizione dell'idea matematica soggiacente, ma anche quelli con più spiccate caratteristiche ludiche, che sono anzi necessari per tener desto l'interesse del visitatore. Sul carattere interattivo degli oggetti esposti non si insisterà mai abbastanza.

Sorge qui un conflitto tra la necessità di un'oggettualizzazione spiccata dei concetti matematici presenti nel museo, e il carattere astratto della matematica. Si tratta di una sfida posta a chiunque si proponga di allestire un museo matematico: come rendere concreta un'idea o una teoria matematica? Credo che la risposta debba essere sostanzialmente pragmatica: si parte da quei settori della matematica che si prestano meglio a questo passaggio al concreto, lasciando al futuro, anche remoto, quelli meno adatti. In breve, nessuna pretesa di completezza: la matematica del museo è e sarà solo una parte della matematica, non necessariamente la più importante o la più moderna. Per quanto dolorosa, si tratta di una scelta necessaria.

Un altro problema nell'allestimento di un museo della matematica è rappresentato dal livello di attenzione richiesta al visitatore; un livello maggiore di quello necessario negli altri musei scientifici, e dovuto alla natura stessa dell'operazione intellettuale da compiere. Mentre in un museo della scienza il visitatore può limitarsi a leggere l'oggetto in mostra, che parla con la sua stessa natura materiale, qui è necessaria una seconda lettura per penetrare in una struttura matematica non immediatamente percepibile. Di qui la richiesta di un'attenzione maggiore e costante, che non può dunque essere mantenuta per un tempo troppo lungo. L'esperienza della mostra "Oltre il compasso" ha mostrato che un'ora rappresenta il limite massimo, oltre il quale la partecipazione del visitatore diventa più distratta e si limita agli aspetti più immediati dell'esposizione. Si può, è vero, alternare settori più densi, per i quali è richiesta un'attenzione maggiore, con altri più descrittivi (ad esempio di tipo storico, biografico, o documentario), ma non si può andare molto al di là del limite delle due ore. Di conseguenza, un museo troppo grande è destinato ad essere visitato almeno in parte in maniera superficiale.

Il progetto museale "Il giardino di Archimede" tiene conto di queste considerazioni. In primo luogo, la struttura espositiva è il più possibile interattiva, e questo non solo nei percorsi più strettamente matematici, ma anche, seppure in misura minore, in quelli storici e documentari. Esso è organizzato in unità autosufficienti, ognuna della quali tratta un soggetto in maniera indipendente. Di queste non più di quattro o cinque, di cui una o due a carattere meno impegnativo, saranno esposte contemporaneamente; le eventuali altre potranno essere utilizzate in sedi diverse sotto forma di mostre. La dimensione ottimale di queste unità dovrebbe essere di circa 150-200 metri quadrati, per un totale di circa 1000 metri quadrati di superficie espositiva.

Questa struttura cellulare del museo permette una sua organizzazione territorialmente decentrata, con due o più sedi che propongano a turno non solo le unità espositive del museo, ma eventualmente anche delle mostre ospiti, concepite e realizzate esternamente al museo su temi matematici. Naturalmente non tutte le mostre sono equivalenti. Il nucleo del museo sarà ovviamente costituito (e non potrebbe essere altrimenti) dalle esposizioni a carattere più espressamente matematico, quelle cioè in cui vengano illustrati teorie e metodi della matematica. A questo proposito è importante non farsi condizionare dal livello teorico della matematica proposta: se considerata dal punto di vista espositivo, la matematica elementare non è più facile da spiegare di quella superiore. Per ambedue vale la considerazione che quello che conta non è la maggiore o minore difficoltà degli strumenti usati, ma il grado di comunicabilità dei risultati ottenuti; in altre parole, non è tanto la teoria matematica che interessa, quanto invece la possibilità di una sua descrizione a partire dagli oggetti in mostra, descrizione che sarà tanto più efficace quanto più familiari saranno gli oggetti e i fenomeni che la veicolano.

A questo nucleo "matematico" si potranno affiancare mostre più "culturali", sia di tipo storico che documentario, sempre però cercando di privilegiare, per quanto possibile, l'aspetto interattivo. Una sezione multimediale (essenzialmente video a carattere matematico e ipertesti), e un laboratorio matematico, dove il visitatore potrà passare qualche tempo cimentandosi con problemi semplici ma che richiedono inventiva più che conoscenze, saranno i naturali complementi delle esposizioni.

Ai diversi tipi di attività corrisponde una diversa periodizzazione. Mentre la sezione video può essere allestita in modo permanente (ma anche qui, di fronte a un'offerta crescente di prodotti potrà essere il caso di organizzare dei periodi tematici), il laboratorio dovrà rinnovare costantemente le sue proposte, che altrimenti rischiano di diventare rapidamente obsolete. Anche tra le mostre, quelle matematiche, dalle quali dipende il livello della proposta museale, saranno più stabili delle altre, a carattere più descrittivo. Inoltre esse potranno essere presenti contemporaneamente in più sedi, a marcare il segno distintivo del museo. Infine, le mostre ospiti avranno un tempo espositivo minore, dipendente dalle esigenze dei loro autori. In ogni caso, le differenti sedi dovranno offrire proposte che siano al tempo stesso unitarie e articolate, con una o al più due sezioni in comune, a testimonianza di unità di progettazione e di intenti, e altre sezioni diverse da una sede all'altra, in modo da garantire l'indipendenza delle varie proposte espositive.

La diffusione sul territorio ha anche un secondo vantaggio: la maggiore visibilità da parte delle scuole. Benché non sia diretto esclusivamente alle scuole, ma sia aperto a tutti i cittadini, il museo vede nella scuola un interlocutore privilegiato, e si propone come possibile meta di gite di istruzione scolastica. In particolare, il bacino di utenza principale è costituito dalle scuole situate a una distanza non troppo grande, dalle quali si possa programmare una gita di un giorno. Una struttura policentrica permetterà di coprire senza sovrapposizioni una parte più ampia del territorio nazionale.

La prima di queste unità espositive si è aperta l'11 settembre 1999 nel castello di S. Martino a Priverno (LT). La sua collocazione a circa mezza strada tra Roma e Napoli (Priverno si trova a circa un'ora di treno da Roma, e a un'ora e mezza da Napoli), l'amenità del luogo, con un parco di circa 30 ettari attrezzato per la sosta e il picnic, la contiguità con l'abbazia di Fossanova, una delle perle dell'architettura gotico-cistercense italiana, e con l'area archeologica dell'antica Privernum, fanno del castello di S. Martino una sede decentrata ma promettente per il museo[1].

Una seconda sede è in programma a Firenze, dove sarà ospitata in un edificio messo a disposizione dalla Provincia di Firenze, che ha anche stanziato una somma per i lavori di adeguamento dei locali. L'apertura della sede di Firenze è prevista per il 2001.

---

[1] Il Giardino di Archimede (sede di Priverno) è aperto dal martedì alla domenica. Sono previste anche visite guidate, su prenotazione, per gruppi di più di dieci persone. Per la prenotazione telefonare al numero 0773-904601. Per maggiori informazioni, si può visitare il sito www.sns.it/archimede.

Divulgare la matematica nel mondo

MICHEL DARCHE

In Francia

Fin dai tempi di Bourbaki, la Società Matematica Francese è stata attiva nella divulgazione matematica in ogni parte del paese. Dopo l'esperienza iniziale dello spazio matematico al "Palais de la Découverte" a Parigi, negli anni Ottanta sono state prodotte mostre interattive e nel 1986 è stato creato un vasto spazio espositivo per la matematica nella nuova "Città delle Scienze e dell'Industria" alla Villette a Parigi. La mostra "Orizzonti Matematici", prodotta a Orléans e a Bourges nel 1980, è stata presentata in più di cinquanta nazioni e duecento città ed è stata visitata da più di un milione di persone nel corso di quindici anni. Completamente aggiornata a partire dal 1998, la nuova mostra "Matematica 2000" attualmente è in esposizione in molte nazioni (Turchia, Grecia, Perù, Cile...).

Rendere popolare la matematica: perché è necessario?

"La gente dovrebbe continuare ad apprendere": questo è il principio base della divulgazione matematica. Così, per tutta la vita, dobbiamo armonizzare conoscenze di base e cultura generale.

La formazione e la cultura scientifica devono fondarsi su procedimenti sperimentali, senso di osservazione, auto-interrogazione come ricerca, attenzione per la discussione e per la verifica e, ancora di più oggi, ricerca di ipotesi. In matematica dobbiamo compensare la superiorità della conoscenza operativa sui fatti culturali attraverso l'uso dell'innovazione, dell'immaginazione e dell'abilità di guidare progetti di ricerca. L'onnipresenza della linearità deve far nascere maggior spazio per la complessità. La matematica è presente in tutti gli altri campi scientifici: ovviamente nell'informatica, ma anche nella biologia, nella chimica, nella scienza dei materiali, della terra e della vita, nell'economia e nella finanza e nelle nuove tecnologie della comunicazione.

Il nostro concetto di divulgazione matematica: la ricerca di "problemi giusti"

La conoscenza che i giovani e gli anziani acquisiscono è la risposta alle domande che essi pongono a se stessi (oppure alle domande che vengono loro poste).

Come procedere allora nel fare divulgazione matematica? Andando più vicino agli argomenti di ricerca. Qual è la prima attività di un matematico? O più precisamente, quella che a noi interessa? Noi pensiamo che sia quella che consiste nel sapere come descrivere "problemi giusti".

Per un matematico (o più in generale un ricercatore) un problema di tale genere è un problema che, risolto o no, dovrebbe aiutare a sviluppare nuovi campi di conoscenza. Per esempio, l'ultima congettura di Fermat che, prima di essere risolta recentemente ha condotto a nuove conoscenze e ad argomenti di ricerca. Invece il "teorema dei quattro colori", anche se risolto, non ha aperto nuovi ambiti di ricerca (eccezion fatta per l'uso dei computer per le dimostrazioni matematiche), benché il concetto di algoritmo abbia trovato lì un nuovo campo di sperimentazione. (Cfr.: "Maths à venir", Palaiseau Workshop, 1992).

Per la divulgazione invece, la definizione di problema giusto è stata data da David Hilbert, durante il Primo Incontro Mondiale della Matematica a Parigi nel... 1900!

Nel corso della presentazione dei "27 problemi per il Ventesimo secolo" egli disse che un problema è corretto quando lo si può spiegare a chiunque. Naturalmente egli intendeva la descrizione del problema, non la sua soluzione. Molti quesiti scientifici sono esempi eccellenti di questa definizione, sfortunatamente non tutti: quindi lo scopo della divulgazione dovrebbe consistere nel permettere a tutti di comprendere problemi complessi.

Se ci spostiamo nell'ambito scientifico in generale, oggi possiamo dire che un buon problema può essere spiegato a chiunque, in un'aula o di fronte a un computer.

Ecco qualche esempio:

1. Il volume di un chilo di caffè in grani è più grande o più piccolo di un chilo di caffè macinato?
2. Un metro cubo di sabbia asciutta è più pesante o più leggero di un metro cubo di sabbia umida?
3. M.J. Pérec corre i 200 metri in 21 secondi e 3/10. Johnson li corre in 19 secondi e 3/10. Se dovessero correre insieme, Johnson di quanto dovrebbe ritardare la partenza per dare a Pérec una possibilità di vincere?

Ma anche: .

4. In quale direzione la luna ruota intorno alla terra?
5. Perché in Europa il clima è freddo in inverno e caldo in estate?

Ma veniamo alle nostre iniziative. Esse comprendono le mostre interattive "Maths 2000", "Computer Spirit", "The sky of Babylone", The Sun, our good star!": hanno da 150 a 200 m^2 espositivi e presentano da 20 a 50 esperimenti manuali su vari temi, da quelli classici (Pitagora, prospettiva, logica binaria) a nuovi argomenti di ricerca (frattali, caos, algoritmi, complessità...). Sono molto semplici da installare e vengono proposte a chiunque superi i dieci anni di età.

Ma quando abbiamo dovuto lavorare in piccole città, ci siamo resi conto del problema di trovare spazi sufficientemente ampi per ospitarle. E quindi abbiamo creato le mostre intitolate "12 pannelli, 12 esperimenti", molto facili da installare in una scuola secondaria o in una biblioteca: esse vogliono 80 metri quadri e due o tre scatole che possono trovare posto nel bagagliaio di un'auto.

Abbiamo così costruito piccole esposizioni di matematica come:
- Giochi africani e cultura
- Ordine e caos in natura
- Giochi, casualità e strategie
- Caso e fortuna nella vita
- Descartes: dubbi e certezze del ricercatore
- Dall'occhio al cervello
- Giochi di logica e matematica
- Le vie più brevi

Tutte queste mostre stanno circolando in Francia e all'estero, specialmente nei trenta CCSTI, "Centri di cultura scientifica, tecnica e industriale", che esistono sull'intero territorio francese e in Paesi esteri (Spagna, Grecia ecc....).

Prepariamo anche interventi per gli studenti. Al CCSTI della regione "Centro" francese, ci impegniamo soprattutto per allievi e insegnanti. In particolare proponiamo alle scuole secondarie, anche alle più piccole, di accogliere un ricercatore, che possa descrivere il proprio lavoro e trasmettere la propria passione. È quella che abbiamo chiamato "operazione 100 ricercatori in 100 classi", ogni anno. Inoltre, all'interno dei progetti educativi e in collaborazione con i laboratori/seminari scientifici, costruiamo interventi di formazione per insegnanti.

In Grecia

In Grecia sono stati progettati, attorno a esposizioni sulla matematica ("Maths 2000"), sui computer ("Computer spirit") e sulla fisica, due edifici per studenti dai dodici ai ventidue anni. Il primo è in funzione da tre anni ad Atene, il secondo verrà inaugurato a Patrasso nel settembre 2000. Gli studenti e i loro insegnanti possono trattenersi da un giorno a una settimana, organizzando la loro giornata intorno a tre o quattro attività:
- visite alle mostre interattive;
- laboratori di formazione;
- consultazione nell'aula multimediale;
- laboratori su modelli computerizzati.

La funzione e il sistema didattico-educativo che si svolgono al Centro Scientifico (CES) non sostituiscono in nessun modo quanto viene insegnato e acquisito a scuola. E in nessun modo il CES dovrebbe essere considerato come un museo scientifico, dove gli studenti in qualità di visitatori-turisti fanno capolino alle mostre.

Ognuna delle dodici mostre di "Maths 2000" e delle dodici di "Computer Spirit" dell'Esposizione Permanente del CES si focalizza su una specifica area tematica, funziona con uno specifico metodo didattico e crea apprendimento; tutto ciò viene ottenuto attraverso l'interazione perfettamente organizzata tra mostre e studenti.

Sotto lo stimolo della creazione, lo studente è chiamato a cercare, scoprire, spiegare e comprendere nozioni e fenomeni la maggior parte dei quali ha già appreso o sta apprendendo a scuola. Gli viene chiesto di usare la sua mente creativa e l'immaginazione; viene preparato e indirizzato a proporre precise formulazioni dei problemi, di leggi e funzioni fisiche, e potrà subito dopo dare corrette e accurate spiegazioni e soluzioni.

In questo modo il CES gioca e dovrebbe giocare un ruolo integrativo con la scuola. Inoltre i visitatori-insegnanti sono in grado di rilevare le reazioni dirette degli studenti in relazione alle mostre, come pure il processo educativo che si svolge al CES.

Il processo di apprendimento punta a fare in modo che lo studente sia capace di: interagire con le mostre, analizzare i fenomeni, trovare la soluzione di un problema sulla carta e a tavolino.

Più precisamente, l'insegnante che appartiene al Gruppo Educativo del CES (EG) presenta le mostre all'inizio della visita e poi gli studenti, divisi in gruppi, si concentrano sulle mostre scelte in base ai loro interessi personali e così l'interazione educativa inizia in modo organizzato.

Nella prima fase del processo educativo gli studenti sono guidati a una interazione con le mostre, osservano i fenomeni, riflettono seriamente, scoprono nozioni e propongono ragionamenti scientifici, e fanno ipotesi.

Nel corso della seconda fase gli studenti vengono condotti in un'aula dove, attraverso un processo di insegnamento-dialogo e attraverso l'uso di materiale educativo scientifico speciale (per esempio, videocassette, multimedia, software specifici), focalizzano l'attenzione su uno dei fenomeni-argomenti che ha provocato in loro un qualunque tipo di dubbio durante l'interazione con le mostre. Vale la pena di dire che durante questa fase non mancano dibattiti, analisi e spiegazioni e che gli studenti stessi diventano "primi attori". È interessante ricordare in questa sede che gli studenti stupiscono per la quantità e la qualità delle loro domande, così come per i metodi usati per affrontare e risolvere i problemi emersi.

Durante l'ultima fase del processo educativo gli studenti, divisi in gruppi di 5-8, sono occupati con specifici problemi e domande e li scrivono sulla carta. I campi di esercitazione sono i seguenti:
– le applicazioni dell'informatica nel laboratorio del Computer;
– la relazione matematica-informatica;
– fisica-informatica;
– le applicazioni della matematica nelle scienze;
– il rapporto matematica-informatica con l'arte;
– la tecnologia dell'antica Grecia;
– Cd formativi/Video;
– quesiti emersi durante le fasi A e B;
– utilizzo della biblioteca elettronica, biblioteca internet;
– altre attività formative.

Nel corso di questa fase gli studenti spiegano correttamente quanto hanno capito, e nello stesso tempo imparano a discutere, cooperare, decidere e dare una soluzione insieme.

Successivamente si dividono in gruppi che valutano il processo educativo e presentano le proprie conclusioni.

Nel corso delle tre fasi formative ci sono intervalli in cui gli studenti hanno l'opportunità di ascoltare musica, fare uno spuntino e parlare con altri studenti e con gli insegnanti.

Prima che se ne vadano, gli insegnanti dell'EG chiedono ai visitatori, studenti o insegnanti, di riempire un questionario, che ha lo scopo di migliorare il sistema formativo del CES.

Alla fine di ogni semestre gli insegnanti-visitatori sono invitati a un Seminario tenuto dai membri dell'EG, nel corso del quale i membri del Comitato Scientifico e dell'Istituto di Pedagogia hanno l'opportunità di esprimere il loro pensiero sulle questioni formative. Le conclusioni del Seminario vengono inviate al Ministero dell'Educazione e agli equivalenti Dipartimenti e Istituzioni.

Infine, il CES tiene incontri formativi e seminari, cui prendono parte insegnanti greci e stranieri che discutono sulle loro esperienze di insegnamento e sulle loro idee di formazione in ambito greco, europeo e internazionale.

Durante i primi tre anni della sua esistenza, più di 20.000 studenti hanno preso parte alle visite formative del CES.

Da tale esperienza si possono trarre interessanti considerazioni:

- Numerosi studenti di Atene e di altre città e luoghi della Grecia hanno chiesto di visitare il CES e partecipare alle attività formative che sarebbero durate più di una giornata.

Gli studenti di una scuola fuori Atene, per esempio, dopo la prima visita al CES, durante la quale era stata svolta un'attività focalizzata sulla Simmetria, sono stati divisi in gruppi a scuola e hanno lavorato su quell'argomento per tutto l'anno. Nel corso della seconda visita, l'anno scolastico successivo, hanno presentato il loro lavoro e hanno colpito l'auditorio per il modo in cui avevano lavorato e per la profondità di pensiero e di ricerca che avevano raggiunto.

- La percentuale più bassa di studenti che hanno visitato il CES frequenta il livello C della Scuola secondaria superiore e deve affrontare gli esami di ammissione all'Università. Di conseguenza, essi dovrebbero seguire "una metodologia e uno studio standardizzati", mentre il CES si basa su "un apprendimento libero e la ricerca della conoscenza".

- Gli studenti "peggiori" a scuola sono stati quelli che hanno partecipato efficacemente al CES e hanno dato soluzioni corrette a problemi pertinenti con le mostre.

- Gli studenti provenienti da "zone meno privilegiate" erano più interessati alle mostre e hanno partecipato più attivamente e positivamente rispetto a quelli provenienti da "zone ricche".

- Il programma pilota rivolto agli studenti della scuola primaria era notevolmente positivo e incoraggiante.

- Le visite formative di studenti disabili sono state molto coinvolgenti e hanno indotto a cercare nuovi modi e una migliore organizzazione per facilitarne la partecipazione.

- Quasi tutti gli studenti che visitano il CES chiedono ai loro insegnanti di programmare una seconda visita il più presto possibile, per avere la possibilità di analizzare a fondo le mostre che maggiormente li hanno interessati, dato il poco tempo a disposizione.

185

– La maggioranza degli insegnanti-visitatori ha chiesto di tornare per proprio conto a visitare il CES, per avere l'opportunità di essere meglio informati, di studiare e analizzare le mostre nel dettaglio e, in generale, per collaborare ed essere in rapporto scientifico più serrato con gli insegnanti del CES.

– Subito dopo l'inizio dell'anno scolastico tutti i giorni risultavano già prenotati e, di conseguenza, non è stato possibile soddisfare tutte le richieste ricevute.

"Maths Tour": la matematica fra la gente

Richard Mankiewicz

"Il Mistero Matemagico in Viaggio" (*Maths Tour*) è una mostra itinerante che si pone lo scopo di avvicinare la matematica alla gente comune e che è stata pensata per essere esposta nei centri commerciali. Fino ad oggi l'abbiamo presentata a Londra, Edimburgo e Livingston e speriamo di fare un "tour" nazionale per l'Anno 2000 della Matematica. La prima mostra pilota è stata finanziata dal "Millennium Awards Scheme", amministrato dalla "Royal Society" e dalla "British Association for the Advancement of Science" e finanziato dalla "Millennium commission".

Vorrei riferire alcune esperienze relative alla preparazione della mostra e alcune riflessioni sui futuri possibili sviluppi di questi "eventi". Il mio intervento non intende essere né erudito né accurato, ma vuole solo testimoniare il mio pensiero attuale sulla crescente consapevolezza pubblica nei confronti della matematica, alla luce delle osservazioni del modo in cui il pubblico ha interagito con il *Maths Tour*.

La mostra è composta da un cubo centrale, con lati di due metri di lunghezza, da cui si irraggiano le attività. Si tratta di una struttura flessibile che in totale abbisogna di 20-30 metri quadri di spazio, se si tiene conto del flusso dei visitatori. Siccome desideravamo sperimentare molti tipi diversi di attività, la mostra offre giochi matematici manuali e rompicapo, un'installazione video, computer, un piccolo negozio (se il centro commerciale lo permette) e numerosi punti di volantinaggio.

Siamo stati colpiti dal fatto che le attività di gran lunga più popolari sono state i giochi e i rompicapo: oltre l'80% dei visitatori intervistati ha affermato che quelli erano i motivi che li hanno fatti fermare allo *stand*, e per così tanto tempo. La mostra era molto colorata e attraente, coperta con cartelloni di strutture matematiche, e il quadro d'insieme assomigliava a un luogo dove giocare con la matematica. Credo che si debba qui tenere conto di un fattore molto importante, e cioè che l'apprendimento attraverso il gioco non deve essere sottostimato e che un piacevole approccio alla soluzione dei problemi, quale il metodo per tentativi, è molto più vicino alla realtà di un matematico o di uno scienziato rispetto alla presentazione di aride formule seguita da esercizi ripetitivi. Una delle riflessioni più belle fatte da un bambino è stata che i rompicapo sono "difficili ma fantastici". Questo giudizio è stato ripetuto da altri visitatori che si intestardivano nella soluzione di un gioco particolare e che non apparivano imbarazzati dalla difficoltà. C'era una gamma di attività di diversa difficoltà e c'erano alcuni giochi senza limite di tempo, come la copertura con le tegole. Siamo stati molto contenti nel notare che il criterio principale per il successo di un'attività non era il suo grado di difficoltà, ma il fatto che risultasse noiosa oppure no. Talvolta i rompicapo facili erano davvero considerati noiosi perché troppo banali. "È bello essere capaci di pensare alle cose" – ha detto una donna – "specialmente in un posto come questo". Commenti del genere devono essere tenuti in maggiore considerazione e, se lo fossero, sarebbero di enorme aiuto nella preparazione di *curricola* realmente efficaci per i nostri bambini e realmente capaci di interessare nuovamente gli adulti alla matematica. Tentativi per rendere più semplice la materia potrebbero avere l'effetto opposto a quanto ci si aspetta e renderla più noiosa e ancora meno interessante.

Alla mostra è stato rilevato un forte contrasto tra l'interazione del pubblico con le attività manuali e quella con le attività interattive sul computer. L'onnipresente uso del computer a casa, a scuola e al lavoro, e il crescente uso di Internet ci ricordano che la pura e semplice presenza di un computer in una mostra non è un'attrazione sufficiente. Di fatto solo il 15% degli intervistati lo ha citato come l'attività più gradita. Tale percentuale è probabilmente abbastanza alta da giustificare il fatto che alcune attività al computer vengano ripetute, ma bisogna pensare con cura di che tipo esse debbano essere. I costi per l'adattamento dei software ad una mostra e per fornire i necessari sistemi di sicurezza devono essere proporzionali al suo gradimento presso il pubblico. Per il futuro si potrà pensare alle potenzialità dei computer in modo più fantasioso, che colpisca più di un semplice monitor e di un *mouse*.

Nel dibattito "manualità contro computer" penso si debba solo accettare il fatto che ciascuno ha i propri punti di forza e di debolezza. Una mostra sulla crittografia o sulla teoria dei giochi avrebbe probabilmente bisogno di un computer, così come la visualizzazione di molte ingegnose strutture matematiche. Tuttavia, secondo me, ruotare un poliedro sullo schermo è un'esperienza di gran lunga inferiore rispetto alla manipolazione fisica di un oggetto reale. Siamo esseri dotati di fisicità e dovrebbe essere saggio studiare modi in cui il manipolare e il giocare con le cose aumenta la nostra esperienza e la nostra comprensione persino delle idee astratte. La libertà di adattare (o modificare) l'oggetto esposto per altri fini è una libertà non consentita all'interno del mondo costruito di un programma. Di gran lunga l'esposizione singola di maggior successo è stata la sfera di Hoberman. Dopo l'iniziale stupore, alcuni bambini hanno cominciato ad usarla per inventare giochi quali la pallavolo. Una storia divertente, anche se slegata dal *Maths Tour*, riguarda un museo di cui non dirò il nome. Una mostra interattiva, temporaneamente ospitata all'interno di un museo tradizionale, ha avuto tanto successo che gli addetti alla sicurezza continuavano a ricordare ai bambini che la restante parte del museo non era assolutamente interattiva!

Ritornando ai contenuti del *Maths Tour*, il video comprendeva molti cortometraggi televisivi riguardanti la matematica. Questi programmi erano prodotti dalle reti BBC, Channel 4 e WQED Pittsburg, ed erano diretti a diverse fasce di età. Era del tutto ovvio che l'obiettivo principale del video fosse quello di attrarre come un faro la gente che poteva vederlo da lontano. Pochi visitatori hanno trovato il tempo o la voglia di guardare il video come un programma completo e in molti casi esso è stato vissuto più come un elemento decorativo dell'insieme del progetto piuttosto che un'attività separata sullo stesso piano dei rompicapo e dei computer. Abbiamo preparato anche una lotteria con premi matematici e, dove possibile, abbiamo posto in vendita una gamma limitata di prodotti, principalmente giochi, rompicapo e software.

Gli assistenti della mostra erano di solito studenti del posto, sia universitari sia studenti medi degli ultimi anni. Tutto ciò ha funzionato in generale molto bene e in generale si è avuta una buona combinazione di collaboratori maschi e femmine, anche se spesso ci sono state solo ragazze. Questo fatto è stato di grande aiuto per sfatare il mito che la matematica sia esclusivamente per i ragazzi. È stata pure un'esperienza utile per gli assistenti, che hanno preso confidenza nel trattare con gente comune e nel migliorare le loro capacità comunicative tanto quanto nel rovesciare la situazione sugli insegnanti. Le autorità locali preposte all'educazione hanno prestato particolare attenzione a questo aspetto del *Maths Tour* e in futuro avremo a disposizione come assistenti anche insegnanti specializzati.

La risposta del pubblico al *Maths Tour* è stata indubbiamente positiva. I fine settimana sono stati molto affollati e in una settimana si è calcolato che circa 20.000 persone hanno avuto in qualche modo a che fare con la mostra, anche se si è trattato solo di prendere un opuscolo. Il numero dei visitatori è stato circa il 10% della media di quelli che sono passati per la mostra. Il 40% circa dei visitatori ha trascorso meno di cinque minuti allo stand, ma più del 15% vi ha trascorso più di 20 minuti. La gente di solito frequenta le aree commerciali pedonali per ragioni molto diverse sicché siamo stati molto contenti del livello di interesse e del fatto che il contenuto della mostra sia stato capace di sostenere sia l'interesse più lungo sia una veloce visita. Penso che esso abbia pure giustificato l'intera filosofia del portare la matematica dentro spazi pubblici ad alta densità. Dove potremmo ottenere un tal numero di visitatori? Forse solo all'interno di altri spazi pubblici quali i saloni aeroportuali e le stazioni ferroviarie. L'idea e le ambizioni del *Maths Tour* erano di mettersi in contatto soprattutto con quelle persone che forse non avrebbero normalmente frequentato eventi scientifici o matematici. Penso che ci siamo riusciti e guardiamo avanti per ulteriori valutazioni su ciò che i visitatori hanno ricavato dall'esperienza dopo aver visitato la mostra.

Gli opuscoli informativi che avevamo presso lo *stand* sono stati un aspetto cruciale dell'intera impresa. Dopo aver attirato i visitatori allo *stand* ed aver reso l'ambiente intrigante e piacevole, era importante che la gente portasse via con sé i mezzi per continuare l'interesse acceso dal *Maths Tour*. L'informazione era un insieme di risorse didattiche come la lista dei programmi della BBC e di Channel 4, come pure cataloghi di prodotti di didattica della matematica e informazioni sulle risorse locali e sulle attività sia per i bambini sia per gli adulti. Gran parte di questo materiale informativo raggiunge rapidamente gli insegnanti, ma la maggior parte dei genitori non lo ha mai visto. La mostra si è così trasformata in un elemento importante per collegare i mondi dell'educazione scolastica e dell'apprendimento domestico. Insegnanti e genitori possono accedere alle stesse risorse, creando in tal modo un miglior ambiente di apprendimento per i

189

bambini. Avremmo potuto avere solo uno *stand* promozionale con uno schermo portatile, un tavolo e mucchi di opuscoli, ma non avrebbe attirato il numero di persone che abbiamo avuto alla mostra. Ho osservato *stand* simili e la prima reazione della gente è stata quella di allontanarsi velocemente per paura che qualcuno volesse vendere qualcosa, e nessuno vuole essere intrappolato in una vendita, persino in un centro commerciale. La gente ha inoltre scarsa immaginazione nei confronti della matematica, forse per il proprio vissuto scolastico sia passato sia presente, e dunque è stato importante creare un fattore di attrazione. Penso che abbia funzionato.

Le critiche che hanno preso di mira il *Maths Tour* riguardano il fatto che non si tratta di "vera e propria matematica" e che non insegna nessuna matematica. Affermo categoricamente che lo scopo del *Maths Tour* non è insegnare matematica ma cambiare l'atteggiamento verso la matematica. Se fossimo capaci di cambiare gli atteggiamenti della gente in positivo, allora penserei di aver fatto bene il nostro lavoro. Se la gente fosse capace di fare il passo successivo verso un ambiente di maggior sostegno per l'apprendimento matematico, allora penserei di aver fatto un buon lavoro. L'intero progetto si è focalizzato sul colore e sulla geometria e le attività mettono in gioco e stimolano - non c'è neppure un'equazione in vista. La matematica è implicita piuttosto che esplicita. Ciò che desidero incoraggiare è il pensiero matematico, il pensiero creativo e la soluzione di problemi - atteggiamenti e metodi che sono molto più utili e importanti per la maggior parte delle persone rispetto, per esempio, all'apprendere una formula per risolvere equazioni di secondo grado. Penso che la gente sarebbe fuggita dalla mostra se questa fosse stata impostata come strumento didattico. Uno degli assistenti a Livingston ha detto che "mai si sarebbe potuto pensare che un minuscolo rompicapo avrebbe fatto pensare alla matematica". Ecco esattamente l'atteggiamento diverso in cui la mostra dà il suo meglio. L'educazione matematica formale deve essere lasciata alle istituzioni, o ancor meglio, dovrebbe essere incoraggiata come un'attività personale.

Si devono anche tenere in considerazione le dinamiche di un centro commerciale e il tempo di cui dispongono le persone per fermarsi ed essere coinvolte in una mostra che a molti è parso strano vedere. Pochissime persone hanno trascorso più di mezz'ora allo *stand* e così le attività dovevano avere un impatto immediato. Non penso che potremmo permetterci mostre troppo parlate o che richiedano troppo tempo per capire. Infatti credo che in una mostra uno dei problemi con il computer stia nel fatto che per trarre un beneficio reale da un programma occorre averci navigato un po' e aver capito l'intento e la struttura del programma. Questo funziona bene nella tranquillità della propria casa, ma in un ambiente febbrile bisogna avere un ritorno più a breve termine. Non è questione di diminuire gli intervalli dell'attenzione, ma di motivazione e ambiente. Le mostre che funzionano bene in un centro scientifico possono non avere successo in un allestimento itinerante. Può essere vero anche il contrario. Tuttavia, penso che qualcosa di simile al *Maths Tour* andrebbe bene come pubblicità per un centro scientifico locale che abbia intenzione di aumentare il numero dei visitatori. In qualità di "assaggio" avrebbe bisogno di avere il medesimo impatto di una pubblicità.

Quanto al mostrare l'utilità della matematica nella vita quotidiana, il video è stato molto eloquente, specialmente lo sono stati i programmi statunitensi "Vita coi Numeri". Ma credo che per promuovere le applicazioni della matematica occorra una mostra separata e che tentare di mettere insieme troppi messaggi diversi in uno spazio relativamente piccolo avrebbe confuso l'intento e fatto perdere di vista il nostro scopo principale. La matematica è ancora una materia troppo nascosta e ci sono pochi prodotti specificamente matematici. Per esempio, nonostante tutta la matematica impiegata nella progettazione di un'auto, niente di questa la renderà vendibile e ad un occhio inesperto non apparirà in nessun modo. La gente sceglie un'auto per la forma e per il funzionamento senza neppure interessarsi alla scienza che contiene. Persino il software non è generalmente guardato come una branca della matematica, e l'interesse principale del consumatore sta nel chiedersi se il programma fa quello che egli vuole e non è interessato al codice sottinteso. Tutto ciò per dire che questi problemi sono aspetti importanti da affrontare nel nostro sforzo di promuovere la matematica presso un pubblico più ampio, ma con il *Maths Tour* non hanno esplicitamente nulla a che fare.

Dopo aver progettato il prototipo del *Maths Tour*, e dopo la mia esperienza in pubblico con esso, penso che il modo in cui ha funzionato abbia condotto ad un raffinamento delle mie idee iniziali su ciò che avrebbe potuto essere raggiunto e dei metodi richiesti per raggiungerlo. Penso che il modo di andare avanti sia quello di fare matematica visiva e tattile. Questo sarebbe una miscela di attività manuali e interattività controllata dal computer. La matematica e la scienza generalmente non si sono molto interessate del pubblico e la comunicazione si è principalmente rivolta ai professionisti (o agli enti erogatori di fondi). Se si dovesse promuovere la matematica ad un più alto livello, allora sento che avremmo bisogno di focalizzarci molto di più sul pubblico, o sui vari generi di pubblico. Abbiamo bisogno di imparare le abilità del *marketing*, della pubblicità, del *design* e della comunicazione. Tutto ciò non per rendere oscura ancora di più la matematica, ma per sviluppare una gamma più vasta di mezzi di comunicazione. Sento che il nostro compito è analogo a quello del traduttore di idee da una lingua all'altra, dove spesso gli idiomi sono molto diversi per esprimere il medesimo concetto. Come analogia, se facessimo un paragone tra matematica e musica, scopriremmo che entrambe hanno un linguaggio specifico e i praticanti nei rispettivi campi possono comunicare l'un l'altro in una lingua che sarebbe geroglifico puro per un esterno. Ma la musica ha un volto pubblico, un'esecuzione può essere apprezzata anche da chi non è in grado di leggere la partitura, mentre la matematica finora può fare poco in termini di spettacolo. Penso che gli sviluppi nella matematica visiva, nei video e nella grafica computerizzata, insieme con installazioni interattive possano preannunciare un nuovo approccio alla presentazione della matematica a un pubblico più vasto. Oggi esistono numerosi bei libri di divulgazione del sapere matematico, ma io credo che per allargarne l'impatto culturale occorra sfruttare anche altri mezzi di comunicazione.

Per il futuro, spero di poter portare il *Maths Tour* ancora in giro in una nuova edizione ridisegnata e costruita per accentuare gli elementi di maggior successo di questi programmi sperimentali. Vari sono gli aspetti della matematica che si possono promuovere nel futuro e dovranno forse passare alcuni anni prima che la novità sia consumata dal pubblico. Sarebbe pure interessante vedere se questa esperienza sarà esportabile in altre nazioni. Ho il sospetto che i bambini siano uguali dappertutto e che giocare non passerà mai di moda.

matematica
e letteratura

Matematica e letteratura

Lucio Russo

Se si prescinde dall'ovvia influenza della scienza sui generi minori della divulgazione scientifica e della fantascienza, i rapporti tra scritti della scienza esatta e scritti letterari appaiono in genere secondari ed eccezionali, anche se è accaduto più volte che in un'opera letteraria siano contenute delle interessanti osservazioni sulla matematica (si può ricordare, come esempio rilevante, *Il giovane Törless*).

Lo scopo di questo intervento è tuttavia quello di accennare a due altri tipi di interazione tra mondo matematico e mondo letterario che, pur essendo spesso ignorati, meriterebbero probabilmente un esame più attento.

Retorica e dimostrazione matematica

Quintiliano, nell'*Institutio oratoria* (I, 10) scrive:

> La geometria ha stretti rapporti con l'arte oratoria. Innanzitutto l'ordine, necessario alla geometria, lo è anche all'eloquenza. La geometria parte da alcune premesse per giungere alla conclusione e dimostra cose [inizialmente] incerte usando affermazioni certe: e non facciamo lo stesso noi, quando pronunciamo un'orazione? La soluzione delle questioni proposte non si basa quasi totalmente su sillogismi? [...] Anche l'oratore [...] userà se necessario i sillogismi e certamente l'entimema, che equivale al sillogismo della retorica. Infine le più valide prove sono le cosiddette γραμμικαὶ ἀποδείξεις (dimostrazioni lineari) e a quale fine tende un'orazione se non alla dimostrazione incontrovertibile? [...] Non può esservi oratore che non conosca la geometria.

Le affermazioni di Quintiliano possono apparire, appunto, un esercizio retorico, ma contengono invece il ricordo indiretto di un rapporto genetico tra oratoria e geometria. Non solo quelle ricordate da Quintiliano, ma anche altre forme di argomentazione erano apparse nelle orazioni prima che nelle dimostrazioni matematiche.

In realtà non è difficile tracciare una linea continua che connette le forme di argomentazione studiate nelle scuole di retorica con le "dimostrazioni" proprie delle scuole filosofiche presocratiche, con la teoria del sillogismo sviluppata da Aristotele e con il metodo dimostrativo che divenne usuale in matematica. Il legame tra oratoria e dimostrazione (nella sua versione "sillogistica") è particolarmente chiaro nella *Retorica* di Aristotele, in cui si identificano molti diversi tipi di argomentazione e si sottolinea che gli entimemi dei retori non sono altro che sillogismi. Aristotele presenta la retorica come un'applicazione degli strumenti da lui stesso elaborati nelle opere di logica, ma l'ordine storico era stato evidentemente l'inverso. Poiché i trattati di arte retorica avevano preceduto di circa un secolo le opere di logica, dobbiamo pensare che la teoria del sillogismo fosse nata, almeno in qualche misura, come riflessione sull'entimema sviluppato nell'ambito della retorica deliberativa e giudiziaria. Non è questo il luogo per descrivere le differenze tra il metodo dimostrativo euclideo e la dimostrazione sillogistica di Aristotele, ma l'esistenza di uno stretto legame tra le due forme di argomentazione mi sembra del tutto evidente.

L'affermazione finale di Quintiliano andrebbe quindi in un certo senso invertita: non poteva esservi geometra (del periodo arcaico) ignaro delle arti della retorica. Oggi che il termine retorica ha assunto per lo più un significato dispregiativo e la cultura classica è divenuta una rarità tra i matematici, questa origine, in un certo senso letteraria, del metodo matematico può apparire a molti strana, ma dovrebbe far riflettere. L'arte della retorica consisteva nella capacità di argomentare in modo convincente in assemblee con potere decisionale e non a caso non aveva avuto alcun posto in regimi autocratici. Mentre nell'Egitto faraonico non si era sviluppato alcun metodo dimostrativo e i papiri matematici dell'epoca contengono solo prescrizioni da seguire scrupolosamente sull'unico fondamento del principio di autorità, l'arte della retorica si sviluppò nelle democrazie greche del V secolo. Vi è quindi un importante legame tra l'esistenza di qualche forma di democrazia e lo sviluppo delle capacità argomentative che ha portato al metodo dimostrativo.

Anche nell'Europa moderna, fino a qualche decennio fa, le capacità argomentative degli esponenti della classe dirigente avevano tratto profitto dallo studio della geometria razionale, che era considerato una delle basi dell'istruzione impartita nelle scuole superiori. Basta seguire qualche dibattito televisivo per verificare come la demolizione del metodo dimostrativo nelle scuole, ormai quasi completa, si sia accompagnata all'abbassamento delle capacità argomentative dei politici e del pubblico. Il disprezzo diffuso dai media verso i "teoremi" è uno degli elementi del processo in atto, che sta gradualmente eliminando il metodo dimostrativo anche dagli studi universitari.

Letteratura e disinformazione scientifica

Edgar Allan Poe conclude il suo racconto *Il mistero di Marie Roget* con le seguenti riflessioni:

[...] non dobbiamo dimenticare che lo stesso Calcolo delle Probabilità al quale mi sono riferito vieta qualsiasi forma di ulteriore parallelismo: lo vieta con una forza e una decisione tanto maggiore quanto più prolungato ed esatto è già stato questo parallelismo. Questa è una di quelle affermazioni eccezionali, che per quanto si riferiscano apparentemente al pensiero in modo del tutto distinto dalla matematica, tuttavia sono tali, quali soltanto un matematico può comprendere a fondo. Per esempio è molto difficile persuadere il lettore comune che il fatto che un giocatore di dadi abbia tirato due volte di seguito sei, sia causa sufficiente a far scommettere con la maggiore probabilità che il sei non uscirà in una terza giocata. Un pensiero simile di solito è immediatamente respinto dall'intelletto. Non si capisce perché le due giocate già eseguite, e ormai del tutto immerse nel passato, possano avere influenza sulla giocata che esiste solo nel futuro. La possibilità di tirare di nuovo sei sembra identica a quella precedente in un momento qualunque: vale a dire, soggetta soltanto all'influenza delle altre varie giocate che possono essere fatte. E questo pensiero pare così estremamente ovvio, che i tentativi di controbatterlo sono accolti molto più spesso con un sorriso di derisione che con un barlume di attenzione rispettosa.

Questo brano suggerisce una serie di considerazioni. La prima, del tutto ovvia, è la constatazione che Poe non capisce nulla dei fondamenti del Calcolo delle Probabilità. Egli ritiene che un dado ricordi le facce uscite precedentemente, disponendosi a non mostrare un sei se questo numero è stato già mostrato nei due lanci precedenti. Il brano è, a mio parere, di notevole interesse: non, ovviamente, per queste affermazioni assurde, ma (come mi è stato segnalato dallo studente Alessandro Della Corte, che ringrazio) per il riconoscimento che esse appaiono appunto assurde, sulla base del semplice buon senso, a quelli che Poe chiama lettori comuni. Chiunque abbia studiato Calcolo delle Probabilità può testimoniare di aver fatto innumerevoli volte l'esperienza opposta: quella cioè di tentare inutilmente di estirpare l'idea assurda di Poe dalla testa di gente comune, che ben difficilmente si lascia guidare da quel buon senso che Poe (senza riconoscerlo) trovava così abbondante nei suoi interlocutori.

Il contrasto tra l'esperienza riferita da Poe e la nostra ammette due possibili spiegazioni. La prima, più banale, è quella che lo scrittore americano, oltre a non capire la matematica, non capisse neppure i discorsi della gente comune, o ne inventasse gratuitamente le opinioni. Si tratta però di una spiegazione non solo eccessivamente impietosa verso un intellettuale indubbiamente brillante, ma anche ben poco attendibile. È molto improbabile, infatti, che idee corrette attribuite ad altri siano prodotte da chi le critica senza capirle.

Resta l'altra possibile spiegazione, molto più inquietante: quella che l'intuizione dei non matematici sui fenomeni casuali sia drasticamente peggiorata dall'epoca di Poe ad oggi (il racconto è del novembre 1842). Vari elementi sembrano confermare questa interpretazione.

Notiamo innanzitutto che Poe non contrappone a quella che giudica una fallace intuizione degli ignoranti alcun argomento razionale, ma solo il principio di autorità. Egli ritiene che il Calcolo delle Probabilità abbia ottenuto dei risultati che non possono essere capiti dai non matematici, in quanto appaiono contrapposti a idee estremamente ovvie.

È evidente che sarebbe stato impossibile concepire un simile argomento prima che la legge dei grandi numeri fosse stata formulata, divulgata e fraintesa. Possiamo supporre che gli interlocutori di Poe non fossero stati ancora raggiunti dalla cattiva divulgazione matematica che aveva neutralizzato il naturale buon senso dello scrittore. In realtà molte assurdità largamente diffuse possono spiegarsi solo come degenerazioni di affermazioni scientifiche. Ne possono essere dati molti esempi dall'antichità ad oggi. Per rimanere nell'ambito della probabilità si può notare che anche oggi coloro che giocano al lotto sui numeri ritardati e gli altri sostenitori di idee analoghe non difendono le proprie teorie con argomentazioni basate sul buon senso, ma sostenendo di applicare risultati matematici e invocando il principio di autorità.

La consuetudine alla convivenza con una scienza di cui non si capisce la logica interna, ma della quale si ammira la potenza, indebolisce gravemente la fiducia della gente comune nel buon senso. C'è da pensare che in questo processo un ruolo sia stato svolto dalla letteratura. Lo stesso racconto di Poe, ad esempio, deve avere avuto qualche effetto fuorviante sui concetti probabilistici dei suoi numerosissimi lettori. Naturalmente oggi i nuovi *media* permettono un'opera di disinformazione molto più pervasiva e potente.

Dalla Galilea a Galileo

Piergiorgio Odifreddi

La matematica esercita la sua influenza più immediata e diretta sulle credenze, non soltanto su quelle religiose, attraverso la numerologia. L'esempio più tipico è dato dai *numeri perfetti*, quelli cioè che sono uguali alla somma dei loro divisori (incluso 1 ma escluso, ovviamente, il numero stesso). I primi due esempi di numeri perfetti sono 6 e 28, rispettivamente somma di 1, 2 e 3, e di 1, 2, 4, 7 e 14.

Già la scelta del loro nome attesta la venerazione che i greci attribuivano ai numeri perfetti. Nella *Creazione del mondo* il filosofo ebreo del primo secolo Philo Judaeus sostenne addirittura che Dio creò il mondo in sei giorni proprio perché il numero 6 è perfetto: un modo garbato, da parte Sua, di attirare l'attenzione sulla perfezione dell'intera impresa. Nella *Città di Dio* (XI, 30) Agostino si associò, commentando:

> Pertanto non dobbiamo disprezzare la scienza dei numeri, che in molti passaggi della Sacra Scrittura risulta di grande aiuto all'inteprete meticoloso.

A partire dal Medioevo, furono le problematiche filosofiche e matematiche connesse con la nozione di infinito a sconfinare spesso nella teologia. Uno dei problemi che assillarono gli scolastici fu, ad esempio, la tensione fra l'onnipotenza divina da una parte, asserita dal *Vangelo secondo Luca* (I, 37) e l'impossibilità dell'infinito attuale in natura dall'altra, decretato invece da Aristotele. Se Dio era veramente onnipotente, perché non avrebbe potuto creare una pietra infinita? La risposta di Tommaso d'Aquino nella *Summa Theologiae* (VII, 2) fu:

> Come Dio, benché abbia una potenza infinita, non può creare qualcosa di increato, perché ciò farebbe coesistere cose contraddittorie, così non può creare qualcosa di assolutamente infinito.

In altre parole, un essere onnipotente può fare tutto ciò che è possibile, ma neppure lui può fare l'impossibile, che altrimenti non sarebbe più tale.

Gregorio da Rimini ritenne invece che lo zenoniano regresso infinito potesse andare in soccorso nientemeno che dell'Altissimo. Egli dimostrò che, se avesse voluto, Dio avrebbe potuto creare una pietra infinita nel giro di una sola ora: bastava che incominciasse con una pietra di un chilo, che vi aggiungesse un chilo dopo mezz'ora, un altro chilo dopo un quarto d'ora, e così via.

Giovanni Buridano non ne fu convinto: secondo lui l'argomento mostrava solo che Dio poteva creare pietre di grandezze illimitate in meno di un'ora, ma non che potesse completare l'opera.

Nicola Cusano fu il primo teologo ad affrontare di petto il problema dell'infinito in teologia. Egli tentò di fondare il cristianesimo su un sistema filosofico di ispirazione matematica, che presentò in due versioni: geometrica nel *De docta ignorantia*, e aritmetica nel *De conjecturis* (nel seguito, ci riferiremo a queste opere indicandole rispettivamente con D e C).

Per Cusano, come per tutti i mistici, Dio è ineffabile, e non se ne può parlare che in modo negativo (D, 87): la teologia non può quindi essere che "chiara e breve" (C, 20), e la cosa potrebbe (e dovrebbe) finire qui. Cusano trova però una scappatoia: se non si può arrivare all'ineffabile direttamente, lo si può metaforicamente attraverso l'infinito, che è appunto *non*-finito, e quindi attraverso la matematica (D, 33). Questa gli fornisce dunque tutta una serie di immagini, che dovrebbero servire a mostrare ciò di cui non si può parlare. Ad esempio, il fatto che una retta consti di tanti punti quanti ciascuno dei suoi segmenti, mostra che Dio può, allo stesso tempo, essere interamente in ciascuna delle sue creature, e contenerle tutte (D, 51).

Analogamente, il fatto che una retta sia un triangolo infinito mostra che Dio può essere allo stesso tempo uno e trino (D, 56). Allo strano legame fra la retta e il triangolo infinito Cusano arriva attraverso il seguente *frappé* dialettico: in un triangolo un lato è minore della somma degli altri due, e se uno è infinito allora anche gli altri due lo sono; analogamente per gli angoli; ma poiché nell'infinito tutto coincide, un triangolo infinito ha un solo lato ed un solo angolo, ed essi coincidono fra loro (D, 37).

Un paragone ossessivo di Cusano fu il cerchio. Egli lo usò per descrivere il flusso che da Dio scende nell'intelletto, nella ragione e nei sensi, per poi rifluire in direzione contraria (C, 106). Nell'impossibilità di approssimarlo mediante poligoni, egli trovò una parabola del vano tentativo dell'intelletto di comprendere l'infinito, così come una descrizione del rapporto fra l'uomo e Dio (D, 10 e 206). Nel cerchio infinito, in cui centro, diametro e circonferenza coincidono, vide un'immagine di Dio, che allo stesso tempo è all'interno di ogni cosa, la penetra e l'abbraccia (D, 64).

Analogamente nel cerchio infinito con centro dovunque e circonferenza in nessun luogo (D, 162), che costituisce una delle immagini matematiche più usate in teologia, prima e dopo Cusano. La sua appassionante storia, compilata da Jorge Luis Borges ne *La sfera di Pascal*, dalla raccolta *Altre inquisizioni*, coinvolge infatti Maestro Eckhart, Charles de Bovelles, Giordano Bruno e Blaise Pascal. Quanto alla forma geometrica, in *Pascal*, un altro saggio della stessa raccolta, Borges nota che la storia registra *dèi* sferici, ma solo *idoli* conici, cubici o piramidali.

Cusano sapeva bene che le precedenti immagini erano destinate al fallimento, come tutta la teologia, che, tanto per cambiare, è circolare anch'essa (D, 66). Egli fu comunque il primo a (tentare di) usare il concetto di infinito in maniera positiva, applicandolo non solo a Dio ma anche, parzialmente, all'universo: il quale è infatti finito dal punto di vista esterno di Dio, ma appare infinito dal nostro punto di vista interno (D, 97).

Nel 1584 il suo discepolo Giordano Bruno andò un passo oltre, affermando in *De l'infinito universo et mondi*:

Io dico l'universo tutto infinito, perché non ha margine, termine, né superficie. Dico l'universo non essere totalmente infinito, perché ciascuna parte che di quello possiamo prendere è finita, e de' mondi innumerabili che contiene, ciascuno è finito.

Io dico Dio tutto infinito, perché da sé esclude ogni termine, ed ogni suo attributo è uno e infinito. E dico Dio totalmente infinito, perché tutto lui è in tutto il mondo, ed in ciascuna sua parte infinitamente e totalmente.

Per Bruno l'universo è dunque infinito, ma di un ordine inferiore a quello di Dio: egli anticipa così la distinzione fra infiniti scoperta da Georg Cantor nel 1874. Ma Bruno è colpevole, come direbbe Thomas Eliot, del peggior crimine: dire le cose giuste per le ragioni sbagliate. O, come direbbe Sartre, di avere torto nella sua maniera di aver ragione. Egli vede infatti la differenza tra l'universo e Dio nel fatto che ogni parte limitata del primo è finita, mentre ogni parte limitata del secondo è infinita. Ma l'esempio dei numeri interi e dei numeri razionali mostra, quando si considerino come parti limitate gli intervalli, che le due proprietà non implicano necessariamente infiniti di ordini diversi.

Ancora fermo alla finitezza dell'universo e all'unicità dell'infinito era invece Charles de Bovelles, il primo editore delle opere di Cusano, che nel *Piccolo libro del nulla* proseguì sulla strada della teologia matematica aperta dal maestro. Dall'ipotesi (scorretta) che due infiniti possono coesistere solo se sono uguali, egli derivò la coincidenza di Dio e del nulla. Dall'assunzione (corretta) che un punto non ha dimensioni, e che dunque toglierlo o aggiungerlo ad una quantità metrica non la modifica, egli dedusse che la creazione non diminuisce né Dio né il nulla: in particolare, Dio non ha dovuto ritrarsi per far spazio al mondo, e volendo avrebbe ancora spazio per crearne infiniti altri.

Nei *Pensieri* (162 e 164), pubblicati postumi nel 1670, Pascal si affidò alla sua maggiore abilità matematica per cercare metafore più adeguate. Una prima intendeva mostrare la possibilità che Dio sia, allo stesso tempo, *infinito e senza parti*, paragonandolo ad un punto che si muove dappertutto con una velocità infinita: esso è allora uno in tutti i luoghi, e tutto intero in ogni posizione. Fin qui, Pascal rimane al livello del peggior Cusano.

Una seconda metafora intendeva mostrare, per analogia matematica, che *si può sapere che Dio esiste, senza sapere che cos'è*. L'idea è che esistono numeri di cui si sa l'esistenza, ma di cui non si conoscono le proprietà: ad esempio, poiché ci sono infiniti numeri interi, si sa che esiste un numero infinito che ne determina la quantità; ma poiché aggiungere un'unità all'infinito non lo muta, di quel numero non si sa se sia pari o dispari.

Oggi noi diremmo che il problema non è che non si sa se un numero infinito sia pari o dispari, ma piuttosto che non tutte le proprietà dei numeri finiti hanno senso per i numeri infiniti: la metafora matematica andrebbe dunque interpretata teologicamente dicendo che *non ha senso attribuire a Dio le stesse proprietà che abbiamo noi*, e una delle proprietà insensate potrebbe benissimo essere l'esistenza. Per non parlare poi di proprietà chiaramente antropomorfe, quali bontà, giustizia o conoscenza.

Con il passare del tempo i matematici si abituarono a coabitare con l'infinito, e a maneggiarlo in maniera più (e a volte fin troppo) disinvolta. Ad esempio, grazie soprattutto all'approccio di Newton al calcolo infinitesimale, la nozione di somma infinita cessò di essere considerata paradossale, e si accettò l'idea che ad essa potesse corrispondere un numero finito: il problema era, però, *quale*. A questo proposito, la serie alternata

$$1 - 1 + 1 - 1 + \dots$$

fu forse quella che fece più discutere nel Settecento. Ridisponendo le parentesi, essa provoca infatti l'indisponente paradosso

$$0 = (1 - 1) + (1 - 1) + \dots$$
$$= 1 + (-1 + 1) + (-1 + 1) + \dots$$

Guido Grandi non solo accettò di buon grado il risultato: nella sua opera *Quadratura circuli et hyperbolae*, del 1703, egli sostenne che questa era una spiegazione del modo in cui Dio aveva creato il mondo dal nulla. Affermazione che avrebbe dovuto suonare blasfema, visto che riduceva la creazione ad un fatto parentetico!

Questo incredibile argomento è naturalmente da valutare in prospettiva: i paradossi permisero di arrivare in seguito alla definizione precisa di somma di una serie, come limite delle somme parziali, ed alla comprensione del fatto che l'ambiguità precedente deriva appunto dal voler assegnare una somma definita ad una serie le cui somme parziali oscillano fra 0 ed 1.

La parola "fine" alla storia della serie alternata fu scritta nel 1828, da Niels Henrik Abel: tornando alla teologia da cui Grandi era partito, egli dichiarò che le serie erano in realtà un'invenzione del diavolo, e come tali andavano quindi trattate.

Fra coloro che dissertarono sul valore della serie alternata ci fu anche Leibniz, il quale decise salomonicamente per $\frac{1}{2}$ in quanto media delle somme parziali, e dunque valore più probabile. Il che ricorda la storiella del pollo, che la statistica ritiene mangiato a metà da due persone, anche se una se l'è pappato per intero e l'altra è rimasta a bocca asciutta. Leibniz ammise che il ragionamento era più metafisico che matematico, ma sostenne che la matematica era effettivamente più metafisica di quanto si ammettesse.

Per non smentirsi, nel 1734 egli pubblicò una *Dimostrazione matematica della creazione e dell'ordinamento del mondo*. La matematica era questa volta corretta, e si basava sulla scoperta della notazione binaria, che permette di scrivere ogni numero intero usando solo 0 ed 1: ad esempio, 2 diventa 10, 3 diventa 11, 4 diventa 100, e così via. Leibniz aveva avuto l'idea meditando sugli esagrammi del classico taoista *I Ching*, che i missionari in Cina con cui era in corrispondenza gli avevano fatto conoscere.

Il sistema binario sta alla base della logica dei computer, e non ha quindi bisogno oggi di ulteriori giustificazioni. Ai tempi di Leibniz esso appariva invece soltanto come una curiosità, ed egli si affrettò a condirlo della solita metafisica, condensata nel motto di copertina: *omnibus ex nihilo ducendis sufficit unum*, "per generare tutto dal nulla basta l'uno". In altre parole, la possibilità di ridurre la rappresentazione di ogni numero a 0 e 1 diventava un'immagine della creazione di ogni cosa a partire dal nulla e da Dio.

Un altro grande matematico che si interessò di teologia, tanto da essere anche Dottore in Divinità a Oxford, fu John Wallis. In uno scritto del 1690, *La dottrina della Trinità spiegata brevemente*, egli propose la seguente immagine: come avere tre dimensioni distinte (ampiezza, profondità e altezza) non impedisce ad un cubo di essere un solo cubo, così avere tre persone distinte non impedisce alla Trinità di essere un solo Dio.

La superficialità della metafora di Wallis viene smascherata dal passaggio ad una dimensione in più: basterebbe sostituire il cubo a tre dimensioni con un ipercubo a quattro (ad esempio, per accomodare le *Considerazioni* di Bernardo di Chiaravalle, secondo le quali "Dio è lunghezza, ampiezza, profondità e altezza") per ottenere un dio uno e quartino, che presterebbe il fianco a spiritosaggini da osteria.

Non si deve comunque credere che tutti i matematici del Settecento fossero disposti ad usare la loro arte per dar man forte, sia pure in modo balzano, alla teologia. Anzi, molti dovevano fare gli schizzinosi di fronte a concetti e argomenti teologici, ma essere contemporaneamente di bocca buona riguardo a quelli matematici, se nel 1734 il vescovo Berkeley scrisse un trattato appositamente per metterli alla berlina. Il titolo completo della sua opera è eloquente: *L'analista, ovvero discorso indirizzato a un matematico infedele, dove si esamina se l'oggetto, i princìpi e le conclusioni dell'Analisi moderna siano più chiaramente concepiti, o dedotti in modo più evidente, dei misteri della religione e degli articoli di fede*. "Prima estrai la trave dal tuo occhio, e poi ci vedrai chiaramente per estrarre la pagliuzza dall'occhio del tuo fratello".

L'attacco di Berkeley era rivolto alla nuova disciplina dell'analisi matematica, e in particolare a infiniti e infinitesimi, che il vescovo sosteneva non esistessero perché non si potevano percepire direttamente: il suo motto era infatti *esse est percipi*, "essere è essere percepiti". Attaccato a sua volta, egli scoprì di avere in matematica le stesse posizioni che aveva criticato nei suoi avversari in teologia, e non trovò inconsistente ribattere con una *Difesa del libero pensiero in matematica*.

Se addirittura il calcolo infinitesimale ci ha mostrato aspetti religiosi, non può essere da meno la teoria degli insiemi, che costituisce il punto d'arrivo della secolare discussione sul problema dell'infinito. Il coinvolgimento teologico della teoria iniziò nel 1874, quando Cantor dimostrò il suo teorema più famoso: che la potenza di un insieme infinito ha più elementi dell'insieme di partenza. L'introduzione di un solo infinito ne generava dunque un'infinità di altri, sempre maggiori e senza limiti.

La cosa insospettì e preoccupò immediatamente la Curia romana: non solo la matematica si era appropriata dell'infinito, che avrebbe dovuto essere riservato a

Dio, ma addirittura parlava di più infiniti, con un ovvio rischio di politeismo. E un gruppo di domenicani fu messo all'opera per studiare le cose candidamente.

Nel 1886 Cantor, che era cristiano battezzato, inviò al cardinale Franzelin in Vaticano la sua difesa, e spiegò che gli infiniti di cui si parlava in matematica erano in realtà i vari omega, i *transfiniti*, che stanno oltre il finito. Ciò che preoccupava il cardinale era invece l'unico Omega, l'*infinito assoluto*, che sta oltre il transfinito.

La differenza era essenziale: lungi dal diminuire l'essenza di Dio con la loro proliferazione, i transfiniti la esaltavano e cercavano di approssimarla, senza poterla però mai raggiungere: i paradossi dell'infinito erano anzi un segno di questa inaccessibilità. La stessa giustificazione dei transfiniti derivava direttamente da Dio, poiché essi "esistono al massimo grado di realtà come idee eterne nell'*Intellectus Divinus*". Il cardinale fu convinto, e decretò: "La teoria del *Transfinitum* non mette in pericolo le verità religiose".

In pericolo erano invece messe le facoltà mentali di Cantor, che sosteneva apertamente di non essere altro che uno scriba al servizio di Dio, il quale gli forniva direttamente l'ispirazione, concedendogli soltanto la scelta dello stile per divulgare le verità rivelate. Parte della sua sacra missione era, apparentemente, di aiutare la Chiesa a concepire correttamente il concetto di infinito, emendando gli errori della scolastica:

> Se sono nel giusto nell'asserire la verità o la possibilità del *Transfinitum*, allora (senza dubbio) ci sarebbe un sicuro pericolo di errore religioso nel mantenere l'opinione contraria.

Prevedibilmente, Cantor finì con l'entrare e uscire dagli asili psichiatrici. Meno prevedibilmente, dopo una di queste visite scrisse *Ex Oriente Lux*, un *pamphlet* che doveva provare che Cristo era figlio naturale di Giuseppe d'Arimatea. Emulando in questo Newton, che studiando per ottenere un posto di ordinario al Trinity College (il che, all'epoca, significava appunto prendere gli ordini) aveva perso la fede proprio nella Trinità, convertendosi all'arianesimo, e iniziando una lunga carriera di scrittore di cose religiose.

Gli scritti teologici di Newton, che ammontano a un milione di parole, costituirono un vero e proprio scandalo. Essi furono universalmente rifiutati, in varie riprese: dalla Royal Society, dal British Museum, e da molte università, comprese Harvard e Princeton. Venduti all'asta nel 1936, giacciono ora a Cambridge e Gerusalemme, in massima parte inediti.

Benché non vi si trovi un uso esplicito della matematica, essi rappresentano comunque una parte integrante del pensiero di Newton. Egli riteneva infatti che l'universo e le Scritture, rispettivamente opera e parola di Dio, andassero indagati e interpretati con lo stesso metodo, cioè le dimostrazioni, per raggiungere lo stesso scopo, cioè la Verità. La quale, a seconda dei casi, era: la vera pianta del tempio di Gerusalemme, nella *Cronologia di Antichi Regni*; i tradimenti della tradizione evangelica, in *Due notevoli corruzioni delle Scritture*; e l'identificazione della Chiesa con la Bestia, e del Papa con l'Anticristo, nel *Trattato sull'Apocalisse*.

La teologia logico-matematica è oggi caduta in disuso. Passati i momenti di gloria dapprima, e di delirio poi, essa fornisce soltanto più materia di osservazioni ironiche o sarcastiche: nelle quali si annidano però, come sempre, granelli di verità. Consideriamo ad esempio l'*Argumentum ornithologicum*, una provocazione del 1960 di Jorge Luis Borges:

Chiudo gli occhi e vedo uno stormo di uccelli. La visione dura un secondo o forse meno; non so quanti uccelli ho visti. Era definito o indefinito il loro numero? Il problema implica quello dell'esistenza di Dio. Se Dio esiste, il numero è definito, perché Dio sa quanti furono gli uccelli. Se Dio non esiste, il numero è indefinito, perché nessuno poté contarli. In tal caso, ho visto meno di dieci uccelli (per esempio) e più di uno, ma non ne ho visti nove né otto né sette né sei né cinque né quattro né tre né due. Ho visto un numero di uccelli che sta tra il dieci e l'uno, e che non è nove né otto né sette né sei né cinque, eccetera. Codesto numero intero è inconcepibile; *ergo*, Dio esiste.

Non è ovviamente il caso di sottilizzare troppo sull'argomento, visto che il suo titolo ne dichiara esplicitamente la semiserietà. Vale però la pena di notare che l'esistenza di Dio vi è dedotta dall'impossibile esistenza di numeri "indefiniti" compresi fra 1 e 10, ma diversi da 2, 3, 4, 5, 6, 7, 8 e 9.

Ora, Thoralf Skolem ha scoperto nel 1934 che ci sono universi aritmetici strani, chiamati *non standard*, in cui esistono proprio numeri interi "indefiniti", diversi da tutti i numeri "definiti" 0, 1, 2, 3, ..., ma aventi esattamente le stesse proprietà esprimibili nel linguaggio dell'aritmetica.

L'affermazione di Borges che, se Dio esiste, allora ogni numero è definito, gli si ritorce dunque contro, essendo equivalente all'affermazione che se qualche numero è indefinito, come appunto succede negli universi non standard, allora Dio non esiste.

Pochi anni prima, nel 1920, Skolem aveva trovato un apparente paradosso. Esistono infatti anche universi insiemistici strani, con un numero di elementi uguale al più piccolo infinito possibile. Da un lato, in essi nessun insieme può essere più grande dell'intero universo, che ha solo un numero di elementi "piccolo". Dall'altro lato, per il teorema di Cantor, devono esistere in questi universi insiemi infiniti di ogni dimensione, in particolare aventi un numero di elementi "grande" a piacere.

La contraddizione è, però, solo apparente. Un insieme infinito ha infatti, come numero di elementi, un infinito più grande di quello dei numeri interi se non può essere messo in corrispondenza biunivoca con l'insieme di questi numeri. Ora, ci sono due modi di "non potere": quello di Dio, e quello dell'uomo. Se Dio dice che la corrispondenza biunivoca non c'è, questo è un fatto assoluto, che riguarda la realtà. Se l'uomo dice la stessa cosa, questo è un fatto relativo, che riguarda la sua conoscenza.

Gli insiemi infiniti che stanno nell'universo di Skolem sono tutti, dal punto di vista divino, "piccoli": egli vede, dal di fuori, un modo per mettere ciascuno di questi insiemi in corrispondenza biunivoca con i numeri interi. Ma questi insiemi sono, dal punto di vista umano, "grandi": nessuna di quelle corrispondenze biunivoche sta dentro l'universo, ed è dunque a nostra disposizione. L'infinito, che per qualche tempo era sembrato essere un pensiero al limite, ridiventa così ciò che già era per i greci: un limite del pensiero.

Questo sottile fatto ha una forte implicazione teologica, poiché mostra che dall'interno dell'universo le cose possono apparire più complicate di quanto non risultino dall'esterno, e dunque di quanto siano effettivamente. In particolare, parafrasando le parole del primo uomo sulla Luna: ciò che può essere un piccolo infinito per Dio, può apparire come un infinito da gigante per l'umanità. Come già diceva Cusano dell'universo, ciò che appare infinito a noi può benissimo essere finito in realtà: il che è come dire che forse *Dio è un'illusione ottica*, e la sua apparenza trascendente e necessaria è solo frutto della nostra natura immanente e contingente.

Anche attraverso la matematica si arriva dunque alla stessa limitazione che la filosofia e la fisica di questo secolo hanno messo in evidenza: noi siamo "gettati nel mondo", come osservatori facciamo parte della stessa realtà che osserviamo, e molte delle complicazioni della vita e dell'universo ci appaiono tali solo perché siamo troppo coinvolti e limitati.

Cosa che già il "geomètra" Dante aveva intuito perfettamente, quando ammetteva nel *Paradiso* (XXXIII, 137-139):

veder volea come si convenne
l'imago al cerchio e come vi si indova;
ma non eran da ciò le proprie penne.

Bibliografia

P. Odifreddi (1999) *Il Vangelo secondo la Scienza*, Einaudi, Torino

matematica
e tecnologia

Visualizzazione matematica ed esperimenti online

Konrad Polthier

Introduzione

La visualizzazione ha una grande importanza nella comprensione e nell'esplorazione di fenomeni matematici complessi. Come avviene nelle altre scienze, anche in matematica le immagini vengono usate come illustrazioni utili ad accompagnare le descrizioni testuali, come mezzi di comunicazione per scambiare idee con altri ricercatori e per spiegare – in modo comprensibile ai non addetti ai lavori – risultati matematici difficili.

Il processo di visualizzazione è sinonimo di un processo più ampio della semplice produzione di immagini o di animazioni video. Prima di creare immagini, i concetti matematici astratti devono essere tradotti in descrizioni discrete che sono strutture di dati numerici che contengono l'informazione matematica. Per esempio, una superficie regolare deve essere discretizzata in un insieme di triangoli e gli algoritmi devono essere trasformati, dalle loro versioni regolari che agiscono su geometrie regolari, in geometrie discrete.

In generale le discretizzazioni sono questioni delicate. Per esempio una superficie di Riemann può avere numerose descrizioni regolari differenti che richiedono strutture discrete non banali come le superfici lineari triangolarizzate a tratti con specifiche proprietà. Poiché le superfici continue di Riemann sono identificate a meno di trasformazioni conformi, si tenta di compiere un'identificazione simile sugli oggetti discreti corrispondenti. Nella visualizzazione matematica è di importanza centrale avere equivalenti discreti dei concetti regolari, e algoritmi discreti su superfici discrete che compiano le stesse operazioni delle loro versioni regolari.

I procedimenti di definizione di strutture discrete di dati, di ricerca di validi algoritmi di discretizzazione e di determinazione di metodi per operare su geometrie discrete sono problemi della stessa importanza dei lavori matematici che sono stati così importanti per le geometrie regolari. Una buona visualizzazione e un buona traduzione numerica fanno affidamento su ottime definizioni discrete che sono la base per determinare, misurare e trasformare le proprietà matematiche delle geometrie discrete. L'analisi numerica ha percorso una lunga strada verso la discretizzazione degli spazi di funzioni ma, per esempio, la comprensione delle proprietà matematiche intrinseche delle forme geometriche discrete ha ancora dei problemi aperti.

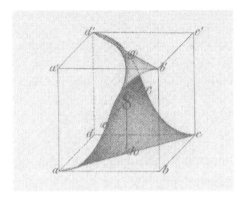

Fig. 1. Incisione su rame (calcografia) della superficie di Gergonne da Hermann Amandus Schwartz. Immagine presa da [1]

È importante distinguere tra il processo di visualizzazione di dati numerici elaborati in precedenza e, in altre scienze, di dati misurati sperimentalmente e il processo che conduce a fare simulazioni ed esperimenti numerici. Il primo è un procedimento analitico che cerca di arrivare alla comprensione di grandi insiemi di numeri attraverso buone rappresentazioni visive. Ciò prevede che siano possibili sia l'occultamento e l'enfatizzazione di certi dati che l'estrazione mirata di informazioni particolari. Numerosi strumenti di visualizzazione operano nella fase successiva del procedimento, cioè studiano grandi insiemi di dati e ne costruiscono dei nuovi, più piccoli, contenenti le informazioni caratteristiche. Per esempio, uno dei problemi più importanti del momento è la visualizzazione dei flussi di turbolenze tridimensionali. Vista la sua complessità, il flusso potrebbe essere inaccessibile alla rappresentazione visiva diretta, ma il cammino dei vortici può essere calcolato e visualizzato abbastanza facilmente. La definizione corretta di vortici in un flusso discreto è un pre-requisito essenziale per iniziare lo sviluppo di un algoritmo. Il secondo procedimento per fare simulazioni ed esperimenti numerici è un procedimento costruttivo e ripetitivo nel quale un esperimento viene analizzato mentre è in atto e si ottengono informazioni per manipolare parametri e interagire con il processo numerico. La visualizzazione viene allora usata per seguire l'evoluzione del processo mentre l'algoritmo è in funzione, piuttosto che per capire un insieme geometrico di dati.

Nel passato, la visualizzazione ha dimostrato di essere uno strumento utile ai matematici che studiano problemi difficili, inattaccabili dagli strumenti matematici usuali e ha mostrato le sue potenzialità contribuendo in maniera sostanziale alla soluzione di problemi matematici complessi.

I matematici spesso si costruiscono un'immagine realistica delle forme astratte anche in spazi più che tridimensionali: specialmente gli studiosi di geometria hanno una ricca capacità di visualizzazione. Le immagini sono molto utili nel corso della loro ricerca, generano intuizioni su fenomeni sconosciuti e suggeriscono la strada per ulteriori ricerche. Tuttavia c'è un contrasto notevole tra il pensiero visivo e la presenza di immagini nelle pubblicazioni di ricerca e nella

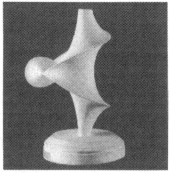 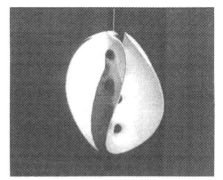

Fig. 2. Modello in gesso della superficie di Kuen. (Per gentile concessione di Gerd Fischer) (a sinistra). Modello della superficie di Chen-Ghackstatter-Karcher-Thayer (a destra)

comunicazione fra matematici. Le immagini sono estremamente rare: per esempio, i libri di geometria differenziale, una branca della matematica che ha un gran numero di forme geometriche complicate facilmente visualizzabili, contengono solo qualche immagine delle forme più semplici. Le *Lezioni di geometria differenziale* di Luigi Bianchi, un testo esauriente che ebbe molta influenza sulla teoria delle superfici e la cui traduzione in tedesco fu pubblicata nel 1910, così come il testo classico sulla "geometria di Riemann" di Gromoll, Klingenberg e Meyer del 1969, che è stato "il libro" per una generazione intera di studiosi, non contengono alcuna immagine di una superficie o di una forma geometrica. Si potrebbero fare esempi simili che arrivano fino ai giorni nostri.

In un certo senso le immagini hanno il carattere di esperimento: suggeriscono una verità o un risultato ma di solito non hanno la potenza di una dimostrazione. Un'immagine può illustrare una dimostrazione matematica ma un esperimento o un'immagine richiedono implicitamente una prova formale del risultato suggerito. Tuttavia, esistono importanti risultati sperimentali che non sono stati rigorosamente provati, ma che indirizzano la ricerca teorica e spesso danno i suggerimenti decisivi. Nel corso dell'intera storia della matematica sono stati effettuati esperimenti, ma solo a partire dal 1991 esiste un mezzo per la loro comunicazione, la rivista di *Experimental Mathematics*.

In contrasto con l'opinione diffusa, la storia della matematica contiene un vasto elenco di esempi visivi. Archimede stava disegnando immagini sulla sabbia quando fu disturbato dai Romani durante la conquista di Siracusa. La geometria euclidea, cui oggi si attribuisce il titolo di "geometria elementare", è uno degli esempi più rilevanti di disciplina per la quale tutte le immagini hanno giocato un ruolo centrale nella comunicazione e nella pubblicazione dei risultati. Esempi famosi e non banali sono le incisioni su rame di Hermann Amandus Schwarz, mostrate nella Figura 1 [2]. Egli scoprì nuove superfici minime che risolvevano antichi problemi di geometria e di analisi. Sebbene la sua dimostrazione fosse di natura teorica egli trovò utile lavorare a lungo per includere le immagini delle nuove superfici nella pubblicazione della sua ricerca. Ciò è molto

Fig. 3. Modello in filo deformabile di un paraboloide iperbolico (a sinistra). Apollo Belvedere con curve paraboliche (a destra). (Per gentile concessione di Gerd Fischer)

significativo se lo si confronta con lo sforzo ben minore che è necessario oggi per la produzione di immagini a mezzo computer.

Uno degli episodi più significativi nell'uso di modelli fisici e di strumenti nell'insegnamento e nella ricerca matematica è rappresentato dalla famosa collezione di modelli matematici a Gottinga. Essa aveva già una lunga storia quando Hermann Amandus Schwarz e Felix Klein ne assunsero la direzione e ne curarono, soprattutto quest'ultimo, il continuo adeguamento e completamento, finalizzandola all'insegnamento della geometria e della geodesia. Era considerata così importante che Klein mise in mostra i modelli in occasione della "World's Columbian Exposition" del 1893 a Chicago [3]. Tra gli altri, i modelli furono prodotti da Martin Schilling in Halle a.S. (si veda il suo catalogo [4]): il prezzo era di circa 250 dollari a modello e quindi la vastità della collezione (si tratta di più di 500 modelli in gesso) risulta ancora più impressionante.

La collezione può ancora essere ammirata presso il dipartimento di matematica di Gottinga e Fischer ne fornisce in [5] una descrizione che comprende le foto di numerosi modelli. Un esempio è il modello in gesso della superficie di Kuen (Fig. 2), che viene mostrato insieme con un modello moderno della superficie minima di Chen-Gackstatter-Karcher-Thayer, prodotto in stereo-litografia a partire da dati digitali.

La produzione di modelli si ridusse e infine si interruppe all'inizio degli anni Trenta. Secondo Fischer le ragioni non furono soltanto di natura economica ma furono legate anche alla comparsa di punti di vista matematici più generali e astratti: proprio in quel periodo furono pubblicati il libro di Van der Waerden con poche semplici illustrazioni e quello di Nicolas Bourbaki del tutto privo di immagini.

Le superfici minime sono forme geometriche che spesso hanno spinto i matematici e i fisici a produrre immagini. Sulla scia di Schwarz e degli esperimenti di Joseph Antoine Ferdinand Plateau, Richard Courant, Johannes C.C. Nitsche e Alan H. Schoen si cimentarono con le bolle di sapone e produssero modelli adatti all'esposizione permanente e alla divulgazione. Fra le prime conquiste della visualizzazione matematica ci fu anche la dimostrazione della proprietà di immersione di un'altra superficie minima. Celsoe Costa scoprì una superficie

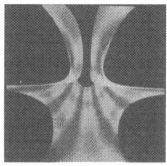

Fig. 4. Presentazione delle formule di Costa: la prima immagine della superficie su un campo di parametri non appropriati e "frame buffer artifacts". (Per gentile concessione di Jim e David Hofmann) (a sinistra). Anni dopo, immagine della superficie minima di Costa-Hoffmann-Meeks (a destra)

minima di genere 1, candidata a risolvere un problema vecchio di duecento anni: se esista o meno – accanto agli esempi banali come il piano e la catenaria – una terza superficie minima immersa e completa con curvatura totale finita. David Hofmann e William Meeks svilupparono programmi al computer per visualizzare le superfici di Costa e studiarne le proprietà che sarebbero riusciti a dimostrare dopo aver studiato a lungo la forma complessa della superficie, come si vede in Figura 4 e in [6].

213

Geometria sperimentale online

David Epstein e Silvio Levy [7] hanno mostrato che il termine inglese *"prove"* - come i suoi antenati francese e latino – ha due significati fondamentali: tentare o provare e stabilire al di là di ogni dubbio. Il primo significato è ampiamente arcaico, sebbene sopravviva in espressioni tecniche (prove tipografiche) e in alcuni proverbi. Che questi due significati possano aver coesistito così a lungo può sembrare strano a noi, matematici di oggi, abituati come siamo a pensare a "prova" come ad un termine non ambiguo.

Oggi i computer sono un mezzo potente per compiere esperimenti matematici, persino per fare velocemente dimostrazioni automatiche, per formulare assiomi e regole in un linguaggio formale da computer. Gran parte della matematica applicata è rivolta alla simulazione di fenomeni fisici che spesso sono ancora inaccessibili alle prove formali.

Geometria in Internet

Per molti anni Internet è stata un'infrastruttura tecnica che ha connesso i computer ad una rete globale, ma di recente è a disposizione la "Word Wide Web", cioè la rete di informazione globale, simile ad un gigantesco ipertesto. Gli

Fig. 5. Macchina "soap film" dal video *Touching soap films* [1] (a sinistra). Elaborare col computer superfici minime in un applet interattivo sul sito web Java View [8] (a destra)

ipertesti per alcuni anni hanno ruotato intorno, per esempio, ai sistemi di assistenza in linea per le applicazioni di software, sono stati tra i primi ad usare i legami di software tra insiemi diversi di informazioni. Il loro successo ha reso obsoleti i manuali scritti, cosicché oggi il software si accompagna esclusivamente a manuali digitali.

Gli ipertesti classici hanno una struttura a "link" simile a quella della rete, ma generalmente l'informazione viene conservata localmente. La nuova dimensione della rete permette di immaginare la conoscenza umana come un'enciclopedia mondiale digitale, direttamente accessibile a tutti e non solo a quelli che vivono vicino alla biblioteca locale.

Il successo della rete globale non è stato pianificato. È uno dei risultati che sono stati raggiunti nel moderno mondo computerizzato, dove all'improvviso si è data una risposta di vasta portata ai problemi di molte persone. Tra le principali ragioni del successo del "world wide web", ci sono gli standard generali che sono stati stabiliti per il formato di documento HTML, il protocollo di rete HTTP e i "browsers". Mentre il protocollo di rete è basato sul protocollo Internet TCP/IP, usato in ambito accademico da molti anni, è stato il nuovo semplice formato HTML ad attirare tanta gente. Esso è di facile lettura e scrittura su quasi tutti i sistemi di computer e permette di inserire elementi multimediali quali immagini, suoni, video e altri dati. Fin dall'inizio del web, i browsers avevano un'interfaccia semplice per l'utente, e, permettendo l'accesso immediato a qualunque genere di informazione, riuscirono a sostituire i complicati strumenti di software utilizzati fino a quel momento in "Internet accademico".

L'origine del Web è un buon esempio di un altro aspetto della rete che si colloca accanto alla pubblicazione e alla presentazione dell'informazione, vale a dire, accanto alla comunicazione. In effetti, il protocollo HTTP, protocollo tecnico sottostante alle connessioni in Internet, fu definito al CERN in Svizzera per la comunicazione e lo scambio tra larghi gruppi di ricercatori coinvolti in esperimenti fisici. Spesso questi gruppi comprendono più di cento ricercatori che, collocati in varie parti del mondo, devono scambiarsi, in modo efficiente, dati sperimentali e comunicare i risultati della ricerca. Questo significa che l'origine

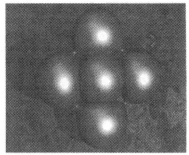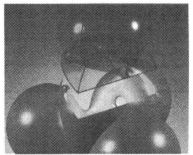

Fig. 6. Bolle di sapone compatte con genere quattro (a sinistra) e simmetria tetraedrica (a destra)

della rete non è collegata all'offerta, cioè all'aspetto che poi ne ha decretato il successo, ma alla comunicazione tra persone. L'aspetto comunicativo della rete è ancora il più importante e rappresenta la sua attrattiva principale.

Se si considera la rete come una biblioteca digitale globale, ha ancora senso mantenere in vita le biblioteche e le enciclopedie? Di fatto, tali collezioni sono ancora importanti poiché esse assicurano una certa qualità, un insieme classificato di dati e un accesso ben definito. La rete globale contiene un'enorme quantità di informazioni, ma spesso è difficile, e diventa sempre più difficile, trovare l'informazione giusta tra tutte quelle irrilevanti. L'informazione deve essere pre-selezionata per essere veramente utile, e gli attuali motori di ricerca sono soltanto l'inizio della maniera per classificare e selezionare l'informazione di qualità.

La geometria è l'argomento di cui ora ci occuperemo più nel dettaglio. La sua particolare caratteristica sta nella ricca riserva di forme, immagini e applicazioni dinamiche che la rende candidato ideale per trarre profitto da Internet.

Una delle componenti più nuove e affascinanti del Web è la capacità di presentare e comunicare esperimenti interattivi complessi. L'esecuzione di esperimenti è sempre stato dominio degli esperti, più precisamente, di quegli esperti che hanno scritto il software di simulazione. Una ragione sta nel disegno di interfaccia dell'utente, difficile da creare per i computer Unix, poiché i costruttori di interfaccia per l'utente non sono così comuni in questo campo. Un'altra ragione è la mancanza di incentivi per il programmatore perché crei un'interfaccia facile da usare per l'utente, poiché i programmi scientifici generalmente hanno bisogno di un hardware specializzato e raramente raggiungono un pubblico assai vasto. A partire dall'arrivo del nuovo linguaggio di programmazione Java nel 1995, la situazione è radicalmente cambiata. Per la prima volta è possibile creare un software che funzioni su qualsiasi piattaforma e sistema operativo senza il delicato processo di riscrittura e sistemazione di un codice sorgente per ciascun nuovo sistema.

Java viene di solito installato automaticamente su un computer nel momento in cui vi viene installato un browser. Diversamente da altri linguaggi di programmazione ad alto livello come Fortran, C o C++, il linguaggio Java si presenta anche con un insieme pienamente caratterizzato di strutture grafiche di interfaccia con l'utente. Queste strutture sono incorporate nella definizione del linguaggio stesso. Il disegno di un'interfaccia dell'utente è uno dei principali problemi se si vuole effettuare un esperimento ripetibile e inizialmente fu una delle ragioni del perché il software era ristretto a specifiche piattaforme. Il codice di interfaccia dipendente dalla piattaforma limita il software a piattaforme specifiche. Poiché Java include l'interfaccia grafica dell'utente direttamente nelle sue norme di linguaggio, i programmi Java funzionano *per default* su qualsiasi computer Java sia installato.

Visualizzazione e esperimenti online

È stato dimostrato che la visualizzazione matematica è uno strumento efficiente per analizzare fenomeni matematici complessi e ha dato suggerimenti decisivi che hanno condotto a dimostrazioni matematiche rigorose di problemi di vecchia data. La visualizzazione non è solo uno strumento per rendere visibili oggetti complessi ma, combinata con metodi numerici moderni, permette di compiere esperimenti matematici e simulazioni in un ambiente artificialmente pulito ("clean"). Per esempio, la presentazione della superficie di Costa-Hofmann-Meeks [9] (Fig. 4), o i primi esempi numerici di superfici compatte a curvatura costante con genere maggiore di due [10] (Fig. 6), sono tra i risultati più rilevanti dell'interazione della matematica con i nuovi strumenti di visualizzazione matematica.

Gli esperimenti matematici hanno bisogno che gli obiettivi seguenti siano accettati dalla comunità matematica così come accade per gli esperimenti in fisica e chimica:

1. Verifica e conferma dei dati sperimentali compiuta da gruppi indipendenti.
2. Pubblicazione e raccolta di risultati sperimentali e di insiemi di dati.
3. Collaborazione fra ricercatori sul medesimo esperimento mentre si trovano in luoghi diversi.

Fino ad oggi la visualizzazione ha richiesto workstation ad alta definizione combinate con "mainframe computer" per i calcoli numerici. Ogni laboratorio di ricerca aveva sviluppato il proprio software adatto all'hardware grafico specifico. La specializzazione del software per una particolare richiesta di visualizzazione o per un particolare problema numerico e la dipendenza da una specifica piattaforma di hardware, provocavano grossi svantaggi alla comunicazione scientifica. La ragione principale del mancato raggiungimento, ancora oggi, degli obiettivi 1 e 2 è la mancanza di standard e interfaccia mondiali per i diversi pacchetti di software, mentre per l'obiettivo 3 è la mancanza di standard per scambiare dati tra pacchetti di software sperimentali e articoli di ricerca. Attualmente le pubblicazioni di ricerca sono stampate su carta e non c'è un ritorno dalle pubblicazioni scritte ai dati digitali. Ancora peggio, per adattarsi ad un formato piccolo di pagina e riempire solo il numero consentito di pagine, le pubblicazioni non possono includere tutti i dati ma si limitano ai cosiddetti "dati più importanti". Nelle pubblicazioni, le presentazioni di risultati sperimentali sono incomplete e spesso spostate nell'appendice, cosicché risulta generalmente impossibile confermarle o riprodurle.

Per consentire la convalida di esperimenti e di dati numerici è essenziale permettere l'accesso pubblico diretto ai dati in un formato elettronico nello stesso modo in cui, attraverso le biblioteche, si permette l'accesso pubblico agli articoli di ricerca. Questa pubblicazione congiunta di dati sperimentali e numerici richiede che si seguano procedure che già caratterizzano la pubblicazione di risultati scientifici di ricerca:

1. La rappresentazione digitale dei dati deve essere auto-sufficiente, non ambigua, cioè non dipendente da pacchetti di software esistenti.
2. Si devono scrivere recensioni degli insiemi di dati, che ne assicurino la correttezza e la rilevanza scientifica.
3. Si deve realizzare un indice dei dati per permettere bibliografie univoche, per esempio quando i dati sono usati in altri esperimenti.

Nei paragrafi seguenti si discuteranno i modi in cui la visualizzazione online potrà presentarsi e le difficoltà con cui potrebbe scontrarsi.

Workstation e visualizzazione online

Per lungo tempo la visualizzazione scientifica è stata al di fuori delle possibilità economiche di molti dipartimenti di matematica. Grandi istituti di ricerca, organizzazioni militari e compagnie commerciali sono stati tra i primi a potersi permettere l'hardware grafico specializzato. Nel campo scientifico, gruppi di ricerca appositamente fondati furono in grado di permettersi workstation di grafica ad alta definizione, compresa l'équipe necessaria per far funzionare le macchine e simultaneamente fare l'esperimento scientifico. Nel frattempo, il potere di calcolo dei personal computer con una grafica relativamente poco costosa garantisce gran parte dei lavori di visualizzazione scientifica necessari alla ricerca. Tuttavia ci si imbatte ancora nei seguenti inconvenienti nel funzionamento degli attuali software per workstation e mainframe specializzati:

1. Hardware per la grafica specializzato e costoso.
2. Programmi troppo vasti quando il sistema operativo supporta a mala pena la funzionalità base.
3. Di solito solo il programmatore è capace di condurre gli esperimenti.
4. L'installazione in altri siti richiede esperti e non permette un aggiornamento regolare.
5. Vantaggio: velocità di esecuzione molto alta.

Questi svantaggi sono in forte contrasto con la situazione che abbiamo incontrato durante lo sviluppo e l'uso del software Java View. Java View è un software di visualizzazione scientifica totalmente scritto nel linguaggio di programmazione Java. Java è un linguaggio di programmazione orientato all'oggetto simile ai linguaggi C e C++ ma diverso nel senso che è pensato per funzionare su qualunque computer. Inoltre, i programmi Java funzionano all'interno dei browsers. Queste due caratteristiche sono la ragione per la quale Java è diventato il principale linguaggio di programmazione per le applicazioni interattive in rete fin dalla sua prima apparizione nel 1995. Un programma scritto in Java ha i seguenti vantaggi:

1. Funziona su PC standard e una minuscola workstation.
2. Occupa poco spazio, perché gli elementi fondamentali di Java sono già installati.
3. Ogni applicazione ha un'interfaccia dell'utente *per default* poiché funziona in un browser.
4. Non è richiesta alcuna installazione oltre ad un browser con Java poiché il browser compie il trasferimento dei dati.
5. Velocità: dipende.

Questi vantaggi hanno le seguenti ragioni:

1. Java è installato automaticamente sul computer quando vi è installato un browser. Quindi la diffusione dei browser ha favorito l'installazione di Java su quasi tutti i computer nel mondo.
2. La dimensione dei programmi Java è generalmente molto piccola se paragonata ai classici software di applicazione che si reggono da soli, poiché le classi base di Java, paragonabili alle biblioteche di software, sono già installate. Tuttavia, un'applicazione può distribuire solo la sua funzionalità addizionale e non routine di sistema.
3. Un'applicazione in una pagina web deve avere un'interfaccia grafica per l'utente ben disegnata poiché per default viene usata da altra gente oltre al programmatore. Ciò è in contrasto con il software classico di sperimentazione e porta a grandi benefici nel disegno di prodotti migliori.
4. L'installazione di sistemi classici di software è stata spesso faticosa. Il cliente si trovava a dover compilare di nuovo il pacchetto sulla sua macchina, o fare adattamenti speciali a seconda del suo hardware specializzato. L'autore era in una situazione anche peggiore. Doveva offrire e mantenere versioni diverse per piattaforme diverse. Da quando si usa Java esiste solo una versione indipendente della piattaforma di hardware e del sistema operativo. Ciò è possibile poiché la macchina virtuale di Java deve adattarsi alle differenze di sistema, così la responsabilità è trasferita dall'autore delle applicazioni al fornitore della macchina virtuale Java. Quindi il processo di installazione di un'applicazione Java, come Java View, è ridotto al caricare un archivio, per esempio uno o più file biblioteca, il che viene fatto automaticamente attraverso un browser. Questo permette all'autore di concentrarsi sullo sviluppo del software senza pensare troppo alla piattaforma di destinazione, e lo libera dalla necessità di fornire meccanismi di installazione. L'utente è liberato da qualunque compito di installazione, egli fa solo partire il suo browser e seleziona una pagina web con Java.
5. La velocità delle applicazioni di Java non dipende solo dall'hardware ma in larga misura dalla qualità della macchina virtuale Java installata (JVM). Un'applicazione Java consiste di un codice indipendente dalla macchina che viene interpretato da un JVM e viene eseguito da un computer locale. I JVM differiscono molto sulla qualità; per esempio, quando hanno caricato un'applicazione Java, alcuni JVM compilano il codice byte nel codice dipendente della macchina e ciò porta ad un drastico incremento nella velocità di esecuzione.

Java View

Java View [8] è un software per esperimenti sofisticati e visualizzazione di oggetti geometrici bi e tridimensionali su un computer locale, come pure online, in un browser. Studenti, insegnanti e ricercatori possono usare Java View come uno strumento per la visualizzazione scientifica in una situazione di apprendimento a distanza, per scambi online di risultati scientifici tra ricercatori e per pubblicazioni elettroniche di esperimenti matematici.

Java View è una biblioteca di software numerico con un viewer geometrico tridimensionale scritto in Java. Esso permette di aggiungere geometrie tridimensionali interattive a qualunque documento in HTML e di presentare esperimenti numerici online. Il futuro della comunicazione matematica è fortemente connesso a Internet e Java View rilancia le descrizioni testuali classiche non solo con immagini e video ma anche con geometrie interattive ed esperimenti online.

Java View è stato sviluppato per risolvere i seguenti problemi tecnici:

1. Visualizzazione di insiemi di dati matematici in pagine web.
2. Esperimenti interattivi e simulazioni in pagine web.
3. Inserimento di esperimenti matematici e dati di simulazioni nelle pubblicazioni elettroniche.

La prima versione di Java View, fu distribuita nel novembre 1999, dopo che versioni di sviluppo erano state usate in progetti di ricerca geometrica alla

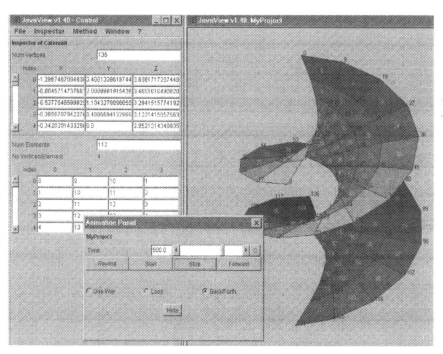

Fig. 7. Esplorazione interattiva di geometrie e sequenze animate di trasformazioni

Technische Universität di Berlino per più di un anno. Java View viene ora usato in luoghi diversi nel mondo intero. Esiste un gran numero di dimostrazioni matematiche per mostrare la gamma di nuove applicazioni possibili con software sperimentale basato su web.

La soluzione dei primi due problemi fornisce la base tecnica per la soluzione del terzo. Come prova di utilizzabilità, Java View è stato selezionato dal progetto "Tesi online" della Fondazione scientifica tedesca DFG per produrre una dissertazione matematica con bibliografia online. Ci sono molti altri problemi da risolvere per le pubblicazioni elettroniche di ricerca e Java View è solo una componente legata all'inclusione di esperimenti e visualizzazione interattiva. Per esempio, le riviste di matematica di solito hanno bisogno di una versione su carta di un articolo, anche se lo includono in una versione elettronica della rivista. Un autore deve creare due versioni di un articolo, generalmente una versione TeX per stampa su carta e una versione online che include, diciamo, esperimenti Java View. Tuttavia persino le versioni elettroniche delle riviste non sono generalmente ben attrezzate per l'uso in rete perché esse sono solo documenti PostScript o PDF. Tali documenti non si adattano ad altre tecnologie Internet poiché, per esempio, sono difficilmente scaricabili e non permettono l'inserimento di applets Java o di elementi video.

Nei paragrafi successivi parleremo di alcune proprietà di Java View e forniremo alcuni esperimenti campione. Poiché questo libro è su carta facciamo riferimento alla versione online di questo articolo al sito web *http://www.sfb288.math.tu-berlin.de/vgp/* che contiene versioni interattive degli applets presentati.

Proprietà

Il viewer di Java View supporta la maggior parte dei caratteri di interazione di un viewer tridimensionale avanzato, per esempio:
- Rotazione, trasferimento, zoom, controllo della telecamera, selezione.
- Verifica di geometrie e proprietà materiali.
- Display selettivo di vertici, spigoli, superfici, campi vettoriali.
- Animazioni, keyframes, auto - rotazione.
- Suddivisione e semplificazione di nodi, triangolazioni adattate e gerarchiche.
- Algoritmi ad avanzata visualizzazione, rappresentazione LIC, superfici strutturate.
- Importazione ed esportazione di geometrie in formati di dati multipli.
- Esportazione di PostScript e di file di immagine per l'inclusione in pubblicazioni su carta.
- Frontend per altre applicazioni, per esempio per vedere i grafici di *Mathematica*.

Le immagini e le geometrie esportate con Java View possono facilmente essere incluse nelle pubblicazioni TeX così come i documenti online. Una versione *standalone* di Java View funziona dal contenitore Unix o Windows dal comando "prompt" e può essere aggiunta come visore tridimensionale ad altri programmi come *Mathematica*.

Applets online esemplificativi

Questa pubblicazione su carta deve limitarsi a poche applicazioni esemplifica-
tive e deve descrivere verbalmente l'interazione possibile. Gli esempi seguenti
descrivono diversi aspetti dell'uso di Java View:

1. Visualizzazione e valutazione di modelli pre-elaborati che sono raccolti da
qualche parte in Internet.
2. Tutori interattivi che spieghino fatti numerici o geometrici abbastanza semplici per accompagnare lezioni classiche o laboratori di apprendimento online.
3. Progetti sofisticati di ricerca numerica con combinazione profonda di "numerics" e visualizzazione avanzata.
4. Ricerca congiunta di autori di diverse università che stanno facendo esperimenti di ricerca numerica raccolti in pagine web.

Modelli geometrici online. Oggi è persino difficile ottenere insiemi di dati per
esempi semplici. Una ragione sta nell'assenza di insiemi di dati numerici pubblicati e raccolti da case editrici, o di insiemi di dati che accompagnano articoli
di ricerca pubblicati in una rivista scientifica. Questo è un grave svantaggio per
la conferma scientifica di esperimenti numerici ma produce anche lo svantaggio
più immediato che i modelli non siano disponibili, per esempio, come insiemi di
dati iniziali per compiere i propri esperimenti. Spesso uno vorrebbe almeno
avere un modello digitale con certe proprietà per provare un algoritmo numerico o un'implementazione.

Un altro aspetto di una collezione di modelli online è l'utilità per l'insegnamento. I testi di geometria generalmente contengono solo poche immagini e gli
studenti fanno ancora fatica a trovare del materiale visivo di buon livello. Il software Java View fornisce ad ogni ricercatore un modo semplice per avere modelli matematici in punta di dita.

Tutori interattivi. I tutori interattivi possono essere facilmente usati per spiegare i fatti più semplici dalla "numerics" o dalla geometria. Possono essere resi disponibili online agli studenti come materiale supplementare dei corsi di una università classica o di una scuola secondaria. Oltre agli altri appunti del corso, gli
studenti possono regolarmente guardare le pagine web che accompagnano il
corso stesso. Progetti di apprendimento a distanza devono avere materiali molto
ben preparati poiché il contatto diretto con gli studenti è meno intenso. Questi
progetti saranno tra i primi ad includere esperimenti interattivi e possono essere anche le forze trainanti dello sviluppo di interi pacchetti di esperimenti interattivi online.

L'applet 8 mostra l'algoritmo numerico per trovare gli zeri di una funzione. Il
metodo suddivide l'intervallo originale e si rifà al metodo di Brent per trovare le
radici su ciascun sotto intervallo. Qui si suppone che l'utente legga una descrizione dell'algoritmo e simultaneamente studi l'esempio online.

Esperimenti numerici e visualizzazione. Java ha le stesse proprietà di altri linguaggi di programmazione usati in analisi numerica e nella visualizzazione. Ha
alcune limiti strutturali di velocità poiché è un linguaggio interpretato, ma compi-

221

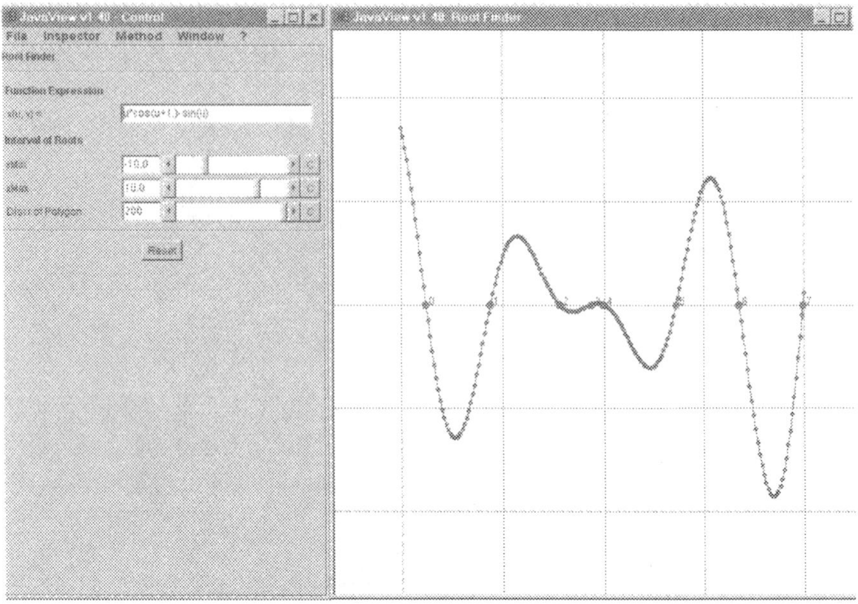

Fig. 8. Applet per trovare radici di funzioni date. L'espressione di funzione può essere classificata e le radici ricercate immediatamente

latori moderni, che lavorano su ordinazione, sono in grado di fornire un procedimento di compilazione al volo, mentre caricano il programma. Java attualmente non è un linguaggio per calcoli di alto livello ma può essere usato in una vasta parte di quasi tutti i campi numerici. Il grande beneficio di Java è l'indipendenza dalla macchina e dal sistema operativo e poiché gran parte del tempo usato nei progetti di ricerca numerica viene speso per lo sviluppo del programma e la manutenzione del codice, si tratta di un valido strumento anche in questi campi.

Applicazioni di ricerca come la determinazione degli autovalori nella Figura 9 mostrano che i calcoli numerici e la visualizzazione scientifica sono possibili con Java View. Inoltre, l'interfaccia coerente di applets Java ha immediatamente reso accessibili questi esperimenti ad altre persone, nonché il loro inserimento nelle pubblicazioni digitali.

Cooperazione online nella ricerca. La collaborazione di ricercatori che sono localizzati in luoghi diversi generalmente difetta di comunicazione. Per esempio, esperimenti numerici congiunti hanno bisogno dello scambio di software di nuovo sviluppo e della loro installazione locale. Qui ci imbattiamo in uno dei principali benefici di Java: dopo l'indipendenza dalla piattaforma e dal sistema operativo, l'installazione invisibile del software Java attraverso un meccanismo automatico basato sulla rete.

Indice di superfici minime. L'indice dei calcoli della variazione seconda dell'area di superfici minimali era un progetto condotto in collaborazione con Wayne Rossman a Kobe in Giappone. La cooperazione iniziò al momento della sua vista

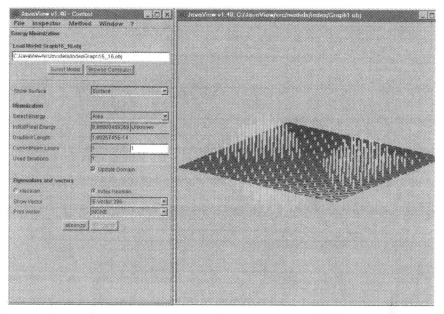

Fig. 9. Studio di autovalori e autofunzioni dell'operatore su superfici di Laplace-Beltrami. Qui le funzioni di *coseno* e *seno* sono riprodotte su un quadrato piano. Altri applets mostrano le autofunzioni della seconda variazione dell'area

a Berlino e continuò mettendo i nostri applets sperimentali online affinché fossero accessibili a tutti. Lo sviluppo del software proseguì a Berlino e l'archivio di software sul nostro sito web fu regolarmente aggiornato con la versione più nuova. Ogni volta che Rossman faceva un esperimento nel nostro sito usando il software basato su web, egli era sicuro di usare il software più recente senza mai installare una versione locale.

Il comportamento sociale delle api domestiche. Ma Java View viene usato anche in altri progetti. Per esempio, i biologi in Sudafrica usano correntemente uno dei nostri applets al fine di calcolare le curve più brevi in un alveare e raccogliere informazioni sulla lontananza della regina per selezionare altre api. In questo caso i biologi caricano un modello dell'arnia nell'applet geodesico, selezionano interattivamente le posizioni delle api e chiedono al nostro algoritmo geodesico di ottenere la curva più breve per connettere entrambe le posizioni. Questo esempio accentua l'uso online di Java View così come il processo automatico di installazione.

Un esempio pratico

Questo esempio pratico descrive i tre passi indispensabili per creare una pagina web di Java View che mostri in una piccola finestra un modello geometrico suscettibile di modifiche interattive.

223

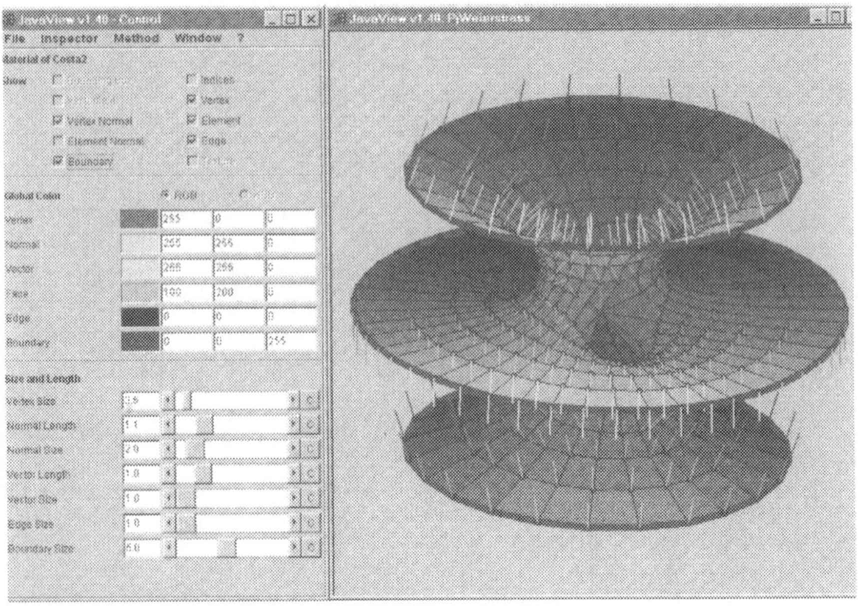

Fig. 10. Animazione della famiglia associata alla superficie minimale di Costa-Hofmann-Meeks che mostra l'isometria della trasformazione e del parallelismo del vettore normale

1. Inserire un applet tag Java in un documento web *myPage.html* che si riferisce ad un modello geometrico *brezel.obj*.
2. Prendere l'archivio *javaview.jar* dalla homepage Java View.
3. Caricare tutti i tre file su un web server.

L'applet tag campione appare come segue:
```
<applet
code=javaview.class
archive='' javaview.jar' ''
width=200 height=200>
<param name=model value='' brezel.obj' ''>
</applet>
```
Questo applet visualizza il modello geometrico all'interno di una piccola finestra di 200*200 pixels sulla pagina web. Il modello non ha bisogno di essere un file di geometria su un computer locale, ma il parametro del modello può essere qualunque indirizzo Internet che si riferisce ad un modello su un arbitrario web server.

Questo esempio pone in evidenza il fatto che l'installazione del software Java View non è più un problema paragonabile al procedimento di installazione di altri software. Il browser si prende la cura di scaricare l'archivio Java richiesto quando si imbatte nel parametro dell'archivio nel tag applet. Il browser assicura pure che l'archivio venga scaricato solo durante il primo uso, e dopo riutilizza la versione che è stata immagazzinata nel deposito del browser.

Il facile meccanismo di scarico è particolarmente utile per i server di biblioteca che offrono pubblicazioni elettroniche arricchite di Java. Il codice digitale e l'archivio Java View vengono entrambi immagazzinati, per esempio, nella stessa directory sul server di biblioteca. I files devono essere caricati dall'autore come spiegato prima, e sono automaticamente scaricati da un browser quando un utente accede alla pagina web. Quindi, il bibliotecario non ha compiti ulteriori legati all'installazione del software. La biblioteca deve solo offrire il meccanismo abituale di carico per i documenti che esso ha già installato.

Conclusioni

Internet muterà in modo sensazionale il modo classico di comunicare e pubblicare argomenti matematici. Abbiamo fornito alcune idee sui cambiamenti che si presume ci saranno e sui benefici che la matematica può trarre da questi nuovi sviluppi. La componente interattiva della matematica, che è stata troppo a lungo eliminata dalle pubblicazioni matematiche, è ora disponibile nella forma permessa dal software Java. Abbiamo dato alcuni esempi di esperimenti arricchiti dalla multimedialità, che permettono di immaginare le possibilità all'orizzonte.

Per ulteriori informazioni e versioni interattive degli esperimenti qui descritti, facciamo riferimento a [7]. Tali pagine includono anche indicazioni sul come inserire geometrie interattive nelle proprie pagine web.

Bibliografia

[1] A. Arnez, K. Polthier, M. Steffens, C. Teitzel (1999) *Touching Soap Films*, VideoMATH Series, Springer-Verlag Berlin Heidelberg New York

[2] H.A. Schwarz (1890) *Gesammelte Matematische Abhandlungen.* Springer-Verlag Berlin Heidelberg New York

[3] Chicago Historical Society. http://www.chicagohistory.net/history/expo.html

[4] M. Schilling (1911) *Catalog Matematischer Modelle Für Den Höheren Matematischen Unterricht,* Leipzig

[5] G. Fischer (1986) *Matematische Modelle/Mathematical Models,* Vieweg, Braunschweig

[6] D. Hoffman, W Meeks (1985) Complete embedded minimal surfaces of finite total curvature, *Bull. AMS,* pp. 134-136

[7] D. Epstein, S. Levy (*1995*) Experimentation and proof in mathematics, *Notices of the AMS, June*

[8] K. Polthier (1999) http://www-sfb288.math.tu-berlin.de/vgp/javaview/

[9] D. Hoffman (1987) Computer-aided discovery of new embedded minimal surfaces, *Mathematical Intelligencer,* 9(3)

[10] K. Große-Brauckmann, K. Polthier (1997) Compact constant mean curvature surfaces with low genus, *Experimental Mathematics* (6): 13-32

Numeri primi e crittografia

Alessandro Languasco, Alberto Perelli

Da una parte lo studio dei numeri, in particolare dei numeri primi, ha affascinato i matematici fin dalle epoche più antiche; dall'altra, la sicurezza nella comunicazione dell'informazione è una necessità da sempre sentita dall'umanità. Negli ultimi vent'anni, grazie alla scoperta di nuovi metodi matematici e al notevole progresso nel campo dei computer, si è gradualmente sviluppato uno stretto rapporto tra le due discipline. Attualmente i metodi più sicuri per la trasmissione dell'informazione, che hanno recentemente tratto nuovo impulso dallo sviluppo del commercio elettronico, si basano su algoritmi che dipendono da notevoli proprietà dei numeri primi. In questo intervento tratteggeremo dapprima alcuni elementi dello sviluppo della teoria dei numeri primi; descriveremo poi un'applicazione al problema della sicurezza nella trasmissione dell'informazione, ossia alla crittografia.

227

Numeri primi

Ricordiamo per prima cosa che un intero $n > 1$ si dice *primo* se è divisibile solamente per 1 e per se stesso. Ad esempio, i numeri 2, 3, 5, 7, 11, 13, 17 e 19 sono primi.

Già gli antichi Greci si interessarono alla determinazione dei numeri primi. Una tecnica sviluppata in quel periodo è il ben noto *crivello di Eratostene*, che consente di calcolare tutti i numeri primi tra 2 e x, dove x è un qualunque numero reale positivo fissato. Essenzialmente, dopo aver scritto tutti gli interi compresi tra 2 ed x, si fissa il numero 2 e si cancellano tutti i suoi multipli; si considera poi il primo numero più grande di 2 che non è stato cancellato (cioè il 3) e si cancellano tutti i suoi multipli. Si procede in tal modo (al passo successivo si considera il 5 e si cancellano tutti i suoi multipli) fino al massimo intero più piccolo di $\sqrt{x}$. Poiché al termine di tale procedura abbiamo cancellato tutti gli interi che hanno divisori propri più piccoli di $\sqrt{x}$, gli interi non cancellati sono tutti e soli i primi nell'intervallo $[2, x]$.

Un altro problema a cui si interessarono i Greci è: *i numeri primi sono infiniti?* La risposta è affermativa, e sono conosciute dimostrazioni di varia natura; presentiamo qui quella di Euclide, di natura *aritmetica*.

Teorema (Euclide) *Esistono infiniti numeri primi.*

Dimostrazione. Supponiamo per assurdo che esista solamente un numero finito di numeri primi; siano essi $p_1 < p_2 < ... < p_k$. Consideriamo il numero

$$N = p_1 p_2 ... p_k + 1$$

che, chiaramente, non può essere primo in quanto è maggiore di p_k; d'altronde N non è divisibile per alcun p_j e quindi N è primo, in contraddizione con quanto appena visto. Il teorema è così dimostrato. ■

A questo punto ci si può chiedere: *perché i numeri primi sono interessanti?* La risposta più immediata a tale domanda è fornita dal fatto che, in un certo senso, i numeri primi sono i "mattoni" fondamentali con cui costruire tutti gli interi. Formalmente tale affermazione si esprime mediante il ben noto

Teorema Fondamentale dell'Aritmetica. *Ogni intero positivo si fattorizza in modo unico come prodotto di numeri primi.*

Osservazioni. (1) La dimostrazione del Teorema Fondamentale dell'Aritmetica è essenzialmente divisa in due parti:
a) esistenza della fattorizzazione (diretta conseguenza della definizione di numero primo)
b) unicità della fattorizzazione (semplice ma non del tutto banale).

Ricordiamo, per quanto riguarda b), l'esempio di Hilbert che mostra come si possano costruire semplici "sistemi numerici" in cui *non vale la fattorizzazione unica*. Consideriamo gli interi della forma $4k + 1$, $k = 0, 1, ...$, che costituiscono un sistema chiuso rispetto alla moltiplicazione. È facile verificare che

$$693 = 9 \cdot 77 = 21 \cdot 33$$

fornisce due distinte fattorizzazioni di 693 come prodotto di "primi" in tale sistema; infatti 9, 77, 21 e 33 non ammettono una fattorizzazione non banale come prodotto di interi della forma $4k + 1$.

(2) Dal Teorema Fondamentale dell'Aritmetica segue facilmente il

Corollario $\sqrt{2}$ *è irrazionale.*
Dimostrazione. Supponiamo per assurdo che sia $\sqrt{2} = \frac{m}{n}$. Allora $n\sqrt{2} = m$, da cui

$$2n^2 = m^2.$$

Osserviamo ora che il fattore 2 ha esponente dispari nel termine di sinistra dell'ultima equazione, mentre ha esponente pari nel termine di destra, in contraddizione con il Teorema Fondamentale dell'Aritmetica. ■

Grosso modo, possiamo suddividere le *problematiche* relative ai numeri primi in due tipologie principali:
- *algebrica*, riguardante principalmente il comportamento dei primi nelle estensioni algebriche dei numeri razionali;

- *analitica*, riguardante principalmente la distribuzione dei primi tra i numeri interi.

Nel seguito tratteremo solamente le problematiche di tipo analitico.

È naturale chiedersi: *quanti sono i numeri primi?* Sappiamo già che sono infiniti, ma quello che ci chiediamo è quale sia *l'ordine di grandezza* della quantità

$$\pi(x) = \text{numero dei primi tra 1 e } x.$$

Il primo tentativo di risolvere tale problema fu fatto da Gauss verso la fine del '700. Basandosi sulle tavole di numeri primi da lui stesso calcolate, Gauss *congetturò* che l'andamento asintotico di $\pi(x)$ dovesse essere

$$\frac{\pi(x)}{x/\log x} \to \quad \text{per} \quad x \to \infty \cdot$$

Come vedremo in seguito, la congettura di Gauss si rivelò esatta, ed è oggi nota come *Teorema dei Numeri Primi* (brevemente *TNP*).

I primi risultati nella direzione della congettura di Gauss furono provati da *Chebyshev* verso la metà del 1800.

Teorema (Chebyshev) *Esistono due costanti* $0<c<1<C$ *tali che per* x *sufficientemente grande*

$$c\frac{x}{\log x} \le \pi(x) \le C\frac{x}{\log x}$$

La dimostrazione del teorema di Chebyshev si basa su una tecnica elementare ma ingegnosa che coinvolge alcune proprietà dei coefficienti binomiali.

Il passo decisivo nella direzione del *TNP* fu fatto da Riemann, pochi anni dopo i risultati di Chebyshev, ponendo le basi per la dimostrazione del *TNP*. La novità fondamentale del metodo di Riemann fu quella di studiare la funzione $\pi(x)$ con metodi di *analisi complessa* (da cui l'aggettivo "analitico" che prendono le ricerche di questo tipo).

Riemann introdusse la funzione della variabile *complessa s*

$$\zeta(s) = \sum_{n=1}^{\infty} \frac{1}{n^s} \quad \text{Re}(s)$$

oggi nota come *funzione zeta di Riemann*. La funzione zeta di Riemann è collegata ai numeri primi per mezzo *dell'identità di Eulero*

$$\zeta(s) = \prod_{p} \left(1 - \frac{1}{p^s}\right)^{-1} \quad \text{Re}(s)$$

dove il prodotto è esteso a tutti i numeri primi; l'identità di Eulero è una semplice conseguenza del Teorema Fondamentale dell'Aritmetica, ed anzi è considerata *l'equivalente analitico* della fattorizzazione unica degli interi.

Il punto cruciale dell'identità di Eulero è che al lato destro appaiono esplicitamente i numeri primi, mentre il lato sinistro è definito in modo indipendente da essi. Il metodo di Riemann apre quindi la strada alla possibilità di ottenere informazioni sui numeri primi mediante lo studio delle *proprietà analitiche* della funzione $\zeta(s)$. Ad esempio, sfruttando il fatto che

$$\lim_{s \to 1^+} \zeta(s) = +\infty$$

si può ottenere facilmente una dimostrazione di natura *analitica* del teorema di Euclide sull'infinità dei numeri primi.

Osserviamo che tale dimostrazione analitica è dovuta a Eulero, che già considerò $\zeta(s)$ come funzione della variabile *reale s*. Riemann mostrò che la funzione $\zeta(s)$ è prolungabile su tutto il piano complesso, e che la distribuzione dei numeri primi è strettamente collegata alla *distribuzione degli zeri* della funzione $\zeta(s)$; tale collegamento ha dato origine ad alcuni tra i più profondi problemi della matematica.

Il *TNP* fu dimostrato indipendentemente da Hadamard e de la Vallée Poussin nel 1896. Tale dimostrazione, basata sul metodo di Riemann, rappresenta il culmine di una serie di ricerche sulla teoria delle funzioni di una variabile complessa, condotte prevalentemente da Hadamard. Il punto cruciale della dimostrazione consiste nel mostrare che $\zeta(1+it) \neq 0$ per ogni numero reale *t*; è oggi noto che il non annullamento della funzione zeta di Riemann sulla retta $\text{Re}(s)=1$ è in realtà *equivalente* al *TNP*.

Per quasi tutta la prima metà del '900 si riteneva (soprattutto a causa dell'influenza dei matematici inglesi Hardy e Littlewood, cui sono dovuti contributi fondamentali alla teoria analitica dei numeri) che non fosse possibile ottenere una dimostrazione del *TNP* senza far uso di tecniche di analisi complessa. Tale convinzione si rivelò però errata quando, alla metà del '900, Selberg e Erdös diedero una *dimostrazione elementare* del *TNP*, ovvero una dimostrazione basata su tecniche essenzialmente aritmetiche. Precisiamo comunque che "elementare" non sta in questo caso a significare "facile"; infatti la dimostrazione di Selberg-Erdös è concettualmente più complicata di quella analitica.

Una volta noto il *TNP*, il passo successivo fu quello di capire "quanto buona" fosse *l'approssimazione* di $\pi(x)$ mediante la funzione $\dfrac{x}{\log x}$ o, più precisamente, mediante la funzione *logaritmo integrale*

$$li(x) = \int_2^x \frac{dt}{\log t}$$

(di cui $\dfrac{x}{\log x}$ è il primo termine dello sviluppo asintotico). Attualmente non è nota una risposta definitiva a tale problema; ricordiamo però che la famosa *Ipotesi di Riemann*

$$\zeta(s) \neq 0 \text{ per } \text{Re}(s) > \tfrac{1}{2}$$

gioca un ruolo fondamentale in questo ambito. Si può infatti provare che l'Ipotesi di Riemann è *equivalente* all'approssimazione

$$\pi(x)= li(x) +O\ (\sqrt{x}\log x)$$

ossia, essenzialmente, al fatto che l'errore che si commette approssimando $\pi(x)$ con $li(x)$ è, in valore assoluto, più piccolo di $\sqrt{x}\log x$. Osserviamo infine che tale approssimazione, se vera, è ottimale, che sono noti svariati *argomenti euristici* a favore dell'Ipotesi di Riemann e che computazioni su larga scala ne confermano la validità.

Al momento attuale molti risultati sono stati provati, ma molti altri rimangono *problemi aperti* per la ricerca sulla distribuzione dei numeri primi; oltre all'Ipotesi di Riemann, tra questi vogliamo ricordare alcuni *problemi classici*:

1) (*primi rappresentati dai polinomi*) esistono infiniti interi n per cui $n^2 +1$ è un numero primo? (o, più in generale, "$P(n)$ è un numero primo per infiniti n?", con $P(x)$ polinomio irriducibile senza divisori fissi)

2) (*distanza tra numeri primi consecutivi*) esiste sempre un numero primo tra due quadrati perfetti consecutivi?

3) (*primi gemelli*) esistono infiniti numeri primi p tali che $p + 2$ è ancora primo?

4) (*congettura di Goldbach*) ogni intero pari maggiore di 2 può essere scritto come somma di due numeri primi?

Concludiamo il paragrafo osservando che in tali problemi insorgono difficoltà di varia natura; ad esempio, la difficoltà fondamentale dei problemi 3) e 4) risiede nel fatto che i numeri primi sono definiti mediante proprietà *moltiplicative*, mentre i problemi in questione coinvolgono proprietà *additive*.

Crittografia

Con il termine *crittografia* intendiamo lo studio dei metodi che consentono la trasmissione *sicura* dell'informazione. Usualmente si distingue tra due diversi tipi di crittografia:

a) *a chiave segreta:* è il metodo classico (usato già dagli antichi Romani) ed è utile solamente nel caso vi siano pochi utenti poiché, per funzionare, è necessario che ogni utente preventivamente concordi e scambi la propria chiave segreta con ogni altro utente;

b) *a chiave pubblica:* è il metodo moderno e consente una trasmissione sicura anche nel caso di molti utenti poiché non necessita di uno scambio preventivo delle chiavi segrete. È stato proposto per la prima volta da Diffie e Hellman nel 1976.

A prima vista la crittografia a chiave pubblica sembra impossibile. Per convincersi del contrario proponiamo l'esempio classico del *doppio lucchetto*. Supponiamo di avere due utenti A e B e che A voglia spedire un messaggio segreto a B;

1) A mette il messaggio in una scatola che chiude con il suo lucchetto L_A (di cui lui solo ha la chiave) e che poi spedisce a B;

2) B riceve la scatola chiusa con L_A, aggiunge il suo lucchetto L_B (di cui lui solo ha la chiave) e rispedisce il tutto ad A;

3) A, ricevuta la scatola con il doppio lucchetto, toglie il lucchetto L_A e rispedisce la scatola a B;

4) a questo punto, ricevuta la scatola, B può togliere il lucchetto L_B e leggere il messaggio di A.

La sicurezza di questo schema risiede nel fatto che le chiavi per aprire i due lucchetti sono conosciute solamente ai rispettivi proprietari, che non le hanno preventivamente concordate e scambiate.

Una delle "versioni matematiche" di tale idea è il *metodo crittografico a chiave pubblica R.S.A.*, proposto da Rivest, Shamir ed Adleman nel 1978. Vediamo schematicamente come A può mandare un messaggio segreto a B usando il metodo R.S.A.:

B sceglie in modo *casuale*

– due primi p, q grandi (di 200-300 cifre in base 10), e *calcola* $N = pq$ e $\varphi(N) = (p\text{-}1)(q\text{-}1)$

– un intero e *coprimo* con $\varphi(N)$ tale che $e < \varphi(N)$, e *calcola* l'intero $d < \varphi(N)$ tale che $de \equiv (\mathrm{mod}\ \varphi(N))$

e poi *rende pubblici* i numeri N ed e.

A, per mandare un messaggio a B, compie le seguenti operazioni:

1) codifica il messaggio in un modo standard usando i numeri $\leq N$;

2) spedisce a B ogni numero M di tale codifica sotto forma di

$$M^e\ (\mathrm{mod}\ N).$$

Per *decodificare* il messaggio, B calcola semplicemente

$$(M^e)^d\ (\mathrm{mod}\ N);$$

quello che ottiene è proprio M grazie al teorema di Fermat-Eulero che, in *questa situazione*, afferma che $M^{ed} \equiv M\ (\mathrm{mod}\ N)$.

Il punto fondamentale è ora: *in cosa consiste la sicurezza del metodo?* Da quanto appena visto, per decodificare il messaggio è *necessario* conoscere d; noto e, per calcolare d è *necessario* conoscere $\varphi(N)$; ma, noto N, calcolare $\varphi(N)$ è *computazionalmente equivalente a fattorizzare N*.

Quindi, in definitiva, la *sicurezza del metodo R.S.A.* dipende dai seguenti fatti:

– per *codificare* il messaggio bisogna saper costruire dei *numeri primi grandi*, e tale operazione è *computazionalmente "veloce"*; si può infatti dimostrare che la complessità computazionale di opportuni *test di primalità*, usati per stabilire se un numero n è primo, è della forma

$$(\log n)^{c\,\log\log\log n},$$

ovvero è "quasi-polinomiale" in $\log n$ (si noti che $\log n$ è, essenzialmente, il numero di cifre di n)

– per *violare* il sistema bisogna saper fattorizzare *interi grandi* ottenuti come prodotto di due primi, e tale operazione è *computazionalmente "lenta"*; si con-

gettura infatti che la complessità computazionale sia della forma

$$e^{c\sqrt[3]{\log n \left(\log \log n\right)^2}}$$

ovvero "sub-esponenziale" in $\log n$.

Tale marcata differenza tra la velocità di esecuzione delle operazioni di costruzione di numeri primi grandi e di fattorizzazione di interi grandi garantisce la sicurezza del metodo, almeno per un tempo sufficientemente lungo.

Ad esempio, con la tecnologia attuale l'operazione di fattorizzazione di un intero di 140 cifre in base 10, prodotto di due primi casuali calcolati in pochi secondi su un computer disponibile in commercio, richiede, utilizzando vari supercomputers operanti parallelamente, circa un mese! Incrementando il numero di cifre si aumenta la sicurezza del sistema; attualmente si raccomanda di utilizzare interi con almeno 220 cifre in base 10.

Bibliografia

Consigliamo i testi classici di Ingham [1] e Davenport [2] per un'esposizione chiara dei risultati fondamentali sulla distribuzione dei numeri primi. Segnaliamo inoltre l'eccellente introduzione alla teoria elementare dei numeri di Davenport [3] (in lingua italiana), che contiene anche un capitolo sulla crittografia.

Per maggiori dettagli sugli aspetti storici dello sviluppo della crittografia si consiglia il libro di Kahn [4] mentre, per una modellizzazione matematica della crittografia a chiave pubblica più rigorosa di quella qui esposta, i testi di Koblitz [5] e [6] forniscono una esauriente presentazione. Per quanto concerne gli algoritmi di fattorizzazione e i test di primalità, si consigliano i libri di Koblitz [6], Cohen [7] e Riesel [8].

[1] A.E. Ingham (1932) *The Distribution of Prime Numbers*, Cambridge University Press, Cambridge
[2] H. Davenport (1981) *Multiplicative Number Theory*, Springer-Verlag, Berlin Heidelberg New York
[3] H. Davenport (1994) *Aritmetica Superiore*, Zanichelli, Milano
[4] D. Kahn (1967) *The Codebreakers, the Story of Secret Writing*, Macmillan, London
[5] N. Koblitz (1987) *A Course in Number Theory and Cryptography*, Springer-Verlag, Berlin Heidelberg New York
[6] N. Koblitz (1998) *Algebraic Aspects of Cryptography*, Springer-Verlag, Berlin Heidelberg New York
[7] H. Cohen (1994) *A Course in Computational Algebraic Number Theory*, Springer-Verlag, Berlin Heidelberg New York
[8] H. Riesel (1994) *Prime Numbers and Computer Method for factorization*, Birkhäuser, Basel

omaggio
a Venezia

Essenzialità della matematica
per previsioni ambientali bayesiane

Camillo Dejak, Roberto Pastres

Un omaggio a Venezia! Quanto mai giusto e appropriato: un chimico-fisico ambientale dovrà illustrare la laguna quale cornice fatta dalla natura, mentre un matematico come Michele Emmer lo fa per la città fabbricata dall'uomo. Però certamente descriverà la sua bellezza misurata in simmetria e asimmetria. Anche per noi chimicofisici simmetria e asimmetria sono proprietà importanti, a partire dalle più semplici molecole che la natura ci fornisce, quali, per esempio, la diazirina e l'isodiazirina, di soli cinque atomi: in base a rotazioni di mezzogiro e riflessioni di due piani ortogonali tra loro, possiamo non solo differenziare dai dati sperimentali spettroscopici la prima molecola dalla seconda, ma anche abbreviare significativamente i complessi calcoli quantomeccanici necessari per simularne le proprietà chimicofisiche.

Però non è questo lo strumento matematico con il quale è facile, per la nostra disciplina, illustrare le caratteristiche pregevoli di quanto la natura ha dato all'ambiente veneziano anche se esiste qualcosa di simile che influisce sull'estetica del naturale come su quella delle opere d'arte. Nel suo intervento, l'artista Achille Perilli ci ha descritto la necessità di suscitare "inquietudine" nell'osservatore con regolarità non rispettate: ci ha raccontato di due figure quadrate all'apparenza, che quadrati non erano, perché lievemente rettangolari come egli, esperto di forme geometriche nella pittura moderna, ha subito intuito, verificandone poi le misure. Ci ha parlato in questo senso di "occhio" dell'artista, capace di provocare sensazioni che si impongono all'osservatore, suscitandone l'interesse e la partecipazione attiva. Capi Corrales Rodriganez ha giustamente sottolineato che un tale "occhio" non è solo capacità di un artista, ma di ogni singola forma culturale creativa dell'uomo.

Così il ricercatore scientifico con il suo "occhio" esperto deve vedere nella natura quelle piccole imperfezioni che suscitano "inquietudine". Esse gli danno la possibilità di rendere partecipe il profano sottoponendogli non solo interpretazioni pressoché sicure, ma anche qualche alternativa di scelte che possano influenzare le previsioni derivanti, e gli permettano di mettere in evidenza quale ipotesi semplice sta alla base di ogni alternativa, in sé complessa.

Sarà il caso di spiegarsi con uno dei più semplici esempi: si eseguano tre successive misure della stessa grandezza, mantenendo costanti, per quanto possibile, le condizioni sperimentali e siano tre i valori ottenuti: nove, sei e sei. In pratica, i vecchi chimici analitici procedevano così: una prima misura (9) e la sua conferma (6); se questi due dati risultavano sensibilmente diversi, come in questo caso, si procedeva ad un'ulteriore conferma con una terza misura (6): se questa era uguale alla seconda (6), si scartava la prima (9), altrimenti la seconda. La statistica ci indica, invece, tutt'altra trattazione: si mediano le tre misure, $(9+6+6)/3 = 7$, se ne calcola la varianza $[2^2+(-1)^2+(-1)^2]/2 = 3$ e se ne estrae la radice quadrata, indicando così la misura come $7\pm\sqrt{3}$. Questo significherebbe un valore non pari a 6 come nella procedura precedente, ma compreso tra 8,732... e 5,268..., nel 68% dei casi – con una distribuzione normale – con un valore più verosimilmente vicino a 7.

Ma la prima trattazione è superata e la seconda è corretta? Se invece di effettuare misure, si pensa di fare una notevole mole di piccoli calcoli, trascrivendo continuamente numeri da una tabella data, è molto probabile che in qualche (raro) caso si commetta un errore di trascrizione: perciò conferme e riconferme sono quanto mai utili e la procedura, in questi casi, è la prima sopra esposta. Si tratta quindi, nella scelta delle trattazioni, di riflettere su ragioni di impostazione, sul perché misure della stessa grandezza, in condizioni pressoché identiche, possono dare risultati disuguali: questo paradosso suscita "inquietudine" e merita una risposta semplice, che sia in grado di far partecipe l'usufruttuario di questa misura. Ma prima di poter rispondere a questa domanda è da chiedersi che cosa ci si aspetta da queste misure, ossia lo scopo al quale si tende con esse.

Qui appare abbastanza ovvio che si intende fare una previsione sul risultato che potrà dare una successiva misura nelle stesse identiche condizioni, oppure su un qualsiasi effetto che possa derivare in maniera differenziata, dipendente dal valore di tale nuova misura.

Premesso questo, occorre subito fare una serie di ipotesi, ossia di constatazioni "a priori" concorrenti al risultato. Da un lato, il presupposto che le "cause a priori", che determinano l'evento, non si modificano nel tempo o con variabili dipendenti dal tempo, e dall'altro un'ipotesi proprio sul perché le misure possano dare risultati non uguali.

Accettato il primo presupposto dell'invarianza nel tempo delle cause, su quest'ultima ipotesi si possono considerare, invece, "cause" diverse: nel caso che porta all'esclusione del valore difforme (9), si suppone ora che lo sperimentatore, oberato da tante misure semplici ripetitive, possa fare, in qualche caso, uno "sbaglio", mentre in tutti gli altri il risultato appare univocamente definito. Con tale ipotesi, la prima procedura risulta corretta.

Ma un'altra ben più importante interpretazione, sempre basata sull'invarianza temporale, dà per accertato che sia inevitabile la non riproducibilità perfetta del risultato ottenuto da una misurazione, per quanto accurata essa sia. Quello che si fa comunemente per aumentare la precisione dell'operazione è cercare tutte le maggiori e più frequenti cause di deviazione della misura e correggerle con automatismi sperimentali o correzioni teoriche, ambedue basate su un insieme di misure integrative: queste però non avranno bisogno di una precisione analogamente spinta, ma soltanto di essere indipendenti tra loro. Più si spinge avanti questa procedura per incrementarne la precisione, più si aggiungeranno correzioni, aumentando però il loro numero e quindi anche quello di sempre più cause, tutte indipendenti tra loro: queste saranno però anche sempre ben più piccole e quindi determinanti ciascuna una deviazione pressoché insignificante dal valore "vero" della misura, la quale sarà chiamata perciò "di precisione". Il modello statistico, al quale ci si può rifare, è il lancio di decine, centinaia, diciamo N, monete a caso per le quali la percentuale di "teste" e di "croci" dovrebbe dare un valore "vero" di un mezzo, uguale sia per l'una che per l'altra delle due frequenze. In realtà, con tanti successivi lanci, si constata una distribuzione di queste percentuali sì intorno al valore $\mu = 50\%$, che ne rappresenta, oltre alla media, anche la "moda", ossia il valore che si presenta più spesso, ma con una distribuzione irregolare, la cui dispersione dipende dal parametro $\sigma = 1/\sqrt{4N}$: fuori da un intervallo di percentuale $\mu \pm \sigma$, vi sarà una probabilità di 32 su 100, ossia 16 sopra e 16 sotto; fuori $\mu \pm 2\sigma$, una di 2 su cento (1+1) ed infine, fuori $\mu \pm 3\sigma$, una piccolissima di soltanto 0,1 (0,05+0,05). Sarà, come è ben noto, abbastanza facile fare previsioni, non sul valore esatto della grandezza misurata o sul suo valore atteso in futuro, ma su quali saranno i limiti fuori dei quali queste rare eccezioni non potranno presumibilmente collocarsi e con quale probabilità saranno da escludere.

Per quanto detto sopra, tale modello si adatta perfettamente al caso di una misura "di precisione", purché il numero delle ripartizioni sulla scala di lettura sia sufficientemente elevato, per poterlo assimilare ad infiniti lanci di infinite monete, ossia ad una distribuzione delle misure (nel caso delle monete le percentuali nei lanci) normale, chiamata anche "gaussiana". Per numeri non così grandi, la legge di distribuzione diventa meno stretta attorno alla "moda - valore vero" e si chiama "t di student".

Quindi ritornando allo scopo della previsione di ogni futura misura, eseguita nelle condizioni sopra indicate e solo per esse, il valore "atteso" si terrà entro limiti indicati con due rette orizzontali tratteggiate ad altezza $\mu \pm \sigma$ con le probabilità di scarti eccezionali, anche per multipli di σ.

Però, per il caso considerato, vi può essere anche una terza interpretazione, nella quale si deve prescindere dall'invarianza temporale di μ (valore "vero") ma non di σ, entità delle fluttuazioni. In questo caso si cercherà l'interpolazione più verosimile tra i dati sperimentalmente accertati equidistanziati nel tempo. Con tre sole misure, se si vuole, almeno, un minimo di base statistica della previsione, potrà essere apprezzato solo un andamento rettilineo nel tempo, che qui appare di diminuzione. In questo caso però, pur a σ costante, il limite entro il quale si potrà prevedere possa collocarsi il valore "atteso" con probabilità data, varierà quando ci si allontanerà dall'intervallo nel quale cadono le misure effettuate: questo comporterà che vi sarà una differenza marcata tra interpolazione (entro l'intervallo stesso), ed estrapolazione (fuori di esso), con verosimiglianze sempre più incerte con l'allontanamento da tale intervallo.

Sembra, inoltre, che, incrementando il numero delle misure, ci si avvicini all'andamento normale gaussiano con σ sempre minore e, di conseguenza, la previsione possa diventare sempre più precisa: determinante sarebbe, quindi, solo la pazienza dello sperimentatore nel ripetere sempre un maggior numero di volte, nelle stesse condizioni, il suo lavoro.

Si è visto, invece, anche da questi tre rudimentali esempi, che non è così. Se lo scopo è di prevedere gli effetti di un evento futuro da una serie di misure nel passato, sempre in condizioni il più possibili identiche, si dovrà risalire dagli eventi, una volta realizzati, alle loro cause e da queste soltanto alla previsione. Tutto ciò, in casi semplici, sembra una complicazione inutile; però in natura non tutti gli eventi dipendono da un'unica causa, ma da una concomitanza di cause: quando l'uomo crea un oggetto semplice e monouso, forse un così complesso percorso logico può essere inutile; invece quando un evento, come nel caso ambientale, non è proveniente da una logica umana, ma da miliardi di anni di evoluzione naturale, è quanto mai necessario fare tali considerazioni. Quindi tra passato (una serie di misure) e futuro (l'aspettativa di una corretta previsione) esiste un complesso presente, fatto di statistica e di logica (Tab. 1 in alto): non più confronto tra diversi eventi possibili, conseguenze della stessa causa (con le relative probabilità dirette), ma, per uno stesso evento già verificato, confronto tra diverse cause, che lo possono avere determinato (con le relative probabilità inverse o meglio verosimiglianze).

Allora il rapporto sarà tra una delle probabilità (non normalizzata) relativa a una causa e la somma di queste su tutte le possibili cause, atte a produrre lo stesso evento. Il singolo termine, però, sarà dato da una probabilità composta, ossia dalla probabilità "a priori" che la causa comunque possa verificarsi, moltiplicata per quella che tale causa possa determinare l'evento considerato (ossia la probabilità diretta prima menzionata). Il rapporto tra questo prodotto e la somma di tutti i prodotti analoghi potrà essere anche moltiplicato a numeratore e denominatore per un uguale fattore arbitrario, ossia per esso si potranno moltiplicare le probabilità "a priori", che, in questo caso, prenderanno il nome di "pesi statistici" se numeri naturali (Tab. 1 in mezzo).

Il difficile non sarà dato dall'esecuzione delle operazioni che costituiscono il "teorema di Bayes", ma nel valutare le probabilità "a priori" delle cause: queste non possono che derivare da una valutazione soggettiva, basata su molteplici esperienze, spesso solo qualitative, su intuizioni ed elaborazioni della nostra mente, ossia su quanto possiamo chiamare in maniera generalizzata una "teoria". Quindi solo l'incontro tra esperienza e teoria crea non solamente una valutazione bayesiana, ma, in maniera ancora più generalizzata, un "modello": da questo soltanto può derivare una previsione e quindi stima di effetti futuri. Il presente, che si frappone tra passato e futuro, è dato da questo momento inevitabile di modellazione (Tab. 1 in basso). In casi non complessi di pura ingegneria umana, tale momento può essere anche sostituito dal "progetto", purché, caso raro, non contaminato da cause impreviste. Ricordiamo, in questo senso, la diga del Vajont, mirabile opera di ingegneria idraulica, che ancora oggi troneggia intoccata sopra il paese di Longarone in Veneto, ma che per la sottovalutazione geologica della consistenza del monte sovrastante, ha dato luogo al peggiore disastro da produzione di energia elettrica mai verificatosi nel nostro paese (più di duemila morti). Mentre l'uomo progetta in genere in maniera sostanzialmente monodisciplinare (con qualche ausilio marginale di altre discipline), per la natura valgono solo valutazioni transdisciplinari: queste, però, per noi sono troppo complesse, in quanto comportano la presenza contemporanea ed equipollente di tutte le discipline necessarie; esse, quindi, vengono sostituite da interdisciplinarietà, ossia interazione continua passo per passo tra le stesse discipline, presenti con i propri componenti aperti a comprensione delle conoscenze altrui, e non dalla sola multidisciplinarietà, che

Tabella 1.

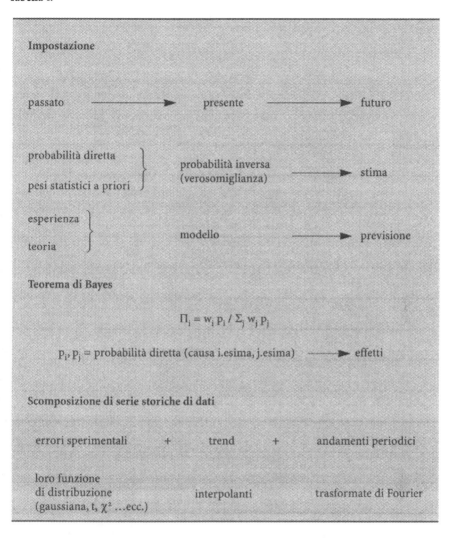

Impostazione

passato ——————▶ presente ——————▶ futuro

probabilità diretta ⎫
                     ⎬ probabilità inversa ——————▶ stima
pesi statistici a priori ⎭ (verosomiglianza)

esperienza ⎫
            ⎬ modello ——————▶ previsione
teoria ⎭

Teorema di Bayes

$$\Pi_i = w_i \, p_i \, / \, \Sigma_j \, w_j \, p_j$$

p_i, p_j = probabilità diretta (causa i.esima, j.esima) ——▶ effetti

Scomposizione di serie storiche di dati

errori sperimentali   +   trend   +   andamenti periodici

loro funzione
di distribuzione   interpolanti   trasformate di Fourier
(gaussiana, t, χ^2 ...ecc.)

241

coinvolge esclusivamente professionalità diverse, assemblando poi i relativi contributi.

Quindi, quando si affrontano problemi ambientali o comunque connessi con l'ambiente, questa interdisciplinarietà crea nella logica bayesiana anche il problema di una valutazione congiunta tra le diverse discipline, della probabilità "a priori", per potersi avvalere di tutte le relative esperienze e intuizioni. Ciò, però, non è sempre facile: allora si dovrebbe tentare di separare nella serie storica delle misure stesse il contributo di diversi andamenti concomitanti, che possono essere attribuiti a "cause" disciplinari differenti. Sinora, nelle esemplificazioni ultrasemplificate poco sopra, si sono esaminate rispettivamente solo componenti di accuratezza, precisione e *trend*. Vi è, però, soprattutto nei dati ambientali, un'ulteriore componente e forse la più importante: l'andamento periodico.

Mentre sull'accuratezza, ossia contenimento di errori sistematici, ogni "causa" deve venir trattata separatamente, per quanto riguarda la precisione, ossia la riduzione degli errori casuali, la statistica prevede, per l'effetto congiunto di tutte le molteplici cause, trattamenti specifici tra i quali, come si è visto, quello gaussiano è il più comune: con un numero adeguato di misure si potranno anche separare da questa distribuzione stocastica sia *trend* che componente periodica. Ma tale procedimento richiederà analisi più accurate, che poi, a loro volta, sono influenzate dall'ampiezza della componente di fluttuazione stocastica stessa, la quale, per misure ambientali, comprensive di dati biologici e determinazioni "in situ", può essere anche estremamente elevata: in tal caso si dovranno rivedere anche molti concetti statistici che per il fisico, il chimico e l'ingegnere sembrano già acquisiti ed effettuabili con programmi di calcolo standardizzati.

Grandi fluttuazioni stocastiche possono poi facilmente confondersi con andamenti periodici e viceversa: è abbastanza conosciuto l'aneddoto di un economista burlone inglese, che mostrò nelle serie storiche delle estrazioni del lotto gli stessi andamenti che i suoi colleghi interpretavano nei dati econometrici come cicli dell'economia! Tali ultime serie hanno, però, ancora vantaggi importanti, come equispaziatura esatta, non lacunosità e persistenza nel tempo di condizioni, di rilevamento, rigorosamente identiche, che difficilmente si riscontrano altrettanto bene nelle misure ambientali. In queste, di contro, molto frequentemente appare un altro vantaggio: il periodo principalmente influente sui fenomeni è di origine astronomica e quindi predeterminato.

L'astronomia, proprio grazie a questo manifestarsi di periodicità astrali e planetarie regolari, può considerarsi la madre di tutte le scienze esatte, compresa la matematica. Infatti, chi doveva navigare in mare aperto (o nel deserto) senza strumentazioni che aiutassero a mantenere o ritrovare la rotta, aveva nel cielo stellato il suo unico riferimento. Doveva, però, conoscere il moto periodico degli astri, sia annuale che diurno: la regolarità di quest'ultimo appare ben evidente in Figura 1, dove sopra un osservatorio astronomico l'obiettivo è stato lasciato aperto per una lunga notte australe.

La regolarità del ciclo annuale appare abbastanza chiaramente anche da Figura 2, dove è riportata la concentrazione di anidride carbonica nell'atmosfera all'osservatorio di Mauna Loa nelle Hawai. Risulta impressionante la variazione stagionale così chiaramente visibile senza necessità di calcolo alcuno, dovuta alla diversità di scambio della sostanza con la vegetazione d'inverno rispetto all'estate, causa fotosintesi. Si vede, però, anche l'incidenza di fluttuazioni stocastiche, attribuibili a diversità climatiche tra anno e anno e forse a qualche altro errore casuale o fluttuazione. Tuttavia quello che più interessa è il *trend* multiannuale, che a prima vista può apparire di aumento lineare, ma per il quale un occhio attento nota subito un elemento di inquietudine: appena confrontati con una retta, i dati mostrano nettamente un andamento concavo verso l'alto. Che questo sia dovuto ad attività umana, dalla scoperta della macchina termica in poi, appare evidente dalla Figura 3, dove due soli punti rappresentativi di tutti quelli del grafico precedente (quadrati vuoti) sono confrontati, su un intervallo di tempo millenario, con concentrazioni in aria inclusa in campioni cilindrici estratti dai ghiacci al Polo Sud (cerchietti vuoti) e alla base antartica di

243

Fig. 1. Regolarità dei moti astrali sopra l'osservatorio di Siding Spring in Australia, con l'obiettivo fotografico lasciato aperto per una lunga notte australe

Siple (cerchietti pieni): si vede con evidenza il cambiamento del *trend* dai primi secoli del millennio agli ultimi due, caratterizzati dalla sempre crescente combustione di carbone, petrolio e gas naturale.

Sin qui la descrizione qualitativa, dove la componente periodica contribuisce a dare più evidenza visiva al *trend* di crescita: per fare, però, una previsione e quantificare pure il meno evidente incremento dell'ampiezza delle oscillazioni, si devono separare i tre contributi con metodi matematici appropriati. Ma anche questo non basterà, in quanto la "causa" combustione è legata a comportamenti dell'umanità, per i quali possono esservi più alternative e

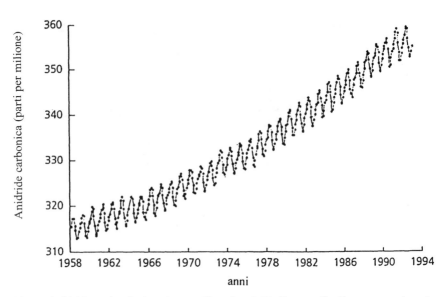

Fig. 2. Anidride carbonica/parti per milione/anni. Media mensile di concentrazione in atmosfera di anidride carbonica all'osservatorio di Mauna Loa alle Hawaii. La concentrazione è riportata in parti per milione di volume (ppmv) in aria secca. La linea che qui congiunge un punto con il successivo non è un modello. I dati mostrano due distinte variazioni: una stagionale, presumibilmente data dagli scambi tra vegetazione e atmosfera e un aumento costante delle medie annuali, che si ritiene dovuto principalmente ad attività umane

244

anche l'entità dell'attività fotosintetica globale non è scevra da influenza umane, come la deforestazione: questi comportamenti possono variare non solo da continente a continente, ma pure nel tempo. Anche se la logica è bayesiana, essa va vista in una modellistica più complessa, soprattutto aperta a diverse alternative sia geografiche che di previsione: qui la matematica, come indispensabile base, e non solo di esistenza ed unicità, e il calcolo numerico in grandi elaboratori, rappresentano un complesso strumento previsionale, sul quale si può innestare una logica predittiva, soltanto se tale strumento è adeguatamente affidabile e flessibile.

Si deve, inoltre, pensare che ogni reazione chimica è data dall'incontro di due o più molecole e quindi la sua velocità proporzionale alla probabilità, composta, di tale incontro è data dal prodotto delle rispettive concentrazioni variabili nel mezzo. Le equazioni differenziali, sulle quali si baserà un modello comprensivo di tali fenomeni, conterranno, allora, termini non lineari in queste variabili di stato, con possibilità di biforcazioni e caos deterministico. Questo inciderà ancora di più per le reazioni enzimatiche della biologia, dove la non linearità diventa ancora più accentuata. Se si pensa, poi, che i grandi modelli necessari per la descrizione di fenomeni complessi saranno soprattutto numerici e quindi occultatori di logiche analitiche, si vede quanta necessità di rigore matematico stia in questi problemi: tutto ciò è nato negli ultimi decenni di questo secolo, con l'ausilio di grandi e ultraveloci elaboratori, e quindi va approfondito ulteriormente

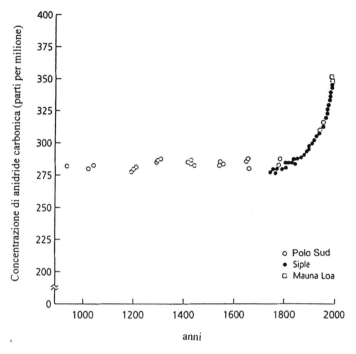

Fig. 3. Concentrazione di anidride carbonica/parti per milione/anni Polo Sud. Un record millenario di concentrazione di anidride carbonica, da campioni cilindrici estratti dai ghiacci del Polo Sud (cerchietti vuoti) e dalla base antartica di Siple (cerchietti pieni), esclusi gli ultimi due punti, misurati in atmosfera libera a Mauna Loa nelle Hawaii (vedi Fig. 2)

245

in tutte le sue implicazioni, a volte veramente inaspettate, e questo richiede ancora molto lavoro di logica matematica.

Ma torniamo al campo dell'analisi di serie di misure sperimentali, premessa, oltre all'evoluzione della natura, ad ogni attività di sua modellazione e quindi di previsione. In questo importantissimo settore si investe molto meno, anche perché ogni disciplina scientifica ritiene di avere esigenze diverse, se non altro per la differente incidenza quantitativa delle fluttuazioni stocastiche. Ma anche nella stessa disciplina si richiedono, a volte, trattazioni diverse: una cinetica di reazione in soluzioni acquose di cloruri e nitrati alacalini e alcalinoterrosi [1, 2] mostra fluttuazioni limitate, ma non lo stesso si ottiene se vi sono disciolti sali di tetraalchilammonio [3]. Comunque, chi era abituato alle prevalenti alte precisioni della fisica, già nella chimica, soprattutto se cinetica, trova una situazione più complessa, sino a dover riconsiderare la sua impostazione statistica in biologia di sistemi misurati "in situ", ossia sul posto e non in laboratorio.

La trattazione dei dati sperimentali, soprattutto per chi deve poi utilizzarli ai fini modellistici, rappresenta un lavoro difficile, dove l'occhio del ricercatore, abituato a cogliere ogni "inquietudine", è essenziale, ma dove è essenziale anche la sua capacità di tradurre tale inquietudine in precise formulazioni matematiche. Da un lato, serie di dati troppo affette da fluttuazioni stocastiche non permettono, infatti, prima di uno "smooting", di affrontare analisi di sensitività del modello rispetto a parametri semiempirici, né calibrazione degli stessi parametri e altri artifici matematici necessari per qualunque previsione. In genere, nella modellistica si conoscono le leggi che regolano i fenomeni, ma, nel campo ambientale almeno, le relative formulazioni contengono parametri caratteristici delle particolari situazioni: questi possono paragonarsi ai "pesi statistici" bayesiani, da determinarsi quindi inizialmente "a priori" studiando poi l'incidenza sulla simulazione dei risultati sperimentali stessi e da essi ricavando valori ottimali mediante metodi di calibrazione matematica.

D'altra parte, il primo "imperativo categorico" del trattamento di serie di dati sperimentali sta nell'evitare qualunque influenza soggettiva: pure un'inconscia scelta di procedure statistiche che possano alterare anche solo lievemente il dato per avvicinarlo ad una spiegazione teorica piuttosto che all'altra comporterebbe l'inaffidabilità di tutto il procedimento statistico. Il fatto che questo artificio spesso, purtroppo, venga utilizzato in campo politico e in modo difficilmente avvertibile dal profano e mai confessato dal manipolatore, rappresenta, probabilmente, la principale ragione della diffidenza della gente rispetto alla statistica e alla scienza in genere!

Ritornando ora alla separazione delle tre componenti, fluttuazioni stocastiche, aumenti periodici e *trend*, la cosa non si presenta difficile quando le prime sono gaussiane, le seconde sinusoidali a periodo noto e le terze lineari. La distribuzione non gaussiana delle prime è data da ragioni intrinseche alla misura stessa, e poco può fare in questo caso la matematica soltanto: però, analizzando le funzioni di distribuzione, si può, a volte, arrivare a correzioni funzionali. Per esempio, il chimico analitico insiste non solo a misurare, come da sua indiscutibile capacità professionale, concentrazioni di soluti in solventi, ma anche a utilizzarle come variabili statistiche quando, in condizioni di equilibrio (o stato stazionario, termodinamici) queste non sono le variabili di stato: lo sono, invece, i potenziali chimici che per soluzioni diluite e variazioni termiche non estreme sono proporzionali, entro limiti d'errore, ai soli logaritmi delle concentrazioni stesse. La distribuzione log-normale dei dati di queste ultime, viene, quindi, facilmente corretta da una trasformazione logaritmica, in modo da poter poi calcolare su tali potenziali chimici tutti gli usuali parametri statistici. Ma, in genere, le distribuzioni differenti dal normale lo sono per ragioni ben più complesse: spesso vi sono disomogeneità nei dati componenti, ossia appartenenza a sottogruppi distinti, per la quale va individuata la "causa a priori" specifica; oppure, ancora, vi è presenza di misure anomale da eliminare, ricorrendo ad annotazioni che dovrebbero apparire nei quaderni originali dei ricercatori che hanno effettuato le misure stesse; vi potranno essere, infine, ragioni ancora più complesse, che comunque vanno individuate non matematicamente, ma nell'ambito delle discipline specifiche, le sole a poter individuare "cause a priori".

Separare le seconda (andamenti periodici) o la terza (*trend*) componente da questa prima (fluttuazioni), richiederà, invece, prevalentemente strumenti matematici, basandosi sul fatto che solo la seconda darà integrali, o serie di integrali, che si annullano su intervalli opportunamente scelti. Si pone, quindi, la necessità di sviluppi in funzioni ortogonali, di cui quelli sinusoidali di Fourier sono i più usati (però, a volte, convengono in condizioni particolari anche polinomi di Chebyshev o di Legendre, Laguerre, Hermite, Jacobi o ultrasferici). Le ragioni sono da trovarsi in analisi sulla composizione intrinseca dei dati, per la quale qui possiamo solo rimandare ai testi specifici delle singole discipline; ci si limiterà, perciò, alle sole serie di Fourier, in quanto, oltrettutto, di esse si fa già largo uso in Spettroscopia e Strutturistica Chimica e, quindi, esistono anche programmi di calcolo molto affidabili, veloci (fastfourier) e con molte opzioni possibili.

Per la terza componente, il *trend*, da un lato si potranno estendere gli andamenti lineari a parabolici, cubici ecc., mentre dall'altro potranno essere usate medie mobili per eliminare *trend* troppo irregolari, da andamenti periodici. Comunque, più complessa sarà la trattazione, più ci si dovrà preoccupare della sua assoluta oggettività; più numerosi si dovranno introdurre parametri da calibrare, più si ridurranno così i gradi di libertà propri dell'insieme di dati e più si dovrà, alla fine, ritrovare un residuo di fluttuazioni stocastiche ad andamento gaussiano quale conferma della regolarità della procedura.

Siano qui fatti solo due esempi, per illustrare la complessità delle applicazioni a problemi ambientali, ossia ad alta incidenza di "rumore" (termine che si potrà mutuare dall'ingegneria delle telecomunicazioni, assieme alla sua aggettivazione "bianco" quando le sue caratteristiche sono soltanto casuali, o più precisamente gaussiane). Il primo esempio si riferisce ad una nostra ricerca su serie storiche di misure intensive (temperature, concentrazioni di soluti, densità planctoniche ecc.) in ecosistemi idrici, e il secondo a più recenti ricerche sulle acque alte eccezionali in Laguna di Venezia, già trattate nel primo esempio, ma sotto ipotesi di un'unica componente periodica astronomica di undici anni. I programmi relativi di calcolatore standardizzati sono stati applicati in ripetuti "reports" tecnici [4].

Il primo esempio, quindi, riguarda un "approccio" informatico per modellare serie temporali di dati ambientali, mediante stime di negaentropia [5]. Si procede a trattamenti preliminari, come quello di rendere equispaziati i dati, mediante interpolazioni lineari (paraboliche o superiori davano in genere minore affidabilità, escluso il caso di situazioni ben evidenti, per il trovarsi in massimi o minimi rispetto al tempo), e di introdurre una sopradescritta trasformazione logaritmica, causa la moltiplicatività, non additività normale, dei tre contributi citati.

Si passa quindi a separare i tre contributi e a decidere da quale iniziare: nelle quattro applicazioni: pur nella loro notevole diversità, appare abbastanza chiaro che la prima da eliminare è quella rappresentata dal *trend*. In figura 4 (*in alto*), che riguarda le temperature superficiali dell'acqua nella laguna di Venezia, si vede come non vi è alcuna regolarità di questo *trend*, in quanto si susseguono senza alcuna ragione plausibile stagioni più calde e più fredde. Lo stesso viene mostrato anche in Figura 5 (*in alto*) per la concentrazione di clorofilla (o meglio logaritmo della concentrazione, come sopra esposto), ma è meno evidente per quella di azoto ammoniacale (Fig. 6 *in alto*), che mostra una forte diminuzione, in quanto la legislazione sull'inquinamento si sta adeguando sempre più alla migliore tecnologia disponibile, che comporta limiti sempre più rigidi di accet-

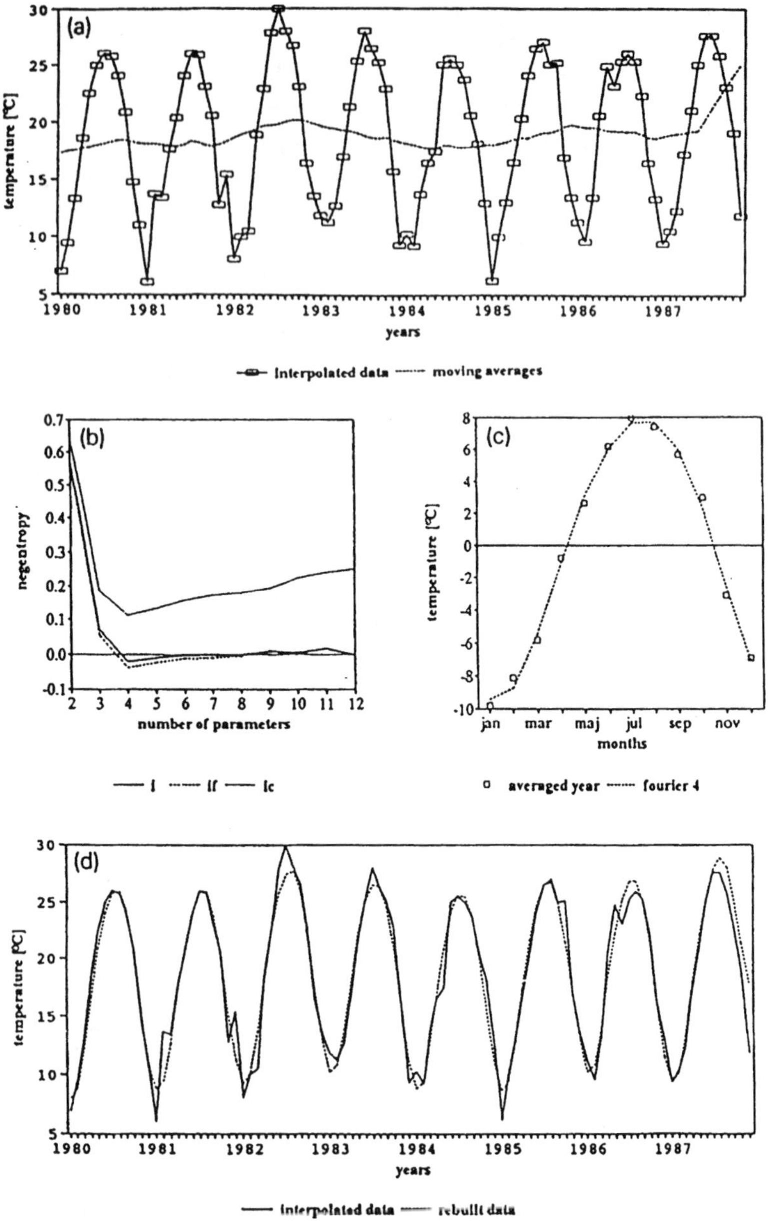

Fig. 4. Serie storica di temperature superficiali (in °C) della laguna di Venezia per gli anni dal 1980 al 1988, con dati interpolati al fine di essere equispaziati e media mobile annuale (in alto); rappresentazione della negaentropia normalizzata (in tre casi descritti nel testo) in funzione del numero di parametri da calibrare, nonché andamenti medi interannuali della temperatura a confronto con la serie di Fourier troncata a 4 parametri (ossia numero che rende minima la negaentropia nel grafico accanto) in mezzo; infine, in basso, la serie storica così ricostruita a confronto con i dati di partenza

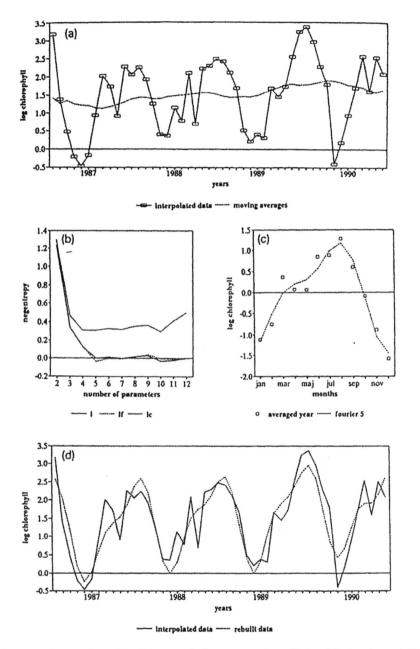

Fig. 5. Analoga serie storica di logaritmi di concentrazione di clorofilla (a misura della densità fitoplantonica, con unità di misure arbitrarie, in quanto ogni loro modifica sposterebbe solo lo zero delle ordinate nei grafici logaritmici) per gli anni da 1986 a 1990: stessa disposizione di Figura 4: anche se il troncamento ottimale calcolato alla sola seconda armonica (5 parametri) pur dimostrandosi efficace, non è in grado di far apparire, se non con un'inflessione, la fioritura primaverile (dato medio di marzo) nell'andamento ricostruito

tabilità, persino al di fuori di ogni analisi costi-benefici per la laguna. Infine, nell'ultima applicazione (che sarà trattata meglio in seguito, grazie a un ulteriore decennio di misure ora disponibili e le incertezze sul periodo che ne emergono) viene confermato (Fig. 7 *in alto*) quanto già emerso dalle precedenti analisi e soprattutto da Figura 6: non sembra esserci regolarità nel *trend*, anche se, a volte, pare vi sia un andamento sostanzialmente crescente o decrescente, determinato da "cause" che sfuggono a trattamenti razionali e, quindi, matematici. In questo caso, rimane solo la media mobile come metodologia accettabile, soprattutto se il periodo sembra noto "a priori" da valutazioni astronomiche: si perderebbero, però, sia un semiperiodo all'inizio che uno alla fine del record, salvo applicare qualche discutibile forma di estrapolazione (nonostante l'applicazione di forti pesi statistici polarizzanti verso il centro, in Figura 4 appare un'estrapolazione finale abbastanza discutibile; essa non è stata corretta per salvaguardare l'uniformità e, quindi, oggettività del procedimento, anche se potrebbe causare una deviazione al simulato dallo sperimentale: per formulare previsioni, questo potrebbe provocare forti squilibri e forse sarebbe più giusto, in tal caso, escludere l'ultimo semiperiodo, con la conseguenza, però, di ridurre ulteriormente il già insufficiente numero di periodi).

Sottratto ora il *trend* dai dati sperimentali, rimane da separare la componente periodica, a periodo predeterminato, dalle fluttuazioni stocastiche, supposte di "rumore bianco". Il procedimento tradizionale (ANOVA, *analysis of variance*, ([5] p. 207 e p. 215) sarebbe quello di mediare i singoli periodi e applicare ai dati così mediati una trasformazione di Fourier. Qui, però, appare la necessità di troncare la serie di Fourier risultante, anche se il periodo predeterminato esclude tutte le non armoniche: nonostante questo, per i coefficienti delle armoniche superiori non si può prevedere alcuna regolarità o correlazione con quelli dell'armonica fondamentale, come avviene per serie matematiche e non empiriche. Le incognite, parametri di Fourier, diventerebbero troppe e quindi limiterebbero i gradi di libertà, sottraendo da poco più di una decina di dati mediati, oltre il contributo dei primi tre coefficienti (di seno e coseno della fondamentale e del coseno di zero), anche una coppia di coefficienti per ogni ulteriore armonica (necessaria per rendere la forma di andamenti nella realtà mai esattamente sinusoidali). Aumentare la differenza tra il numero di dati disponibili e quello di questi coefficienti risulta quanto mai importante, quando le fluttuazioni stocastiche sono molto forti e quindi, per superarne l'effetto di disinformazione, occorre il maggior numero possibile di gradi di libertà.

In questo caso emerge pure il cosidetto "overfitting", al quale si è già accennato all'inizio con i cicli economici "ritrovati" nelle estrazioni del lotto: si tratta di fluttuazioni stocastiche interpretate erroneamente dal procedimento come componenti superiori di Fourier causali. Vi è anche una ulteriore necessità di utilizzare una parte dei periodi come "fit set", ossia per trovare i coefficienti della serie di Fourier troncata, e i rimanenti, a ciò non utilizzati, come "check set", per validare le conclusioni a cui si è giunti: con alte incidenze delle fluttuazioni stocastiche questo è possibile solo dividendo a metà i periodi. Siccome però, per fortuna, non emerge alcuna regolarità accertabile nel susseguirsi dei periodi stessi, questi possono essere assemblati in tutte le loro combinazioni possibili,

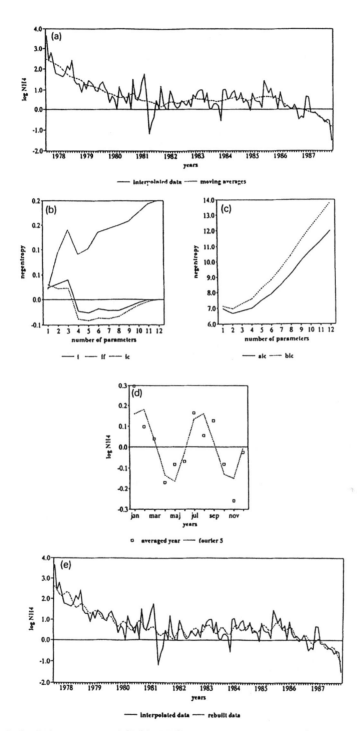

Fig. 6. Serie storica per potenziali chimici di azoto ammoniacale per gli anni 1977 a 1988. Il grafico aggiuntivo rispetto ai precedenti riporta che a_{ic} si riferisce ai dati di H. Akaike [7] e b_{ic} a quelli di Schwarz [8], metodi tradizionali

che se i dati sono 2N, saranno $\binom{2N}{N} = (2N)!/(N!\,N!)$, ossia molto numerose (con 2N = 8 saranno 70, per 2N = 4 solo 6, ma per il caso più affetto da "rumore", con 2N = 12, ben 924!): si potranno così ammortizzare efficacemente le perdite di gradi di libertà, utilizzando ogni possibile informazione contenuta nella serie storica di misure e non solo quella tradizionalmente usata.

Si tratta ora di ottenere un indicatore per il troncamento ottimale, ossia per poter determinare caso per caso il numero appropriato di termini della serie di Fourier, tali che l'aggiunta di quelli ulteriori non riproduca più alcuna informazione "vera" addizionale. In questo caso è stata utilizzata "l'informazione condizionata" di Kullback – Leibler [6], che si identifica nel caso trattato con l'opposto dell'entropia informazionale, ossia "negaentropia", $-\sum_i p_i \ln p_i = -\int_0^1 \ln p\,dp$. Calcolando tali valori e normalizzandoli, si ottengono, in funzione del numero dei parametri della serie troncata, i valori riportati delle figure 4, 5, 6 e 7 in mezzo a sinistra: ne deriva il confronto della ricostruzione della serie stessa con le medie dei valori sperimentali e con i dati estesi, riportati in grafico in fondo alle stesse figure. In tali primi grafici sono rappresentati tre andamenti di negaentropia: i valori contrassegnati da "i", estendendo il trattamento ANOVA come caso limite di quello generale, il caso "if" (punteggiato in figura), utilizzando tutti i dati come "fit set" e quello "ic" con il confronto tra "check set" e "fit set"; quest'ultimo caso comporta valori sempre più elevati e crescenti con il numero di parametri introdotti, rendendo così con evidenza l'aumentare dell'incertezza quando si utilizzano serie troncate, contenenti un numero a mano a mano maggiore di termini. I valori negativi delle negaentropie normalizzate rappresentano un indice di significatività, ma è il primo minimo che è stato scelto, e confermato, come l'indicatore più efficace, nelle applicazioni, per individuare il numero di parametri da calcolare (la validazione si vede in tutte e quattro le figure, in mezzo a destra per le medie, e in fondo per tutta la serie). In Figura 6 vi è anche un paragone, nel caso più affetto da fluttuazioni stocastiche, con trattamenti comunemente usati come quelli proposti in bibliografia da Akaike [7] e Schwarz [8]: si vede che al posto del minimo a cinque parametri, questo si troverebbe solo a due, ossia troncherebbe la serie, mantenendo solo la prima armonica oltretutto non traslabile, invece di due armoniche complete come il grafico immediatamente successivo mostra indispensabile.

Dopo questo trattamento, che in casi reali complessi si è visto rende bene il fattore di forma dell'andamento periodico essenziale per l'interpretazione teorica va ancora verificata la gaussianità delle differenze rimanenti tra interpolato e sperimentale: in tutti e quattro i casi l'andamento è stato verificato e trovato adeguato.

Sin qui un esempio con periodo predeterminato: casi dove questo non avviene sono rari nei problemi ambientali, ma sono frequenti in altre applicazioni, soprattutto in quelle econometriche. Però, nell'ultima applicazione dell'esempio precedente la periodicità di undici anni, pur abbastanza conosciuta in astronomia, non riveste la stessa certezza delle periodicità annuali: non è da escludere che la presenza di altre componenti periodiche di più lungo periodo produca fenomeni di battimento non facilmente evidenziabili con serie storiche di meno

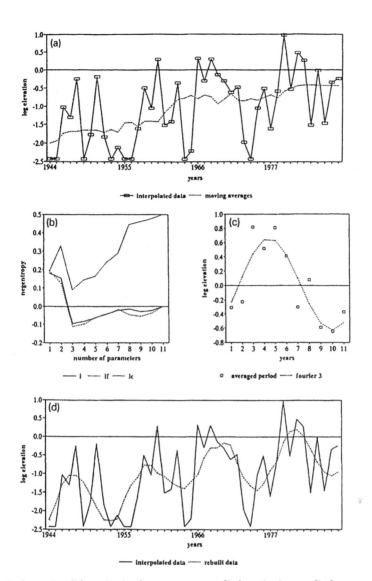

Fig. 7. Serie storica di logaritmi nel numero annuo di elevazioni mareali oltre 1.10 m sul medio mare del 1897: la serie è limitata agli anni 1944-1987 e quindi ad un intervallo molto ristretto

di un secolo e notevole influenza di fluttuazioni stocastiche. A questo sarà dedicato il secondo esempio, ancora in elaborazione e quindi da pubblicare.

Si tratta sempre del numero di eventi straordinari per anno (acque alte a Venezia, che superano il metro e dieci sul medio mare del 1897): l'andamento per le decadi del nostro secolo sembra aumentare con legge più che lineare (l'ultimo dato va ancora incrementato di almeno un'unita per l'anno 1999), anche trascurando i primi due decenni, per i quali è difficile trovare certezze (Fig. 8). L'andamento dei dati annuali è molto meno facilmente interpretabile a

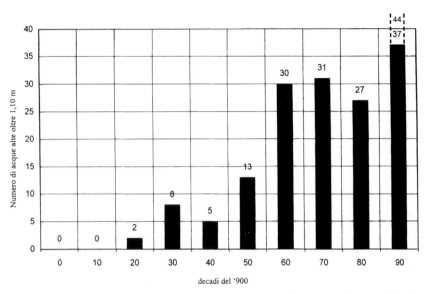

Fig. 8. Numero di acque alte oltre 1,10 m/decadi del 1900. Il numero di acque alte oltre 1,10 m verificatosi nelle singole decadi del '900 è riportato, senza considerare ancora quelle avvenute nel 1999[1]

causa di ancor più forti fluttuazioni stocastiche (Fig. 9). I dati riportati in Figura 7 sono temporalmente limitati a soli quarantaquattro anni (1944-1987) e la trasformazione logaritmica non è estendibile agli anni che contengono zeri (annualità senza eventi straordinari). Inoltre, in assenza di periodicità predeterminata non appare nemmeno facile impostare medie mobili, che non possano influenzare l'eventuale multiperiodicità insita nel fenomeno, che, se esiste, va evidenziata.

Occorre, però, un'alternativa alla trasformazione logaritmica, essendo in questo esempio più plausibile l'additività dei contributi, ma troppa l'incidenza di un "rumore bianco", incerto il tipo di accumulo e le componenti periodiche forse con ampiezze amplificantisi nel tempo, ma comunque con frequenze costanti. Quindi, una trasformazione non funzionale ma operazionale, e precisamente d'integrazione, può essere più vantaggiosa: un integrale aumenta di un grado un *trend* polinomiale (da costante, lineare, parabolica ecc., a lineare, parabolica, cubica ecc.) e lo mette di più in evidenzia, mantiene la frequenza di sinusoidi, anche se smorzate o amplificate, e non accumula, invece, un "rumore bianco". Perciò, anziché trattare l'andamento di Figura 9, si esaminerà il suo integrale, o meglio, la curva cumulata di Figura 10.

---

[1]   *Nota alla revisione della bozza: da fine 1998 a fine 1999 si sono avute ulteriori 2 + 5 acque alte sopra 1,10 m, portando da 37 a 44 quelle dell'ultimo decennio e mandando fuori scala il grafico, dove è riportato in tratteggio il valore definitivo (44) (Fig. 8). Nei primi mesi del 2000 vi è già stato un ulteriore evento in data inconsueta.*

Si vede subito che il *trend* di questa curva non sarà lineare, ma almeno parabolico e quindi che il fenomeno dell'acqua alta non è costante nel tempo, ma aumenta con esso, essendo la parabola concava verso l'alto. Ma già la Figura 8 faceva pensare a un andamento più che lineare e quindi va pure saggiato l'integrale di una parabola, ossia una cubica. Se poi ci fosse stata qualche curvatura anomala non periodica (almeno nell'intervallo di poco meno di un secolo), poteva valere la pena di tentare anche l'interpolazione con una curva di quarto grado. Eseguiti tali calcoli, si vedeva che la varianza residuale comprensiva di componenti armoniche e fluttuazioni stocastiche, nonostante la sua maggiorazione per la diminuizione dei gradi di libertà, si riduceva passando dalla parabola alla cubica, ma perfino alla quartica: quindi, quest'ultima appariva la curva ottimale!

Si trattava ora di fare la differenza tra i dati originali e le tre curve così elaborate: i risultati erano degli andamenti oscillatori più regolari di quelli di Figura 9 (l'integrazione, come previsto, mentre cumulava il *trend*, non aveva accumulato il "rumor bianco"), ma amplificantesi nel tempo.

Prendendo i valori assoluti di tali oscillazioni residuali, ancora abbastanza disperse dalle fluttuazioni stocastiche, si trovava una regressione lineare (non parabolica), segno che le oscillazioni aumentavano nel tempo, ma senza accelerazione! Dividendo ora per la retta di regressione la curva oscillante originaria, si ottenevano, finalmente, andamenti ad ampiezza non variabile.

Questi potevano essere sottoposti a programmi standard di "fastfourier" per ottenere i periodi di oscillazione: in tutti e tre i casi il periodo principale di undi-

255

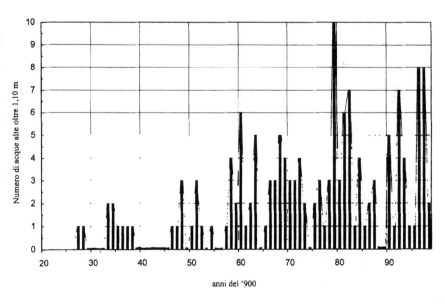

Fig. 9. Numero di acque alte come in figura 8, ma anno per anno: si nota una certa periodicità con molti zeri (1929÷1933, 1939÷1946, 1949, 1953, 1955/56, 1964, 1974 e 1988/89) evidenziati, e una fortissima influenza di fluttuazioni stocastiche (vedi anche nota 1, p. 254)

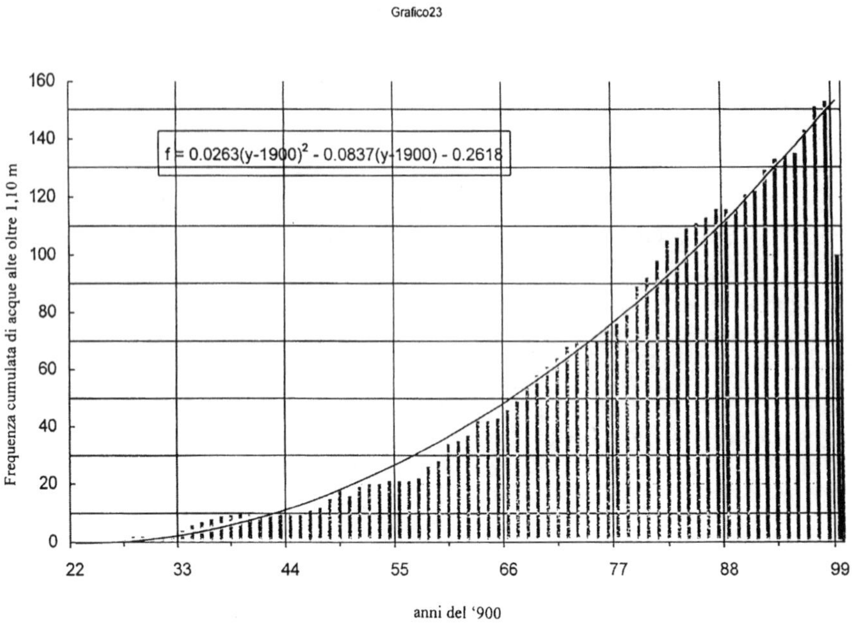

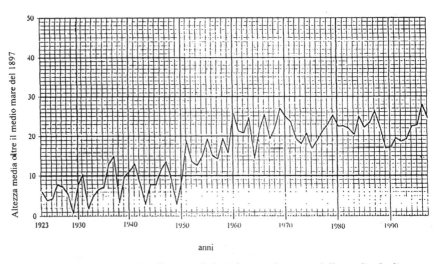

Fig. 10. Frequenza cumulata di acque alte oltre 1,10 m, verificatesi prima dell'anno in ascissa, a confronto con la parabola di regressione ottimizzata tra gli stessi punti (per gli ultimi due anni vedi anche nota 1, p. 254)

Fig. 11. Stazione mareografica di Punta della Salute: andamento della media degli estremali di marea (massimi e minimi), dal 1923 al 1997

ci anni veniva confermato, validando così l'intuizione astronomica. Però, con la sottrazione di un *trend* solo parabolico, si ottenevano tre ulteriori periodi, con la cubica altri due solamente e, infine, con la quartica un solo periodo di sedici anni, oltre quello di undici. La spiegazione è abbastanza semplice: il numero di anni nei quali sono state misurate le acque alte è troppo limitato per poter mettere in evidenza in maniera affidabile periodi troppo lunghi, che potevano essere interpretati indifferentemente come anomalie "una tantum" di curvatura mediante cubiche e quartiche, oppure come fenomeni periodici a così bassa frequenza da non potersi ripetere per un adeguato numero di volte, ma, nonostante questo, rivelati attraverso l'uso di "fastfourier"!

Quello che però veniva confermato con evidenza era il periodo di undici anni, che i veneziani più attenti al fenomeno avevano già notato, per esperienza di tanti decenni, indipendentemente dalle spiegazioni astronomiche. Nuova, invece, appare una seconda periodicità di poco superiore a quella di undici anni, che può considerarsi abbastanza verosimile, anche se la prima si ripete nell'intervallo ben sette volte (cinque se si considera solo il dopoguerra come nell'esempio precedente di Figura 4): già per sedici anni la ripetizione diventa di sole cinque volte (tre sole per l'intervallo più significativo del dopoguerra) e quindi meno certa, ma ancora verosimile. Periodi più lunghi, perciò, non possono essere messi in evidenza in maniera affidabile da una serie storica così limitata, in quanto sono i fenomeni stessi che determinano questa limitazione: iniziano a causa di opere umane solo dopo la prima guerra mondiale, mentre durante la seconda si verifica pure una certa tregua con la natura: sembra quasi che, quando gli uomini si combattono tra loro, riescono a danneggiare meno la natura, fenomeno già notato per altre serie storiche ambientali!

Comunque, da questa analisi (ancora incompleta perché si sono trovate difficoltà nella sintesi e quindi si stanno esaminando serie storiche di differenze tra l'altezza dell'acqua alta e il medio mare, cresciuto sino a ventitré cm (Fig. 11), ma si attende di poter ottenere, a tal fine, dati della prima metà del secolo), appare chiaro che le acque alte crescono e non solo linearmente, in maniera indipendente da una certa stasi del livello medio del mare. Le periodicità multiple, purtroppo, non rendono questo fenomeno così facilmente predittibile e, quindi, avvalorano possibilità di interpretazioni superficiali, soprattutto se enunciate con calore e calcolo politico!

Che fenomeni oscillanti aumentino più di quelli medi a causa della maggior energia prodotta nell'atmosfera dall'effetto serra, è ormai un fatto ammesso dalla grande maggioranza degli scienziati: basti pensare agli uragani e alla loro accertata aumentata frequenza! Non è più possibile che delicati problemi ambientali vengano programmati con il semplicismo di politici o pseudoscienziati, senza che l'uso della matematica venga spinto sino al massimo che essa può dare!

In questo senso si deve qui concludere che il mondo moderno, non in se stesso, ossia in costruzioni solo umane, ma quando arriva a mettere in pericolo gli "equilibri" naturali, ha soltanto uno strumento disponibile per rimediare: l'*approfondimento matematico*. Però, questo non può continuare a procedere per sole soluzioni analitiche, senza considerare i sempre più potenti elaboratori numerici come indispensabile mezzo d'indagine, modellazione e quindi previsione e individuazione di rimedi.

Le innovazioni matematiche degli ultimi decenni, dalle biforcazioni succedentisi in problemi differenziali con termini algebrici non lineari, i frattali, il caos deterministico ecc. con la scoperta di nuove costanti universali come quella di Feigenbaum d = 4,6692..., non sarebbero state possibili senza il più intensivo uso di grandi calcolatori: però sono proprio queste innovazioni nella matematica ad avvicinarla alla natura e alle sue forme più comuni, come una foglia di felce, sinora inspiegabili con la matematica tradizionale e invece riprodotta ora in modo veramente sorprendente! Si trovi, quindi, per ogni "inquietudine" suscitata nell'uomo dalla natura, una metodologia matematica individuata dall'incontro di ingegno e potenza di elaborazione!

Bibliografia

[1] M. Rolla, V. Carassiti (1949) Ricerche sull'effetto cinetico primario di sale: Nota I, *Bol. Sci. Fac. Chim. Ind. Bologna* 7, pp. 1-11
[2] V. Carassiti, C. Dejak (1957) Ricerche sull'effetto cinetico primario di sale: Nota III, *Bol. Sci. Fac. Chim. Ind. Bologna* 15, pp. 63-69
[3] C. Dejak, I. Mazzei, G. Cocco (1971) Research on the primary kinetic salt effect: XII The influence of tetraalkylammonium salts on the iodide-persulphate reaction, *Gazzetta Chim. it.* 101, pp. 606-624
[4] R. Pastres, C. Solidoro, D. Franco (1997) *Trattamento ed analisi dei dati anche mediante un modello di qualità dell'acqua: sintesi dei risultati.* Consorzio "Venezia Nuova", Rapporto tecnico sulla sintesi dei risultati raggiunti
[5] C. Dejak, D. Franco, R. Pastres, G. Pecenik, C. Solidoro (1993) *Ecological Modelling* 67, pp. 199-220
[6] S. Kullback (1959) *Information Theory and Statistics*, J. Wiley & Sons, New York USA
[7] H. Akaike (1974) *IEEE Trans, Automatic Control* 19, pp. 716-723
[8] G. Schwarz (1978) *Ann. Statist.* 6(2), pp. 461-464

Venice-Math

Michele Emmer

> *Poiché non è proibito parlare di cose familiari, ritengo che,*
> *per chi ama davvero Venezia, essa rappresenti un argomento*
> *idoneo. Certo, non vi è nulla da dire di nuovo che la riguardi,*
> *ma il vecchio è meglio di qualsiasi novità.*
>
> Henry James [1]

Ognuno di noi ritiene di avere un rapporto esclusivo, privilegiato con Venezia. Ognuno di noi pensa che quel ponte, quella calle, quell'angolo della città siano lì solo per lui, scoperti da lui e ignoti a tutti gli altri. E ognuno di noi ha un ricordo particolare legato alla città sull'acqua.

Naturalmente diversa è l'idea che della città hanno coloro che la abitano. Per alcuni anni ho insegnato all'Università Ca' Foscari di Venezia e abbiamo una casa a Venezia. Non sono quindi del tutto un *foresto*, come dicono i veneziani, un forestiero. Anch'io, come tutti coloro che vi capitano ogni tanto, ritengo di avere alcuni luoghi e immagini della città che sono esclusivamente miei.

Dal 1976 sino al 1990 ho realizzato diciotto film della serie *Arte e matematica*. Alcuni di essi sono stati in parte realizzati a Venezia. Trattandosi di film è chiaro che gli spunti dovevano essere visivi e che io, quindi, dovevo pormi la domanda fondamentale: a Venezia vi sono oggetti, luoghi, opere d'arte che possono essere d'interesse matematico? Venezia è città-teatro per eccellenza, e basta muoversi un po' per la città per scoprire nelle strutture architettoniche, nei palazzi, nelle calli e nei campi, forme geometrico-matematiche di un certo rilievo. Ovviamente questo è vero praticamente per qualsiasi città italiana.

Tuttavia a Venezia vi sono degli elementi specifici che sono di particolare interesse per la storia della matematica. Alcune di queste opere di interesse scientifico sono state realizzate da grandi artisti del Rinascimento e ciò rende non del tutto insensato pensare a Venezia per trattare di arte e di matematica [2].

Poliedri

"Al mondo culturale e ai tipografi veneziani dobbiamo un grande numero di *editiones principes* di testi scientifici sia nelle versioni medioevali dall'arabo sia in quelle umanistiche direttamente dal greco". Così scrive Maccagni nel catalogo della mostra *La Scienza a Venezia tra Quattrocento e Cinquecento. Opere mano-scritte e a stampa* [3]. Dal che si intuisce quale profondo legame vi fosse nel Rinascimento tra le scienze matematiche e Venezia.

Tale legame riguardava anche gli artisti, alcuni dei quali furono tra i matematici più importanti dell'epoca. Possiamo ricordare fra gli altri Albrecht Dürer e quel manifesto del suo interesse per la geometria che è rappresentato dall'incisione *Melencolia I*. In essa un quadrato magico racchiude la data della composizione, il 1514. Probabilmente Dürer era venuto a contatto a Bologna con il matematico Luca Pacioli, allievo di Piero della Francesca che oltre che grande artista era stato un insigne teorico della prospettiva, autore del celebre trattato sui solidi regolari *De Quinque Corporibus Regolaribus* [6]. E Pacioli incorporò il trattato di Piero sui solidi regolari nel suo famoso libro *De Divina Proportione* pubblicato anch'esso a Venezia nel 1509 [7]. Come si vede la storia rinascimentale della geometria è strettamente legata a Venezia! Il *De Divina Proportione* deve molta della sua fama al fatto che le sessanta tavole di solidi geometrici furono "facte e formate per quella ineffabile mano sinistra a tutte discipline mathematici accomodatissima del prencipe oggi fra i mortali, pro prima fiorentino, Leonardo da Vinci".

Un ritratto di Pacioli fu portato a termine negli anni 1498-1500 forse da Jacopo de Barbaris, autore di una famosa pianta di Venezia. Il dipinto è particolarmente interessante perché nell'angolo in alto a sinistra è raffigurato un modello, forse di vetro, dettaglio non secondario visto che siamo a Venezia, di un solido che corrisponde alla tavola XXXV del *De Divina Proportione*. E proprio a Venezia giunse Dürer nel suo primo viaggio in Italia negli anni 1494-95. Se Piero della Francesca viene considerato dagli storici della matematica "il pittore-matematico e l'artista per eccellenza... il miglior geometra del suo tempo" Dürer è ritenuto "il miglior matematico". Il periodo veneziano è sicuramente di grande importanza nella formazione artistica e geometrica di Dürer.

E a Venezia molti anni prima di Dürer era arrivato anche Paolo Uccello; tra le tarsie marmoree che si trovano nella basilica di San Marco ve ne sono due a carattere geometrico che da Muraro sono attribuite a Paolo Uccello, il quale le avrebbe realizzate mentre era a Venezia nel 1425-1430 [8]. Dei due solidi il primo si trova sul pavimento dell'ingresso di sinistra della basilica, mentre l'altro, meno noto, si trova nella navata centrale, in una zona non raggiungibile senza permesso. I solidi hanno la stessa forma. Si tratta di due dodecaedri stellati, cioè di due dodecaedri tali che su ogni loro faccia è stata posta una piramide regolare. Della loro presenza si è accorto Lucio Saffaro[1] [9], un artista con vasti interessi matematici che ha lavorato per molti anni sui poliedri. Quando nel 1970 si accorse del poliedro, a Saffaro parve incredibile che nessun matematico l'avesse notato in precedenza. In seguito scoprì [10] che il poliedro veniva menzionato

---

[1] *Lucio Saffaro è scomparso nel novembre 1998.*

con evidente stupore alla pagina 88 di un'opera dello storico tedesco S. Günther, pubblicata nel 1876 [11]. Con stupore, perché la scoperta matematica del dodecaedro stellato viene attribuita a Johannes Kepler, il quale nel suo trattato *Harmonices Mundi* del 1619, molti anni dopo Paolo Uccello, ha descritto un solido che chiama *stellarum duodecim planarum pentagonicarum* [12].

Nel 1986, l'immagine del dodecaedro stellato di Paolo Uccello fu scelta come simbolo della Biennale di Venezia dedicata al tema *Arte e Scienza* [13]. Saffaro notò successivamente che sul pavimento della cappella di san Pantalon, nella chiesa omonima, vi sono due tarsie marmoree uguali, purtroppo danneggiate dal rifacimento del pavimento, che rappresentano l'altro tipo di dodecaedro stellato che compare nel trattato di Keplero. Ne è a tutt'oggi ignoto l'autore, ma potrebbe trattarsi ancora di Paolo Uccello.

> *Il Palazzo Ducale è l'espressione più alta di Venezia in quel periodo,*
> *lo sforzo più grande della sua immaginazione.*
> John Ruskin [14]

Simmetria

"La simmetria è una materia vasta, importante nell'arte e in natura. La matematica ne è la radice, e sarebbe ben difficile trovare un campo migliore in cui dimostrare come operi il pensiero matematico." Così, nel 1951, il famoso matematico Hermann Weyl concludeva il suo agile volume sulla simmetria congedandosi dal prestigioso Institute for Advanced Study di Princeton. Scriveva tra l'altro Weyl:

Ci si può domandare se il valore estetico della simmetria dipenda dal suo valore come si manifesta nella vita: l'artista ha forse scoperto la simmetria di cui la natura ha dotato le sue creature, in obbedienza ad una sua legge, ed ha poi copiato e perfezionato quanto la natura presentava in realizzazioni ancora imperfette? Oppure il valore estetico della simmetria proviene da una fonte indipendente? Come Platone, anch'io sono incline a riconoscere nell'idea matematica l'origine comune di entrambi i valori: le leggi matematiche che reggono la natura sono l'origine delle manifestazioni naturali della simmetria; e la mente creativa dell'artista applica per intuizione queste leggi nell'opera d'arte; sono pronto tuttavia ad ammettere che l'aspetto esteriore della simmetria bilaterale del corpo umano ha agito come stimolo ulteriore nel campo artistico [15].

Il libro di Weyl è ricco di esempi presi dall'arte, esempi sui quali egli costruisce poi la teoria matematica dei gruppi di simmetria. Weyl descrive via via i diversi tipi di trasformazioni simmetriche. Una delle prime è la simmetria di traslazione; come esempio Weyl parla del Palazzo Ducale di Venezia. Una visita a Venezia lascia sempre una traccia che evoca ricordi e immagini anche a distanza di anni!

261

È importante notare che vi possono essere strutture simmetriche inserite in moduli più ampi in cui la simmetria è interrotta, o strutture simmetriche in cui sono inseriti elementi di non simmetria. L'idea stessa di simmetria si è venuta modificando e il significato di questo termine dipende in modo essenziale dall'area disciplinare e dal settore scientifico in cui viene utilizzata.

A riprova di come si possano guardare con occhio diverso gli stessi elementi di simmetria, si può prendere come esempio proprio il Palazzo Ducale. Se Weyl ne sottolinea le strutture simmetriche che indubbiamente sono molto evidenti, per Ruskin è da mettere in evidenza la rottura della simmetria. Parlando della facciata sul mare del palazzo, egli nota che: "le due finestre a destra sono più basse delle altre quattro. In questa disposizione si può ravvisare uno degli esempi più notevoli che conosca dell'ardito sacrificio della simmetria alla funzionalità, che costituisce l'aspetto più nobile dell'arte gotica." Elementi di non simmetria inseriti in una struttura simmetrica.

Non potevano mancare in quella grande enciclopedia dei motivi decorativi che è *The Grammar of Ornament. The Victorian Masterpiece on Oriental, Primitive, Classical, Medioeval and Renaissance Design and Decorative Art* [15] pubblicata nel 1856 da Owen Jones motivi bizantini e quindi mosaici e tarsie della decorazione della Basilica di San Marco, del pavimento in particolare; ne sono riportati una decina dei più interessanti. La disposizione dei motivi sul pavimento della basilica, come si può notare solo in una pianta dato che la maggior parte sono coperti per proteggerli dai visitatori, è anch'essa simmetrica con elementi di non simmetria; per non parlare poi di quando, usciti dalla penombra della Basilica, si coglie l'immagine di apparente simmetria di piazza San Marco.

L'esprit humain fait toujours des progrès mais ce progrès est spirale.
Madame de Stael

Spirali

Chiunque capiti a Venezia comprende ben presto che non è sempre vero che la distanza più breve tra due punti è il segmento che li unisce. La strada più breve a Venezia è sempre contorta, spezzata, labirintica. "Non esiste una struttura labirintica naturale in cui l'opera dell'uomo si sia sovrapposta progressivamente in modo così conseguente da diventare una sorta di lettura inziatica" [16]. Per il maestro Giuseppe Sinopoli la manifestazione del sacro a Venezia è suggellata dal simbolo supremo che la figura, la determina, la fissa e la stabilizza: la doppia spirale naturale del Canal Grande attorno alla quale si è venuta costruendo la città. Quasi dove le due spirali si toccano si trova il Dipartimento di matematica di Ca' Foscari, in Ca' Dolfin, famoso per la sala con gli specchi, ove si trovavano i teleri di Tiziano ora al Metropolitan Museum di New York.

Quasi al termine della doppia spirale del Canal Grande si eleva la basilica di Santa Maria della Salute. Il 22 ottobre 1630 il Senato della Repubblica decreta di "far voto solenne a Sua Divina Maestà di eriger in questa città e dedicar una Chiesa alla Vergine Santissima, intitolandola Santa Maria della Salute" [17]. La città è flagellata dal morbo della peste, l'ultima nella cronologia delle pestilenze veneziane, la più violenta per mortalità [18]. Tra i tanti progetti presentati venne scelto, non senza contrasti, quello di Baldassarre Longhena. Nella costruzione finale la grande cupola è sostenuta da momiglioni che non sono altro che enormi spirali d'Archimede, dei grandi yo-yo avvolti che la sostengono. Se si sale all'interno della cupola e dal ballatoio in alto si osserva il pavimento della basilica, ci si accorge che è composto da famiglie di spirali che si intrecciano tra loro allontanandosi sempre di più dal centro. Il pavimento della basilica rimanda immediatamente ad un altro tipo di oggetto tipicamente veneziano, legato all'intreccio di tante spirali; si tratta di quella che Rosa Barovier Mentasti definisce "la più importante invenzione del Cinquecento nel campo vetraio". Nel 1527 Filippo Catani chiese il privilegio venticinquennale per l'applicazione di "una nova invention di lavorar del mestier nostro, il qual si domanderà a facete con retortoli a fil (che si chiamerà a fascette con retortoli a filo)". È l'atto di nascita ufficiale di quella tecnica raffinata che viene appunto chiamata a Murano filigrana a retortoli, tecnica mediante la quale si ottiene un motivo a fasce parallele di fili variamente intrecciati a spirale, fatti di lattìmo, vetro bianco opaco ad imitazione della porcellana, o di vetro colorato.

"L'esprit humain fait toujours des progrès, mais ce progrès est spirale", sembra abbia scritto Madame de Stael. A Venezia basta salire su un vaporetto che percorre il Canal Grande per allontanarsi o avvicinarsi al centro di una doppia spirale: il ponte di Rialto. Se labirintica è la struttura della città, la doppia spirale del Canal Grande serve proprio ad evitare di perdersi nel labirinto. Se come ha scritto Teilhard de Chardin "La spirale c'est la vie", Venezia non deve temere per il suo futuro, costruita com'è intorno ad un doppia spirale.

263

> *Così mentre ti aggiri per questi labirinti, non sai mai se insegui uno scopo*
> *o fuggi da te stesso, se sei cacciatore o la sua preda.*
> Iosif Brodskij [19]

Labirinti

"Mi trovavo dunque in qualche punto del labirinto veneziano. Sapevo una cosa: che la sua tipologia è assolutamente unica, e non si ritrova in alcuna costruzione labirintica del passato" [20]. Non vi è dubbio che "anche per chi è nato e vive a Venezia è difficile acquisire una sicurezza assoluta, che elimini qualsiasi dubbio sugli itinerari da scegliere". Se poi si deve raggiungere la zona di Piazza San Marco partendo da zone lontane, la difficoltà aumenta per la complessità sempre maggiore dei percorsi e delle scelte da effettuare. Naturalmente si sta parlando di percorrere il labirinto terrestre, perché a Venezia di labirinti ve ne sono due, uno terrestre e uno acquatico, fatti di rii e canali. Non è per nulla evidente che i due labirinti siano uno il complementare dell'altro; anzi procedendo a piedi è bene non fidarsi della direzione di un rio e viceversa. In questo modo la città ha realizzato con tanti secoli di anticipo l'idea moderna del separare il traffico delle persone dal traffico dei mezzi, acquatici in questo caso.

È chiaro che i due livellli di labirinti si toccano in tanti punti, e che è possibile percorrere un tratto nell'acqua, per continuare il proprio labirinto terrestre, utilizzando una gondola-traghetto. Sottolinea Sinopoli che "l'entrata e l'uscita dal labirinto, nel caso della laguna veneta, non è soltanto un modo di vedere il mondo, o un'idea che prende forma dal riconoscimento di rappresentazioni simboliche nel sito urbano lagunare, ma è anche un processo reale e dinamico che si svolge all'interno del labirinto naturale e di quello costruito dall'uomo". Processo dinamico per il quale si studiano modelli matematici per cercare di prevedere il comportamento dell'ecosistema della laguna e intervenire per risolverne i problemi, come l'inquinamento e le maree, il fenomeno dell'acqua alta, quando il labirinto naturale invade il labirinto costruito dall'uomo e lo cancella. In quel momento la città diventa un unico labirinto d'acqua, la grande spirale d'acqua che divide la città si allarga a confondersi con la laguna.

"Come sarebbe bello il mondo se ci fosse una regola per girare i labirinti". Chi parla è Guglielmo da Baskerville, che si rivolge ad Adso da Melk; sono i due protagonisti de *Il nome della Rosa* [21]. Come è ben noto a chi ha letto il libro o a chi ha visto il film che ne è stato tratto, Guglielmo aveva il problema di decifrare la forma del labirinto della biblioteca. Ben altri problemi avrebbero avuto i due protagonisti se fossero giunti senza una pianta a Venezia, magari di notte, e avessero dovuto raggiungere per esempio Palazzo Ducale! Altro che filo di Arianna!

Alcuni matematici si sono occupati dei labirinti senza incroci per classificarli mentre altri si sono occupati dei labirinti con incroci [22], trovando delle regole matematiche che permettono in alcune situazioni di attraversarli completamente. Negli ultimi anni sono stati realizzati programmi per *computer* che consentono di percorrere labirinti con incroci. Date le ridotte dimensioni che hanno oramai i personal *computer portatili*, si potrebbero provare i programmi per percorrere i labirinti a Venezia. Sarebbe sicuramente un buon test, anche se il modo che preferisco per percorrere la città è quella di lasciarsi andare per le calli e cercare di capire dai riferimenti che si scorgono in quale direzione bisogna muoversi. Si commettono tanti errori, bisogna ripercorrere molte volte tratti già fatti, ma si ha così l'impressione di esplorare un labirinto che è sempre nuovo e che sembra lì solo per noi.

Bibliografia

[1] H. James (1984) *Ore italiane*, Garzanti, Milano, p. 7

[2] M. Emmer (1993) *La Venezia perfetta*, Centro Internazionale della Grafica, Venezia

[3] C. Maccagni (a cura di) *La scienza a Venezia tra quattrocento e cinquecento. Opere manoscritte e a stampa*, Venezia 3-15 ottobre 1985

[4] Luca Pacioli (1494) *Summa de Arithmetica, geometria, Proportioni et Proportionalità*, Venezia

[5] F.C. Lane (1978) *Storia di Venezia*, Einaudi, Torino, pp. 168-169

[6] M.D. Davis (1977) *Piero della Francesca's Mathematical Treatise*, Longo Editore, Ravenna

[7] L. Pacioli (1509) *De Divina Proportione*, Venezia

[8] M. Muraro (1955) *L'esperienza Veneziana di Paolo Uccello*, Atti del XVIII congresso Internazionale di Storia dell'Arte, Venezia

[9] L. Saffaro (1976) *Dai cinque poliedri all'infinito*, Annuario EST- Mondadori, Milano, pp. 473-484

[10] L. Saffaro (1989) *Anticipazioni e mutamenti nel pensiero geometrico*, in: M. Emmer (ed), *L'occhio di Horus: itinerari nell'immaginario matematico*, Ist. della Enciclopedia Italiana, Roma, pp. 105-116

[11] S. Günther (1876) *Vermischte Untersuchungen zür Geschichte der Mathematischen Wissenschaften*, Lipsia

[12] J. Kepler (1619) *Harmonices Mundi Libri V*, Linz

[13] G. Macchi (ed) (1986) *Spazio*, catalogo della sezione, Biennale di Venezia, Venezia M. Emmer (1987) *Computers*, film della serie Arte e Matematica 16mm., 27 minuti, Film 7 Int., Roma. Il film è stato in parte realizzato presso la sezione 'Spazio' della Biennale di Venezia del 1986

[14] J. Ruskin (1982) *Le pietre di Venezia*, Mondadori, Milano

[15] H. Weyl (1975) *Simmetria*, Feltrinelli, Milano, pp. 13-15

[16] G. Sinopoli (1991) *Parsifal a Venezia*, Consorzio Venezia Nuova, Venezia, p. 22

[17] A.S.V. Archivio di Stato di Venezia, Senato Terra, reg. 104., ff. 363v-365; Difesa 49-50

[18] A. Niero (1979) *Pietà ufficiale e pietà popolare in tempo di peste*, in *Venezia e la peste 1348/1797*, Marsilio editore, Venezia, pp. 287-293

[19] I. Brodskij (1991) *Fondamenta degli Incurabili*, Adelphi, Milano

[20] G. Sinopoli, *Parsifal a Venezia*, Consorzio Venezia Nuova

[21] U. Eco (1980) *Il nome della Rosa*, Bompiani, Milano

[22] A. Phillips (1989) *Topologia dei labirinti*. In: M. Emmer (ed), *L'occhio di Horus: Itinerari nell'immaginario matematico*, Ist. Enciclopedia Italiana, Roma, pp. 57-67

[23] M. Emmer (1987) *Labirinti*, film della serie Arte e Matematica, Film 7 Int., Roma

[24] A. Phillips (1993) *The Topology of Roman Mosaic Mazes*. In: M. Emmer (ed.), *The Visual Mind*, MIT Press

[25] W.W. Rouse Ball, H.S.M. Coxeter (1974) *Mathematical Recreations & Essays*, 12ª edizione, University of Toronto Press, Toronto

265

Santa Margherita

Luciano Emmer*

Il motoscafo che dalla stazione di Santa Lucia porta a San Marco non passa più per il "Canal Piccolo". Per rivederlo, ora devo scendere alla fermata del vaporetto di San Tomà o di Ca' Rezzonico; preferisco la prima: mi dà modo di arrivarci dalle calli a cui ero abituato. E me la trovo lì davanti – appena sbucato in campo San Pantalon, al di là del rio, appena passato il ponte: è una piccola chiesa sconsacrata; la facciata piccola e discreta conserva la sua porta di legno attraversata da due assi di legno, inchiodati sopra.

Chissà cosa sarà rimasto dentro. Forse le due colonne che fiancheggiavano la piccola abside, il piccolo rosone in alto e le due finestre oscurate con le tende. Le file di sedie non ci saranno più; saranno state tolte e destinate ad altri usi (forse in un piccolo circo di quelli che girano per le campagne) senza attendere di marcire per l'umidità. Il resto sarà una desolata rovina.

Quella piccola chiesa era il luogo più importante della mia infanzia: il Cinema Santa Margherita. Mi sono nutrito dei film della mitica epoca del muto sin da bambino: erano il mio pane quotidiano.

Passavo nella sala buia ore intere a vederli e rivederli; mi spostavo dalle sedie in prima fila a quelle nell'ultima – salivo anche nell'unica fila della balconata – dove una volta forse c'era l'organo. Volevo impossessarmi di quelle magiche immagini da tutti i punti di vista per non perderne per un attimo la magia.

Per alcuni anni non ci fu la distraente musica del pianoforte: solo lo sferragliare lontano del proiettore – locomotiva delle mie fantasie. Il silenzio in sala era rotto solo di tanto in tanto dal bisbiglio di chi cercava di decifrare le didascalie. Io le leggevo distrattamente: capivo la storia perfettamente dalle sole immagini.

A tre anni vidi il mio primo film; mi ricordo la scena in modo preciso: un grande albero – forse una quercia – in mezzo ad una radura – due uomini in pantaloni neri e camicia aperta bianca; un uomo vestito di scuro consegnava loro due pistole – accanto due padrini: uno di questi si avvicinava all'uomo di sinistra e gli sussurrava qualcosa; una scritta bianca sul fondo nero interrompeva la scena; (non ero ancora in grado di leggere; mia zia si incaricò di soddisfare la mia curiosità). La scritta diceva: "miragli all'ombelico – la sua pistola è scarica".

* Il testo è tratto dal libro di L. Emmer, Delenda Venezia, Centro Internazionale della Grafica, Venezia, 1996. Per gentile concessione dell'editore.

Il piccolo cinema Margherita era il mio *habitat* naturale: casa e scuola rappresentavano solo il noioso dovere. Se avessi potuto mi sarei trasferito a vivere dentro la sala buia: lo schermo era la finestra della mia stanza che si apriva sulle imprese di Max Linder – Buster Keaton – Ridolini e Charlot. Erano i miei compagni, quelli che – speravo – sarebbero scesi in sala, come nella "Rosa purpurea del Cairo" e mi avrebbero trascinato dentro lo schermo a vivere le loro avventure.

Snobbavo già allora il cinema "serio". Non raccoglievo nemmeno le figurine di Greta Grabo – Ramon Navarro – Rodolfo Valentino. Se me ne capitava qualcuna tra le mani la scambiavo subito con quelle dei miei eroi preferiti, giocando a battimano sul selciato.

Non li ho mai rinnegati; ad essi ho affiancato più tardi nella mia ammirazione i due più grandi – i crudeli testimoni della stupidaggine del nostro secolo: Stan Laurel e Oliver Hardy.

Entravo al cinema lasciando fuori la luce del primo pomeriggio e ne uscivo con le ombre della sera o spesso col buio della notte (incurante dei rimproveri che mi aspettavano a casa), mentre mia zia – complice – mi attendeva nella vicina latteria a consumare una quantità di cialdoni con la panna, insaporiti da polvere di cannella.

Fuori dal cinema mi aspettava in campo San Pantalon il caldo profumo dei folpi (i polpi a pezzetti immersi nel loro sugo) racchiusi nel recipiente ricoperto da una cupola di rame. Ma non mi lasciavo tentare – anche per mancanza di soldi; mi avrebbe attratto solo una bancarella di bianche torte alla panna, come quelle che i miei beniamini si tiravano in faccia: non era per golosità; ero tentato di esercitarmi anch'io nel lancio contro la maestra antipatica o i compagni che si davano delle arie. I miei impulsi di rivoluzionario sono stati frustrati: nessuno vendeva quelle torte agli angoli delle calli.

Ogni mio rapporto col cinema è cominciato a Venezia: l'assidua frequentazione della piccola sala, ricavata nella chiesa sconsacrata, ha determinato nell'inconscio la decisione di mettermi a raccontare le mie storie nei film.

Quando sono partito per sempre da Venezia, il distacco più triste lo provai per la calda nicchia del piccolo cinema Margherita; pensavo – allontanandomi – di perdere la voglia di assistere alle gesta dei miei eroi sullo schermo. In effetti fu così: sballottato tra la Sardegna e Milano avevo perso l'abitudine di andare al cinema – per un certo periodo l'ho anche tradito col teatro.

Il mio nuovo impatto con il cinema doveva avvenire ancora una volta a Venezia: era appena nato il Festival del Cinema.

Non poteva certo celebrarsi nella mia sala preferita, tra le poche sedie di legno un po' pericolanti; la sede prescelta fu il giardino delle fontane luminose dell'Hotel Excelsior al Lido. Per i frequentatori del neonato Festival, Venezia rappresentava un optional – come per Napoli la visita alle rovine di Pompei. Ma passi per l'affronto alla mia città: il peggio era rappresentato dalla bruttura dei film presentati. Il fascismo – per uno slancio di "nazionalismo" a cui l'Italia non era abituata – aveva bandito il cinema americano dalle nostre sale – per sostituirlo con quello del regime.

Il fatto avvenne durante la prima di "Scipione l'Africano", film "colossal" di Carmine Gallone (a cui Mussolini aveva dato il primo giro di manovella – rim-

piangendo forse di non essere stato chiamato ad interpretare la parte del protagonista).

Ero seduto nelle prime file del giardino delle fontane con un amico, con cui
alimentavo la nascente passione per il cinema: Stefano Vanzina. Con noi era un
suo amico romano – di quelli cinici e civili di cui si sta perdendo la razza. Dietro
a noi, separata da un largo corridoio, la prima fila nobile era riservata alle autorità. Erano seduti uno accanto all'altro: Galeazzo Ciano e il Conte Volpi entrambi in smoking bianco.

Il nostro settore (riservato ai peones) rumoreggiava per sottolineare la ridi-
colaggine di alcune scene. Per riaffermare i valori contenuti nel film, le due autorità ricorrevano ad un linguaggio da esperti critici. "Bella inquadratura" affermava Galeazzo Ciano con ostentata competenza, Volpi assentiva in silenzio. Alla
terza volta che il gerarca fascista aveva pronunciato ad alta voce il suo giudizio,
l'amico di Steno – calmo e distaccato – si voltò e si rivolse a Galeazzo Ciano ad
alta voce "Ma che stai a dì – c... imbrillantinato? (È noto che il gerarca seguiva
la moda dei capelli lisciati con la brillantina). Momento di imbarazzo – movimento di polizia in borghese – proscioglimento dell'esternatore, sicuramente
per non provocare scandali tra il pubblico.

Venezia ha tenuto a battesimo il mio primo documentario: la guerra aveva
spento le luci della sala all'aperto del Lido. Il festival si era trasferito in un cinema vicino a San Marco. Di tutte le sedi è stata la più povera; ma aveva un vantaggio; quando uscivi dalla sala ti trovavi immerso nella luce azzurra e tenue del-
l'oscuramento.

Quando a mezzanotte salii sul vaporetto notturno per andare a dormire al
Lido (gli alberghi di Venezia erano pieni di gerarchi fascisti e nazisti), mi voltai a
guardarla: la città si allontanava; spenti i fari che solitamente prostituiscono la
nudità dei palazzi dei dogi, indefinito il confine tra l'acqua del bacino di San
Marco e le pietre della riva degli Schiavoni, avevo ritrovato la città della mia
infanzia: buia, solitaria, silenziosa.

Mi sembrava di abbandonarla nel sonno per la seconda volta e per sempre:
forse nella notte l'avrebbero risvegliata i bengala accecanti degli aerei prima di
un terrificante bombardamento: io sarei stato impotente testimone della sua
fine.

Inutile cercare di sfuggire alla mia Circe: finita la guerra mi lasciai sedurre
ancora una volta dalle prime nebbie dell'autunno, che trasformano cielo e acqua
in un unico lenzuolo che avvolge tutta la città. Per la prima volta arrivai coll'ultimo chiarore del giorno, dal cielo; eccola sotto di me, immersa nel liquido
amniotico della laguna, rimpicciolita, come una testina incaica, brulicante di luc-
ciole nell'oscurità che stava per cancellarla alla mia vista, già prima di atterrare
all'aeroporto di San Niccolò al Lido.

Ci rimasi due mesi per girare tre documentari: ero caduto nella trappola di
quel cinico romanticismo che sceglie Venezia come lo scenario ideale di tra-
montate passioni, di funebri lamenti.

Venezia è una città allegra e discreta, che ti aiuta nel labirinto delle sue calli
a sbarazzarti degli scocciatori, lasciandoti solo a riflettere e pensare. Qualche
anno più tardi ho passato una mattinata allegrissima con Parise: doveva rac-

269

contare davanti alla macchina da presa (non c'era ancora la telecamera) l'opera d'arte che amava di più; aveva scelto Piazza San Marco e i colombi. Si parlava allora di addormentarli e portarli altrove o addirittura di eliminarli perché non danneggiassero la piazza – come se questa potesse esistere senza di loro.

Ci sedemmo al caffè Lavena e, senza nemmeno il conforto dell'orchestrina, apprendemmo la triste notizia: era l'ultimo giorno che scaldavano i Kiffel.

Non conoscete questa delizia gastronomica? Sono dei cornetti mignon fatti con farina di mandorle: vanno ovviamente consumati caldi, per gustarne oltre al sapore la straordinaria fragranza.

Io non credo ai recuperi, né tanto meno ai restauri; un altro piccolo tassello, che componeva il mosaico della mia infanzia, era andato perso.

Le occasioni di tornare a Venezia sono sempre più rare: quando ci incontriamo, una forma di muta comprensione, di solidarietà, si stabilisce fra noi, come fra vecchi compagni emigrati in Patagonia.

Quando sono in città – lei se ne accorge – è finalmente abitata. Gli altri, i foresti, non sono abitanti: sarebbe come considerare naturali le galline in una chiesa o i preti in un pollaio.

Me l'ha chiesto tante volte: "Perché non scrivi una storia su di me?" Non potevo dirle di no; fuori dalla foresta si vedono meglio gli alberi, dice Shakespeare nel *Macbeth;* lontano da Venezia, l'ho conosciuta meglio nella mia memoria.

Ho scritto una storia che comincia molto lontano nel tempo e termina oggi, con la sua distruzione. E se durante la ricostruzione della scena finale del film – per renderla più realistica – la città fosse veramente annientata? Non ritroverei più Venezia, ma avrei il conforto di saperla liberata dai suoi parassiti.

Mi nasce un sospetto: in questi tempi di "necrofilmia" si moltiplicherebbero le occasioni di proiettare la fine della gloriosa città ricostruita con il *graphic computer.*

Per non assistere a questo spettacolo mi rifugerei tra le sue rovine per adempiere ad un rito: il rito del consòlo – il lungo pranzo per onorare i defunti – con interminabili portate di cibi della raffinatissima cucina veneziana.

matematica
e musica

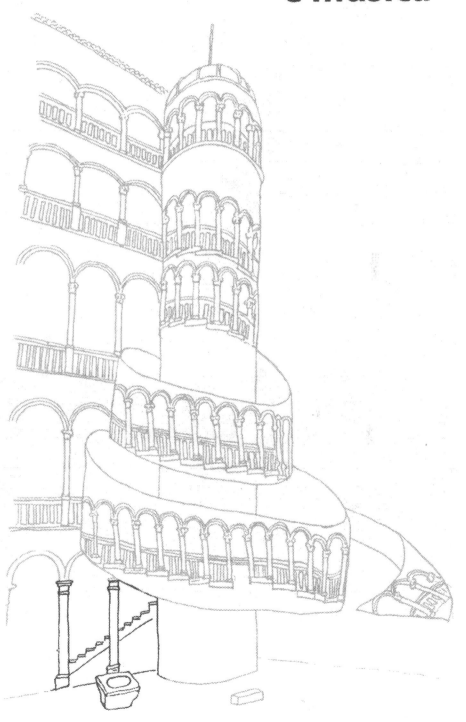

Matematica & Culture, Matematica & Musiche: un modello per gli strumenti di bronzo

Laura Tedeschini Lalli

I consider it a mistake to make the Theory of Consonance the essential foundation of the Theory of Music, and I had thought that this opinion was clearly enough expressed in my book. The essential basis of Music is Melody. *...and, secondly, that I should consider a theory which claimed to have shewn that all the laws of modern Thorough Bass were natural necessities, to stand condemned as having proved too much*[1].

The essential basis of Music is Melody. *Harmony has become to Western Europeans during the last three centuries an essential and, to our present taste (1870), indispensable means of strengthening melodic relations, but finely developed music existed for thousands of years and still exists in ultra-European nations, without any harmony at all*[2].

Se la scala è l'imitazione del suono nella sua dimensione orizzontale, successiva, gli accordi ne sono l'imitazione nella dimensione verticale, nella simultaneità. Se la scala è analisi, l'accordo è sintesi del suono. [...] Questo accordo (maggiore) è indubbiamente simile al suono fondamentale, non però più di quanto, ad esempio, le raffigurazioni assire della figura umana siano simili ai loro modelli[3].

273

Dal suono alla musica: ...matematicamente?

Molte sono le culture, e molte sono le musiche, e vi sono fenomeni di organizzazione uditiva nel tempo, che sono ritenuti musicali da alcuni e non musicali (rituali, funzionali,...) da altri o, addirittura, culture in cui non esiste un'attività denotata da una parola corrispondente alla nostra "musica"[4]. È chiaro oggi che non appena si usano termini come "suoni musicali", specie se si contrappongono implicitamente ad altri parimente percettibili e significanti ma ritenuti "non musicali", si opera una scelta culturalmente determinata.

---

[1] H. Helmoltz, *On the Sensation of Tone*, prefazione alla terza edizione tedesca, ed. inglese Dover, New York, 1954.

[2] *ibid.*

[3] A. Schoenberg, *Manuale d'Armonia*, Universal Edition, vol. cap. IV, Vienna 1922.

[4] F. Giannattasio, *Il concetto di musica*, Nuova Italia Scientifica, Roma, 1993.

Così pensiamo che sia utile un'indagine su eventuali modelli matematici consolidati che possano aver favorito e rafforzato alcune categorie descrittive nel campo musicale. Elementi obiettivi nel segnale acustico possono essere messi in luce o ignorati da un particolare modello, naturalmente; mentre è stata individuata, dall'interno dell'ambiente musicale e musicologico, l'esigenza di limitare la portata interpretativa di questi modelli, pensiamo che una loro discussione in termini matematici sia, oltre che possibile, chiarificatrice delle interazioni tra campi di ricerca, laddove si usino indagini quantitative.

A noi interessa capire in che senso sia stata usata la matematica come rafforzativo di scelte culturali da essa lontane, e ad essa non soggette, come quelle squisitamente culturali in campo musicale. In particolare ci interessa discutere, dall'interno del linguaggio e dei metodi matematici, come si sia arrivati a definire "musicali", nei manuali di acustica e a volte nel senso comune, solo quei suoni che soddisfano condizioni di periodicità molto stringenti, di descrizione però molto chiara in termini matematici. Sembra a noi che uno dei problemi sta nel fatto che il modello matematico scelto privilegia in sé la descrizione di periodi semplici. Questo è possibile quando, nel trasportare concetti da un campo all'altro, nel nostro caso nel "modellare matematicamente" i suoni, alcune caratteristiche del modello rimangono indiscusse, come fossero dati del fenomeno.

Vorremmo, in particolare, dare indicazioni per relativizzare le scelte dei modelli alla base dell'analisi del suono, in particolare per la selezione della gamma di frequenze adoperata consistentemente e coerentemente in un dato repertorio che va sotto il nome di "scala".

Per questo abbiamo "inventato" uno strumento musicale teorico (matematico), a tavolino, che non rispetta le condizioni tipicamente assunte nei modelli descrittivi (matematici) correnti. Immaginando poi che un popolo suoni questi strumenti secolo dopo secolo, viene naturalmente da chiedersi quali delle oggettive caratteristiche del suono di questi strumenti diverrebbero strutturalmente importanti, in che senso l'uso continuato di questi strumenti e non di altri favorisce un sistema musicale possibile e coerente.

Una delle basi fondamentali degli studi volti a razionalizzare la descrizione dell'attività musicale si trova nello studio della struttura del "suono", cioè il fenomeno musicale a piccola scala di tempo, che si spera dia indicazioni anche sui meccanismi di percezione e memoria, così profondamente insiti nella pratica musicale. Comune a molti trattamenti matematici della musica è l'ipotesi che se si capisce il "suono" si hanno forti indicazioni sulla struttura temporale che si dipana in un brano percepito come "musicale". Ad esempio, note strutturalmente importanti in un brano musicale (quali quelle che formano intervalli di quinta e d'ottava) sarebbero corrispondenti a frequenze particolarmente importanti nello spettro sonoro, e l'accordo maggiore della nostra tradizione sarebbe una riproposizione dei rapporti tra le prime frequenze dello spettro.

Naturalmente pochi sembrano davvero credere a tali descrizioni lievemente prescrittive di cosa si possa ritenere "musicale" e già Helmoltz per i fisici e Schoenberg per i musicisti mettevano in guardia dal trarre conseguenze eccessive dal loro studio del suono, come nelle citazioni riportate in apertura. È bene ricordare che gli studi di Helmoltz sono documentati in libri scientifici, mentre gli studi di Schoenberg sono per la maggior parte documentati in brani musicali, cioè sonori.

L'idea chiave che ci guiderà è una definizione di "musica" che daremo più avanti, per cui la *ripetizione* di *pattern* temporali in contesti sonori leggermente diversi è cruciale per l'apprendimento della struttura e per lo sviluppo della capacità di riconoscerla. Riconoscere, in questo caso, vuol dire imparare a ripetere alcune caratteristiche in altro contesto. Questo è certamente quello che sappiamo fare quando intoniamo o accordiamo uno strumento musicale o la nostra voce: siamo in grado di estrapolare e ripetere una caratteristica temporale, la "intonazione", che ancora oggi non è del tutto compresa e il cui studio puntuale presenta notevoli gradi di complessità. Sappiamo, naturalmente, che l'intonazione è legata alla frequenza fondamentale del suono, ma sappiamo anche che ne è una funzione ben più complessa. Essa non avviene per mero principio di risonanza, ma come operazione di percezione e ricostruzione è abbastanza ricca da prestarsi ad ambiguità e "giochi di parole" musicali, che oggi sono studiati in esperimenti di psicoacustica e consapevolmente sfruttati dai compositori occidentali. Tra i primi ricordiamo gli ormai classici esperimenti di Shepard negli anni '60, e le bellissime musiche sviluppate da James Tenney, suo collega ai Bell Laboratories[5].

Un modello matematico sottopone a trattamento matematico alcuni aspetti di un fenomeno, per scoprirne nessi precedentemente ignoti o non chiari; il modello consiste nell'individuazione di alcune variabili quantitative e nella scelta di un'equazione che leghi queste variabili, descrivendo così in termini matematici un aspetto del fenomeno. È naturalmente buona norma ricordare che le eventuali conseguenze, tratte da manipolazioni formali delle variabili scelte, riguardano meramente gli aspetti sottoposti a tale trattamento, e che ogni altro nesso e conclusione va ridiscusso opportunamente, controllando che il modello scelto non abbia già in sé le conclusioni come ipotesi. D'altra parte, non è cosa chiara né semplice discutere quali ipotesi siano necessarie e quali si possano relativizzare.

In questa relazione studiamo la parte lineare di un operatore di vibrazione. Vedremo dapprima il modello consolidato in letteratura, la "corda vibrante", e ne discuteremo le caratteristiche che sono state adoperate anche per descrivere altri corpi vibranti, e che sono invece sue specifiche. Discuteremo poi due degli elementi del modello, la unidimensionalità e l'elasticità, e noteremo come essi influiscono sulle caratteristiche specifiche dello spettro, separatamente.

Il lavoro è stato puramente teorico. In seguito ci siamo chiesti se esistesse un popolo educato da secoli a musica suonata su strumenti più rigidi che elastici,

---

[5]   *James Tenney "For Ann (rising)", dicembre 1969 (versione con suono rigenerato digitalmente: Artifact Recordings 1992, FP001/ART1007).*

e ci siamo risposti affermativamente: esiste almeno tutta la "Cultura Musicale dei Gong e Carillon" del Sud-Est Asia, che affascina da più di un secolo i compositori occidentali per la qualità del suono, e per la sua complessità. Riporteremo dunque i primi risultati di una ricerca sul campo effettuata presso i fabbri che forgiano gli strumenti in bronzo sull'isola di Bali, e che confermano alcuni risultati da noi ottenuti teoricamente.

Questa ricerca è il risultato di numerose diverse collaborazioni. È stata una gioia poter lavorare con tante persone animate da tale curiosità e fantasia. Lo studio della barretta vibrante con condizioni al contorno non standard è stato svolto in collaborazione con Silvia Notarangelo. La ricerca su campo in Indonesia, così come tutta la valutazione con sguardo entomusicologico, si sono svolti in continuo dialogo con Giovanni Giuriati, etnomusicologo. Le prime misurazioni di strumenti balinesi sono state fatte sul gamelan gong-kebyar in possesso dell'Ambasciata della Repubblica di Indonesia in Italia, sul gamelan gender wayang di proprietà Giuriati, e nel Museo degli strumenti musicali dell'Accademia ASTI di Denpasar, per gentile concessione del direttore Dottor I Made Bandem. Ai maestri fabbri e intonatori di Bali, che ci hanno ospitato e ci hanno aperto i loro segreti, vanno i nostri sentiti ringraziamenti.

Cambiare "musica", cambiare modello matematico

Definizione

Chiameremo "musica", ai nostri fini, una meditazione collettiva sul suono, codificata nell'attività di composizione dei suoni nel tempo.

Qualunque trattamento matematico del suono parte da un modello matematico. Il modello matematico alla base dei trattamenti classici è quello della "corda vibrante", cioè l'equazione differenziale:

$$\frac{\partial^2 u}{\partial t^2} = c^2 \frac{\partial^2 u}{\partial x^2}$$

dove x è la posizione sulla corda, t è il tempo, e la funzione per cui si vuole risolvere è lo spostamento $u(t,x)$, che descrive la vibrazione della corda.

Vediamo quali costituenti si possono cambiare in questa equazione, e che influenza avrebbero sul tipo di corpo vibrante che andrà a costituire il nostro nuovo "strumento".

Questa equazione può essere anche ricavata come limite di un'equazione alle differenze che descriva una catena di oscillatori armonici, cioè una catena di punti materiali separati da "molle". In questo modo si mette più chiaramente in luce che nel pensare un corpo che vibra come una "corda vibrante" matematica, e nello scegliere dunque questa equazione, si pensa che la forza che unisce due elementi vicini sia, dal punto di vista matematico, di tipo elastico, appunto del tipo "molla" o "oscillatore armonico". Si dice anche che il corpo offre resistenza alla tensione, in questo caso; e si parla di "corpo elastico". Inoltre questa equazione, quando la variabile x varia in $\mathbb{R}$, è una equazione unidimensionale nello spazio (la longitudine della corda).

L'equazione della corda vibrante, oltre che alla base dei trattati classici di teoria del suono, è stata un modello matematico di grande impatto, che sottende molte teorie, anche a prescindere dalle applicazioni musicali. Nell'edizione dello scorso anno di "Matematica e Cultura", il contributo di Piergiorgio Odifreddi[6] ripercorre documentatamente alcune delle strade che la corda vibrante ha permesso o ispirato, sottolineando come l'esistenza di questo modello abbia influenzato storicamente la pratica musicale occidentale (attraverso i teorici), e ancor oggi influenzi lo sviluppo di teorie fisiche recenti. Come cioè, attorno a questo modello, si organizzino modelli più complessi per fenomeni concettualmente distanti.

Dal suono alla musica: gli "strumenti archetipi", il loro spettro

Ai fini delle vibrazioni, si comportano come corde vibranti anche le colonne d'aria. Possiamo dunque pensare che colonne d'aria e corde vibranti costituiscano gli "strumenti archetipi" della nostra musica, cioè della nostra cultura musicale. (Questo è abbastanza vero in Europa, e trova una vasta sistematizzazione nelle orchestre sette-ottocentesche per la musica "colta").

Per cambiare musica, possiamo andare, partendo da qua, in due direzioni: far variare x in $\mathbb{R}^2$, cioè pensare lo strumento come bidimensionale (sarebbe dunque una "*membrana elastica*"), oppure ipotizzare che il corpo che vibra non sia completamente elastico, ma faccia resistenza al piegamento e alla torsione (in questo caso si parla di corpo *semirigido*).

Vediamo che tipo di "musica" si potrebbe dedurre, (cioè cerchiamo di inventare un intero sistema di vibrazioni tutto coerente) a partire da queste condizioni, e cerchiamo di capire in quali caratteristiche temporali questa musica sarebbe diversa da una musica (teoricamente) basata su corde e colonne d'aria ideali.

L'idea di Helmoltz è che l'orecchio umano si comporti come un analizzatore di "spettro di frequenze", in grado cioè di distinguere due suoni a seconda di come possono essere approssimati sovrapponendo vibrazioni semplici, come quelle sinusoidali. Questa ipotesi non è così strana ed è basata sul principio fisico della risonanza. Mentre non conosciamo test che abbiano messo seriamente al vaglio questa ipotesi, la teniamo come ipotesi di partenza, con l'avvertenza di esplicitarla. Il gioco è quello di fare per il momento pochi cambiamenti, ma qualitativamente importanti rispetto al modello di base, in modo da procedere sistematicamente alla discussione delle possibili conseguenze.

Del resto, esperimenti in questo senso sull'orecchio sono difficilmente leggibili, finché non ne sapremo di più sui meccanismi di interazione tra percezione e memoria; Helmoltz, nel secolo scorso, andava sostenendo che esperimenti sull'orecchio non sono affatto possibili.

---

6   *P. Odifreddi, Il clavicembalo ben numerato, in: M. Emmer (ed), Matematica e Cultura 2, Atti del Convegno di Venezia 1998, Springer-Verlag Italia, Milano, 1999.*

La musica elastica lineare unidimensionale

La prima caratterizzazione delle soluzioni della corda vibrante è il loro "spettro armonico". Sono cioè bene approssimabili sovrapponendo vibrazioni semplici le cui frequenze sono tra loro in rapporti di numeri interi. Sul piano fisico, uno spettro armonico permette di misurare per risonanza più facilmente, perché ipotizza che le frequenze di base siano separate da una distanza fissa e dai suoi multipli.

Un popolo che fosse sottoposto per secoli a suoni di corde e colonne d'aria matematiche (cioè che si comportano come la corda vibrante), svilupperebbe dunque una sottile sensibilità per gli spettri "armonici" e a frequenze in rapporto razionale. Diverrebbe in grado di allineare queste frequenze, in modo da individuare come "somiglianti" due suoni quando molte di queste loro componenti sono in risonanza.

Quando due vibrazioni semplici hanno frequenze vicine, ma non identiche, la loro sovrapposizione dà luogo a un fenomeno caratteristico chiamato "battimenti"; il nostro popolo di ascoltatori e suonatori di corde e colonne d'aria svilupperebbe dunque una sanzione sociale nei confronti dei battimenti, come segnalazione di possibili errori di valutazione di frequenze vicine, e dunque di individuazione, comprensione e riproduzione dell'alfabeto di base.

La nostra musica "colta" (cioè scritta e di ambiente colto e la cui descrizione è stata più sistematica e razionalizzata), è una musica basata in gran parte su corde e colonne d'aria. La bella storia scritta sopra è dunque ragionevole, ma scritta a posteriori, dopo che già è avvenuta: suoni "vicini" in questo senso spettrale sono detti "consonanti".

La storia, così raccontata, ha di buono che ripropone ragionevolmente la censura nei confronti dei battimenti come fenomeno culturale (nei confronti di caratteristiche oggettive), piuttosto che fisiologico-estetico.

Vediamo cosa succederebbe di musiche basate su altri strumenti.

Una musica elastica, ma bidimensionale, quadrata

Se il corpo messo in vibrazione è quadrato, e la forza di richiamo continua ad essere elastica, l'equazione differenziale è la stessa, ma x varia in $\mathbb{R}^2$, e lo spettro delle sue vibrazioni è dato da due serie di armonici e dalle loro combinazioni. Le frequenze che un popolo educato da strumenti quadrati selezionerebbe come comprensibili e facilmente riproducibili, sarebbero innanzitutto le prime della serie:

$$f_{n,m} = \sqrt{n^2 + m^2} \qquad n, m = 0,1,2\dots$$

ad esempio,

$$f_{0,1} = 1, f_{1,0} = 1, f_{1,1} = \sqrt{2}\dots$$

Attenzione, dunque: una musica "quadrata" selezionerebbe come riconoscibile ad orecchio e riproducibile in vari strumenti, ad esempio, un rapporto tra frequenze irrazionale come $\sqrt{2}$, che nella pratica musicale occidentale degli ultimi secoli è accuratamente evitato come difficilmente intonabile a voce e quindi instabile: lo si adopera solo di seguito o insieme ad altri rapporti. Traccia di questa sanzione è nel nome *diabolus in musica,* che indica l'intervallo di tritono (tre toni, intervallo di quarta aumentata o di quinta diminuita nella nostra scala). Il tritono, in una scala occidentale idealmente perfettamente temperata, separerebbe appunto due frequenze in rapporto $\sqrt{2}$, dividendo simmetricamente a metà l'intervallo d'ottava.

Si tratta di una speculazione possibile, tanto che in questa direzione si sta operando in alcuni settori della ricerca compositiva musicale, ad esempio nei laboratori dell'IRCAM di Parigi, sintetizzando al calcolatore suoni che rispettino spettri di vario tipo, dipanando nel tempo i rapporti intervallari da essi prescritti. Noi pensiamo però che le conseguenze siano tanto sugli intervalli musicali quanto sullo stesso principio di "risonanza" come maggiore fondamento della musicalità di un suono e di un sistema di suoni. In particolare, se si accetta che siano fondamentali rapporti di frequenze irrazionali, contestualmente si ridimensiona drasticamente la sanzione nei confronti dei battimenti, che divengono fenomeno necessario, riconoscibile e controllabile.

Uno "strumento musicale" semirigido, unidimensionale

L'equazione

Se abbiamo ragione di ritenere che il corpo messo in vibrazione sia semirigido, la forza che ristabilisce l'equilibrio non è di tipo elastico, il corpo offre resistenza alla deformazione e alla torsione e le sue vibrazioni soddisfano un'equazione differenziale del quarto ordine, di cui cercheremo soluzioni del tipo $u(x,t) = h(x)\, g(t)$:

$$\frac{\partial^4 u}{\partial x^4} + m^2 \frac{\partial^2 u}{\partial t^2} = 0$$

Qui, di nuovo, x varia in $\mathbb{R}$, cioè la variabile spaziale è unidimensionale, e l'equazione che lega le variabili, il modello matematico, va sotto il nome di "barretta".

Prima conseguenza

Non ci sono onde che viaggiano a velocità costante e con forma immutata.

Questo vuol dire che analizzare con i nostri mezzi le vibrazioni di questi corpi è molto difficile, perché un popolo educato dall'ascolto e dalla pratica di tali strumenti, prima ancora che un sottile discernimento dei rapporti di frequenze, avrebbe un sottile discernimento della mutazione temporale della forma delle onde, ad esempio della deformazione iniziale che ha prodotto il suono e della sua propagazione a seconda della fattura del materiale. Le onde di vibrazione consegnate all'aria per contiguità sarebbero diverse in diversi punti dello strumento, e varierebbero rapidamente nel tempo: un popolo educato ad orecchio con strumenti semirigidi avrebbe un sottile discernimento spaziale, e forse non privilegerebbe ascolti musicali in cui l'informazione spaziale è cancellata per desiderio di uniformità. Abbastanza per ripensare ai pacchetti commerciali di analisi di Fourier (scomposizione del suono in componenti sinusoidali di periodi tra loro in rapporti semplici), che operano necessariamente delle medie sul tempo, senza che la cosa sia così manifesta. I pacchetti di software sono strumenti di misura ed è bene sapere che la relazione di ciò che si legge sul calcolatore con uno spettro che ha la sua caratteristica nell'essere variabile nel tempo e nello spazio, è molto… mediata.

Seconda novità

Ci sono molte possibilità di *condizioni al contorno*.

Per la corda vibrante, non lo abbiamo detto, le condizioni al contorno sono che gli estremi siano fissi. Anche la barretta matematica è pensata generalmente ad estremi fissi, cioè con le estremità incastrate su un supporto. Quando, come è ragionevole per corpi semirigidi, si considera invece che la barretta poggi in qualche suo punto e che gli estremi siano liberi di vibrare, si parla di "trave".

Se la barretta è poggiata, le sue vibrazioni incontrano un ostacolo nel punto di appoggio; diventa allora cruciale per la struttura delle vibrazioni, esprimere che cosa si intende per "punto di appoggio". Da un punto di vista modellistico, un punto di appoggio può essere descritto matematicamente in vari modi, a seconda che si abbia ragione di ritenere che in esso si fermino certe vibrazioni, oppure esso sia fermo e anche la deformazione nelle sue vicinanze si appiattisca, ecc. È possibile dunque dare diverse "condizioni al contorno" per l'equazione differenziale in quel punto, tutte ragionevolmente meritevoli di essere chiamate "punto di appoggio", o "punto di sospensione"[7].

Per fissare le idee e procedere poi a imporre "condizioni di musicalità" sulla costruzione dello strumento, poniamo l'origine delle coordinate nel centro della barretta e denotiamo:

– l la semilunghezza della barretta ($x = l$ ed $x = -l$ coordinate degli estremi);

– a la coordinata del punto di sospensione;

– h(x) la funzione spostamento (ad un tempo fissato).

Proponiamo le seguenti condizioni come possibili definizioni modellistiche del "punto di sospensione":

1) $h(a) = h(-a) = 0$ ed $h'(l) = h'(-l) = 0$ (punto di sospensione fisso, estremi liberi di ruotare)

2) $h'(a) = h'(-a) = 0$ ed $h''(l) = h''(-l) = 0$ (ventri nei punti di sospensione, forza di taglio nulla agli estremi)

3) $h'(a) = h'(-a) = 0$ ed $h''(l) = h''(-l) = 0$ (ventri nei punti di sospensione, estremi liberi di ruotare).

Cercando particolari soluzioni dell'equazione differenziale del tipo $u(x,t) = h(x)g(t)$, l'equazione differenziale alle derivate parziali scritta sopra si separa in due equazioni differenziali ordinarie e diventa:

$$g''(t) + \mu^2 x g(t) = 0$$
$$h^{IV}(x) - k\,h(x) = 0$$

---

[7] S. Notarangelo, *Sul problema delle scale musicali extra-europee: vibrazioni di piastre percosse (Bali)*, Tesi di laurea in Matematica, Università degli Studi di Roma Tor Vergata, 1996-97.

la prima con condizioni iniziali nel tempo, la seconda con condizioni al bordo da scegliere tra le tre descritte qui sopra, e una costante del moto.

Noi vogliamo definire "strumento musicale" un sistema di molte barrette (tasti) con lunghezze diverse, ma che abbiano tutte la stessa struttura di vibrazione, almeno all'interno di quelle considerate. Che abbiano dunque, lo stesso "colore" sonoro, e di più, che rinforzino la cultura musicale del nostro immaginario popolo, ribadendo la stessa struttura temporale del suono.

Ci chiediamo allora quanto sia complicato calcolare un punto d'appoggio per tutto il sistema di barrette (strumento), in modo che esse vibrino idealmente con la stessa struttura di vibrazioni, anche se hanno lunghezza diversa. In termini matematici, ci chiediamo la dipendenza dello spettro dell'operatore di vibrazione dalle condizioni al bordo e dalla lunghezza della barretta.

Condizioni di "musicalità", condizioni di coerenza

Abbiamo detto che intendiamo come condizioni di musicalità, strettamente ai fini di questo studio, la coerenza dello spettro di vibrazioni da barretta a barretta quando cambia la lunghezza, la possibilità, cioè, di costruire uno strumento di vari tasti, tutti caratterizzati dallo stesso colore di suono, almeno per quanto riguarda la parte dovuta all'operatore fin qui studiato, escludendo fenomeni non-lineari e decadimenti. Questa esclusione è importante non solo dal punto di vista matematico, ma anche perché l'intera percezione del colore del suono, o della sua qualità, sono in realtà profondamente legate a questi forti aspetti temporali. Le ricerche e misurazioni di H. Fletcher sono oggi in questa direzione.

Per il momento privilegiamo – per ragioni metodologiche – l'informazione che viene all'orecchio dallo spettro dell'operatore di vibrazione: lo strumento (teorico) è da confrontare infatti con il modello di corda vibrante, che stiamo relativizzando e che si studia in condizioni analoghe.

Ci chiederemo poi se e quali strumenti effettivamente esistenti nel mondo sono così costruiti.

Dobbiamo dunque ipotizzare che gran parte dello spettro venga ripetuto da tasto a tasto dello strumento, e che il popolo di suonatori e ascoltatori impari così a decontestualizzarne alcune caratteristiche per ripeterle in altro contesto temporale, cioè ad "astrarre".

Per il primo "strumento" di cui abbiamo parlato, quello immaginato come costituito da rettangoli elastici (con bordo fisso), questa condizione è che venga mantenuta la proporzionalità tra i due lati del rettangolo. Sono infatti queste le due dimensioni lineari che determinano la doppia serie di armonici dello spettro.

Per la corda vibrante lo spettro non cambia con la lunghezza della corda; imponiamo dunque che questa informazione spettrale sia coerente (la stessa) da tasto a tasto del nostro strumento di "travi".

Se consideriamo irrinunciabile per uno strumento musicale che lo spettro delle vibrazioni sia armonico, tra le poche condizioni al contorno compatibili per le travi c'è che sia l = a cioè quella per cui il punto di sospensione coincide con l'estremo della barretta. (Notiamo che spesso i trattati di acustica musi-

cale assumono per ipotesi che questo sia vero nei glockenspiel, piccoli metallofoni intonati. Invece in nessun metallofono effettivo le barrette sono incastrate o appoggiate agli estremi).

Continuiamo il gioco, e imponiamo che il sistema di barrette di lunghezza
diversa vibri sempre con la stessa struttura. Un popolo ad esse educato sapreb-
be riconoscere ad orecchio questa struttura. (In un secondo momento, per
cambiar musica, possiamo imporre che vibri coerentemente con uno spettro
non-armonico.)

La condizione che troviamo, perché una trave vibri con la stesso spettro
indipendentemente dalla sua lunghezza, è che sia mantenuta la proporzionalità tra la lunghezza della barretta e il punto in cui è appoggiata:

$$l = b\, a, \quad \text{con b costante su tutti i tasti.}$$

Ricordiamo che stiamo assumendo, nel nostro modello semplificato, che x
varia in $\mathbb{R}$, cioè che stiamo studiando le sole vibrazioni longitudinali della bar-
retta-trave.

Ricerca sul campo: la cultura dei Gong-Chime del Sud-est asiatico, i fabbri artigiani

Ad una prima misurazione delle lamine che compongono i vibrafoni delle
nostre orchestre sinfoniche, non sembra che le condizioni di proporzionalità da
noi trovate siano rispettate.

A questo punto è naturale chiedersi se esista un popolo educato musical-
mente da strumenti che non si basano, come i nostri, per la maggior parte su
corde vibranti e canne d'aria, o loro perturbazioni. Che si basino su strumenti
in cui l'elemento di rigidità sia preponderante, e che abbiano suonato questi
strumenti per secoli.

Gli etnomusicologi parlano di "cultura dei gong e carillon", riferendosi al
Sud-est asiatico. I viaggiatori riportano nei loro diari di viaggio la "musica tin-
tinnante" come parte del paesaggio[8].

Nel vasto Sud-est dell'Asia insulare, in particolare, la predominanza degli
strumenti di bronzo è forte. Le orchestre *gamelan* di Java e Bali, ad esempio,
consistono di decine di metallofoni, sia a lamine sia circolari, e di sistemi di
gong di varia grandezza. Si sa che Debussy rimase affascinato a studiare per
giorni interi la musica e gli strumenti del gamelan giavanese arrivato
all'Esposizione Internazionale di Parigi del 1889.

La descrizione delle scale musicali in uso a Java e a Bali è un problema profondo, a tuttora non ben chiaro agli etnomusicologi. La musica è qui appresa e
tramandata oralmente, ed ha tradizione raffinatissima. Il *pattern* di intervalli
usati varia da villaggio a villaggio e da *ensemble* ad *ensemble*, ma entro certi

---

[8]   N. Lewis, *A Dragon Apparent*, Eland, Londra, 1951.

limiti. Gli stessi intervalli di quinta e di ottava sono messi fortemente in discussione[9].

Noi siamo andati dai fabbri che forgiano gli strumenti in bronzo. Dal momento in cui viene misurato e forato il punto di sospensione, le lamine vengono ascoltate, tenute con due dita strette sul foro appena fatto, che si conferma dunque qualificante per il giudizio sulla qualità del suono. L'intera operazione è controllata ad orecchio dai singoli lavoranti, come dal fabbro che coordina l'officina. È ancora lui che misura accuratamente il punto in cui praticare il foro. Presso i tre fabbri che abbiamo visitato, sia pure in tre modi diversi, in tre momenti diversi della forgiatura, con tecniche diverse di misurazione – sempre abbiamo riscontrato l'accuratezza con cui il punto di sospensione è calibrato ad 1/4 della lunghezza di ogni lamina[10]. Secondo le nostre simulazioni numeriche, una proporzione di 1:4 (cioè, con la nostra notazione, $l = 2a$), oltre ad essere facile da misurare geometricamente, garantirebbe uno spettro nonarmonico.

E i battimenti? Se lo spettro è nonarmonico, e se questo è essenziale nel discernimento sottile all'ascolto, abbiamo detto che i battimenti dovrebbero essere tratto caratteristico e non evitato.

A Bali gli strumenti vengono sempre forgiati, accordati e suonati a due a due. In ogni coppia di metallofoni ve ne è uno leggermente più basso. I due strumenti suonati insieme formano dei battimenti che vengono ricercati e controllati da un maestro intonatore che ne stabilisce la velocità. Questa velocità è accuratamente ricercata e controllata alzando o abbassando leggermente l'intonazione delle lamine per mezzo di lime. Lo stesso maestro rifinisce poi tutta l'intonazione dell'orchestra, controllando l'intero alone di battimenti ottenuti da più strumenti che suonano contemporaneamente; le orchestre sono caratterizzate così da un alone scintillante di "vibrati" in battimento, il cui fine controllo dona la vita al suono[11].

Questo alone di battimenti, così essenziale alla musica balinese, si chiama "Ombah". Senza Ombah, il gamelan semplicemente non è ancora pronto per essere suonato.

283

9   W.A. Deutsch, F. Fodermayer, *Altezza vs frequenza: sul problema del sistema tonale indonesiano* Ethnomusicologica, Quaderni dell'Accademia Musicale Chigiana, Accademia Musicale Chigiana, Siena.

10 L. Tedeschini Lalli, *Forgiare i Suoni*, video, laboratorio audiovisivo del Dipartimento e Spettacolo dell'Università di Roma Tre, Roma, 1999.

11 M. Hood, *Angkep-angkepan*, in: aa. vv. *Ndroje balendro. Musiques, terrains et disciplines*, SELAF, Louvain Peeters, Paris, 1998.

I numeri nella musica asiatica

TRÂN QUANG HAI

La musica era considerata dagli antichi un'applicazione dell'algebra cosmica. I Cinesi, nella loro scienza, consideravano solo l'aspetto qualitativo dei Numeri che essi manipolavano come segni, vale a dire come supporti simbolici. Tra le tre azioni dei numeri, la distinzione fra un uso cardinale e uno ordinale è meno essenziale della funzione distributiva. Grazie a questa qualità, i numeri assicurano la funzione di unione di un insieme, di raggruppamento.

Le relazioni numeriche che esprimono i rapporti dei suoni musicali hanno un corrispettivo in tutti gli altri aspetti della manifestazione. Il governo attraverso il Numero permette di fare dei paragoni tra l'armonia musicale e tutte le altre classificazioni armoniche: quella dei colori, quella delle forme o quella dei pianeti.

Teoria

285

Il numero 5 rappresenta i 5 elementi, i 5 movimenti. Il Cinque evoca i 5 sensi, i 5 organi che sono una coagulazione dei soffi (venti? - fiati?).

La gamma pentatonica presenta un centro (GONG) circondato da quattro note assimilate alle quattro direzioni dello spazio (SHANG-Ovest, JIAO-Est, ZHI-Sud, YI-Nord).

Elemento	TERRA	METALLO	LEGNO	FUOCO	ACQUA
Nota	Gong	Shang	Jiao	Zhi	Yi
Nota europea	FA	SOL	LA	DO	RE
Organo	Milza Stomaco	Polmoni Intestino crasso Intestino tenue	Fegato Cistifellea	Cuore Intestino	Reni Vescica
Colore	Giallo	Bianco	Blu-Verde	Rosso	Nero
Pianeta	Saturno	Venere	Giove	Marte	Mercurio
Emblema	Fenice	Tigre	Dragone	Uccello	Tartaruga

Funzione	Imperatore	Ministro Pubblici (gli oggetti)	Popolo	Servizi (milit. o relig.)	Prodotti
Numero	5-10	4-9	3-8	2-7	1-6

Le proporzioni dell'edificio musicale sono dunque rette dalla legge del numero. I suoni, come i numeri, obbediscono agli stimoli di attrazione, di repulsione. Essi permettono, grazie al loro ordine successivo (movimento melodico) o simultaneo (movimento armonico degli accordi), di prendere forma musicale. I suoni si ordinano, sono accoppiati e formano strutture, evocatrici di mondi reali e immaginari.

La tonica costituisce la base e il centro, vale a dire il riferimento che permette la costruzione dell'edificio musicale.

Nell'esempio che ha per tonica il FA, la nota DO manterrà con la sua tonica un rapporto di quinta. La stessa nota DO giocherà il ruolo di quarta in una gamma di SOL. Il nostro DO (Ut) abituale è la tonica nella costruzione del modello classico della scala.

Il tubo campione (Huang Zhong) riproduce il suono FA (tonica Gong). Questo FA è vicino al FA diesis della scala dei fisici con le sue 708,76 vibrazioni al secondo. Questo tubo generatore rappresenta il Palazzo Centrale intorno al quale vanno a raggrupparsi gli altri elementi. Il giallo è il colore emblematico del Centro. Esso evoca il Sole, centro del Cielo o cuore del fiore. Anch'esso sarà riservato all'Imperatore, personaggio centrale della Terra.

I 12 LÜ o Tubi Musicali

Non insistiamo sulla ben nota leggenda della scoperta della scala dei LÜ da parte di Ling Lun (Linh Luân), un maestro di musica ai tempi del famoso Imperatore Huangdi (Hùynh Dê, 2697-2597 prima della nostra era) che, nella vallata solitaria del monte Kouen Louen (Côn Lôn), ai confini dell'Impero verso ovest, trovò dei bambù del medesimo spessore e ottenne il suono fondamentale, il HUANGZHONG (Hoàng Chung, la Campana Gialla) soffiando in una delle canne tagliata tra i due nodi. Egli ha ottenuto la scala completa dei Lü grazie ai canti di una fenice maschio e di una fenice femmina.

Questa scala dei LÜ corrisponderebbe sensibilmente alla scala cromatica odierna. L'altezza assoluta del suono fondamentale, il HUANGZHONG, cambiava a seconda delle dinastie. Noi adottiamo l'altezza del FA, così come Louis Laloy, missionario francese e specialista della musica cinese dell'inizio del diciannovesimo secolo.

La scala dei LÜ sarebbe:

HUANGZHONG (Hoàng Chung, La Campana Gialla):	FA
TALÜ (Dai Lu, Il Grande Lyu):	FA#
TAIZU (Thai Thô'c, Il Grande Ferro di Freccia);	SOL
JIAZHONG (Gia'p Chung: La Campana Stretta o Ferma?):	SOL#

GUXIAN (Cô Tây, L'Antica Purificazione):	LA
ZHONGLÜ (Trong Lu, Il Lyu Cadetto):	LA#
RUIBIN (Nhuy Tân, La Fecondità Benefica):	SI
LINZHONG (Lâm Chung, La Campana dei Boschi):	DO
YIZE (Di Tac, La Regola Uguale):	DO#
NANLÜ (Nam Lu, Il Lyu del Sud):	RE
WUHI (Vô Xa, L'Imperfetto):	RE#
YINGZHONG (Ung Chung, La Campana di Eco):	MI

Ma la scala dei 12 suoni ottenuti a partire dal suono fondamentale, il HUANGZHONG, attraverso una successione di quinte, non è stata utilizzata dai cinesi nella composizione delle arie. Essi si sono accontentati di cinque gradi che formano la scala pentatonica GONG, SHANG, JIAO, ZHI, YI (Cung, Thuong, Giôc, Chuy, Vu). Xi Ma Tian (Tu Ma Thiên), nello SHI JI (Su Ky: Memorie Storiche) ha dato le dimensioni dei tubi che rendono le note della scala pentatonica cinese :

9 x 9 = 81 (collocazione degli 81 grani di miglio fianco a fianco per avere una lunghezza corrispondente a quella del tubo di bambù che dà il suono campione della Campana Gialla HUANGZHONG).

I cinesi hanno determinato, nel loro sistema cosmogonico, relazioni basate sulla legge dei Numeri Queste relazioni reggono pure il mondo musicale. I 12 tubi musicali o LÜLÜ sono il fondamento di questa teoria musicale. Essi si generano scambievolmente, in una proporzione ritmata, sia diminuendo di un terzo, sia aumentando di un terzo: la generazione avviene dunque attraverso l'azione del Tre.

Secondo il tipo di operazione praticata, si creano due generazioni di tubi. La generazione inferiore fornisce un tubo più corto, di suono più acuto rispetto al precedente e di lunghezza diminuita di un terzo. La generazione superiore fornisce un tubo più lungo, più grave rispetto al precedente di cui è stato aumentato di un terzo.

La generazione inferiore è il risultato di una moltiplicazione per due terzi, vale a dire l'inverso del rapporto della quinta. Così il primo tubo che misura 81 produce il secondo tubo più corto: 81 x 2/3 = 54. Dunque, da FA (81) a DO (54) esiste proprio una quinta.

La generazione superiore è il risultato della quarta poiché 4/3 è il rapporto che la caratterizza. Così, il secondo tubo (54) produce il terzo tubo: 54 x 4/3 = 72. Dal DO (54) al SOL (72, più lungo, dunque più grave) esiste proprio una quarta.

FA	primo tubo	81		
DO	secondo tubo	54	81 x 2/3	
SOL	terzo tubo	72	54 x 4/3	
RE	quarto tubo	48	72 x 2/3	
LA	quinto tubo	64	48 x 4/3	
MI	sesto tubo	42	64 x 2/3	
SI	settimo tubo	57	42 x 4/3	
FA diesis	ottavo tubo	76	57 x 4/3	inversione
DO diesis	nono tubo	51	76 x 2/3	"

SOL diesis	decimo tubo	68	51 x 4/3	"
RE diesis	undicesimo tubo	45	68 x 2/3	"
LA diesis	dodicesimo tubo	60	45 x 4/3	"

È la nota GONG (Cung) = FA.
I 2/3 di 81 valgono 81 x 2/3 = 54; è la nota ZHI (Chùy): DO
I 4/3 di 54 valgono 54 x 4/3 = 72; è la nota SHANG (Thuong): SOL
I 2/3 di 72 valgono 72 x 2/3 = 48; è la nota YI (Vu): RE
I 4/3 di 48 valgono 48 x 4/3 = 64; è la nota JIAO (Giôc): LA.

Edouard Chavannes ha citato e commentato il passaggio sui Lyus nell'appendice II, pag.636, del terzo tomo delle Memorie Storiche: il HUANGZHONG produce il LINZHONG; il LINGZHONG produce il TAIZU; il TAIZU produce il NANLÜ; il NANLÜ produce il GUXIAN, ecc. Alle tre parti del generatore viene aggiunta una parte per creare la generazione superiore; alle tre parti del generatore si toglie una parte per fare la generazione inferiore. Il HUANGZHONG, il DAILÜ, il TAIZU, il JIAZHONG, il GUXIAN, il ZHONGLÜ, il RUIBIN appartengono alla generazione superiore; il LINZHONG, il YIZE, il NANLÜ, il WUYI, il YINGZHONG appartengono alla generazione inferiore.

Secondo LIU PUWEI, il tubo che è lungo 4/3 del tubo generatore appartiene alla generazione superiore e fornisce la quarta inferiore, vale a dire l'ottava bassa della quinta del suono del tubo generatore; il tubo che è lungo i 2/3 del tubo generatore appartiene alla generazione inferiore e fornisce la quinta del suono del tubo generatore.

Queste cinque note corrispondono, secondo SIMA QIAN, citato da Maurice Courant, "ai 5 LÜ" HUANGZHONG, TAIZU, GUXIAN, LINZHONG e NANLÜ "gli unici la cui misura si esprime in numeri interi e parte dalla base 81:

GONG (81):	Huangzhong:	FA
SHANG (72):	Taizu:	SOL
JIAO (64):	Guxian	LA
ZHI (54):	Linzhong	DO
YI (48):	Nanlü:	RE

Questa scala sarebbe stata utilizzata sotto la dinastia degli Yin (1776-1154 prima della nostra era). Secondo Maurice Courant, la scala eptatonica ottenuta attraverso l'aggiunta alla scala pentatonica di due note complementari o ausiliarie, il BIEN GONG (Biên Cung), e il BIEN ZHI (Biên Chùy), "esisteva almeno una decina di secoli prima dell'era cristiana". Si ottengono questi due gradi ausiliari spingendo la successione delle quinte fino alla settima partendo dal suono fondamentale. Se noi diamo al grado GONG (Hoàng Chung) l'altezza del FA, il BIEN GONG avrà l'altezza di un MI e il BIEN ZHI quella di un SI.

Così i cicli ottenuti a partire dalle quinte presentano analogie con i movimenti del sole (stagioni) e della luna (mesi lunari), ma anche con i pianeti che si rispecchiano negli organi. I cinesi associano loro un colore simbolico che ha un valore terapeutico.

Simbolismo degli strumenti di musica

Nella mitologia cinese, esistono otto strumenti destinati a fare risuonare le 8 forze della Rosa dei Venti. Ogni strumento ha un corpo sonoro di materiale differente che gli conferisce la sua peculiarità.

1. al Nord   corrisponde   il suono della PELLE
2. al N-E   corrisponde   il suono della ZUCCA
3. all'Est   corrisponde   il suono del BAMBÙ
4. al S-E   corrisponde   il suono del LEGNO
5. al Sud   corrisponde   il suono della SETA
6. al S-O   corrisponde   il suono della TERRA
7. all'Ovest   corrisponde   il suono del METALLO
8. al N-O   corrisponde   il suono della PIETRA

Al Nord, e alla PELLE, i tamburi sono in tutto otto. La ZUCCA, a Nord-Est, ha la rilevante particolarità di essere costituita da una serie di dodici Liu, gli uni YIN, gli altri YANG. Lo strumento offriva la possibilità di emettere quattro suoni simultaneamente.

Il suono del BAMBÙ, a Est, era prodotto da tubi sonori (i Koan Tse). Questi si dividevano in tre classi, di cui ciascuna di dodici tubi (suoni gravi, medi, acuti: ossia la terna Terra, Uomo, Cielo). Evolvettero in seguito verso una separazione in tubi yang e tubi yin, costituendo due strumenti distinti e complementari.

Il suono del LEGNO era rappresentato da vari strumenti di cui il Tchou a forma di moggio, con il nome di Orsa Maggiore, iniziava il concerto nella stessa maniera in cui l'Orsa indica, con la sua posizione, l'inizio del giorno o l'inizio dell'anno.

Il suono della SETA era prodotto da strumenti a corde, i Qin, cetre a cinque corde che in origine avevano una parte superiore arrotondata che rappresentava il Cielo e una parte anteriore piatta che rappresentava la Terra. Possedevano cinque corde in corrispondenza dei cinque pianeti o cinque elementi.

Il suono della TERRA era prodotto da strumenti in argilla, che emettevano come suono grave la nota GONG, ossia il FA fondamentale e i quattro altri toni (SHANG; JIAO; ZHI; YI). All'Ovest, il suono del METALLO era reso da dodici campane in rame e stagno che danno i dodici semitoni dei LÜ. Le PIETRE sonore situate a Nord-Ovest erano assegnate alle cerimonie che evocano il Cielo, stabilendo un legame spirituale grazie alle qualità pure dei loro suoni.

289

Strumenti

Il liuto a forma di luna vietnamita DAN NGUYET o DAN KIM è stato concepito in stile armonioso e in modo del tutto empirico. Ogni parte dello strumento può essere divisa in 3: le due corde grave (mm 0,96) e acuta (mm 0,72) hanno una lunghezza vibrante di 72 centimetri.

Lo strumento misura in tutto 108 centimetri; la tavola armonica cm 36; lo spessore della cassa di risonanza cm 6. Il ponticello misura cm 9 di lunghezza e cm 3 di altezza. La parte decorativa dello strumento, che si trova all'estremità opposta del ponticello, misura cm 12 di lunghezza. I cavicchi misurano cm 12. Ci sono 9 ghiere. Le ghiere sono larghe cm 3.

La tradizione cinese racconta che l'Imperatore DU XI (più di 5000 anni fa) domandò al suo liutaio di confezionare un salterio. Questo strumento imperiale doveva essere basato sui rapporti del Cielo e della Terra. Ebbe dunque come lunghezza tre thuocs, sei tâcs e un phon, nell'intento di concordare con il numero 361 che rappresenta i 360 gradi del cerchio e il centro, ossia l'unità e la moltitudine. L'altezza del salterio era di otto tâcs, e la base di quattro tâcs, dunque in accordo con le otto mezze stagioni e i quattro punti cardinali o quattro stagioni, ossia con lo spazio e il tempo. Il suo spessore, due tâcs, portava l'emblema del Cielo-Terra. I dodici cantini vibravano in analogia con i dodici mesi dell'anno, mentre una tredicesima corda evocava il centro.

Questa storia precisa il dominio del Numero e della sua applicazione in tutto il pensiero cinese.

Notazioni musicali

Intorno al 1911 un musicista di viella cinese, chiamato LIU Thien Hoa, ha adottato la notazione cifrata elaborata da Jean Jacques Rousseau nel 1746, perfezionata da Pierre Galin (1786-1821) e successivamente resa popolare da Aimé Paris e Emile Chevé (1804-1864) per scrivere partiture musicali. Il numero 1 corrisponde alla tonica – qualunque sia la tonalità (DO, RE, FA, SOL, LA) – e i cinque gradi principali corrispondono ai cinque numeri (1,2,3,4,5). Il 6 e il 7 rappresentano i gradi di passaggio.

La notazione cifrata si ritrova nella musica indonesiana per le partiture utilizzate nel GAMELAN.

I numeri sono utilizzati nella notazione del canto di gola dei tuvani e dei mongoli. Le armoniche sono numerate secondo le frequenze a partire dal suono fondamentale. Una notazione cifrata è stata proposta per scrivere partiture musicali di canto difonico.

Utilizzo del sonografo per le analisi frequenziali

Il sonografo, apparecchio di misurazione degli spettri, permette di spingere oltre la ricerca fondamentale e sperimentale per il canto difonico. Emile Leipp, Gilles Léothaud, Trân Quang Hai, Hugo Zemp in Francia, Gunji Sumi in Giappone, Ronald Walcott negli Stati Uniti, Johan Sundberg in Svezia, Graziano Tisato in Italia, Werner Deutsch e Franz Födermayer hanno utilizzato dal 1970 il sonografo o altri tipi simili di apparecchi di analisi per dare maggior precisione alle armoniche prodotte dal canto difonico grazie alle misure hertziane.

L'esame dei sonogrammi mostra la diversità di stili del canto difonico di Tuvani, Mongoli, Tibetani, Xhosa dell'Africa del Sud. Permette di stabilire una classificazione di stili, identificare il numero di armoniche e comprendere meglio il come e il perché delle tecniche vocali, fino ad oggi una cosa impossibile. Il sonografo ha permesso a Trân Quang Hai di condurre una ricerca sperimentale introspettiva sul canto "trifonico" (un fondamentale e due formanti melodiche indipendenti), o sul "bordone armonico" con variazione del fondamentale (egli canta il DO (armonica 12), il FA (armonica 9), il SOL (armonica 8), il DO ottava (armonica 6 per creare la medesima altezza armonica). Altri esperimenti di Trân Quang Hai hanno dato risultati interessanti sulla realizzazione di spettri differenti a partire dalla scala cantata ascendente e discendente (voce normale, voce difonica con armoniche in parallelo, voce difonica con armoniche di movimento contrario tra bordone e melodia di armoniche). Le sue ricerche, originali per il loro carattere sperimentale, procedendo in qualche modo per auto analisi, l'hanno condotto a mettere in evidenza il bordone armonico e la melodia fondamentale, che è il contrario del principio iniziale del canto difonico tradizionale; a incrociare due melodie (fondamentale e armoniche) e a esplorare il canto trifonico; e a mettere in evidenza le tre zone armoniche sulla base del medesimo suono fondamentale.

Questo articolo vi dà alcune nozioni molto sommarie sull'utilizzo dei numeri in vari campi della musica asiatica. Si tratta solo dell'inizio di uno studio che andrà avanti nel futuro.

Letture consigliate

J.M. Amiot (1780) *Mémoires sur la musique des Chinois tant anciens que modernes*, vol. VI de la collection, mémoires concernant les Chinois, Paris, p. 185
W.A. Deutsch, F. Födermayer (1992) Zum Problem des zweistimmigen Sologesanges Mongolischer une Turk Völker, Von der Vielfalt Musikalischer Kultur, Festschrift für Josef Kuckerts (Wort und Musik 12), Verlag Ursula Müller-Speiser, Anif/Salzburg, Salzburg, pp. 133-145
Gunji (1980) An Acoustical Consideration of Xöömij, *Musical Voices of Asia*, The Japan Foundation, Heibonsha Ltd, Tokio, pp. 135-141
J. Kunst (1949) Music in Java, Its History, Its Theory and Its Technique, 2ª ed. riveduta ed ampliata, tradotta dall'edizione originale danese da Emil Van Loo, vol. 1, p. 265, vol 2, p. 175, Amsterdam
L. Laloy (1910) *La Musique Chinoise*, Editions Henri Laurens, Paris, p. 128
E. Leipp (1971) Considération acoustique sur le chant diphonique, *Bulletin du Groupe d'Acoustique Musicale*, 58 Paris, pp. 1-10
G. Leothaud (1989) Considérations acoustiques et musicales sur le chant diphonique, *Le chant diphonique*, dossier, Institut de la Voix, Limoges, n. 1, pp. 17-43
F. Picard (1991) *La Musique Chinoise*, éditions Minerve, Paris, p. 215
J. J. Rousseau (1979) Dissertation sur la musique, *Ecrits sur la musique*, éditions Stock, Paris
G. Tisato (1990) Il canto degli armonici, Nuove tecnologie e documentazione etnomusicologica, *Culture Musicali* n. 15, 16, Roma
Trân Quang Hai, D. Guilou (1980) Original Research and Acoustical Analysis in Connection with the Xöömij Style of Biphonic Singing, *Musical Voices of Asia*, The Japan Foundation, Heibonsha Ltd, Tokio, pp. 162-173
Trân Quang Hai, H. Zemp (1991) Recherches expérimentales sur le chant diphonique, *Cahiers de Musiques traditionnelles: VOIX*, Ateliers d'ethnomusicologie/AIMP, Genève, vol. 4, pp. 27-68

Trân Quang Hai (1995) Le chant diphonique: description historique, styles, aspect acoustique et spectral, EM, Annuario degli Archivi di Etnomusicologia dell'Accademia Nazionale di Santa Cecilia, Roma, n. 2, pp. 123-150

Trân Quang Hai (1995) Survey of overtone singing style", EVTA (European Voice Teachers Association, Documentation 1994 (atti di congresso) Detmold, pp. 49-62

R. Walcott (1974) The Chöömij of Mongolia - A Spectral Analysis of Overtone Singing, *Selected Reports in Ethnomusicology* 2 (1), UCLA, Los Angeles, pp. 55-59

H. Zemp, Trân Quang Hai (1991) Recherches expérimentales sur le chant diphonique (voir Trân Quang Hai, H. Zemp)

Discografia

Questa discografia selettiva considera solo cd.

Tuva
Tuva: Voices from the Center of Asia, Smithsonian Folkways CD SF 40017, Washington, USA, 1990
Mongolia
Mongolie: Musique et Chants de tradition populaire, GREM G 7511, Paris, France, 1986
Jargalant Altai/ Xöömii and other vocal instrumental music from Mongolia, Pan Records PAN 2050CD, Ethnic Series, Leiden, Hollande, 1996
Siberia
Uzlyau: Guttural singing of the Peoples of the Sayan, Altai and Ural Mountains, Pan Records PAN 2019CD, Leiden, Hollande, 1993
Chant épiques et diphoniques: Asie centrale, Sibérie, vol. 1, Maison des Cultures du Monde, W 260067, Paris, France, 1996

Filmografia

Le Chant des Harmoniques (versione inglese: *The Song of Harmonics*, 16 mm, 38 minuti. Autori: Trân Quang Hai e Hugo Zemp. Realizzatore: Hugo Zemp. Coproduzione CNRS Audiovisuel et Societé Française d'Ethnomusicologie, 1989. Distribuzione: CNRS Audiovisuel, 1 Place Aristide Briand, F-92195 Meudon, France.

matematica
e medicina

La matematica per le decisioni cliniche e di sanità pubblica

Carla Rossi, Lucilla Ravà

L'apporto della matematica alla comprensione dei problemi in campo medico

Il contributo della matematica alla migliore comprensione dei problemi medici (medicina clinica, epidemiologia, diagnostica, sanità pubblica…) si deve considerare analogo a quello che la matematica ha fornito e fornisce ad altre discipline tecnico-scientifiche come l'ingegneria, la fisica, la biologia, o alle discipline socio-economiche, quello cioè di uno strumento costruito e via via sviluppato per rispondere adeguatamente a esigenze pratiche. La matematica aiuta infatti a vedere i problemi in maniera integrata. Le conoscenze di matematica di un medico dovrebbero servire a prospettare i problemi medici in una luce più ampia e completa. In tale visione è possibile valutare in termini quantitativi le varie decisioni che si è chiamati ad assumere e introdurre nell'analisi dei problemi medici concetti come incertezza e probabilità.

I concetti legati all'incertezza e alla probabilità costituiscono il punto decisivo, l'elemento fondamentale, il filo conduttore delle considerazioni volte a chiarire la necessità di apporti di una mentalità matematica per la migliore comprensione di problemi legati alle decisioni in campo medico.

Occorre dire che in questa sede non si intende discutere l'apporto della matematica nel campo della ricerca medica (medicina sperimentale), ma che si cercherà di mettere in luce l'apporto della matematica concepito in funzione culturale, dove per cultura s'intenda lo sviluppo e la fusione di idee provenienti da campi diversi e non la proposizione di erudizione specializzata.

L'errore comune deriva dal non saper vedere nel ragionamento matematico un naturale proseguimento e arricchimento delle facoltà intuitive, la cui essenza è accessibile e indispensabile a chiunque, indipendentemente dalla sua conoscenza di strumenti formali. Probabilmente, salvo casi semplici e di routine, il medico dovrà comunque rivolgersi ad altri, ad esperti, ma le sue conoscenze e intuizioni saranno fondamentali per la soluzione del problema se riusciranno ad essere espresse e comunicate a un adeguato livello scientifico. È probabile che, se si riscontra una notevole divergenza tra i risultati dell'elaborazione degli esperti e la sua intuizione, la ragione sia dalla sua parte e il modello utilizzato vada rivisto e modificato. Occorre comunque sempre ragionare sui fatti e sui dati effettivi e l'aiuto della matematica, del suo linguaggio fatto di simboli e di formule, sta proprio nell'esprimere nel modo più asciutto, più limpido e perciò meno suscettibi-

295

le di distorsioni, i fatti e i dati effettivi; la matematica è di aiuto non perché aggiunga qualche cosa, ma, al contrario, per la garanzia che offre di non aggiungere nulla di estraneo.

È importante per i non matematici imparare a guardare i fatti e i dati senza distorsioni, senza che il dettaglio e la ricerca del particolare nascondano l'essenziale. Da una *forma mentis* matematica si trae un atteggiamento critico e attento nell'affrontare i problemi di tutti i giorni in ogni campo e, in particolare, nelle situazioni in cui ci siano da assumere decisioni in condizioni di incertezza.

In tutti i problemi reali in ambito medico entra in campo l'incertezza. È importante allora saper apprezzare i gradi di probabilità e comunicare le proprie valutazioni in modo appropriato. Fondamentale è saper valutare, attraverso la probabilità dei possibili effetti, il vantaggio di richiedere una specifica informazione che si ritenga utile per ridurre l'incertezza e valutare adeguatamente una probabilità condizionata. Questo mette in luce quale profonda differenza ci sia tra l'utilizzo di un criterio di decisione di tipo quantitativo e probabilisticamente fondato e criteri rispondenti a impressioni qualitative e intuizioni emozionali. Queste ultime porterebbero a suggerire, per esempio, che prima di assumere una certa decisione si debbano raccogliere tutte le informazioni potenzialmente accessibili o quelle comunque ottenibili trascurando la spesa in cui si incorre e qualunque sia il rischio o il ritardo così provocato. Il criterio razionale consiste, invece, nel valutare in termini probabilistici il costo e il vantaggio di ogni informazione, di ogni controllo, di ogni causa di ritardo per decidere in modo tale che ogni lira (o euro) spesa per procurarsi le informazioni o per eseguire i controlli o per evitare i ritardi comporti sempre almeno un guadagno atteso equivalente. Vediamo concretamente, su alcuni esempi, in quale senso e in quale misura questo tipo di *forma mentis* matematica risulti necessaria per seguire criteri ragionevoli nell'assunzione di decisioni, sia a livello di singolo paziente (decisioni cliniche), sia a livello di comunità (decisioni di sanità pubblica).

Le decisioni cliniche: alberi e algoritmi decisionali

Un processo diagnostico (o prognostico) è una procedura di tipo inferenziale che si basa su modelli probabilistici e statistici. In generale si può schematizzare come un problema di classificazione in cui si ha interesse ad assegnare un individuo a una delle possibili classi diagnostiche (o prognostiche) non osservabile direttamente per diversi motivi. Si suppone, però, che esistano degli eventi o misure legate alla classe diagnostica (con distribuzione di probabilità dipendente dalla classe di appartenenza) attraverso qualche modello (noto), e che tali eventi o misure possano essere direttamente osservati. L'osservazione di questi ultimi permette di effettuare, mediante l'utilizzo in chiave inferenziale del modello stesso, una valutazione probabilistica sull'appartenenza dell'individuo ad ogni classe possibile presa in considerazione. Un problema generale di classificazione può essere schematizzato come segue.

Siano date k popolazioni distinte $A_1, A_2, ..., A_k$ (nel caso in esame, possibili stati morbosi cui riferire il paziente che si sta esaminando) e una (o più) quantità X, che è possibile misurare e che ha distribuzione (statistica) $F_i(x)$ nella i-esima popolazione (i = 1,2, ..., k) (X rappresenta l'eventuale risultato di una misurazione o analisi di laboratorio o altro che ha comportamento statisticamente diverso nelle diverse popolazioni).

Si vuole determinare una regola di comportamento A(x) che permetta di decidere a quale popolazione è più opportuno attribuire un individuo che presenti un valore di X prefissato (indicato con x).

Per affrontare questo problema ci si può servire di un opportuno schema probabilistico.

Sia $P(A_i)$ la proporzione di individui appartenenti alla popolazione A_i rispetto alla popolazione globale, ovvero quella che in termini tecnici è la prevalenza di A_i (che, per semplicità, si suppone nota).

Sia $F(x/A_i)$ la distribuzione di probabilità di X nella popolazione A_i.

Dato un valore osservato x si può allora calcolare la probabilità a posteriori della popolazione A_i mediante la formula di Bayes.

La formula di Bayes, nel caso in esame, fornisce la valutazione di probabilità che un individuo cui corrisponde una quantità misurata pari ad x provenga dall'i-esima popolazione (nel nostro caso sia affetto da una certa malattia).

È possibile allora stabilire regole di comportamento "ragionevoli" per procedere alla classificazione, come, per esempio, le seguenti:

– A(x) = A_i se $P(A_i/x)$ è il massimo valore delle probabilità a posteriori valutate con la formula di Bayes, ovvero se A_i è la classe più probabile per un individuo con misura osservata x;

– A(x) = A_i se $P(A_i/x)$ è il massimo valore delle probabilità a posteriori valutate con la formula di Bayes e inoltre risulta: $P(A_i/x) > h$, con h fissato a priori.

Nel primo caso la regola di assegnazione minimizza la probabilità di errore nella classificazione che è data da $1-P(A_i/x)$. Tale criterio si definisce "criterio bayesiano di classificazione".

Il secondo caso è una evidente variante vincolata del primo e attribuisce un'osservazione a una determinata popolazione solo quando la probabilità a posteriori massima supera una certa soglia critica stabilita a priori, cioè quando la probabilità di una classificazione sbagliata è inferiore ad 1-h.

È evidente, però, che il criterio di classificazione bayesiano non fa distinzione tra i possibili tipi di errore che si commettono effettuando un'assegnazione errata. Per essere più chiari, ma senza perdere di generalità, consideriamo il caso in cui siano presenti solo due possibili classi A_1 e A_2. In tal caso gli errori di classificazione consistono nel porre in A_1 un paziente che si trova in A_2 o, viceversa, nel porre in A_2 un paziente che si trova in A_1.

È possibile, però, che le conseguenze derivanti dai due tipi di errore non siano ugualmente gravi; occorre allora introdurre qualche meccanismo che permetta di tener conto delle differenze. Nelle applicazioni mediche, infatti, è spesso necessario evitare alcuni tipi di errore più di altri. Per esempio, nel processo diagnostico relativo al cancro alla mammella è considerato più importante evitare la generazione di falsi positivi, ovvero la classificazione di una paziente sana nella classe dei malati, piuttosto che i falsi negativi, dato che un falso allarme può generare come conseguenza un intervento di mastectomia. In altre situazioni potrebbe invece essere più importante evitare i falsi negativi. Per esempio nel caso del cancro della cervice è essenziale non perdere nessun caso di positività.

Se i diversi tipi di classificazione errata hanno conseguenze diverse, di tale diversità si può tener conto mediante l'introduzione di una opportuna "funzione di perdita".

Tale funzione dipende dalla classe scelta per il paziente e dalla vera classe di appartenenza che, ricordiamolo, non è osservabile. Così si definisce $L(A_j, A_i)$ la perdita corrispondente all'errore che consiste nel decidere che un paziente, la cui classe vera di appartenenza è A_j, appartiene alla classe A_i. Sono evidenti le proprietà generali che è ragionevole richiedere a tale funzione:

$$L(A_i, A_i) = 0 \ e \ L(A_i, A_j) > 0 \ per \ ogni \ i \ diverso \ da \ j.$$

Inoltre la funzione è individuata a meno di un fattore di proporzionalità. La regola di classificazione conseguente si basa sulla minimizzazione della funzione di perdita attesa $EL(A_i/x)$, che si ottiene calcolando la media ponderata delle funzioni di perdita con pesi dati dalle probabilità a posteriori delle classi di appartenenza:

$$EL(A_i / x) = \sum_{j=1}^{k} L(A_i, A_j) P(A_j / x)$$

Maggiori dettagli tecnici ed esempi di applicazione si trovano in [1].

Per iniziare il processo di classificazione occorre specificare le fonti di incertezza e schematizzare tutte le possibili informazioni che si possiedono (o si possono successivamente acquisire) sul problema in esame.

Da tale schema è derivabile l'informazione a priori, che non è legata alla situazione di un particolare paziente ma a tutta la popolazione potenzialmente interessata alla classificazione ed è costituita da:

– classi possibili: occorre specificare l'insieme delle "malattie" cui si intende far riferimento;

– distribuzione di probabilità delle classi: occorre conoscere o stimare la prevalenza delle suddette malattie nella popolazione di riferimento[1];

– tipi di eventi o misure che possono essere legati alle classi: occorre prendere in considerazione tutti quegli indicatori e tutte quelle misure che possono risultare alterati dalla presenza di una o più malattie considerate;

– distribuzioni di probabilità di tali tipi di informazioni all'interno delle classi specificate: occorre conoscere o stimare le distribuzioni di frequenza o le probabilità dei diversi eventi o misure sopra specificati nei diversi stati morbosi,

---

[1]   *La prevalenza di una malattia in una popolazione indica la probabilità che un individuo scelto a caso dalla popolazione sia affetto da quella malattia e corrisponde alla proporzione, eventualmente stimata dalla frequenza statistica, della malattia nella popolazione di interesse.*

che costituiscono il modello noto che permette la valutazione delle probabilità a posteriori delle classi mediante la formula di Bayes.

Il processo decisionale clinico, pertanto, si sviluppa generalmente in condizioni di incertezza e si basa su informazioni "a priori", disponibili all'istante iniziale, e informazioni ulteriori acquisite dinamicamente nel corso del processo stesso. La corretta combinazione di tutte le informazioni permette di rendere minimo il livello di incertezza. È importante identificare le informazioni più rilevanti per il problema in esame sia effettuando preliminarmente analisi statistiche a partire dai dati disponibili su pazienti già classificati, sia raccogliendo i risultati di analoghe osservazioni riportati nella letteratura, sia richiedendo pareri a medici esperti nel settore in esame.

Dipende dalla capacità del medico richiedere le informazioni più appropriate in ogni momento. Le informazioni inessenziali non portano a conclusioni migliori e anzi ritardano le conclusioni con possibili effetti svantaggiosi.

Il processo dinamico di acquisizione di informazioni e di classificazione (diagnosi, scelta della risposta terapeutica,...) può essere modellato mediante tecniche note con il nome di "alberi e algoritmi decisionali" [1]. L'albero decisionale è lo strumento descrittivo di un processo decisionale, l'algoritmo è la strategia di percorrenza di un albero. Consideriamo un esempio concreto.

Un problema diagnostico

Supponiamo che un medico debba decidere se un individuo, che vuol donare il sangue e non presenta alcun sintomo sospetto né dichiara di aver avuto comportamenti cosiddetti "a rischio", sia o meno contagiato dal virus HIV (che causa l'AIDS) e abbia a disposizione per effettuare la diagnosi, oltre alle informazioni generali sulla prevalenza della malattia nella popolazione cui appartiene il paziente, solo il test Elisa[2] (una situazione più complessa e completa è analizzata in [1]). I possibili percorsi diagnostici sono descritti nel grafo (albero decisionale) di Figura 1.

Innanzitutto consideriamo i simboli utilizzati nella costruzione dell'albero.
- Sono presenti nodi, identificati da quadrati rettangoli arrotondati e cerchi (ellissi), e archi (questi ultimi sono segmenti orientati, rappresentati da frecce, che hanno origine in un nodo e termine in un altro nodo). La percorrenza del grafo è nella direzione indicata dall'orientamento degli archi, ovvero dal verso delle frecce.
- I nodi da cui non si originano archi che conducono ad altri nodi sono nodi terminali (nel grafo considerato sono presenti 2 nodi terminali rappresentati da quadrati corrispondenti alle due possibili diagnosi).
- I nodi sono di due tipi: nodi decisionali (quadrati) e nodi casuali (cerchi). I nodi terminali sono sempre nodi decisionali.

---

[2] *Il test Elisa è un tipo di analisi del sangue con possibili risultati +/-, generalmente concordi, secondo probabilità specificate nel seguito, con lo stato dell'individuo.*

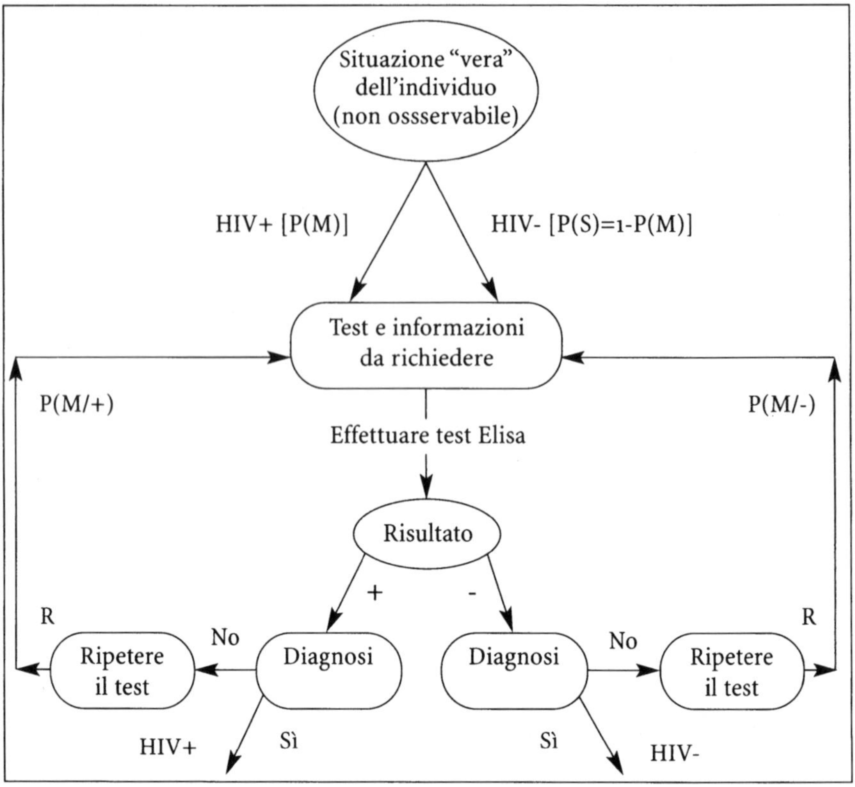

Fig. 1. Albero delle decisioni che descrive i possibili (ipotetici) percorsi diagnostici relativi alla classificazione di un donatore di sangue. I quadrati rettangolari arrotondati rappresentano la fase del percorso decisionale sotto il controllo del decisore (o nodi decisionali). I cerchi (ellissi) rappresentano la fase del percorso indipendente dalla volontà del decisore (o nodi casuali). I segmenti orientati (o archi), rappresentano azioni del decisore quando hanno origine in un nodo decisionale e eventi quando hanno origine in un nodo casuale. L'arco R indica la decisione di ripetere il test Elisa. In tal caso la probabilità a priori per il nuovo test è la probabilità a posteriori del test precedente

L'arco che verrà percorso a partire da un nodo decisionale indica l'azione scelta dall'individuo che assume le decisioni. L'arco che verrà percorso a partire da un nodo casuale indica l'evento che non è sotto controllo del decisore in quanto dipende dal risultato di osservazioni, test, misure o altro, il cui esito non è a priori noto (nel caso in esame in corrispondenza del nodo casuale relativo al risultato del test si percorrerà il ramo di destra in caso di risultato negativo e quello di sinistra in caso contrario).

Possono essere previsti nodi decisionali obbligati (un solo arco in uscita). Nel caso considerato si immagina di richiedere comunque il test Elisa all'inizio del processo diagnostico.

L'albero descritto sopra, ancorché particolare e semplificato, prende in considerazione l'articolazione generale di un processo decisionale clinico-diagnostico, che prevede le seguenti fasi:
- descrizione del problema (nel nostro caso appartenenza dell'individuo ad una certa popolazione con data prevalenza della malattia);
- formulazione di ipotesi diagnostiche (nel nostro caso infezione da HIV, HIV+ o HIV-);
- scelta dei dati da raccogliere per effettuare la discriminazione tra le due ipotesi in modo "ottimale", ovvero minimizzando la probabilità di errore (nel caso in esame test Elisa, eventualmente ripetuto).

Possiamo osservare che, anche se ci si riferisce nell'esempio al solo caso diagnostico, scelte di tipo terapeutico, sperimentale o prognostico possono essere schematizzate da alberi del tutto analoghi nella costruzione e nell'interpretazione.

Occorre sottolineare che in alcuni casi può essere sufficiente la rappresentazione descrittiva di un processo decisionale, senza effettuare la valutazione delle diverse strategie di percorrenza dell'albero corrispondente. Questo è certamente vero quando da ogni nodo decisionale esca un solo arco (tutte le scelte sono obbligate una volta noti i risultati dei nodi casuali). Questo caso può essere denominato "caso deterministico" e, seppure poco realistico, costituisce un modello di riferimento per i casi reali in cui la diagnosi è probabilistica. Infatti, le strategie di percorrenza di un albero decisionale (algoritmi decisionali) si fondano proprio su scelte in merito alla richiesta di informazioni volte a ridurre l'incertezza e a "tendere" in un certo senso al caso ideale deterministico, producendo massimo disequilibrio probabilistico fra le alternative prese in considerazione come scelte diagnostiche possibili.

Torniamo all'esempio considerato per introdurre le regole di calcolo delle probabilità legate ai possibili percorsi decisionali.

Se si denota con $P(M)$ ($P(S) = 1-P(M)$) la proporzione di individui malati (sani) nella popolazione, cioè la prevalenza della malattia nella popolazione, che altro non è che la probabilità che un individuo scelto a caso dalla popolazione sia effettivamente malato, con $P(+/M)$ e $P(+/S)$ le probabilità di ottenere un risultato del test Elisa positivo per un individuo malato o per un individuo sano rispettivamente e con $P(+)$ la probabilità di ottenere il risultato del test positivo indipendentemente dalla condizione dell'individuo considerato, si possono scrivere le seguenti relazioni tra le varie quantità introdotte (il simbolo ∩ indica l'operazione di intersezione tra eventi e genera l'evento che è vero se e solo se entrambi gli eventi sono veri):

$$P(M \cap +) = P(M/+)\, P(+) = P(+/M)\, P(M) \tag{1}$$
$$P(S \cap -) = P(S/-)\, P(-) = P(-/S) P(S) \tag{2}$$
$$P(+) = P(+/M)\, P(M) + P(+/S)\, P(S) \tag{3}$$
$$P(-) = P(-/M)\, P(M) + P(-/S)\, P(S). \tag{4}$$

Come conseguenza di (1), (2), (3), (4) si ottengono le altre relazioni seguenti (Teorema di Bayes):

$$P(M/+)=\frac{P(+/M)P(M)}{P(+)}=\frac{P(+/M)P(M)}{P(+/M)P(M)+P(+/S)P(S)} \tag{5}$$

$$P(S/-)=\frac{P(-/S)P(S)}{P(-)}=\frac{P(-/S)P(S)}{P(-/M)P(M)+P(-/S)P(S)} \tag{6}$$

Supponiamo che P(M) sia pari a 0.006 e che il procedimento di analisi utilizzato dia una risposta positiva nel 99% dei casi in cui l'individuo è M e dia una risposta negativa nel 99% dei casi in cui l'individuo è S. Formalmente possiamo esprimere questo fatto attraverso le quantità:

sensibilità = P (+/M) = 0.99;
specificità = P (-/S) = 0.99; P (-/M) = 0.01; P (+/S) = 0.01.

Se ora calcoliamo, mediante il teorema di Bayes (formula (5)), la probabilità che un individuo, scelto a caso dalla popolazione di partenza, sia M, essendo risultato positivo all'analisi, otteniamo: P (M/+) = 0.374.

In altre parole, dato il margine di errore legato al tipo di analisi e data la "bassa" prevalenza dell'infezione nella popolazione (probabilità a priori), ci si può attendere che solo il 37% circa degli individui positivi al test sia effettivamente infetto.

Come è opportuno comportarsi in un simile caso? Possiamo "azzardare" una diagnosi o è meglio raccogliere altre informazioni?

È evidente che non è opportuno azzardare alcuna diagnosi ma è molto più ragionevole acquisire altre informazioni. In casi come quello considerato, infatti, si richiede generalmente di ripetere il medesimo test, in modo indipendente, a distanza di qualche tempo.

Se si itera il procedimento effettuando, indipendentemente dal primo, un nuovo test, non occorre fare altro che ripercorrere lo stesso albero in cui si sostituisce alla probabilità a priori per il primo test P(M), la probabilità a posteriori per tale test P (M/+), che ha il ruolo di probabilità a priori per il secondo test.

Effettuiamo il calcolo nell'ipotesi che si abbia un secondo risultato positivo per il test:

$$P(M/++)=\frac{P(+/M+)P(M+)}{P(+/M+)P(M+)+P(+/S+)P(S+)}$$

che, per l'indipendenza ipotizzata tra i risultati dei successivi test, si può scrivere:

$$P(M/++)=\frac{P(+/M)P(M/+)}{P(+/M)P(M/+)+P(+/S)P(S/+)}.$$

Effettuando i calcoli si ha: P (M/++) = 0.983, che è un valore che suggerisce la possibilità di effettuare la diagnosi. Calcoliamo per completezza anche la probabilità P (M/+–), relativa all'altro risultato possibile per il secondo test, si ottiene: P (M/+–) = 0.006. Il risultato negativo del secondo test ha, come ci si attendeva, annullato l'influenza del primo riproducendo il valore della probabilità a priori.

Osserviamo che, nel caso in cui si ottenga subito un test negativo, è invece conveniente effettuare la diagnosi senza richiedere un altro test, la probabilità P(S/) è infatti altissima (maggiore di 0.9999) e richiedere una ripetizione del test ritarda inutilmente una diagnosi quasi certa.

Come si vede, le informazioni richieste permettono di ottenere valutazioni di probabilità utili per il processo diagnostico. Data l'importanza cruciale di richiedere le informazioni ottimali, ovvero di utilizzare un algoritmo decisionale "ottimo", è opportuno soffermarsi brevemente su alcune considerazioni generali al riguardo.

Valore e costo di un'informazione

Esistono diversi tipi di informazioni. Alcune sono immediatamente disponibili al momento della prima visita e si possono considerare a costo zero: per esempio il sesso, l'età, la sintomatologia,… Altre possono essere richieste e devono essere valutate in base al loro potenziale contenuto informativo e al loro costo. Quest'ultima quantità deve tener conto di tutti i tipi di costo: economico, tempo richiesto per la risposta, rischi connessi (invasività e complicazioni delle procedure). La funzione costo deve essere stimata dagli esperti che richiedono le informazioni e procedono, al termine del processo decisionale, alla classificazione del paziente ed è basata anche sulla funzione di perdita definita sopra. Per poter decidere circa l'opportunità di richiedere o meno un particolare tipo di esame occorre, pertanto, valutare sia il valore informativo diagnostico, sia il costo [2-4]. Si può effettuare una valutazione probabilistica precisa sulla base di regole matematiche che richiedono un po' di tecnicismo e sono ampiamente riportate negli articoli citati, tali valutazioni sono essenzialmente basate sulla variazione della funzione di perdita attesa. Ci si limiterà in questa sede a considerazioni di tipo generale sulla valutazione delle possibili strategie di percorrenza di un albero decisionale o algoritmi decisionali, utilizzando un altro esempio legato a possibili scelte terapeutiche. Anche in questo caso si tratta di un esempio semplificato perché non si tiene conto dei costi-benefici delle diverse scelte e l'ottimizzazione è effettuata solo sulla funzione obiettivo che, in questo caso, è valutata dalla probabilità di sopravvivenza a dieci anni.

Analisi di un processo decisionale di tipo terapeutico

Un algoritmo decisionale è un complesso di regole precise che permettono di determinare il "modo ottimale" di percorrere i rami di un determinato albero decisionale, ovvero di scegliere la strategia decisionale ottimale. Consideriamo il caso di un paziente con linfoma al 1° stadio già diagnosticato per cui sia necessario operare una scelta sul percorso terapeutico in modo da rendere massima, indipendentemente da altre considerazioni sui costi, la probabilità di sopravvivenza a dieci anni. La Figura 2 riporta la descrizione dell'albero decisionale;

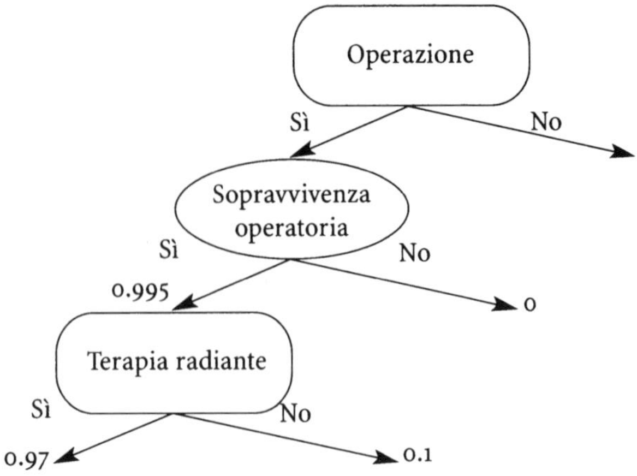

Fig. 2. Esempio di albero decisionale con scelte binarie e strategia basata sulla massimizzazione della probabilità di sopravvivenza a dieci anni. Nell'esempio considerato, la chirurgia, pur con probabilità di morte intra-operatoria dello 0.5%, è la decisione ottima in un passo per la funzione obiettivo scelta: infatti, gli operati hanno una sopravvivenza a dieci anni di almeno 10%, contro lo 0 dei non operati. Se si considera la strategia decisionale in due passi, si ottiene che la chirurgia abbinata a terapia radiante è la scelta ottimale, infatti la sopravvivenza a 10 anni per i trattati è 97% contro 10% dei non trattati. Globalmente la sopravvivenza massima ottenibile con la chirurgia + terapia radiante è di circa 96.5%

sugli estremi dei rami terminali sono anche indicati i valori delle diverse probabilità di sopravvivenza a dieci anni.

Al nodo decisionale 1 la scelta si basa sulla sopravvivenza operatoria in caso di linfoadenomectomia e sulla conseguente funzione di sopravvivenza a dieci anni. È evidente che l'asportazione chirurgica è da scegliere perché il rischio di morte operatoria è bassissimo (0.5%), mentre la mortalità a dieci anni in caso di non operazione ha probabilità 100%. Al secondo nodo decisionale è considerata la decisione di intraprendere o meno la terapia radiante. La sopravvivenza a dieci anni dei trattati è del 97%, mentre per i non trattati è stimata al 10%. Pertanto la decisione ottimale al secondo nodo è di effettuare il trattamento.

Altri esempi di alberi e algoritmi decisionali sono riportati in [1].

Le decisioni di sanità pubblica: l'analisi di scenario e l'utilizzo dei modelli di previsione

L'analisi di scenario è stata largamente utilizzata in ambito economico per studi di previsione e analisi dell'impatto di decisioni con lo scopo di ottimizzare le scelte di politica economica.

L'insieme di metodologie che costituiscono tale tipo di analisi è nato infatti per esplorare futuri potenziali sviluppi di un fenomeno e indicare i punti critici per le decisioni che implicano scelte atte a modificare eventualmente tali sviluppi.

Le parole chiave dell'analisi di scenario sono: mete, bersaglio, decisione, policy oriented research, analisi costi/benefici.

Il complesso di metodologie consiste di alcuni passi fondamentali:

- analisi di base del problema: la natura e gli aspetti fondamentali del problema di interesse vengono descritti per tutto quanto riguarda il passato e il presente. Anche le tendenze per il futuro vengono indicate;
- sviluppo di un modello concettuale (matematico): gli elementi e le relazioni tra gli elementi, rilevanti per il problema, vengono descritte mediante un modello;
- sviluppo di scenari esplorativi, che possono essere distinti in uno scenario "zero" (nessun intervento sull'andamento naturale del fenomeno) e scenari alternativi, anche chiamati "what-if" scenari;
- sviluppo di scenari strategici: in cui viene preventivamente definita la situazione finale desiderata e si determinano le strategie che conducono a tale situazione.

Un aspetto peculiare dell'analisi di scenario sta nel fatto che le diverse previsioni ottenute mediante il modello matematico non vengono presentate in astratto, ma in un contesto decisionale. In generale lo schema concettuale è utilmente rappresentato in modo grafico da un diagramma a blocchi come quello riportato in Figura 3, in cui all'interno del blocco-modello si possono introdurre i dettagli relativi ai compartimenti e flussi che descrivono le situazioni di interesse, come spiegato nell'esempio trattato nel seguito.

Si tratta di un insieme di relazioni che legano quantità utili a descrivere il fenomeno che si intende studiare e che vengono indicate con il nome di "variabili" e suddivise in "variabili in ingresso" o dati e "variabili in uscita" o previsioni.

Le variabili in ingresso si suppongono sempre note, mentre le variabili in uscita sono calcolate in base alle relazioni del modello stesso, una volta inseriti i dati.

I coefficienti che compaiono nelle relazioni di un modello sono detti "para-

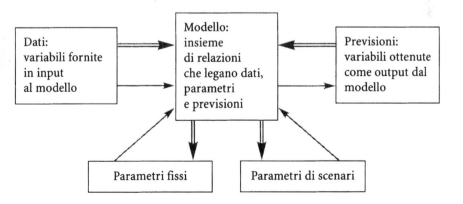

Fig. 3 Schema generale di un modello per l'analisi di scenario
⟶, flussi relativi al problema "diretto"; ⟹, flussi relativi al problema "inverso"

metri" del modello. I parametri possono essere "parametri fissi", legati allo scenario base, e "parametri di scenario", che vengono fatti variare per simulare le diverse situazioni di interesse.

Il significato delle variabili in ingresso può essere uguale a quello delle variabili in uscita oppure diverso. Ad esempio, in un modello epidemico le variabili in ingresso possono rappresentare il numero di individui sani e/o malati all'istante iniziale, mentre le variabili in uscita rappresentano le stesse quantità in istanti successivi. In un problema di *genetic counselling*, le variabili in ingresso possono essere i genotipi dei genitori e quelle in uscita le probabilità dei diversi genotipi possibili per un eventuale figlio.

I problemi che si affrontano mediante l'utilizzo di un modello matematico sono principalmente di due tipi:
- il problema diretto che consiste nel generare le previsioni sulla base delle relazioni, dei dati, e dei valori scelti per i parametri;
- il problema inverso che consiste nell'utilizzare i dati, previsioni note o, comunque, fissate a priori e ottenute esternamente al modello, e eventuali parametri noti per stimare il valore di altri parametri incogniti.

Le analisi esplorative di scenario rientrano nel primo tipo, ad eccezione della stima dello scenario base che rientra, in generale, nel secondo tipo, almeno per quanto riguarda la stima di alcuni parametri. La costruzione di scenari strategici rientra, invece, nel secondo tipo; infatti:
- gli scenari esplorativi vengono generati dal modello facendo variare opportunamente i valori dei parametri e simulando i valori corrispondenti delle previsioni (problema diretto);
- mentre gli scenari strategici risolvono il problema: con quali valori dei parametri è possibile ottenere un certo risultato (strategico) in termini di condizioni desiderate sui valori delle variabili in uscita (problema inverso). Una volta identificato il valore opportuno dei parametri occorre identificare di conseguenza quali azioni effettive sono necessarie per ottenerlo.

Per chiarire meglio quanto detto sopra possiamo basarci su un esempio concreto, che prende in considerazione alcuni modelli per la previsione e la stima della dimensione dell'epidemia di AIDS in Italia. Si considererà solo lo scenario base di riferimento che fornisce l'effettiva stima della dimensione del fenomeno e non verranno presi in considerazione gli scenari alternativi che sono riportati ampiamente negli articoli citati.

Come utilizzare modelli matematici per la stima della dimensione dell'epidemia di HIV/AIDS in Italia

Al fine di pianificare e indirizzare interventi volti alla prevenzione e alla cura dell'infezione da HIV e della Sindrome da Immunodeficienza Acquisita (AIDS) sono necessarie stime affidabili della dimensione e della dinamica dell'epidemia per ottenere le quali è richiesto l'utilizzo di strumenti potenti dal punto di vista statistico-matematico. Infatti, dal momento che generalmente l'infezione da HIV è caratterizzata da una fase asintomatica di lunga durata e il periodo di incuba-

Tabella 1. Compartimenti del modello Mover-Stayer corrispondenti agli stadi di infezione da HIV e di AIDS definiti dal livello dei linfociti CD4

Periodo di latenza	Compartimenti di infezione da HIV	Compartimenti di AIDS
	Y1	-
CD4 ≥ 500	Y2 e Z1	-
200 ≤ CD4 < 500	Y3 e Z2	-
CD4 ∫200	Y4 e Z3	A1
100 ≤ CD4 < 200	-	A2
50 ≤ CD4 < 100	-	A3
CD4 < 50	-	A4

zione, cioè l'intervallo di tempo che separa l'istante di infezione da quello d'insorgenza del primo sintomo di AIDS, è piuttosto esteso, gli studi osservazionali non si rivelano adeguati a fornire informazioni circa la dinamica epidemica. Studi più idonei sono invece quelli basati sui modelli dinamici compartimentali o sui modelli di Back-Calculation che permettono di stimare e prevedere l'incidenza e la prevalenza di HIV e di AIDS, concentrando l'attenzione su differenti aspetti dell'epidemia. Il modello Mover-Stayer è un modello dinamico compartimentale sviluppato per studiare l'epidemia di HIV/AIDS diffusa in una popolazione generale ed è uno strumento utile, in particolare, per effettuare analisi di scenario, mentre l'Empirical-Bayesian Back-Calculation (EB-BC) permette di ricostruire la dinamica epidemica per categorie di rischio. Tali classi di modelli presentano vantaggi e controindicazioni di genere diverso, e questo fatto suggerisce l'utilizzo congiunto dei due approcci per ottenere una maggiore flessibilità modellistica per l'analisi di scenario e di robustezza e accuratezza delle stime.

Il modello Mover-Stayer

Il modello Mover-Stayer (MS) [5-7] è un modello dinamico a compartimenti che permette di studiare l'epidemia di infezione da HIV e di AIDS e di formulare previsioni di scenari epidemici futuri sulla base del confronto dei dati simulati dal modello con i dati osservati. Secondo tale modello la popolazione iniziale $X(0)$ è suddivisa, in base a caratteristiche comportamentali, in $(1-S(0))X(0)$ "movers", gli individui effettivamente a rischio di infezione per il loro comportamento, e in $S(0)X(0)$ "stayers", gli individui che non vengono coinvolti nella diffusione dell'infezione da HIV. Poiché il modello MS è stato sviluppato per lo studio della diffusione dell'epidemia in una popolazione generale, nel riprodurre l'epidemia si tiene conto soltanto di generici comportamenti a rischio, senza che questi vengano distinti a seconda del particolare gruppo di individui cui si riferiscono, quale ad esempio i tossicodipendenti, gli omosessuali o gli eterosessuali. Infatti in quest'ultimo caso sarebbe impossibile, ad esempio, distinguere se l'acquisizione dell'infezione per i tossicodipendenti sia avvenuta per via sessua-

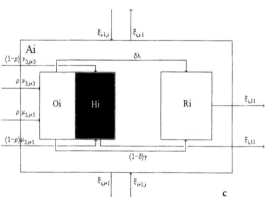

Fig. 4. a-c. Schema dei compartimenti del modello Mover-Stayer e descrizione della dinamica in tali compartimenti. (a) Compartimenti degli individui non infetti e degli individui con infezione da HIV; i compartimenti degli individui con AIDS ed i corrispondenti tassi di transizione, qui indicati globalmente con A. ε $v_{\bullet}$, $\mu_{\bullet}$, $\xi_{\bullet 11}$, sono specificati in dettaglio in figura 4 (b). (b) Compartimenti degli individui con AIDS. Il generico compartimento A_i (i=1,...,4) è descritto in dettaglio nella Figura 4 (c). Il compartimento D2 rappresenta i morti per AIDS, di cui σ% sono gli osservati e (1-σ)% i nascosti; t è il tasso di al ritardo di notifica. (c) Descrizione dell'i-mo compartimento degli individui con AIDS, A_i. I compartimenti O_i, H_i e R_i rappresentano rispettivamente gli individui osservati, i nascosti ed i notificati. Gli individui provenienti dai compartimenti Y_4 e Z_3 che entrano nel compartimento A_i, sono costituiti da una proporzione r di osservati e da una proporzione (1-ρ) di nascosti. Le modifiche dello stato patologico sono rappresentate dagli scambi con i compartimenti di AIDS contigui (A_{i-1} e A_{i+1}) e sono regolate dai tassi di transizione $\xi_{\bullet\bullet}$. I malati visibili diagnosticati passano nel compartimento di notifica R_i ad istanti distribuiti secondo una mistura di due esponenziali, con tassi λ e γ, e proporzioni di mistura d e (1-d)

le oppure per condivisione di siringhe, producendo, pertanto, stime e previsioni poco affidabili.

Gli individui infetti sono classificati in 4+3 compartimenti in base al livello dei linfociti CD4[3] (4 compartimenti Y, per gli individui con comportamento a rischio, e 3 compartimenti Z per quelli con comportamento non a rischio). Analogamente, anche i malati (casi di AIDS) sono classificati in 4 compartimenti determinati in base al livello dei linfociti CD4 (Tabella 1). La descrizione grafica del modello è riportata nella Figura 4. Lo schema grafico permette di scrivere le equazioni del modello sia nella versione deterministica (equazioni differenziali), sia nella versione stocastica (processi di punto).

Per un uso efficiente del modello, soprattutto in relazione alla sua robustezza e identificabilità, è opportuno che la maggior parte dei parametri bio-medici ed epidemiologici sia nota e fissata a priori sulla base di dati tratti da studi effettuati ad hoc o dalla letteratura (*parametri fissi*), e che, invece, soltanto un limitato numero di parametri di tipo socio-comportamentale, non determinabili da studi diretti sul campo e che certamente producono perturbazioni nel comportamento (indeterminismo), vengano stimati dal modello (*parametri caratteristici o parametri di scenario*).

I parametri caratteristici del modello sono la proporzione iniziale di stayers $S(o)=S_0$, il tasso di macro infettività $\mu_{1,2}$, che incorpora sia l'infettività che la probabilità di contatto tra un individuo infetto e uno suscettibile, e l'anno iniziale dell'epidemia T_0 (più precisamente T_0 è l'istante in cui la prevalenza di infetti nella popolazione raggiunge il valore di 1 per milione di abitanti). Tali parametri vengono stimati confrontando, attraverso il metodo della massima log-verosimiglianza o il metodo del minimo λ^2, i dati osservati, che sono forniti generalmente dai sistemi di sorveglianza nazionali, e quelli simulati dal modello (previsioni). Per l'applicazione del modello MS è stato sviluppato un software denominato TOVAIDS, che, attraverso un interfaccia utente molto semplice, permette di simulare l'andamento dell'epidemia di HIV/AIDS sia sotto uno scenario base che sotto eventuali scenari alternativi nei quali si voglia tener conto degli effetti di terapie pre-AIDS e/o di campagne di prevenzione. Tale programma può essere utilizzato e si trova al sito *http://www.mat.uniroma2.it*, link scienza e cultura, progetti di ricerca in corso.

L'Empirical Bayesian Back-Calculation

La Back-Calculation è una classe di metodi statistici che, inizialmente proposti per valutare soltanto la dimensione minima dell'epidemia di HIV/AIDS [7], sono stati ben presto utilizzati anche per stimare e prevedere l'incidenza e la prevalenza di infezione da HIV e di AIDS [8, 9]. L'idea alla base di ognuno di tali metodi è quella di ricostruire, secondo una qualche distribuzione del periodo di

---

[3] *I linfociti CD4 sono gli elementi del sistema immunitario attaccati al virus HIV, pertanto il loro livello è un indicatore di progressione dell'infezione. Un livello più basso indica una maggiore compromissione del sistema immunitario.*

incubazione, il numero di individui che avrebbero dovuto essersi precedentemente infettati con l'HIV per aver dato luogo ai casi incidenti di AIDS osservati. Applicando poi la distribuzione del periodo di incubazione considerata alla curva di infezione da HIV stimata, ed eventualmente formulando talune ipotesi sui futuri tassi di infezione, si può prevedere l'incidenza di AIDS attesa nel breve periodo.

Sia $A(t)$ il numero cumulativo atteso di casi di AIDS diagnosticati entro l'istante t, $h(s)$ il tasso di infezione da HIV all'istante s, e sia $F(t)$ la distribuzione del periodo di incubazione. Allora l'equazione di convoluzione

$$A(t) = \int_0^t h(s)F(t-s)ds \tag{7}$$

lega, attraverso la distribuzione del periodo di incubazione, il tasso di infezione da HIV all'incidenza di AIDS. La precedente equazione si giustifica osservando che un individuo affinché riceva una diagnosi di AIDS entro un certo istante t, deve essersi necessariamente infettato in un certo istante s, $s < t$ d essere sottoposto a un periodo di incubazione di durata minore di $t - s$. Quindi l'idea fondamentale della Back-Calculation è di utilizzare una realizzazione di $A(t)$, cioè i dati di incidenza di AIDS, una stima, generalmente esterna, di $F(t)$, e l'equazione (7), o una equivalente da questa derivata, per ricavare informazioni circa i passati tassi di infezione da HIV, $h(s)$ $s < t$.

Il metodo di Back-Calculation presentato in questa sede, l'Empirical Bayesian Back-Calculation (EB-BC), [10-12], è implementato, nel linguaggio S-plus, nel discreto ed è basato su un approccio bayesiano empirico. Tale metodo prevede che la curva di infezione da HIV ($h(s)$) sia approssimata da una funzione costante a tratti con un numero abbastanza piccolo di gradini le cui altezze rappresentano i tassi di infezione, mentre le ampiezze, generalmente annuali, gli intervalli di infezione; le infezioni si verificano in ogni intervallo di tempo j $(j = 1,...J)$ secondo un processo di Poisson di intensità g_j. Si assume poi che l'incidenza di AIDS in ogni intervallo di diagnosi i $(i=1,...I)$ sia indipendentemente distribuita secondo una Poisson di media $m_i = S_j Z_{i,j} g_j$, dove $Z_{i,j}$ è la probabilità che un individuo infettatosi nell'intervallo di tempo j sviluppi l'AIDS nell'intervallo i. Dopo un'opportuna riparametrizzazione dei parametri di infezione g_j, necessaria per assicurare la non negatività delle stime, l'equazione fondamentale della Back-Calculation assume quindi la forma:

$$E(Y_i | b) = m_i = S_j =_{1,j} Z_{i,j} g(b_j)$$

dove i b_j sono ora i parametri di infezione da stimare.

Nell'ambito di tale metodo, l'utilizzo di una tecnica di ottimizzazione vincolata risulta necessaria al fine di evitare di ottenere stime di incidenza di HIV relative a due intervalli di tempo consecutivi che altrimenti potrebbero risultare anche molto variabili. Si introducono quindi dei vincoli di *smoothing*, a cui viene assegnato, nell'ottica bayesiana empirica, il ruolo di distribuzione a priori per i parametri da stimare b_j.

L'EB-BC prevede l'utilizzo di stime della distribuzione del periodo di incubazione nella forma di modelli markoviani multistadio, in cui i primi stadi sono di infezione, e generalmente individuati da diversi livelli di linfociti CD4+, mentre i successivi (uno o più) sono di AIDS ed, eventualmente, l'ultimo di morte per AIDS [13-15]. La forma grafica del modello non sarebbe molto diversa da quella relativa ai compartimenti di tipo Y e A della Figura 4.

Il metodo permette inoltre di introdurre alcune covariate nel modello e di studiare quindi l'andamento dell'epidemia tenendo conto di molteplici informazioni esterne eventualmente disponibili, siano esse, ad esempio, demografiche o relative alla data di determinazione della prima positività all'HIV.

Applicazione del modello MS e dell'EB-BC all'epidemia di HIV/AIDS in Italia

Il modello MS e l'EB-BC sono stati entrambi applicati allo studio dell'epidemia HIV/AIDS in Italia [16]. Di seguito si espongono parte dei risultati ottenuti utilizzando i dati di incidenza trimestrale di diagnosi di AIDS, notificati al Centro Operativo AIDS (COA) dell'Istituto Superiore di Sanità durante il periodo 01/01/1981 – 31/03/1998 secondo la definizione di caso di AIDS stabilita dal Center for Diseases Control (CDC) americano nel 1993 [17]. Dall'analisi sono stati esclusi i casi pediatrici (a trasmissione verticale e non), quelli a trasmissione ematica e quelli nosocomiali, dal momento che il modello MS è un modello di trasmissione attraverso contatti di qualsiasi natura tra un individuo infetto e uno sano suscettibile all'infezione. L'analisi è stata quindi condotta tra le seguenti cinque sottopopolazioni: maschi omo/bisessuali, maschi e femmine tossicodipendenti ed eterosessuali. Si noti che dal momento che i cinque gruppi di individui precedenti rappresentano la quasi totalità della popolazione, per semplicità nel seguito alla loro unione si farà riferimento con il termine popolazione totale.

Dal momento che ad oggi è ancora piuttosto difficile fornire un esatta valutazione dell'efficacia dei trattamenti per la cura dell'AIDS introdotti nel 1996 (noti come *"terapia antiretrovirale ad alta efficacia"* o più comunenmente *"triplice terapia"*) i risultati qui riportati sono stati ottenuti soltanto sulla base dei casi di AIDS diagnosticati entro il 31 dicembre 1995.

Secondo le stime ottenute attraverso il modello MS risulta che l'epidemia è iniziata durante il penultimo trimestre del 1978, che la proporzione iniziale degli stayers è 0.9985 e che il tasso $\mu_{1,2}$ è pari a 0.0000116. Il valore stimato di S_0 implica una stima della numerosità del gruppo a rischio iniziale (alla fine del terzo trimestre del 1978) pari a circa 90000 individui; questo è consistente con altre informazioni di tipo epidemiologico disponibili. Si osservi che il modello MS lavora su un gruppo non chiuso, in quanto prevede una dinamica demografica di ingressi ed uscite dal compartimento dei suscettibili. Ciò è fondamentale per pervenire alla stima della fase endemica dell'epidemia; infatti, se il gruppo considerato fosse chiuso, come si assume in molti modelli dinamici applicati a gruppi omosessuali presenti in letteratura internazionale, l'epidemia necessariamente si estinguerebbe per un effetto di saturazione totale degli individui a rischio, senza quindi dar luogo ad alcuna fase endemica. Secondo il modello MS, invece,

311

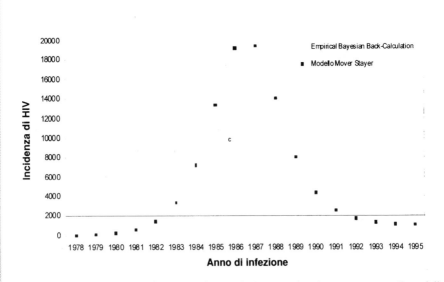

Fig. 5. Curve di incidenza di HIV per la popolazione totale stimate attraverso il modello MS e l'EB-BC

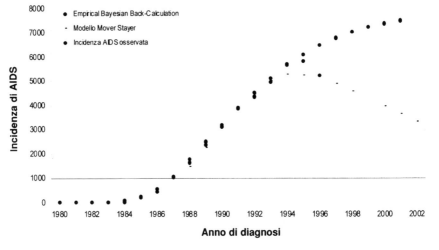

Fig. 6. Curve di incidenza di AIDS per la popolazione totale stimate attraverso il modello MS e l'EB-BC

tenendo conto della dinamica demografica, si può prevedere che si perverrà alla stabilizzazione dell'epidemia sul livello endemico dopo il 2001, con un'incidenza trimestrale di infezioni da HIV attorno a 300 casi. Tali risultati corrispondono a un valore soglia di $S_0^* = 0.9997759$ [5], che si determina simulando l'epidemia per oltre cento anni e che implica una fase endemica stabile con il 2.25 per 10.000 individui suscettibili con comportamento a rischio nella popolazione generale. Questo valore soglia permette anche di stimare il tempo medio di infettività intorno agli undici anni. Il tempo medio di incubazione condizionato allo sviluppo della malattia risulta invece pari a circa dodici anni e il tempo mediano viene maggiorato da quindici anni.

A differenza del modello MS, l'EB-BC è stata eseguita separatamente per ognuna delle cinque sottopopolazioni considerate. Per ognuna di esse, nell'EB-BC, la progressione all'AIDS è stata riprodotta attraverso modelli markoviani non reversibili a quattro stadi (tre di HIV, identificati da livelli decrescenti di linfociti CD4+, e uno di AIDS), con transizioni possibili soltanto tra stadi consecutivi; i parametri di tali modelli sono stati determinati sulla base di dati relativi alla popolazione italiana. L'incidenza e la prevalenza di AIDS sono state stimate nell'ipotesi che dal terzo trimestre del 1997 le nuove infezioni da HIV si verifichino con un tasso pari all'ultimo stimato.

Le figure 5 e 6 mostrano per la popolazione totale le curve di incidenza (annuale) di HIV e di AIDS, stimate attraverso il modello MS e l'EB-BC. Come si nota, le due curve di incidenza di HIV hanno, nonostante le differenze che si riscontrano negli ultimi tratti, forme piuttosto simili. Ciò fornisce una validazione incrociata dei due metodi di stima, tenendo conto anche del fatto che in corrispondenza delle stime dei tassi relativi agli anni più recenti le ipotesi sottostanti non sono corrette dai dati disponibili. In particolare, dal momento che la versione del modello MS utilizzata in questo contesto non contempla alcun cambiamento nei comportamenti a rischio (dovuto ad esempio all'effetto di campagne di prevenzione), le basse code destre delle curve stimate da tale modello sono dovute a un effetto di saturazione dell'epidemia. D'altro canto assunzioni metodologiche sottostanti l'EB-BC (riguardanti la scelta della distribuzione a priori, e quindi del vincolo di smoothing, omesse per brevità in questo contesto) giustificano il livello piuttosto alto delle code destre delle curve ottenute attraverso tale metodo. Ma al di là di tutto è necessario tener conto del fatto che, a causa del lungo periodo di incubazione, un limite di entrambi i metodi, le stime relative ai periodi più recenti non risultano mai molto accurate ed affidabili, e comunque sono sempre accompagnate da una variabilità piuttosto elevata. Questo fenomeno risulta particolarmente evidente nel caso dell'EB-BC, in cui, quindi, la più limitata decrescenza delle relative curve è indotta più dall'ampiezza dell'incertezza piuttosto che da un effettivo *trend* sottostante.

Ancor più simili tra loro rispetto alle precedenti risultano poi le curve di incidenza di AIDS, essendo esse maggiormente influenzate dai dati. Peraltro dette curve mostrano un buon adattamento dei vari modelli ai dati osservati, tenuto conto anche delle possibili fluttuazioni di tali dati dovute a varie cause non riconducibili alla pura fluttuazione casuale poissoniana prevista dallo scarto standard.

Le Figure 7 e 8 mostrano, per ognuna delle cinque sottopopolazioni considerate, le curve di incidenza di HIV e di AIDS stimate attraverso l'EB-BC. Appare chiaro che durante la sua prima decade l'epidemia ha raggiunto la massima diffusione tra i tossicodipendenti maschi, mentre a partire dal 1991 le femmine eterosessuali rappresentano la sottopopolazione con la maggiore incidenza di HIV e quella in cui l'epidemia si sta diffondendo più velocemente. Cionondimeno, i valori di incidenza e prevalenza più alti si ritrovano tuttora tra i tossicodipen-

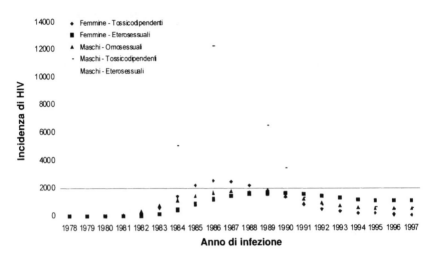

Fig. 7. Curve di incidenza di HIV per categoria di trasmissione stimate attraverso l'EB-BC

314

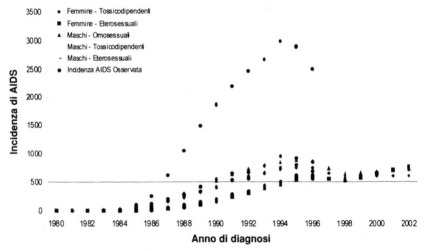

Fig. 8. Curve di incidenza di AIDS per categoria di trasmissione stimate attraverso l'EB-BC

denti maschi in quanto nel primo periodo dell'epidemia l'incidenza di HIV in questo gruppo era stata molto maggiore che negli altri. È interessante notare che per ogni sottopopolazione le curve di incidenza e prevalenza mostrano i picchi rispettivamente attorno agli anni 1986/87 e 1990/91, e hanno ora raggiunto un *plateau*, fatta eccezione per la sottopopolazione delle femmine eterosessuali in cui l'epidemia è ancora in una fase di crescita.

Dai risultati ottenuti, riportati parzialmente in questo scritto, emerge innanzitutto che l'epidemia di HIV/AIDS in Italia presenta caratteristiche in comune con le epidemie diffuse negli altri paesi mediterranei. In particolare dall'inizio dell'epidemia il maggior numero di infezioni si è verificato tra i tossicodipendenti, mentre gli omo/bisessuali maschi sono stati, e sono tuttora, un gruppo in cui l'incidenza di infezione da HIV è limitata e decrescente. Attualmente l'epidemia, mentre nei principali gruppi di rischio è in fase di sostanziale decrescita o quantomeno di stabilità, mostra una crescente e rapida diffusione tra le femmine eterosessuali, soprattutto a causa dei loro contatti con gli individui tossicodipendenti infetti.

Il modello MS e l'EB-BC, come del resto gli altri modelli dinamici e metodi di Back-Calculation, sono stati sviluppati per affrontare diversi tipi di problemi, in funzione soprattutto degli obiettivi dello studio. Così, pur fornendo entrambi stime e proiezioni dell'incidenza e della prevalenza di HIV e di AIDS, per il breve e il medio termine, essi presentano caratteristiche e potenzialità diverse e il loro utilizzo, alternativo o congiunto, è suggerito di volta in volta dall'obiettivo dello studio.

Una delle caratteristiche interessanti del modello MS è il fatto che l'approccio modellistico alla produzione dei dati permette di effettuare la correzione di questi per ritardo di notifica e per sottonotifica, contestualmente alla stima dei parametri. Ciò consente da una parte una visione unitaria del processo di confronto tra previsione dei dati osservabili e dati effettivamente osservati con una maggiore coerenza ed eleganza della modellizzazione matematica; e dall'altra una migliore accuratezza del processo di stima basato sulla soluzione di un solo "problema inverso". È ben noto quanto sia critica, dal punto di vista dell'instabilità delle stime e dei problemi di mal condizionamento, la soluzione dei problemi inversi. Il metodo usuale di ricostruzione dei dati teorici a monte delle procedure di stima dei parametri effettivi prevede proprio la soluzione di almeno due problemi inversi in serie: ricostruzione per *underreporting* e per *reporting delay*. Ognuno di questi problemi produce incertezza nei dati ricostruiti, che si ripercuote nella stima finale dei parametri caratteristici del modello. Il metodo di generazione teorica attraverso un modello dinamico dei dati effettivamente osservati, con stima dei parametri mediante soluzione di un solo problema inverso, anziché tre, permette di limitare e controllare meglio (mediante, ad esempio, la determinazione di intervalli di verosimiglianza) l'incertezza sulla stima finale dei parametri del modello. Rende, inoltre, assai agevole l'inquadramento delle procedure di verosimiglianza nell'ambito dell'approccio bayesiano ai problemi di stima, intendendo con questo il contesto del metodo induttivo bayesiano e non le diverse *adhockeries* bayesiane (metodi bayesiani empirici, classi coniugate, ecc.).

Inoltre il modello MS permette di effettuare le cosiddette analisi che vanno sotto il nome di "*What if scenario analyses*" in cui ci si chiede, ad esempio: "che tipo di riduzione nell'incidenza HIV è da attendersi dalla distribuzione gratuita di profilattici per x mesi nelle scuole?". Infatti il modello MS permette di simulare lo svolgimento dell'epidemia a partire da ipotesi più o meno complicate sull'interazione tra la popolazione suscettibile e la popolazione infetta, e quindi di valutare l'impatto dell'intervento di interesse tra la popolazione suscettibile.

D'altra parte, modelli di questo tipo proprio per il loro essere basati sull'interazione tra almeno due gruppi di popolazione, diventano facilmente troppo complicati per poter essere trattati adeguatamente e possono dar luogo, quando il numero delle interazioni tra diversi gruppi (tossicodipendenti, eterosessuali, maschi o femmine, magari stratificati anche per età o tipo di comportamento) cresce, a problemi di instabilità delle stime.

Il metodo di Back-Calculation, l'EB-BC, utilizzato in questo lavoro, grazie alla sua flessibilità, consente di stimare l'andamento epidemico nei diversi gruppi di rischio e di effettuare analisi di scenario, tenendo conto delle possibili peculiarità dell'epidemia oggetto di studio e delle molteplici variazioni nella storia naturale dell'infezione da HIV, che si sono susseguite e tuttora si susseguono nel tempo, causate, ad esempio, da cambiamenti nella definizione di caso di AIDS e, soprattutto, dall'introduzione di nuove terapie e trattamenti profilattici. Inoltre i modelli di incubazione multistadio, utilizzati nell'EB-BC, permettendo di stimare la prevalenza e l'incidenza di infezione da HIV e di AIDS per ognuno degli stadi di infezione e di malattia considerati, e l'incidenza cumulativa di infezione da HIV (cioè il numero totale di individui infettatisi dall'inizio dell'epidemia, inclusi eventualmente i deceduti per AIDS), fanno sì che i risultati dalla EB-BC possano costituire un'utile base degli studi volti allo sviluppo ed alla valutazione dell'efficacia di nuovi trattamenti ed interventi profilattici e di cura.

D'altro canto il principale svantaggio dei modelli di Back-Calculation risiede nel fatto che, trattandosi di procedure di stima che prescindono dalla modellizzazione dell'interazione tra suscettibili ed infettivi, non permettono di stimare l'impatto di interventi sulla popolazione a rischio prima dell'infezione e, tanto meno, di effettuare analisi di scenario per la valutazione a priori di interventi di prevenzione, possibili invece con il modello MS.

Un'alternativa interessante all'utilizzo disgiunto dell'uno o dell'altro approccio è nell'uso di una procedura complessa che utilizzi un metodo di Back-Calculation per la stima della dimensione dell'epidemia nei diversi gruppi della popolazione di interesse, senza la necessità, quindi, di modellare dinamicamente tutte le possibili interazioni, e un modello dinamico semplice per la popolazione generale, o per singoli gruppi, che consenta, però, di ottenere stime robuste dei pochi parametri utilizzati e, nello stesso tempo, permetta agevolmente di effettuare analisi di scenario anche sul gruppo dei suscettibili, in particolare per la valutazione delle possibili campagne di prevenzione [17].

Bibliografia

[1] C. Rossi, E. Ferranti Cugini P. (1994) Alberi e algoritmi decisionali, *MEDIC*, 2, pp. 271-279

[2] B. de Finetti (1964) Teoria delle decisioni, in: *Lezioni di metodologia statistica per ricercatori*. Istituto di Calcolo delle Probabilità e Istituto di Statistica, Università di Roma, Roma, pp. 89-161

[3] F. Fabi, C. Rossi (1989) *Bayesian decisions in medical diagnosis and prognosis*, Atti del II Congresso nazionale dell'Associazione Italiana di Statistica Medica, Pavia, pp. 323-336

[4] C. Rossi (1992) A bayesian consulting system in medical clinics, in: I. Barrai, C. Coletti, M. Di Bacco (eds), *Applied Mathematics Monographs*, Giardini Editori e Stampatori in Pisa, pp. 222-243

[5] C. Rossi (1991) A stochastic mover-stayer model for HIV epidemic, *Mathematical Biosciences*, 107, pp. 521-545

[6] C. Rossi, G. Schinaia (1998) The Mover-Stayer Model for the HIV/AIDS Epidemic in Action, *Interfaces*, 28 (3), pp. 127-143

[7] R. Brookmeyer, H.G. Gail (1986) Minimum Size of the Acquired Immunodeficiency Syndrome (AIDS) Epidemic in the United States, *Lancet* (2), pp. 1320-1322

[8] R. Brookmeyer, H.G. Gail (1988) A Method for Obtaining Short-term Projections and Lower Bounds on the Size of the AIDS Epidemic, *JASA* (83), pp. 301-308

[9] P. Rosenberg, M.H. Gail, D. Pee (1991) Mean Square Error Estimates of HIV Prevalence and Short-term AIDS Projections Derived by Backcalculation, *Statistics in Medicine* (10), pp. 1167-1180

[10] S.H. Heisterkamp, A.M. Downs, J.C. van Houweling (1995) Empirical Bayesian Estimators for Reconstruction of HIV Incidence and Prevalence and Forecasting of AIDS. I. Method of Estimation, in: *Quantitative Analysis of HIV/AIDS: Development of Methods to Support Policy Making for Infectious Disease Control*, Ph.D thesis, University of Leiden, pp. 65-98

[11] S.H. Heisterkamp, J.C. van Houwelingen, A.M. Downs (1999) Empirical Bayesian Estimators for a Poisson Process Propagated in Time, *Biometrical Journal*, 41 (4), pp. 358-400

[12] A.M. Downs, S.H. Heisterkamp, J.B. Brunet, F.F. Hamers (1997) Reconstruction and AIDS Prediction of the HIV/AIDS Epidemic Among Adults in the European Union and in Low Prevalence Countries of Central and Eastern Europe, *AIDS* (11), pp. 649-662

[13] I.M. Longini, W. Scott Clark, R.H. Byers, J.W. Ward, W.W. Darrow, G.F Lemp (1989) Hethcote H.W. Statistical analysis of the stages of HIV infection using a Markov model, *Statistics in Medicine* (8), pp. 831-843

[14] I.M. Longini Jr. (1990) Modeling the Decline of CD4+ T-lymphocyte Counts in HIV-infected Individuals, *Journal of AIDS* (3), pp. 930-931

[15] J.C.M. Hendriks, G.A. Satten, I.M. Longini, et al. (1996) Use of Immunological Markers and Continuous-time Markov Models to Estimate Progression of HIV Infection in Homosexual Men, *AIDS* (10), pp. 649-656

[16] C. Pasqualucci, L. Ravà, C. Rossi, G. Schinaia (1998) Estimating the size of the HIV/AIDS epidemic: complementary use of the Empirical Bayesian Back-Calculation and the Mover-Stayer model for gathering the largest amount of infor- mation, *Simulation*, 71, 4, pp. 213-227

[17] COA (Centro Operativo AIDS) (1998) Sindrome da immunodeficienza acquisita (AIDS) in Italia: aggiornamento dei casi notificati al 30 Settembre 1997, Istituto Superiore di Sanità, Roma

La trasformata di Radon e le applicazioni alla medicina

Enrico Casadio Tarabusi

Un argomento a favore dell'utilità pratica, oltre che culturale, della ricerca matematica cosiddetta "pura" è costituito dalle numerose problematiche introdotte e studiate senza fini applicativi e solo successivamente utilizzate con profitto in altri contesti; ben noto è l'esempio delle ellissi, studiate da Apollonio nel terzo secolo a.C. ed usate secoli dopo in astronomia da Keplero. Un caso per molti versi ancor più paradigmatico è quello della trasformata di Radon, oggetto molto naturale studiato sin dai primi del '900 con risultati soddisfacenti, rimasto tuttavia sconosciuto per oltre mezzo secolo persino ai matematici applicati, che lo hanno più volte "riscoperto" indipendentemente assieme a risultati parziali, e infine reso popolare e riconosciuto a partire dagli anni '70 grazie ad un'applicazione rivoluzionaria com'è stata la tomografia in medicina. Curioso e degno di nota (e probabilmente di riflessione) è il fatto che un fisico (A.M. Cormack) e un ingegnere (G.N. Hounsfield) per l'invenzione della macchina per la *TAC*, un'applicazione essenzialmente basata su un risultato di matematica, nel 1979 ricevettero il premio Nobel per la medicina!

Che cosa sia la trasformata di Radon può forse essere spiegato con un "gioco". Supponiamo che su ciascuno scacco di una scacchiera, a esempio 4×4, sia collocato un mucchietto di chicchi di riso. Come nel gioco degli scacchi o in *Battaglia navale* indichiamo ogni scacco con una lettera, da A a D, ed un numero, da 1 a 4, che ne identificano rispettivamente la colonna e la riga nella scacchiera. Vogliamo determinare il numero dei chicchi di ciascun mucchietto, che può essere diverso da scacco a scacco, ma supponiamo di non poterlo fare direttamente. Un'informazione che però ci è consentito ottenere è il totale di chicchi su ciascuna colonna, su ciascuna riga e su ciascuna diagonale (non solo le diagonali di lunghezza 4, cioè A1-B2-C3-D4 e A4-B3-C2-D1, ma anche quelle di lunghezza 3, come A2-B3-C4, oppure 2, come A3-B4, o 1, come A4). Per risalire al valore delle 4×4=16 incognite (le consistenze dei singoli mucchietti) abbiamo dunque a disposizione 22 dati (4 totali di riga, 4 di colonna, e 7 di diagonale in ciascuna direzione). Siamo in grado di risolvere il problema? Più precisamente:

1) i dati sono sufficienti a determinare i valori delle incognite, oppure sono possibili due (o più) distribuzioni diverse di chicchi sulla scacchiera che però danno luogo agli stessi dati raccoglibili, e che quindi non possono in alcun modo essere distinte l'una dall'altra in base alle conoscenze in nostro possesso? Siamo in grado di identificare precisamente tale eventuale indeterminazione?

2) Se i dati sono sufficienti, in che modo si possono operativamente determinare i valori delle incognite? In generale, anche se non lo sono, come si può comunque ottenere la massima conoscenza possibile di tali valori?

3) I dati sono indipendenti tra loro, oppure qualcuno di essi è ottenibile dalla conoscenza degli altri, e quindi di fatto non ci fornisce alcuna informazione aggiuntiva? (Se ottenere ciascun dato ha un costo di qualche tipo, potremmo voler rinunciare ad acquistare quelli "superflui".)

4) Come possiamo verificare che i dati siano plausibili, cioè che corrispondano realmente ad una situazione come sopra descritta, e non siano invece valori dati a caso o magari frutto di errori di rilevamento (ad esempio se i numeri di chicchi sono molto elevati)? Qualora possano contenere errori e non siamo in grado di ripetere la raccolta dei dati, come possiamo comunque procedere alla ricostruzione dei valori delle incognite cercando di minimizzare l'errore? (In questa fase può tornare utile avere dei dati sovrabbondanti – vedi la domanda (3).)

Ecco solo alcune delle domande che possono scaturire da questa semplice situazione.

Riguardo alla domanda (2), ad esempio, sappiamo sempre qual è la consistenza dei mucchietti negli scacchi d'angolo A1, A4, D1 e D4, visto che, essendo ognuno di essi di per sé una diagonale di lunghezza 1, questi quattro numeri si trovano direttamente tra i dati. Si vede subito anche che possiamo conoscere il totale complessivo dei chicchi sulla scacchiera semplicemente sommando tra loro i totali di riga, o quelli di colonna, o quelli di diagonale in una direzione, oppure nell'altra. Questo fornisce quindi una risposta alla domanda (3): ad esempio, il totale di colonna A si può ottenere sommando tra loro tutti i totali di riga e sottraendo dal risultato i totali delle colonne B, C e D. Al contempo ciò mostra come il fatto che il numero dei dati sia non inferiore a quello delle incognite non dia automaticamente una risposta affermativa al quesito (1).

Il lettore curioso avrà a questo punto probabilmente già identificato delle distribuzioni diverse che danno luogo agli stessi dati. Ad esempio, una si ottiene ponendo un chicco in ciascuno degli scacchi A2, B4, C1 e D3 e lasciando vuoti tutti gli altri; un'altra è la speculare di questa, con un chicco in A3, B1, C4 e D2 e nulla nei restanti. In entrambi i casi troviamo infatti esattamente un chicco in ogni colonna, uno in ogni riga, uno in ogni diagonale di lunghezza 3 o 2, nessuno in ogni altra diagonale. Tuttavia, con un po' più di fatica si vede che questa è "essenzialmente" l'unica possibile indeterminazione di cui alla domanda (1), nel senso che due generiche distribuzioni diverse che diano luogo agli stessi dati si ottengono l'una dall'altra togliendo uno stesso numero di chicchi da ognuno degli scacchi A2, B4, C1 e D3 e aggiungendoli, sempre nello stesso ugual numero, a quelli già presenti negli speculari A3, B1, C4 e D2; o viceversa. In particolare, dato che non ammettiamo numeri negativi di chicchi, i dati prodotti da una distribuzione che abbia zero chicchi in, ad esempio, A2 e A3 non sono prodotti da alcuna altra distribuzione (infatti non si può togliere alcun chicco da A2, né da A3), e questo mostra come i dati possano, in certi casi, determinare univocamente i valori delle incognite.

Tornando alla domanda (2), abbiamo già parlato degli scacchi d'angolo. Una procedura per ottenere i valori relativi ai quattro centrali può essere la seguente: per avere, ad esempio, quello in B2, si sommano i dati relativi alla colonna B, alla riga 2, alle diagonali A3-B2-C1 e C4-D3, al risultato si sottraggono i dati delle diagonali A3-B4, C1-D2, A2-B3-C4 e B1-C2-D3, e infine si divide per 3 il resto. Si vede infatti che in esso il contributo di B2 compare 3 volte con il segno positivo e nessuna con quello negativo, mentre ciascuno degli altri scacchi o non compare affatto o lo fa esattamente una volta con il segno positivo e una con quello negativo. Le cancellazioni dei termini relativi agli altri scacchi sono rese possibili dall'uso dei valori di allineamenti non contenenti B2 stesso (nella fattispecie, le diagonali C4-D3, A3-B4, C1-D2, A2-B3-C4 e B1-C2-D3). Ci sono altre possibili procedure per ottenere il valore in B2 oltre a quella esposta, ma nessuna di esse può, per lo stesso motivo, utilizzare esclusivamente allineamenti che contengono B2 (cioè la colonna B, la riga 2 e le diagonali A3-B2-C1 e A1-B2-C3-D4). Lasciamo al lettore che ne abbia voglia il compito di trovare una procedura che restituisca i valori negli otto scacchi "di lato"; sarà bene ricordare che tali valori non sono in genere unici, per via dell'indeterminazione descritta nel precedente capoverso.

A proposito del quesito (3) abbiamo già osservato che l'uguaglianza dei quattro totali generali (righe, colonne, diagonali in una direzione e nell'altra) fornisce tre relazioni fra i dati che devono essere soddisfatte. Queste possono essere usate per "acquistare" tre dati in meno, oppure, come suggerito nella domanda (4), per rimpicciolire gli errori di rilevazione: se, ad esempio, la somma dei totali di riga è maggiore di quella di colonna, si diminuiscono un po' i primi e si ingrandiscono i secondi (seguendo una procedura standard che non descriviamo in dettaglio) in modo da renderle uguali. La procedura di ricostruzione dei valori delle incognite sui dati così modificati dà in genere valori per le incognite più veritieri.

Il "gioco" qui descritto e la problematica discussa sono in realtà semplici questioni di algebra lineare (precisamente, di risolubilità di sistemi di equazioni lineari), ma abbiamo adoperato una terminologia più geometrica in modo da introdurre gli oggetti che intervengono nella trasformata di Radon nella sua accezione generale: uno spazio di base (la scacchiera); una funzione incognita (la distribuzione di chicchi) sugli elementi di questo spazio (gli scacchi); dei sottospazi (le colonne, le righe e le diagonali) sui quali conosciamo la somma dei valori – ovvero l'*integrale* – di tale funzione. Replichiamo ora il gioco su una scacchiera 1000×1000 avente gli stessi bordi di quella originaria; su questi nuovi minuscoli scacchi, della distribuzione incognita di chicchi (che dovremo immaginare microscopici) si suppongono note, oltre alle somme per colonna, per riga e per diagonale a 45°, anche quelle lungo allineamenti ad altre angolazioni. Immaginiamo infine di ingrandire la scacchiera replicandola indefinitamente in ogni direzione, in modo che quegli stessi piccoli scacchi finiscano per tassellare l'intero piano cartesiano; dato che, conseguentemente, avremo righe, colonne e diagonali infinitamente lunghe dobbiamo imporre qualche restrizione sulla distribuzione di chicchi che escluda che i corrispondenti totali possano essere infiniti, ad esempio che il totale complessivo dei chicchi sulla scacchiera sia finito.

Quest'ultimo scenario fornisce un'approssimazione (o meglio, una discretizzazione) soddisfacente del problema che J. Radon introdusse [1] e così risolse:

a) se sul piano cartesiano sono noti gli integrali lungo tutte le rette di una funzione incognita che soddisfi certe condizioni, è possibile ricostruire in modo univoco la funzione stessa (in ogni punto del piano) per mezzo di una formula esplicita;

b) assegnato un valore ad ogni retta del piano, tale assegnazione (cioè tale funzione sull'insieme delle rette) soddisfa certe condizioni esplicite se e soltanto se esiste una funzione (soddisfacente le stesse condizioni di cui al punto precedente), di cui, retta per retta, tale valore è proprio l'integrale.

Si dice *trasformata di Radon* l'operazione che fa passare da una funzione sul piano (che soddisfi a certe condizioni) all'assegnazione ad ogni retta dell'integrale su di essa; l'assegnazione stessa viene detta *trasformata di Radon* della funzione.

Nell'esempio della scacchiera, la trasformata di Radon fa passare dal complesso dei numeri di chicchi sui singoli scacchi (cioè da una funzione sull'insieme degli scacchi) al complesso dei relativi totali di riga, colonna e diagonale (che si può vedere come funzione sull'insieme degli allineamenti considerati). L'enunciato (b) dà dunque condizioni necessarie e sufficienti su una funzione sull'insieme delle rette affinché essa sia la trasformata di Radon di una funzione (opportuna) sul piano stesso. L'enunciato (a) invece fornisce una *formula di inversione* della trasformata di Radon, permettendo di esprimere una funzione in termini della sua trasformata, così come prima abbiamo espresso il numero di chicchi in un certo scacco in termini dei totali di riga, colonna e diagonale.

Come è chiaro, l'enunciato (a) risponde positivamente alle domande (1) e (2) relative alle funzioni sul piano. Si noti che la prima avrebbe avuto risposta affermativa anche nel caso della scacchiera 4×4 se avessimo ivi considerato tra i dati disponibili anche i totali su allineamenti di scacchi diversi da quelli (0°, 45°, 90° e 135°) utilizzati, pur se la loro definizione sarebbe risultata meno naturale. Tra le condizioni di cui all'enunciato (b) vi sono nel piano, in risposta alla domanda (3), delle relazioni tra i valori assegnati alle varie rette: la più semplice (pur se non esplicita in [1]) è probabilmente l'analogo di quella, descritta per la scacchiera, per cui il totale complessivo dei chicchi si ottiene sommando i dati di tutti gli allineamenti paralleli ad una certa direzione comune, quale che essa sia. L'enunciato (b) risolve esplicitamente anche il primo problema posto nella domanda (4), e da tale soluzione si può, in modo simile a quello accennato per la scacchiera, dedurre un metodo per migliorare dei dati imperfetti prima di procedere alla ricostruzione della funzione.

La cosiddetta *trasformata di Radon duale* fa invece passare da una funzione sull'insieme delle rette del piano alla funzione sul piano che assegna ad ogni punto l'integrale nella variabile angolare del valore della prima sulle rette che contengono il punto. In altri termini, se ad ogni retta è assegnato un valore, la trasformata di Radon duale assegna allora ad ogni punto la media (a meno di una costante moltiplicativa) dei valori sulle rette che passano per esso. Nell'esempio della scacchiera, dato un valore ad ogni riga, colonna e diagonale, la trasformata duale assegnerebbe allo scacco B2 la media dei valori della colonna B, della riga 2 e delle diagonali A3-B2-C1 e A1-B2-C3-D4). Come si vede, tale trasformata agisce nella direzione opposta della trasformata "diretta", visto che, al contrario di questa, fa passare da funzioni sull'insieme delle rette del piano a funzioni sul piano stesso (la duale non va confusa con l'inversa, della quale risulta tuttavia una approssimazione sufficiente a taluni scopi. In [1] vengono dimostrati anche per questa trasformata gli analoghi degli enunciati (a) e (b); in particolare viene data una formula che esprime una funzione incognita sull'insieme delle rette in termini della sua trasformata di Radon duale.

Passiamo a descrivere il funzionamento dell'applicazione più famosa della trasformata di Radon: la *TAC*, acronimo di *Tomografia Assiale Computerizzata*. Prima della sua introduzione negli anni '60, la caratteristica dei raggi X di penetrare il corpo umano più profondamente della luce visibile era usata solo per osservarlo "in trasparenza", direttamente su uno schermo o per mezzo di lastre fotografiche impressionate. Anche se erano possibili alcuni stratagemmi per migliorare la precisione, non si poteva in tal modo però ottenere una vera e propria mappatura interna della regione di interesse (specie se all'interno del cranio), mappatura utile ad esempio per l'individuazione e la localizzazione esatta di neoplasie, edemi, ecc., e che agevolasse, quindi, sia la fase diagnostica sia, eventualmente, quella chirurgica. La *TAC*, invece, ottiene tale mappatura indirettamente, elaborando al computer i dati dell'attenuazione di singoli fasci di raggi X conseguente al loro attraversamento della regione di interesse, come di seguito illustrato.

È possibile emettere un fascio di raggi X così sottile da essere considerato con buona approssimazione disposto lungo una linea retta. Dopo averlo puntato verso la testa di un soggetto, immaginiamo di seguirlo lungo il suo cammino all'interno. Lungo ogni millimetro percorso, a seconda della lunghezza d'onda del raggio e delle proprietà chimiche e fisiche del tessuto che sta in quel momento attraversando, una parte maggiore o minore del fascio verrà assorbita o deflessa, e il resto proseguirà lungo la stessa linea retta. In ragione della maggiore o minore attenuazione da parte di ogni millimetro lineare del tessuto, questo verrà detto più o meno *opaco* a raggi X di quella frequenza. All'uscita dall'altro lato del corpo sarà superstite solo una parte del fascio originario, che può essere raccolta e misurata da un sensore. Abbiamo dunque a disposizione una misura dell'attenuazione del fascio (il rapporto tra le intensità precedente e successiva all'attraversamento), che sarà tanto maggiore quanto più opaco è il tessuto attraversato e quanto più lungo è stato il cammino attraverso di esso. Anzi è facile vedere che tale attenuazione (o meglio, il suo logaritmo) è proprio uguale alla somma, millimetro per millimetro lungo il fascio, dell'opacità del tessuto via via attraversato; più precisamente, all'integrale lungo quella retta della funzione opacità.

Si può ripetere il tutto con un fascio disposto lungo una retta di volta in volta diversa, e ricavare l'integrale della funzione opacità lungo di essa (nell'ipotesi semplificativa, ma realistica, che l'opacità dei tessuti in questione sia in ogni punto *isotropa*, cioè indipendente dalla direzione del fascio che colpisce il punto stesso). Se lo facciamo con tutte le rette giacenti su un medesimo piano assiale, cioè perpendicolare all'asse verticale del corpo, si può, come enunciato in (a), risalire con l'ausilio dell'elaborazione di un computer alla funzione opacità su quel piano, cioè sapere quanto è opaco il tessuto in ogni singolo punto del piano stesso. La funzione così ricostruita può allora essere visualizzata, ad esempio su uno schermo, rappresentando dunque una sezione virtuale del corpo relativa a quel piano assiale, usando toni di grigio in modo che le zone di tessuto più opaco appaiano più chiare (per coerenza con le comuni lastre radiografiche, in cui le ossa, più opache, appaiono più chiare del resto). Dato che un'alterazione del tessuto comporta spesso anche un'alterazione dell'opacità (ad esempio, quello cerebrale tumorale è meno opaco di quello sano), questa visualizzazione è preziosa, come dicevamo, per l'individuazione e la localizzazione esatta di tessuto anomalo, e può essere, a seconda dei casi, migliorata inoculando preliminarmente al soggetto un opportuno mezzo di contrasto, soprattutto se oggetto dell'indagine sono alterazioni fisiologiche dovute a occlusioni o altro.

Nella realtà occorre ovviamente tener conto di vari problemi di implementazione. Uno per tutti: le rette di un piano sono infinite, così come i dati teoricamente a disposizione, ma questi sono effettivamente rilevabili solo in numero finito. La scelta di quante e quali rette adoperare deve tenere conto, tra l'altro, da un lato di problemi di limitazione del dosaggio di radiazione da somministrare al soggetto (per cui le rette non debbono essere "troppe"), dall'altro di possibilità di soddisfacente interpolazione dei dati sulle rette mancanti, o comunque del buon adattamento a questa situazione reale delle formule di ricostruzione della funzione incognita (per cui le rette non possono essere "troppo poche"). Riguardo a quest'ultimo aspetto, interessanti problematiche di analisi di Fourier sono illustrate in [2], assieme ad una rassegna dettagliata di questa e altre questioni di matematica applicata alla tomografia; in [3, § 5] si discute il carattere di problema *mal posto* dell'inversione, ossia dell'instabilità della dipendenza della soluzione dai dati.

La procedura prima descritta per un singolo piano assiale viene di norma ripetuta per molti piani paralleli a breve distanza l'uno dall'altro, così da avere sezioni virtuali a varie "altezze" e ottenere una mappatura di un'intera regione tridimensionale del corpo. Oltre a rappresentare le singole sezioni come già descritto, algoritmi di computer-grafica permettono poi di sintetizzare i risultati ottenuti sui vari piani in visualizzazioni tridimensionali, come spaccati obliqui, o panoramica del solo tessuto avente una data opacità (ad esempio dello scheletro), navigazioni virtuali all'interno del corpo (ad esempio di un vaso sanguigno, per individuarne occlusioni o altre anomalie), ecc. Ulteriori informazioni sulla TAC e su molte altre applicazioni, mediche e non, della trasformata di Radon, insieme a dettagliate note storiche e a una bibliografia vastissima, si possono trovare in [4]. In [5] vengono illustrate diffusamente la TAC stessa e la NMR (v. più avanti).

Il problema di base studiato da Radon è talmente naturale da prestarsi a innumerevoli estensioni e generalizzazioni, alcune delle quali egli stesso propose nel suo articolo. Al posto delle rette nel piano cartesiano si possono considerare rette, oppure piani, in uno spazio-ambiente tridimensionale, o in uno spazio euclideo di dimensione maggiore; rette o piani possono essere sostituite da curve o superficie di tipo specificato (ad esempio, circonferenze o sfere), e/o lo spazio-ambiente euclideo da uno non-euclideo (ad esempio, la superficie di una sfera, o lo spazio iperbolico di Lobachevskii-Bolyai); oppure ancora l'ambiente può essere uno spazio discreto, proprio come nell'esempio della scacchiera; vedi [6] per una rassegna molto aggiornata. Lo studio (o la riscoperta) di queste estensioni è stato grandemente stimolato dal successo della tomografia, in seguito al quale anche molte di esse hanno trovato applicazione, sovente in campo medico.

Un esempio è la *RMN*, o *Risonanza Magnetica Nucleare*, introdotta da P.C. Lauterbur negli anni '70, il cui scopo è essenzialmente lo stesso della TAC, con la quale viene spesso usata in combinazione o in alternativa. Anziché dell'opacità ai raggi X, la RMN è una tecnica di mappatura della concentrazione di atomi di uno specifico elemento, di solito idrogeno poiché molto abbondante nei tessuti in quanto componente della molecola dell'acqua. Il soggetto viene immerso in un'opportuna combinazione di campi magnetici, alcuni dei quali oscillanti, sì da provocare risonanza con il moto di precessione dell'asse di rotazione di quei nuclei di idrogeno che si trovano su un piano prefissato (o meglio, entro una piccolissima distanza dal piano stesso). Il successivo processo esponenziale di rilassamento ha luogo con tempi caratteristici di solito diversi tra le componenti longitudinale e trasversale alla direzione degli assi di precessione, e tali tempi, indicati con T_1 e T_2, dipendono dal tipo di tessuto in cui si trovano le molecole dell'acqua, differendo in modo spesso consistente tra tessuto sano e patologico. Per ciascuna delle due componenti l'intensità della radiazione elettromagnetica (tipicamente nella banda delle radiofrequenze) emessa dai nuclei risonanti viene misurata in un certo istante durante il rilassamento, e risulta dalla somma dei contributi di ciascuna piccola area di tessuto omogeneo su quel piano. Ogni contributo è proporzionale al numero di atomi di idrogeno presenti in quell'area, contati con peso maggiore quanto più lungo è il tempo caratteristico di quel tessuto (dato che all'istante del rilevamento il rilassamento sarà quasi terminato nelle molecole con tempo caratteristico corto).

Ripetendo la procedura con piani diversi (paralleli e non) si ottiene perciò l'integrale lungo ognuno di essi della funzione ottenuta punto per punto moltiplicando la densità dell'idrogeno per questo peso che dipende dal tempo caratteristico (T_1 oppure T_2) del tipo di tessuto. Tali funzioni (una risultante da T_1 e una da T_2) possono poi essere ricavate esplicitamente usando la formula di inversione della trasformata di Radon relativa ai piani nello spazio, ed essere in seguito utilizzate in maniera analoga a quanto già detto a proposito della TAC; come per questa, la visualizzazione di certe caratteristiche può essere migliorata previa inoculazione di mezzo di contrasto. Per mezzo di configurazioni più complesse di campi magnetici si possono alternativamente misurare gli integrali sulle rette anziché sui piani, oppure direttamente la densità stessa punto per punto. Le tre alternative presentano vantaggi e svantaggi relativi in ordine a risoluzione, contrasto ecc., e vengono utilizzate a seconda della situazione.

Come osservato a proposito della scacchiera, ci si convince rapidamente del fatto che per conoscere il valore della funzione incognita in un dato punto del piano non basta utilizzare i valori della sua trasformata di Radon sulle sole rette che lo contengono, dato che servono cancellazioni. Assai meno ovvio è il fatto che, nel caso appunto delle rette nel piano, servono i valori su proprio tutte le rette, anche quelle molto lontane dal punto in questione (la cui influenza sarà piccola ma non nulla); l'inversione si dice quindi *non locale*. Questo fenomeno ha conseguenze importanti per la TAC, in quanto, se si vuole mappare solo una regione di un certo piano assiale (ad esempio la spina dorsale nel torace) senza raccogliere i dati relativi ai raggi che passano lontano da questa (per irradiare il soggetto in misura minore) – dati che per quanto detto sono tuttavia indispensabili per un'inversione esatta – occorre introdurre un'approssimazione nella formula di ricostruzione e accontentarsi di un'immagine meno precisa.

La trasformata di Radon sui piani nello spazio si comporta meglio da questo punto di vista: per conoscere il valore della funzione incognita in un dato punto continuano a non bastare i valori sui piani che lo contengono, ma sono, stavolta, sufficienti quelli sui piani abbastanza vicini ad esso (precisamente, la cui distanza sia minore di una costante prefissata, ad esempio un millimetro). La corrispondente inversione si dice perciò *locale*. La trasformata di Radon è intimamente legata alla teoria delle onde in un modo che omettiamo di descrivere; ci limitiamo a sottolineare che questa differenza tra dimensione 2 e 3 (in generale, tra dimensione pari e dispari) corrisponde al *principio di Huygens*, secondo il quale un'onda circolare prodotta nel piano da un evento puntuale e istantaneo (ad esempio un sasso che cade in acqua) è sempre seguita da altre onde concentriche di intensità minore, ma ciò non accade nello spazio (permettendoci di udire un suono istantaneo senza successive "code").

Numerose altre metodiche di ausilio diagnostico sono basate sulla tomografia e fanno uso di varianti della trasformata di Radon. Tra queste è la *PET*, o *Positron Emission Tomography*, che mappa la concentrazione di una sostanza radioattiva come il carbonio 11 o l'ossigeno 15 precedentemente inoculata nel soggetto. In un evento casuale che ha probabilità di verificarsi proporzionale alla concentrazione, tale sostanza emette un positrone, che collide immediatamente con un elettrone e dà origine, annichilendosi, a due raggi gamma della stessa nota intensità emessi simultaneamente in direzioni opposte. Quando due di questi raggi colpiscono contemporaneamente due dei sensori che circondano il soggetto si deduce che la particella emittente si trova sulla linea retta che li congiunge. Il numero di tali eventi, in un lasso di tempo sufficientemente lungo, per ogni coppia di sensori dà una stima di quante particelle del radionuclide si trovano appunto lungo tale retta. Applicando l'inversione della trasformata di Radon si risale anche qui alla funzione incognita, che come premesso è la concentrazione della sostanza, e può essere utile per avere informazioni ad esempio sul metabolismo. La situazione può essere lievemente complicata se non è trascurabile l'attenuazione. Infatti i raggi gamma possono, come i raggi X, venire attenuati lungo il loro cammino prima di uscire dal corpo del soggetto, alterando la misurazione. Tuttavia l'attenuazione complessiva di raggi emessi in coppia dipende solo dalla retta comune di propagazione, e non dal punto di emissione, dato che ogni punto della retta compreso tra i due sensori viene comunque attraversato da uno dei due raggi. Il modello dà quindi luogo ad un multiplo della trasformata di Radon classica, e l'inversione è essenzialmente la stessa.

Nella *SPECT*, o *Single Photon Emission Computerized Tomography*, si usa un radionuclide di tipo diverso, come lo iodio 131, che emette direttamente singoli fotoni. I sensori che circondano il soggetto sono dotati di collimatori, in modo da conoscere la direzione di provenienza di ogni fotone che li colpisce. Il numero dei fotoni registrati da un sensore nell'unità di tempo fornisce allora una stima del numero di particelle del radionuclide lungo la retta individuata dal relativo collimatore. Come per la PET si conclude (dettagli implementativi a parte) applicando l'inversa della trasformata di Radon. Diversamente dalla PET, tuttavia, l'attenuazione, se non è trascurabile, risulta avere maggiore effetto sui raggi emessi da punti più lontani dal sensore in questione, dovendo questi percorrere tragitti più lunghi all'interno del corpo. Quindi il dato rilevato non è il semplice integrale lungo la retta della funzione densità del radionuclide, bensì della stessa moltiplicata per un fattore di attenuazione esponenziale che dipende dal tragitto percorso dal fotone. Quella che risulta si dice *trasformata di Radon attenuata o esponenziale*; anche per questa si conoscono formule che forniscono il risultato cercato.

Più recente e meno diffusa è la *EIT*, o *Electrical Impedance Tomography*, il cui scopo è mappare la conduttività elettrica all'interno del corpo. Tutt'intorno al torace, ad esempio, del soggetto, su uno stesso piano assiale, vengono applicati elettrodi, attraverso due dei quali, a turno, si fa passare della corrente (ad amperaggi tali da essere innocua) e si misura il potenziale elettrico indotto sugli altri. Omettiamo di descrivere la dipendenza, piuttosto complessa, di tale potenziale (il dato a disposizione) dalla conduttività interna (l'incognita), limitandoci a menzionare il fatto che è strettamente (e sorprendentemente) legata alla trasformata di Radon sul piano iperbolico di Lobachevskii-Bolyai – nonostante le misurazioni abbiano luogo nello spazio euclideo!

Oltre a metodiche di ausilio diagnostico, la trasformata di Radon e le sue varianti hanno applicazioni mediche anche di altro tipo. Tra queste è la pianificazione della radioterapia, il cui scopo è irradiare una determinata regione interna del corpo (tipicamente una formazione neoplastica) colpendo il resto il meno possibile. Fissato un piano assiale, per ogni retta giacente su di esso si deve stabilire l'intensità alla quale si emetterà un fascio di raggi X lungo di essa (in una delle due direzioni). Ciascun raggio colpirà i punti lungo la sua traiettoria con intensità via via attenuata dal tratto già percorso, come già visto a proposito di PET e SPECT. Complessivamente, ogni punto del piano verrà quindi colpito dai raggi che vi passano nelle varie direzioni, e la radiazione totale che esso riceverà sarà la somma (o meglio, l'integrale nella variabile angolare) delle intensità residue che i vari fasci che lo investono hanno in tale punto del loro cammino. La funzione irradiazione, definita sui punti del piano, è perciò la trasformata di Radon attenuata duale della funzione "intensità iniziale" definita sull'insieme delle rette. Preassegnando la prima a seconda delle necessità terapeutiche (ad esempio dando valore di irradiazione nullo ai punti esterni alla regione da colpire e un valore costante positivo sufficientemente alto a quelli interni), la seconda funzione si potrebbe ricavare con un'applicazione diretta della formula di inversione. La funzione così ottenuta però non ha di per sé senso fisico, dato che, in genere, essa assegna ad alcune rette valori di intensità negativi: questo corrisponde al fatto intuitivo che è impossibile irradiare una regione interna senza irradiare affatto anche il resto del corpo. Con una procedura standard (che omettiamo di descrivere) si modifica allora la funzione fornita dalla formula di inversione in modo che i valori siano tutti non negativi, e si può effettuare la radioterapia usando la nuova funzione. In questo modo la zona che si sarebbe voluto non colpire affatto subirà una piccola irradiazione, la minima realisticamente possibile.

Val la pena di concludere queste note con qualche cenno sulla curiosa storia di scoperte e riscoperte della trasformata di Radon fino alla sua affermazione e al suo riconoscimento universale degli anni '70; per ulteriori dettagli rimandiamo, oltre al già citato [4], anche a [7, Part I] e [8] per le applicazioni e alle note storiche di [6] per la teoria. Le prime notizie risalgono ad un momento non meglio precisato intorno al 1900: in un articolo di cristallografia del 1906 H.B.A. Bockwinkel attribuisce ad un lavoro non pubblicato del suo maestro H.A. Lorentz un'inversione della trasformata dei piani nello spazio (che come abbiamo accennato è più "semplice" di quella delle rette nel piano). Questo articolo, e la generalizzazione a dimensione qualsiasi di G.E. Uhlenbeck del '25, restano a lungo sconosciuti ai matematici. Nel 1904-1906 H. Minkowski dà un'inversione della trasformata sui cerchi massimi alla superficie di una sfera (sotto la condizione indispensabile che la funzione incognita abbia lo stesso valore su ogni coppia di punti antipodali, non essendo distinguibili tramite cerchi massimi), e P. Funk nel '16 fornisce un'inversione che si presta meglio ad essere estesa ad altre situazioni. Nel suo articolo [1] dell'anno successivo, Radon, stimolato anche da conversazioni con G. Herglotz, inverte la trasformata delle rette nel piano e la sua duale, ed estende i calcoli a dimensione qualunque osservando la differenza tra dimensione pari e dispari di cui abbiamo detto (ma senza citare i lavori di Lorentz o Bockwinkel, che probabilmente non conosceva); enuncia inoltre il problema generale su uno spazio astratto, di cui risolve alcuni casi particolari, e cita i risultati di Minkowski e Funk.

Successivamente, P. Mader nel '27 e F. John, studente di Herglotz, in alcuni lavori a partire dal '34 riprendono l'argomento e migliorano in vario modo i risultati; importanti contributi del secondo sono soprattutto il riconoscimento dei legami con la trasformata di Fourier, e il nuovo tipo di condizioni che dimostra di poter sostituire nell'enunciato (b) a quelle originali. Nel '36 H. Cramèr e H. Wold, presumibilmente ignari dei lavori precedenti, riscoprono la trasformata per applicarla a questioni di statistica: l'inversione della trasformata di Radon viene infatti detta "teorema di Cramèr-Wold" in ambito statistico. Occorre attendere un articolo di A. Rényi del '52 (ripreso tre anni dopo da W.M. Gilbert) perché si riconosca che sono la stessa cosa!

G.D. Birkhoff nel '40 risolve la seguente questione: disegnando nel piano solo linee rette ciascuna delle quali è uniformemente "scura", è possibile ottenere qualunque "disegno"? Il lettore riconoscerà che questo problema è del tutto analogo a quello enunciato per la radioterapia, ma in assenza di attenuazione. Applicando, per analogia, l'inversione della trasformata di Radon (non attenuata) duale si ottiene in generale una funzione sull'insieme delle rette che ha anche valori negativi; quindi la risposta è "no" (ad esempio, non si può disegnare un cerchio nero in campo bianco), a meno che non si ammetta la possibilità di toni di scuro negativi, cioè di poter "cancellare" uniformemente lungo linee rette. È soprattutto con il libro di John del '55 che la trasformata di Radon (chiamata così per la prima volta) viene popolarizzata tra i matematici, e in breve iniziano ad occuparsene numerosi studiosi come B. Fuglede nel '58, S. Helgason (a cui si deve una parte consistente della teoria sviluppata a tutt'oggi) a partire dall'anno successivo, I.M. Gel'fand e G.F. Shilov dal '60, seguiti da molti altri.

La prima applicazione di cui si ha notizia della trasformata a un problema con dati sperimentali è del '36, quando V.A. Ambartsumian la usa per ottenere la distribuzione di velocità delle stelle vicine al sole, risolvendo così un problema posto da A.S. Eddington nello stesso anno. Nel '56 R.N. Bracewell la reinventa (nemmeno lui conosceva infatti l'articolo di Radon) per ottenere mappe di distribuzione di luminosità della superficie lunare usando dati raccolti con allineamenti di specchi parabolici. La prima applicazione medica, che sostanzialmente precorre la TAC, è di W.H. Oldendorf nel '61, seguita da D.E. Kuhl e R.Q. Edwards nel '63 con lavori pionieristici su PET e SPECT. Nello stesso anno anche A.M. Cormack riscopre la trasformata di Radon per costruire il suo primo prototipo di macchina per la TAC. Sulla base dei suoi articoli, a partire dal '68 altri prototipi vengono brevettati e sperimentati con successo da G.N. Hounsfield dell'EMI (Electrical and Musical Industries – i produttori dei dischi dei Beatles!), e con la loro esplosiva diffusione ha inizio ufficiale l'era della tomografia. La lunga serie di riscoperte della trasformata di Radon ha termine poco dopo con gli articoli di I.N. Shtein, B.K. Vainshtein e S.S. Orlov nel '72 e di C.M. Vest e dello stesso Cormack l'anno successivo, che ne riconoscono il ruolo chiave nell'ambito della tomografia stessa.

329

Bibliografia

[1] J. Radon (1917) Über die Bestimmung von Funktionen durch ihre Integralwerte längs gewisser Mannigfaltigkeiten, *Ber. Verh. Sächs. Akad. Wiss. Leipzig*, Math.-Nat. Kl. 69, pp. 262-277; ristampato in: J. Radon (1987) Gesammelte Abhandlungen, Bänder 1. und 2., Birkhäuser, Basel e in: [7, Part III]; traduzione inglese in [4, Appendix A]

[2] F. Natterer (1986) *The mathematics of computerized tomography*, Revised reprint, Wiley, Chichester

[3] G. Talenti (1978) Sui problemi mal posti, *Boll. Un. Mat. Ital. A* (5) 15, pp. 1-29

[4] S.R. Deans (1993) *The Radon transform and some of its applications*, Revised reprint, Krieger, Malabar

[5] E. Prestini (1996) *Applicazioni dell'analisi armonica*, Hoepli, Milano

[6] S. Helgason (1999) *The Radon transform*, 2nd edition, Progr. Math., vol. 5, Birkhäuser, Boston

[7] S. Gindikin, P. Michor (eds) (1994) *75 years of Radon transform*, Conf. Proc. Lecture Notes Math. Phys. (Vienna 1992), vol. 4, International Press, Boston

[8] Mathematics: the unifying thread in science, *Notices Amer. Math. Soc.* 33, 1986, pp. 716-733

L'analisi del rischio nella chirurgia del fegato

Heinz-Otto Peitgen, Bernhard Preim, Dirk Selle, Dominik Böhm,
Andrea Schenk, Wolf Spindler

Introduzione

Le procedure chirurgiche per la resezione delle lesioni organiche sono spesso interventi a rischio. Il rischio comprende sia complicanze post-operatorie sia complicanze a lungo termine indipendenti dal successo dell'intervento. Le complicanze post-operatorie possono verificarsi quando viene rimossa un'eccessiva quantità di tessuto. Le complicanze a lungo termine dipendono dal corretto accertamento di tutte le lesioni e dalla loro completa rimozione unitamente ad un margine di sicurezza. L'analisi del rischio è un aspetto importante nella pianificazione dell'intervento chirurgico. Attualmente tale pianificazione prende in esame le condizioni generali del paziente come pure i dati delle tecniche di immagine che derivano, per esempio, dalla tomografia computerizzata (TC). Le tecniche più usate per la pianificazione pre-operatoria sono altamente soggettive e non esistono metodi affidabili per valutare correttamente la grandezza di formazioni anatomiche e patologiche e per analizzare quantitativamente queste formazioni.

In questa relazione si discuterà come valutare il rischio negli interventi chirurgici attraverso le tecniche di elaborazione e visualizzazione dell'immagine combinate con l'analisi quantitativa. In particolare, verrà descritto come si possono pianificare le resezioni nella chirurgia del fegato prendendo in considerazione i vasi intra-epatici e le zone del parenchima del fegato che essi riforniscono. A tale scopo vengono analizzati i dati della TC per identificare le strutture anatomiche e le formazioni patologiche.

Le tecniche di realtà virtuale nella pianificazione dell'intervento chirurgico

Per poter valutare a pieno il potenziale di visualizzazione e di analisi nella pianificazione dell'intervento chirurgico, è utile vedere prima come tecniche simili vengono usate in altri settori. Nella costruzione di automobili o aeroplani, per esempio, l'analisi del rischio viene sempre più spesso valutata attraverso le tecniche della Realtà Virtuale (RV). A tale scopo si costruiscono modelli geometrici tridimensionali e li si combina con un modello funzionale che, per esempio, descriva l'elasticità delle strutture coinvolte e il comportamento sotto pressione.

Una combinazione analoga di un modello geometrico e di uno funzionale può essere usata per la simulazione di un incidente e per l'analisi delle conseguenze provocate sulle persone coinvolte dalla violenza dell'impatto. Le tecniche di RV, che tengono nel debito conto i dati individuali del paziente, sono promettenti anche per l'analisi del rischio nelle procedure chirurgiche. La differenza principale tra i settori prima descritti e il campo medico sta nella necessità di costruire un modello geometrico a partire dai dati del singolo paziente. La precisione di un tale modello è limitata dalla risoluzione e dall'intrinseca distorsione del metodo di acquisizione dell'immagine, per esempio, nella tomografia computerizzata. Qui di seguito esaminiamo brevemente l'uso delle tecniche di RV nella diagnosi per immagini e nella pianificazione del trattamento.

Nel passato, gli algoritmi basilari per la visualizzazione, l'elaborazione e l'analisi dell'immagine venivano sviluppati e perfezionati per adattarli alle peculiarità dei dati medici dell'immagine. Ne sono un esempio gli algoritmi per l'individuazione del margine, il rafforzamento del contrasto, la riduzione del rumore, la segmentazione dell'immagine come pure le tecniche di visualizzazione, quali le proiezioni di massima intensità e altri approcci per la rappresentazione del volume.

Quando si tratta di metodi diagnostici difficili come l'individuazione di micro calcificazioni nelle mammografie o di polipi nella colonscopia virtuale[1], queste tecniche basilari devono essere parametrizzate in modo appropriato e combinate in maniera certa. Sono problemi troppo difficili perché si pensi di risolverli per tentativi. La personalizzazione di algoritmi per un problema clinico specifico richiede una profonda comprensione degli algoritmi e dell'influenza e interazione dei parametri. Questo difficile compito può essere svolto solo da esperti che è arduo trovare negli ospedali, salvo che in alcune istituzioni di primaria importanza nel campo della ricerca. Quindi molti tentativi sono rivolti alla combinazione e parametrizzazione degli strumenti di base e alla loro integrazione in applicazioni pre-configurate e facili da usare. Personalizzazione e integrazione di algoritmi basilari caratterizzano lo stato attuale delle tecniche di RV per sostenere la diagnosi a mezzo computer. Gli strumenti che ne derivano mancano della flessibilità e della generale applicabilità degli algoritmi basilari, come l'individuazione del margine. Invece essi si prestano bene ad accentuare strutture anatomiche o patologiche certe, rilevanti per il problema particolare. Come i metodi diagnostici tradizionali, questi strumenti di diagnosi a mezzo computer vengono valutati in relazione alla loro sensibilità e specificità riguardante l'individuazione di situazioni patologiche.

Mentre le applicazioni qui sopra descritte sono finalizzate a dare risposta a una domanda precisa e ben definita, del tipo "c'è una formazione maligna?", alcune nuove applicazioni si pongono l'obiettivo ambizioso di supportare decisioni terapeutiche. Tali decisioni terapeutiche sono compiti complessi di "problem-solving" che coinvolgono molte possibili domande in relazione le une con

---

[1]   Microcalcificazioni nella mammografia e polipi nella colonscopia sono indicazioni per mutamenti cancerogeni.

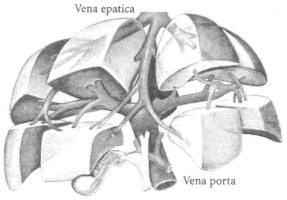

Fig. 1. Schema dei segmenti funzionali portali del fegato (modificato da [1])

le altre. Il sostegno per un tale procedimento richiede un'intensa collaborazione tra radiologi, chirurghi e tecnici addetti allo sviluppo delle immagini. In questa collaborazione questi ultimi devono avere una profonda comprensione della maniera in cui vengono prese le decisioni terapeutiche, di quali informazioni e quali misurazioni possono essere importanti per una decisione, di quali persone sono coinvolte nella decisione e di come essa viene documentata. D'altra parte i radiologi devono sapere come i parametri dell'acquisizione dell'immagine, per esempio la distanza fra i segmenti, influenzino i risultati dell'elaborazione dell'immagine. L'affinamento dei protocolli ad uso di progetti medici viene così innescato dalle richieste dell'elaborazione dell'immagine. Il software che infine sostiene i radiologi e i chirurghi nella decisione sulla giusta strategia terapeutica è ancora più complesso del software per la diagnosi a mezzo computer. Noi li chiamiamo *software assistants* e in questa relazione ne forniamo un esempio che riguarda la pianificazione pre operatoria e l'analisi del rischio per le resezioni oncologiche del fegato.

La preparazione pre-operatoria nella chirurgia del fegato

Il problema centrale della moderna chirurgia del fegato è prendere in esame il singolo vaso intra-epatico e l'anatomia del segmento. Secondo il modello di Couinaud [2], il fegato umano è diviso in diversi segmenti, sulla base delle ramificazioni della vena porta e la localizzazione della vena epatica. Nella Figura 1 viene descritto uno schema dei segmenti funzionali del fegato come modificato da [1]. La più piccola unità funzionale del fegato, un segmento del fegato, viene definito dal territorio occupato da un ramo di una vena porta di terzo ordine. Tipicamente le vene epatiche sono poste tra i diversi segmenti (Fig. 1).

Per pianificare le resezioni segmentarie del fegato, è opportuno rendere disponibile per il chirurgo lo schema individuale di ramificazione dei vasi epatici al fine di identificare i segmenti epatici del singolo paziente e per localizzare le lesioni epatiche in relazione ai vasi e ai segmenti. Basandosi su una tale visualizzazione, il chirurgo può decidere con maggior precisione dove resecare il tessuto epatico. Come semplice strumento può essere usata una ricostruzione filmata per delimitare la zona di resezione. Se la zona di resezione viene definita in anticipo, si possono stabilire misure quantitative per migliorare ulteriormente la pianificazione. L'aspetto più importante dell'analisi quantitativa è il calcolo della massa da resecare in rapporto al volume restante. Si può eseguire senza correre rischi una resezione quando almeno il 30% del volume del fegato resta intatto. Il calcolo delle distanze, in particolare di quelle tra la zona di resezione pianificata e i principali vasi sanguigni, è importante per valutare il rischio che la resezione comporta.

La pianificazione pre-operatoria della chirurgia segmentaria del fegato è impegnativa, dato che i segmenti del fegato variano molto per forma, grandezza e numero da un paziente all'altro. Inoltre i confini tra i segmenti non sono diritti e non possono essere localizzati con segni esterni. L'applicazione di schemi semplici come quelli mostrati nella Figura 1, nonostante sia molto conveniente per la "routine" radiologica quotidiana, è fortemente problematica dal punto di vista anatomico [3].

L'elaborazione dell'immagine per la pianificazione della chirurgia del fegato

Gli esami clinici fondamentali per la diagnosi e la pianificazione della chirurgia del fegato sono immagini tomografiche computerizzate che rappresentano l'intero fegato, scansione per scansione come mostrato nella Figura 2 e nella Figura 3. Un mezzo di contrasto somministrato al paziente fornisce un alto contrasto vaso-tessuto e tumore-tessuto evidenziando le principali strutture anatomiche. Le seguenti sotto sezioni descrivono brevemente i passi dell'elaborazione dell'immagine per analizzare queste strutture fondate sulle immagini di tomografia computerizzata [4].

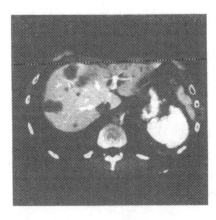

Fig. 2. Scansione bidimensionale di una TC. L'agente di contrasto rivela i vasi del fegato, che appaiono chiari, mentre i tumori appaiono come macchie scure

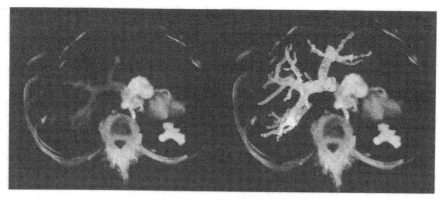

Fig. 3. Sinistra: Rappresentazione volumetrica in trasparenza di un insieme di dati senza rielaborazione TC. Destra: I sistemi di vasi intra-epatici (sistema venoso portale e rami della vena epatica) estratti precedentemente sono evidenziati

Segmentazione dell'immagine di fegato e tumori

Il fegato nel suo insieme, come pure le lesioni, sono estratti da insiemi di dati clinici con un algoritmo di segmentazione derivato dalla trasformazione della linea di demarcazione nota nella topologia matematica. Una segmentazione può essere compiuta in modo interattivo con la sola marcatura di due punti - uno interno e uno esterno alla struttura di interesse nell'immagine. Così si può calcolare il margine di un oggetto e, se necessario, si può perfezionare con una ulteriore interazione.

Estrazione dei sistemi di vasi intra-epatici

Per un insieme di dati TC tutti i "voxels" che appartengono al sistema di vasi intra-epatici possono essere specificati con una risoluzione di soglia sulla loro intensità di segnale (Fig. 2). Poiché i vasi sono messi in evidenza da un agente di contrasto, si ottengono risultati accettabili. Risultati migliori possono essere ottenuti con l'utilizzo di funzioni filtro per la riduzione della rumorosità (velatura, filtro medio) e per la compensazione dello sfondo (filtri del tipo Laplace). L'estrazione dei vasi si basa su un algoritmo di campo crescente, che aggrega tutti i "voxels" di alta intensità dei sistemi di vasi intra-epatici (Fig. 3, destra). Il metodo proposto suggerisce automaticamente una soglia per una descrizione appropriata del sistema di vasi e in più fornisce una veloce manipolazione manuale e un controllo visivo della soglia suggerita.

L'analisi dei sistemi di vasi intra-epatici

Prerequisito per il calcolo dei segmenti del fegato è la separazione della vena porta estratta e l'identificazione delle principali ramificazioni portali. Per fare ciò automaticamente si devono analizzare la struttura e la morfologia dei sistemi di vasi. A tale scopo abbiamo scelto di "scheletrire" i vasi. In questa sede defi-

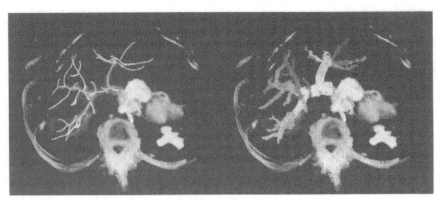

Fig. 4. Sinistra: Scheletro dei vasi estratti dall'insieme di dati mostrato nella Figura 3. Un frammento di vena epatica è separato dalla vena porta automaticamente. Destra: La determinazione automatica dei rami principali della vena porta

niamo scheletro una struttura di ampiezza "voxel" che corre lungo gli assi mediani dei rami (Fig. 4, sinistra) insieme con i raggi di vasi locali associata con ogni punto sull'asse mediano. Paragonata con la rappresentazione dei vasi basata sulla forma "voxel", la rappresentazione a scheletro può essere interpretata come un grafico che fornisce un accesso più semplice alla geometria dei rami (asse mediano e raggio) e all'informazione strutturale (ramificazioni). Usando un approccio basato sul modello, la vena porta e la vena epatica (frammenti) possono essere identificate automaticamente (Fig. 4, sinistra). La rappresentazione grafica dei vasi è pure la base per usare interazioni quali selezionare e colorare gli alberi, i rami maggiori e le diramazioni. Si può anche procedere alla misurazione del raggio, della lunghezza e del volume dei rami e della loro distanza dai tumori. Nella Figura 4, destra, un frammento di vena epatica è stato rimosso e i rami principali della vena porta sono stati colorati automaticamente attraverso la definizione delle otto ramificazioni portali più voluminose.

Calcolo dei segmenti del fegato

Per disegnare i segmenti del fegato basati su una vena porta incompleta sono stati creati e provati vari modelli: quello di Laplace è il modello di più vicina approssimazione. Anche se questi metodi sono molto diversi nella loro formulazione matematica, portano a risultati abbastanza simili. Tuttavia, poiché l'approssimazione di Laplace si basa su una fondamentale equazione della fisica, offre diversi punti di vista per la comprensione scientifica del metodo di previsione. Il modello della approssimazione più vicina attira molto dal punto di vista pratico, grazie alla sua semplicità concettuale e ad una complessità di calcolo piuttosto modesta. Il risultato dell'approssimazione del segmento è mostrato nella Figura 5, sinistra, che si basa sui rami portali nella Figura 4, destra. Nella Figura 5, destra, viene visualizzato lo stesso insieme di dati con incastonati due tumori. La visualizzazione tridimensionale trasparente rivela la localizzazione

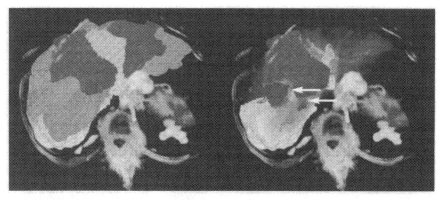

Fig. 5. Sinistra: rappresentazione tridimensionale dei segmenti del fegato definita dai principali rami venosi portali nella Figura 4, destra.
Destra: rappresentazione del medesimo insieme di dati con alcuni segmenti trasparenti che dimostrano la localizzazione dei tumori (si osservino le frecce) e ai vasi in relazione ai segmenti

di tumori in relazione all'albero portale e ai segmenti. Uno è localizzato nel territorio occupato del sotto albero giallo scuro, l'altro nel territorio del sottoalbero blu chiaro. La resezione di questi segmenti può essere simulata nascondendo semplicemente un segmento. Il loro volume e pure la massa del parenchima del restante fegato intatto possono essere stabiliti per valutare il rischio dell'operazione. Anche la lunghezza dei rami e la loro distanza dal tumore possono essere considerate per pianificare le ricostruzioni chirurgiche dei vasi.

337

Valutazione e risultati

La valutazione riguarda due aspetti, di cui il primo è la correttezza anatomica, in particolare riguardo alla stima dei segmenti del fegato, mentre il secondo è l'utilità clinica. La correttezza anatomica di un metodo è un prerequisito per il suo uso clinico, ma l'uso clinico dipende da alcuni altri fattori, quali l'efficienza e la robustezza degli algoritmi impiegati.

Valutazione anatomica

La validazione dell'approssimazione dei segmenti si basa su uno studio anatomico su stampi di corrosione vascolare del fegato umano. Nella vena porta di otto cadaveri non imbalsamati è stata iniettata una resina fusa. Dopo l'indurimento del liquido iniettato il fegato fu estratto dal corpo e corroso. Uno degli stampi risultanti viene mostrato nella Figura 6, sinistra.

Lo schema del processo di validazione è mostrato nella Figura 6, destra. Contrariamente ai dati in vivo (per esempio, Figg. 3 e 4) le scansioni degli stampi hanno permesso di estrarre rami con un diametro di circa 1 mm (Fig. 6(a)). Ciò produce generazioni di rami sufficienti e rende possibile la definizione

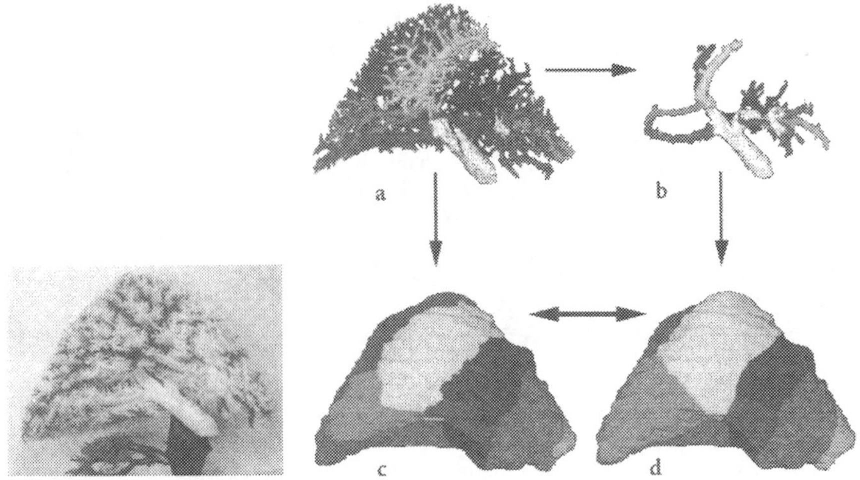

Fig. 6. Sinistra: stampo di corrosione della vena porta e della vena epatica.
Destra: Validazione dei metodi di approssimazione: (a) rappresentazione della vena porta
ottenuta da una scansione TC di uno stampo di fegato umano. Ai principali sotto alberi
sono assegnati colori diversi che rivelano i segmenti del fegato. (b) La versione mondata
della vena porta mostrata in (a). (c) Operazioni morfologiche sono usate per riempire i
buchi dello stampo portale (a) in modo da ottenere solidi segmenti anatomici autentici.
(d) Segmenti di fegato approssimati basati sulla vena porta mondata in (b)

molto accurata della localizzazione e della geometria dei segmenti portali del
fegato. I vuoti tra i rami sono chiusi con dilatazioni morfologiche e operazioni
di erosione (Fig. 6(c)). I segmenti portali solidi che ne derivano forniscono
un'approssimazione molto precisa dei veri segmenti anatomici. Per simulare l'albero portale incompleto ottenuto dai dati radiologici in vivo, abbiamo sistematicamente mondato i rami ottenuti dagli stampi (Fig. 6(b)). Per convalidare i
metodi di approssimazione per i segmenti del fegato abbiamo comparato le
approssimazioni fatte per gli stampi mondati (Fig. 6(d)) con l'esatto segmento
anatomico degli stampi (Fig. 6(c)). Per tutti gli otto stampi trovammo una corretta sovrapposizione volumetrica in media dell'80% (campo di variabilità tra
75% e 85%), vale a dire la precisione che ci si attende dai dati clinici [4].

Valutazione chirurgica

Oltre allo studio basato sugli stampi i nostri metodi sono stati testati in
ambiente clinico su più di quaranta pazienti a tutt'oggi. Per la preparazione pre-
chirurgica delle resezioni del fegato nei pazienti con tumore al fegato, il fegato, i
tumori, le arterie, la vena porta e la vena epatica furono estratte da dati di tomografia computerizzata bifasica spirale e visualizzati a tre dimensioni. Per fare
questo ci vogliono dai 90 ai 120 minuti. La rotazione interattiva delle strutture
anatomiche e patologiche permette una comprensione tridimensionale precisa
della localizzazione dei tumori dentro il fegato e in relazione con i sistemi di vasi

intra-epatici. È stato dimostrato che queste visualizzazioni hanno reso possibile la preparazione interattiva di resezioni del fegato, così da migliorare la preparazione specialmente di resezioni complesse. I rilevamenti intra operatori concordano con le visualizzazioni tridimensionali [6].

Discussione

Nella pratica corrente l'identificazione pre operatoria dell'anatomia individuale del fegato è provata dall'esame di due immagini tomografiche bidimensionali. I vasi intra-epatici servono come strutture guida per una comprensione schematica dell'anatomia (come il modello di Couinaud, Figura 1). Studiando gli stampi di otto fegati umani abbiamo riscontrato che l'albero portale e quindi anche i segmenti portali hanno un alto grado di variabilità intra individuale. Ciò va di pari passo con le scoperte precedenti [3, 5, 7] e conferma la necessità di nuovi metodi radiologici che prendano in esame con maggiore accuratezza le caratteristiche individuali. Il metodo dell'approssimazione più vicina e quello di Laplace forniscono un nuovo modo di predire con il calcolo la geometria individuale tridimensionale dei segmenti portali. Basata sui dati clinici che contengono tre o più ordini di rami, l'attesa sovrapposizione volumetrica supera più dell'80%.

Superiore alle ricostruzioni schematiche e "mentali" dalle immagini bidimensionali è una visualizzazione tridimensionale di vasi individuali, segmenti e tumori. La rotazione interattiva delle strutture e la possibilità di assegnare colori e valori di trasparenza ad ogni struttura, permette di percepire chiaramente le relazioni spaziali [4, 8, 9]. Ciò permette un'interpretazione più facile dei dati diagnostici per il chirurgo e serve come base per discussioni sulla pianificazione di resezioni complesse all'interno dell'équipe chirurgica [6]. Anche le misure quantitative, come il volume di tumori e segmenti, sono essenziali per stimare il parenchima restante del fegato e la lunghezza dei rami per la preparazione delle ricostruzioni chirurgiche di vasi.

Tecniche e metodi descritti in questa relazione sono dedicati alla chirurgia del fegato. Tuttavia, tecniche molto simili possono essere impiegate in una serie di altri campi di applicazione, come gli interventi per rimuovere il cancro al polmone. Inoltre, l'alta variabilità delle strutture individuali richiede una preparazione basata su dati individuali. Valutare le relazioni spaziali tra un sistema gerarchizzato di vasi e alcune lesioni è il problema cruciale nella pianificazione pre-operatoria.

Ringraziamenti

Vogliamo ringraziare tutti i membri delle istituzioni di seguito menzionate per il loro supporto e per l'intensa collaborazione: il Dipartimento di Radiologia Diagnostica; la Philipps University di Marburg, in Germania (K.J. KLOSE); il Dipartimento di Morfologia dell'University Medical Center di Ginevra in Svizzera (J.H.D. FASEL); il Dipartimento di

Radiologia Diagnostica della Medical School di Hannover in Germania (M. GALANSKI) e il Dipartimento di Chirurgia Generale e Trapianti dell'University Hospital di Essen in Germania (K.J. OLDHAFER).

Bibliografia

[1] A. Priesching (1986) *Leberresektionen*, Urban & Scharzenberg, Munchen

[2] L. Couinaud (1957) *Le Foie, Etudes anatomiques et chirurgicales*, Masson, Parigi

[3] J.H.D. Fasel, D. Selle, P. Gailloud, C.J.G. Evertsz, F. Terrier, H.-O. Peitgen et al. (1998) Segmental anatomy of the liver: poor correlatrion with CT, *Radiology* 206 (1), pp. 151-156

[4] D. Selle, T. Schindewolf, C.J.G. Evertsz, H.-O. Peitgen (1999) Quantitative Kr Analysis of CT Liver Images, in: K. Doi, H. MacMahon, ML. Giger, KR. Hoffman (ed), *Computer-Aided Diagnosis in Medical Imaging*, Elsevier, Amsterdam, pp. 435-444

[5] W. Platzer, H. Maurer (1966) Zur Variabilitat der Lebersegmente, *Chir. Praxis* 10, pp. 499-505

[6] K.J. Oldfather, D. Hogemann, G. Stammm, R. Raab, H.-O. Peitgen, M. Galanski (1999), Dreidimensionale Visualisierung der Leber zur Plannung erweiterter Leberresektionen, *Chirurg* 70 (3), pp. 233-238

[7] L. Leppek, D. Selle, E. Abermalz, K.J. Klose, C. Nies, C.J.G. Evertsz, H. Jurgens, S. Relecker, H.-O. Peitgen (in corso di pubblicazione su *Radiology*), Computerized segmental analysis of liver parenchyma in vivo

[8] C. Zalthen, H. Jurgen, C.J.G. Evertsz, R. Leppek, H.-O. Peitgen, K.-J. Klose (1995) Portal vein reconstruction based on topology, *European Journal of Radiology* 19, pp. 96-100

[9] D. Selle, C.J.G. Evertsz, H.-O. Peitgen, H. Jurgen, K.J. Klose, J. Fasel (1997) Computer aided preoperative planning of segment oriented liver surgery: radiological perspectives, in: C.E. Broelsch, J.R. Izbicki, C. Bloechle, K.A. Gawad (ed), Monduzzi Editore, Bologna, pp. 253-257

Letture consigliate

R.C. Nelson, J.L. Chezmar, P.H. Sugarbaker, D.R. Murray, M.E. Bernardino (1990) Preoperative localization of focal liver lesions to specific liver segments: utility of CT during arterial portography, *Radiology*, 176, pp. 89-94

P. Soyer, D.A. Bluemke, D.F. Bliss, C.E. Woohouse, E.K. Fishman (1994) Surgical anatomy of the liver: demonstration with spiral CT during arterial portography and multiplanar reconstruction, *American journal of Radiology*, 163, pp. 99-103

Autori

Achille Basile — *Dipartimento di Matematica e Statistica, Università "Federico II", Napoli*

Dominik Böhm — *MeVis, Center for Medical Diagnostic System and Visualization, University of Bremen, Germania*

Jochen Brüning — *Institut für Mathematik, Humboldt-Universität, Berlin, Germania*

Enrico Casadio Tarabusi — *Dipartimento di Matematica, Università degli Studi "La Sapienza", Roma*

Capi Corrales Rodriganez — *Departamento de Algebra, Universidad Complutense, Madrid, Spagna*

Michel Darche — *Centre-Sciences CCSTI, Orleans, Francia*

Camillo Dejak — *Dipartimento di Chimica Fisica, Università Ca' Foscari, Venezia*

Luciano Emmer — *Regista*

Michele Emmer — *Dipartimento di Matematica, Università degli Studi "La Sapienza", Roma*

Enrico Giusti — *Dipartimento di Matematica, Università Statale, Firenze*

Peter Greenaway — *Regista*

Giorgio Israel — *Dipartimento di Matematica, Università degli Studi "La Sapienza", Roma*

Harold W. Kuhn — *Department of Mathematics, Princeton University, USA*

Alessandro Languasco — *Dipartimento di Matematica Pura e Applicata, Università, Padova*

Marco Li Calzi — *Dipartimento di Matematica Applicata, Università Cà Foscari, Venezia*

Richard Mankiewicz — *Centre for the Cultural and Historical Aspects of Mathematics (CHAsM), Middlesex University, Gran Bretagna*

Gustavo Mosquera R. — *Regista*

Piergiorgio Odifreddi	*Dipartimento di Matematica, Università degli Studi, Torino*
Roberto Pastres	*Dipartimento di Chimica Fisica, Università Ca' Foscari, Venezia*
Heinz-Otto Peitgen	*MeVis, Center for Medical Diagnostic System and Visualization, University of Bremen, Germania*
Alberto Perelli	*Dipartimento di Matematica, Università, Genova*
Achille Perilli	*Artista*
Konrad Polthier	*Fachbereich Mathematik, Technische Universität, Berlin*
Bernhard Preim	*MeVis, Center for Medical Diagnostic System and Visualization, University of Bremen, Germania*
Claudio Procesi	*Dipartimento di Matematica, Università degli Studi "La Sapienza", Roma*
Trân Quang Hai	*Département de Musique, CNRS, Musée de l'Homme, Parigi, Francia*
Lucilla Ravà	*Dipartimento di Matematica, Università degli Studi "Tor Vergata", Roma*
Carla Rossi	*Dipartimento di Matematica, Università degli Studi "Tor Vergata", Roma*
Lucio Russo	*Dipartimento di Matematica, Università degli Studi "Tor Vergata", Roma*
Andrea Schenk	*MeVis, Center for Medical Diagnostic System and Visualization, University of Bremen, Germania*
Dirk Selle	*MeVis, Center for Medical Diagnostic System and Visualization, University of Bremen, Germania*
Wolf Spindler	*MeVis, Center for Medical Diagnostic System and Visualization, University of Bremen, Germania*
Silvano Tagliagambe	*Dipartimento di Studi Filosofici ed Epistemologici, Università degli Studi "La Sapienza", Roma*
Laura Tedeschini Lalli	*Dipartimento di Matematica, Facoltà di Architettura, Università degli Studi "Roma Tre", Roma*